개정판

한국의 자연지리

김종욱 이민부 공우석 김태호 _편집 · 집필_

강철성 박 경 박병익 박희두 성효현 손명원 양해근 이승호 최영은 _집필_

서울대학교출판문화원

Physical Geography of Korea

Jong Wook KIM · Min Boo LEE · Woo Seok KONG · Tae Ho KIM(*Editors*)
Chul Sung KANG · Kyeong PARK · Byong Ik PARK · Heui Doo PARK
Hyo Hyun SUNG · Myoung Won SON · Hae Kun YANG
Seung Ho LEE · Young Eun CHOI

Seoul National University Press

개정판 서문

지리학적인 관점에서 우리나라의 자연환경을 종합적으로 기술한 대학 학부 수준의 마땅한 저서가 없어 이를 걱정하는 자연지리학 분야의 전문가들이 뜻을 함께 모아 『한국의 자연지리』를 펴낸 것이 바로 엊그제 같은데 벌써 3년 이상의 세월이 지났다.

그간의 소득이라면, 2009년 대한민국학술원 기초학문 우수학술도서로 선정되었으며, 국내의 여러 대학에서 자연지리학, 지리학 또는 환경 관련 강좌의 교재로 쓰이는 등 한국의 자연지리에 관한 광범위한 정보와 지식이 필요한 각계각층의 사람들에게 나름대로 좋은 길잡이 역할을 해온 점이다.

그러나 2008년 초판 인쇄 이래 수차례 출판을 거듭하면서 집필에 참여한 저자들은 물론이지만, 이 책을 애독하는 소수의 독자들로부터 비록 많은 부분은 아니지만, 기술 내용 중의 일부를 다소 수정하거나 보완하는 것이 책의 내용을 보다 견실하게 다지는 데 필요하다는 조언을 받기도 하였다. 그런 차체에 서울대학교출판문화원에서는 저자들과 독자들을 배려하여 책의 내용을 전반적으로 재검토하고, 수정하여 다시 인쇄하기로 과감하고도 정말 고마운 결정을 내려 주었다. 지면을 빌려서 나마 그러한 결정에 다시 한번 감사를 표한다.

그러한 덕택에 책의 내용 전반을 재검토하여 수정 작업하였는데, 그중 특히 중요한 수정이 가해진 것만을 추려 간략히 소개하면, 아래와 같다.

제9장의 경우, 2000년 이후 10년의 데이터를 추가 분석한 결과를 담으면서 관련된 내용을 수정하였으며, 제14장은 본문 내용의 일부와 사진 자료를 추가하였으며, 제15장에서는 GIS 활용과 관련하여 본문 내용을 보완하는 한편, 최근의 관련 기술 발달을 고려하여 이를 내용에 포함시키는 보완 작업을 하였다.

이러한 수정 내지 보완 작업이 진행되기는 했지만, 당초에 저자들이 생각한 것만큼은 수정 내용이 많지 않아 상당수의 내용들이 원래 그대로 출판되었다. 그것은 자연환경에 대한 많은 연구들이 순식간에 그 내용을 크게 달리하는 것이 아니라서 재검토 과정에서 아직은 유효하고 또 필요한 것들 중심으로 기술되었기 때문에 현 단계에서 대폭 수정은 불필요하다는 결론이 내려졌기 때문이다.

이 책이 지향하는 바는 초판에서도 소개한 바 있지만, 우리나라의 지질, 지형, 기후, 토양, 생물, 수문 등 자연환경을 구성하는 제 요소들을 대상으로 기존의 연구 결과들을 종합 정리 분석하여 대학의 학부 수준에서 어렵지 않게 소개하는 데 있다. 기존의 연구 결과를 소개할 때, 관련 분야에서 국제적으로 일반화된 기본 원리나 지식들을 더불어 습득할 수 있도록 배려함으로써 자칫 우리나라에 고유한 연구 결과만을 기술하는 잘못을 범하지 않도록 각별히 유의하였다. 이 밖에도 여러 분야의 전문가들이 집필에 참여하는 점을 감안하여 내용 수준의 편차가 크지 않게 하면서도, 분야의 특성을 고려하여 엄격한 통일성을 요구하지는 않았다는 것을 밝혀 둔다.

다시 한번 이 책의 출판을 허락해준 서울대학교출판문화원과 편집, 출판 등 관련된 업무에 어려운 여건임에도 최선을 다해준 관계자 여러분들께 심심한 감사를 드린다. 끝으로 『한국의 자연지리』를 애독하는 모든 분에게 우리나라의 자연환경을 올바로 이해하는 데 다소나마 도움이 되기를 기원하면서, 새로 출판되는 개정판에 잘못 기술된 부분이 있다면, 기탄없이 지적하여 주실 것을 부탁드린다.

서문

학문의 학제적인 속성이 강하게 부각되는 오늘의 시대에 한 학문의 본질을 간단히 규정짓는다는 것은 어려운 일이다. 그럼에도 자연지리학(自然地理學, Physical Geography)을 정의한다면 인문지리학과 더불어 지리학의 중심축을 이루는 학문 분야로서, 인간의 자연환경을 구성하는 주요 요소들의 공간 및 시간적인 속성, 그리고 이들 간의 상관관계를 연구하는 것이라 할 수 있다.

지리학의 한 분야이지만, 자연지리학의 관심 대상이 기권, 수권(빙하권, 수권), 생물권, 암석권(지형권, 토양권, 암석권) 등 거의 모든 지구환경 구성 요소들을 망라하고 있으므로, 그 자체가 하나의 독립 학문이라 해도 과언이 아닐 정도로 관련 분야가 넓다. 따라서 학문의 접근방법 역시 관심 대상에 따라 다양한 것이 특징이다. 그럼에도 불구하고 자연지리학의 각 분야들이 공통적으로 지향하고 있는 것이 있다면 그것은 개개의 자연 현상을 독립적인 것이 아니라 하나의 유기적인 체계에 포함된 구성 요소로서 파악하려고 노력한다는 점일 것이다.

자연환경 전체의 틀 속에서 각개 자연 현상의 발생 과정 및 시공간적인 변화를 과학적으로 분석해 내고자 하는 바로 이러한 자연지리학의 학문적인 속성 때문에 자연지리학은 지리학뿐만 아니라 그 경계를 넘어 자연환경에 관심을 두는 인접한 많은 분야에서 환경 이해의 길잡이 역할을 훌륭하게 수행하여 왔다. 미국, 영국 등 선진 외국에서 자연지리학과 관련된 수많은 저서들이 발간되어 대학을 비롯한 각계의 사회에서 널리 읽혀 온 것도 자연지리학의 이러한 학문적인 중요성을 인식한 때문이다.

그러나 우리나라에서는 자연지리학이 도입된 역사가 짧아, 연구자들의 수효도 적은 편으로 우리나라의 자연환경을 집중적으로 다룬 자연지리학 관련의 단행본 또한 그 수가 많지 않다. 이러한 상황은 지리학의 발전에도 부정적인 것은 물론이지만 우리 사회에서 요구하는 환경 연구의 중요성을 감안할 때 결코 바람직하지는 않다. '한국의 자연지리' 를 발간하게 된 것도 본질적으로는 이와 같은 학문 내외의 상황을 우려하였기 때문이다. 물론 현실적으로 대학에서 자연지리학 관련의 연구와 교육을 담당하는 교수들이 마땅한 교재가 없어 어려움을 겪고 있는 것도 저서 발간을 서두르는 계기가 되었다.

이 책은 우리나라의 지형, 기후, 토양, 생물, 수문 등 자연환경의 제반 구성 요소들을 대상으로 지금까지 학계에 알려진 연구 결과들을 토대로 종합 · 정리 · 분석하여 대학의 학부 수준에서 어렵지 않게 그 내용을 이해할 수 있도록 기술하고 있다. 그러나 우리나라의 자연환경을 다룬다고 해서 관련 분야에서 일반화된 기본 원리나 지식들을 소개하지 않는다면, 자칫 전문화된 연구 결과만을 옮겨 놓는 결과를 초래할 수도 있기 때문에, 관련 분야의 내용 이해에 기본이 되는 원리와 지식은 가급적 함께 다룰 수 있도록 배려하였다. 또한 관심사가 다양한 여러 학자들이 참여하는 것을 감안하여 내용 수준이 주제에 따라 큰 편차가 생기지 않도록 세심한 고려를 하였다. 그러나 각 주제의 성격이나 특성을 살리고, 저자의 독창적인 아이디어를 최대한 반영하는 차원에서 엄격한 통일성을 요구하지는 않았다.

이 책은 자연환경의 주요 권역들인 암석권, 기권, 수권, 생물권에 대한 기초 지식을 다루는 것은 물론, 우리 사회의 현안과도 밀접한 관련을 맺고 있는 '환경'과 '국립공원'에 대한 자연지리학적인 연구 결과, 그리고 주요 연구기법의 하나인 GIS(Geographic Information Systems)를 기초적인 수준에서 소개하고 있다. 이를 조금 더 자세히 살펴보면, 암석권에서는 암석과 지각운동, 산지 지형, 하천 지형, 해안 지형, 화산 지형 이외에 토양을 별개의 장으로 분리하여 다루었으며, 기권에서는 기후 요소, 기후 인자, 기후 변화, 생활과 기후, 수권에서는 지표수와 지하수, 그리고 생물권에서는 식생과 생태를 중점적으로 기술하였다. 이와 같이 각 권역별로 주제와 비중을 다소 달리하여 기술한 것은 자연지리학의 연구 전통을 고려하였기 때문이다. 예를 들어 지형 및 기후 관련 부분을 보다 상세히 다루어 준 것은 국내외를 막론하고 자연지리학 분야에서 이들이 차지하는 비중이 높을 뿐만 아니라 현재까지 축적된 연구 결과가 타 분야에 비해서는 비교적 많은 편이기 때문이다.

이 밖에도 '환경' 관련의 장에서는 우리 사회의 현안들을 분야별로 나누어 상세히 다루었으며, 국립공원에 관한 장에서는 국립공원의 경관과 이들에 대한 환경 관리에 대한 것을 집중적으로 조명하였다. 이 밖에도 'GIS'를 다루는 장에서는 GIS의 기본적인 이해와 더불어 이들이 자연지리학의 연구에 어떻게 응용될 수 있는지를 소개하였다.

이 책을 이용하는 모든 독자들은 이 책의 발간의 취지를 잘 이해해 주시기를 부탁드리며, 혹시 있을지도 모를 수정 및 문의 사항은 저자들에게 알려 주실 것을 간곡히 당부드린다. 끝으로 이 책의 발간을 허락하여 준 서울대학교출판부 및 관계자들에게 진심으로 감사드리며, 출판 및 편집 업무에 도움을 준 홍성찬 씨(서울대학교 대학원)에게도 감사의 뜻을 전한다.

차례

제1장

지각운동과 지형 발달

김종욱(서울대학교)

1. 암석과 지체구조

지형은 말 그대로 점, 선, 면 등으로 파악되는 지표면의 기하학적인 형태를 의미한다. 이러한 지형은 고정불변한 것이 아니고 그것을 구성하는 물질 특성이나 그 위에 가해지는 힘 즉, 지형형성작용(geomorphic processes)에 의해 끊임없이 변화된다. 따라서 지표 형태, 구성 물질 및 지형형성작용은 지형을 결정짓는 가장 중요한 3요소이다.

그러나 이들 요소는 각기 별개로 존재하는 것은 아니고, 상호 간에 영향을 주고받는 관계, 즉 기능적인 관계(functional relationship)에 있다. 〈그림 1〉은 이들 관계를 단적으로 표현하고 있다. 이것에 의하면 지형형성작용은 지표 형태와 구성 물질에 영향을 미치고, 지표 형태는 구성 물질과 지형형성작용에, 그리고 구성 물질은 다시금 지형형성작용과 지표 형태에 영향을 미친다.

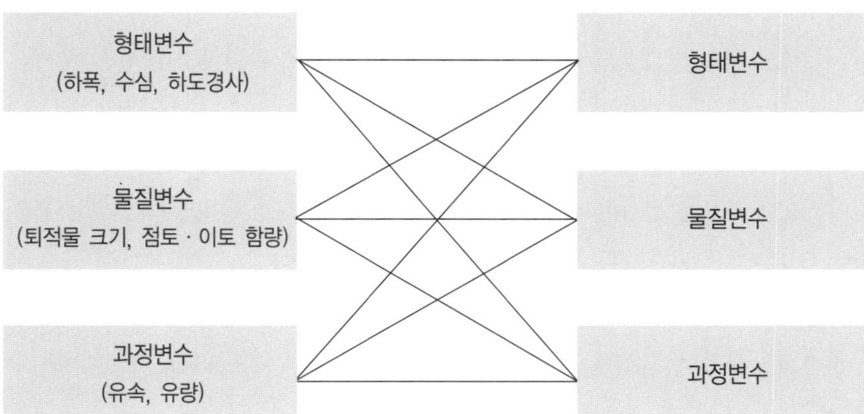

그림 1. 지형 변화에 관여하는 주요 변수들과의 관계(하천 지형 중심)

지형을 이루는 요소들 간에 이러한 관계가 성립된다는 것은 지형을 바로 이해하기 위해서는 지표의 형태적인 특징뿐만 아니라, 구성 물질과 지형형성작용에 관해서도 알아야 한다는 것을 의미한다. 그런 관점에서 볼 때, 우리나라에 널리 분포하는 암석이나 지체구조에 관한 지식은 우리나라 지형 이해의 기본 전제 조건의 하나이다.

1) 주요 암석의 분포

암석은 성인에 따라 크게 화성암, 퇴적암, 변성암으로 구분하며, 이는 다시금 구성 광물의 물리 · 화학적인 특성에 따라 여러 종류로 나누어진다. 이와 같이 암석은 각기 특정의 물리 · 화학적인 성질을 지니기 때문에 그 종류에 따라 암석 외부에서 주어지는 풍화나 침식 조건에 대해 반응하는 정도가 다르다. 예를 들어 동일한 환경 조건이라면 미세한 점토가 굳어져서 생긴 셰일(shale)보다는 사암이 변성작용을 받아 생긴 규암이 풍화나 침식에 더 강하다.

그러나 이것은 환경 조건이 동일하다는 전제하에서 성립되는 것이며, 실제에 있어서는 같은 종류의 암석이라도 절리 등의 암석구조가 다르거나, 암석이 놓인 곳의 지형 및 기후 조건이 다르면 풍화나 침식에 의해 영향 받는 정도가 달라진다. 이러한 사실에서도 알 수 있듯이, 지표를 구성하는 암석의 특성이 그대로 지형의 특징을 결정짓는 것은 아니다.

그럼에도 불구하고, 암석이 지닌 물리 · 화학적인 특성이 정도는 다를지라도 지형에 적지 않은 영향을 미치는 것 또한 사실이므로, 우리나라에 널리 분포하는 암석의 특성이나 분포에 대해 알아 두는 것은 우리나라의 지형을 이해하는 데 매우 중요하다.

〈그림 2〉는 한반도에 널리 나타나는 암석의 분포를 보여준다. 암석의 종류도 많고, 그것의 생성 연대가 서로 다르기 때문에, 암석의 분포 특징을 한눈에 파악하기는 쉽지 않지만, 주요 암석들을 중심으로 간략하게 살펴보면 아래와 같다.

우리나라에서는 화강편마암, 결정편암 등을 비롯한 선캄브리아기의 변성암 및 변성퇴적암류의 분포 면적이 가장 넓다. 이들은 대부분 지반이 안정된 육괴 지역에 분포한다. 서울, 경기도, 강원도 일대를 포함하는 경기육괴와 그것의 주요 기반암인 경기편마암 복합체는 좋은 예이다. 변성암류 다음으로 많은 것은 화강암이다. 화강암은 대부분 중생대 및 고생대의 것인데, 중부 및 남부 지방에 널리 나타나는 것은 주로 중생대 쥐라기 화강암이며, 남부의 영남 지방에 집중 분포하는 것은 중생대 백악기 화강암이다.

화강암의 예로서는 서울의 북한산과 관악산의 쥐라기 화강암, 그리고 경주 불국사 주변의 백악기 화강암을 들 수 있다. 북한산 일대의 화강암은 저반(batholith)의 일부분이며, 관악산

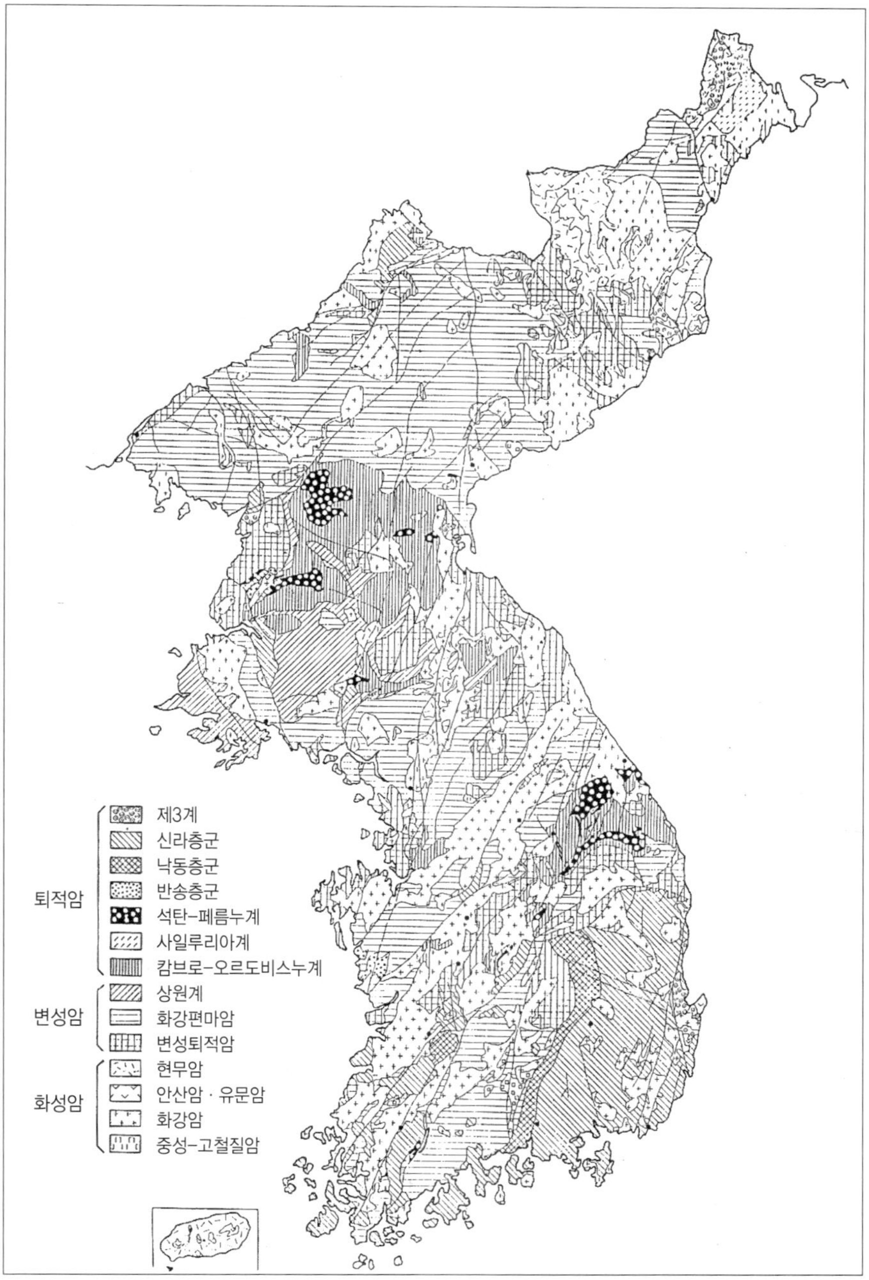

그림 2. 한국의 지질(정창희, 1986)

은 암주(stock)의 일종인데, 이들 화강암은 경기편마암 복합체를 관입한 형태를 보인다(〈그림 2〉 참조). 관악산이나 북한산 일대에서 보듯이, 원래의 기반암인 경기편마암 복합체보다는 관

표 1. 한반도의 시대별 암석구성비(건설부 국립지리원, 1980, p.144의 표 3.1)

암종	지질시대	암석지층명	면적(km^2)	백분율(%)
퇴적암	제3기	제3계	3,265	1.48
	상부 중생대	경상누층군(외)	19,791	8.97
	중부 중생대	대동누층군(외)	1,986	0.90
	하부 중생대 상부 고생대	평안누층군	6,178	2.80
	하부 고생대	조선누층군	18,622	8.44
변성암	원생대	상원계(외)	4,854	2.20
	시생대	화강편마암 및 결정편암	89,138	40.40
화성암	신생대	화산암류	10,480	4.75
	중생대	반심성암 및 화강암류	66,323	30.06
			220,637	100.00

입한 암석인 화강암이 상대적으로 더 높은 산지를 이루기도 한다. 이것은 편마암은 풍화 침식에 강하고, 화강암은 그보다 약하다는 일반 상식과는 다른 것이다. 이러한 사실에서도 알 수 있듯이, 암석의 특성이 그대로 지형의 특성을 결정짓는 것은 아니다.

〈그림 3〉의 쥐라기 화강암은 일명 대보화강암으로 알려졌는데, 중국 방향, 즉 남서-북동 방향의 대상(帶狀) 분포를 보인다. 이러한 분포 특징은 조산운동에 기인하는 것으로 〈그림 2〉에서 보듯이 화강암과 단층선은 조산운동 시에 지각에 가해진 횡압력의 방향과 관련이 있는 것으로 추정된다. 이와는 달리 북부 지방에는 송림변동 시에 관입한 것으로 추정되는 화강암이 널리 분포하며, 이들은 대보화강암과는 달리 뚜렷한 방향성을 보이지 않는다.

현무암, 안산암, 유문암으로 구성되는 화산암은 제3기 및 제4기에 생긴 것이 대부분이다. 주요 분포 지역은 백두산, 길주-명천, 철원-평강, 신계-곡산, 포항-방어진, 제주도, 울릉도 등지이다(〈그림 4〉 참조). 그중 백두산, 제주도 등은 큰 규모의 화산체인데, 제3기에서 제4기에 걸쳐 분화가 일어나 다양한 종류의 화산암들이 쌓여 있다.

특히 제주도에는 제3기 이래 총 79회 이상의 분화가 있었다. 화산 초기에 쌓인 기저현무암은 제3기, 그리고 화산 말기에 쌓인 백록담 주변의 현무암은 제4기에 속한다. 이에 대하여 철원-평강 일대는 단층선을 따라 화산 분출이 일어나 용암이 한탄강을 따라 문산까지 흘러가 쌓이면서 강 주변의 저지대를 메워 곳곳에 크고 작은 용암대지를 만들었다(이민부 외, 2004). 이곳의 용암은 현무암으로서 일명 추가령현무암 또는 전곡현무암이라고도 불린다. 이들 현무암의 생성시기는 대부분 제4기에 속한다.

그림 3. 대보화강암(서울, 관악산)

그림 4. 전곡현무암(경기도 연천)

퇴적암은 해성층보다는 육성층이 많다. 고생대 전기까지는 석회암 등으로 이루어진 해성층이 많으며, 고생대 말기 이후에는 역암, 사암, 셰일 등으로 이루어진 육성층이 대부분이다. 해성층의 예로는 조선누층군[1]에 속하는 석회암 지층을 들 수 있다. 주요 분포지는 평남, 강원 남부 및 충북 동부 지역이다.

육성층의 예로는 평안누층군, 대동누층군 및 경상계 지층을 들 수 있다. 이들 중 평안누층군과 대동누층군은 석탄을 협재하고 있어, 그런 곳을 중심으로 우리나라의 주요 탄전 지대가 형성되어 있다. 평안누층군은 조선누층군과 마찬가지로 평남, 강원 남부 및 충북 동부 지역, 그리고 대동누층군은 평남, 충남 중서부 등지에 분포한다. 이에 대하여 중생대 백악기 경상계 지층은 경상분지에 주로 퇴적되어 있다. 불국사화강암은 이러한 경상계 지층을 관입한 상태로 분포한다.

중 · 고생대 지층과는 달리 신생대 제3기층은 분포 지역이 넓지 않고 제한적이다(〈그림 5와 6〉 참조). 대표적인 곳은 봉산, 안주, 아오지, 길주-명천, 포항(연일), 서귀포 등지인데, 중 · 남부 지방에서는 영일만 주변 지역인 포항(연일) 일대에서 분포 범위가 가장 넓다.

1) 근래에는 '조선계', '평안계' 대신에 '조선누층군', '평안누층군' 등의 용어를 사용한다.

그림 5. 서귀포층(제주도, 서귀포 해안)

그림 6. 서귀포층의 조개화석

서귀포층은 응회질 사암과 사질 셰일로 이루어져 있으며, 많은 조개화석을 포함하고 있다.

2) 지체구조

한반도의 지체구조는 육괴와 지향사(또는 퇴적분지)가 반복되는 양상을 보인다(〈그림 7〉 참조). 육괴는 주로 선캄브리아기의 화강편마암 및 변성퇴적암류(기저변성암 복합체), 그리고 고기화강암류(중 · 고생대의 화강암)로 구성되어 있다. 육괴는 북쪽으로부터 남쪽으로 가면서 관모봉, 낭림, 경기, 영남육괴가 차례로 분포한다. 육괴 사이 또는 그 주변으로는 두만분지, 단천습곡대, 평남분지, 옥천습곡대, 경상분지 등의 지향사(또는 퇴적분지)가 발달되어 있다. 이들 지향사(또는 퇴적분지) 안에는 주로 선캄브리아기의 변성퇴적암류와 중 · 고생대의 퇴적암이 쌓여 있다.

육괴들 중에 북부 지방에 분포하는 낭림육괴와 관모봉육괴는 중국의 중한육괴의 연장선상에 놓여 있다. 이들 육괴에는 화강편마암의 분포 범위가 넓은 반면, 고기화강암은 범위가 좁고, 방향성을 보이지 않는다. 낭림육괴와 관모봉육괴 사이에 위치한 단천습곡대에는 선캄브리아기의 변성퇴적암류, 그리고 신생대 화산암류의 분포 범위가 넓다. 특히 화산암류는 백두산을 포함한 백두 용암대지 일대와 칠보산 등지에 널리 분포한다. 관모봉육괴에는 길주-명천 지구대가 있으며, 제3기 지층이 쌓여 있다. 제3기 지층은 두만분지 일대에서 가장 분포 면적이 넓은데, 제3기 지층 이외에도 선캄브리아기의 변성퇴적암류와 고기화강암도 더불어 분포한다. 두만분지의 제3기 지층 중에는 갈탄이 협재되어 있어 아오지 등지는 일찍부터 탄광업이 발달되었다.

경기육괴는 중국의 산둥육괴와 유사한 특징을 지닌다. 이곳에 화강편마암의 분포 면적이 넓

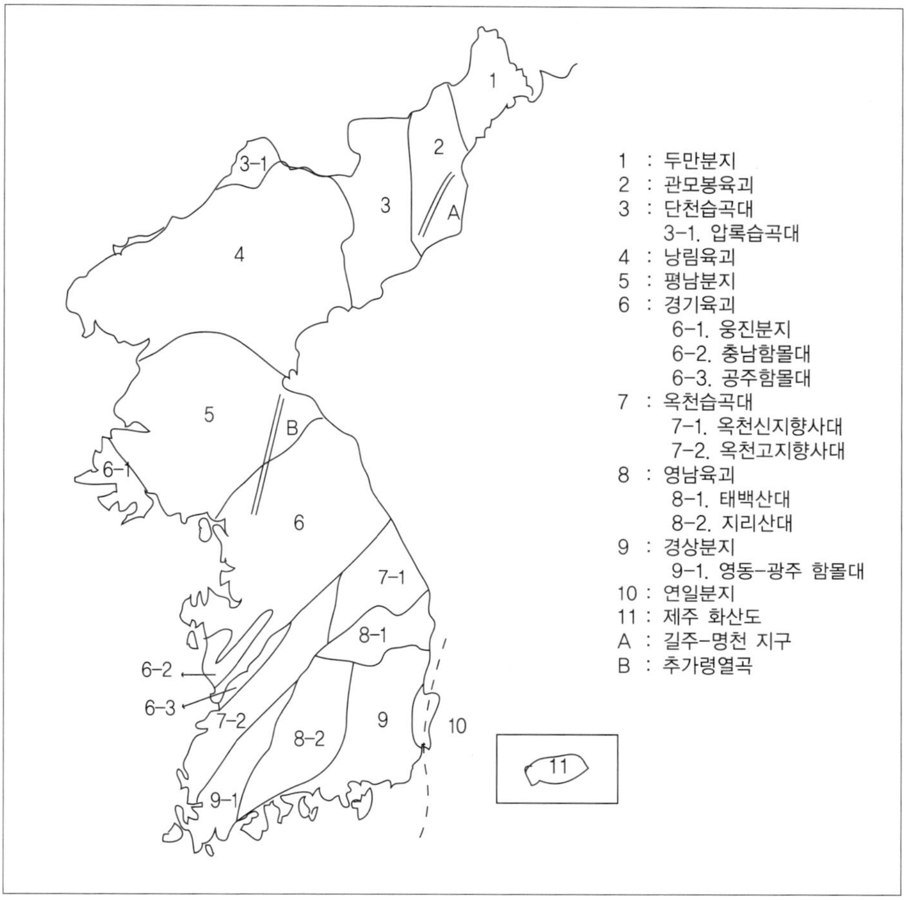

그림 7. 지체구조(원종관 외, 1989, p.600)

고, 변성퇴적암과 고기화강암이 분포하는 점은 낭림육괴나 관모봉육괴와 마찬가지이다. 경기육괴와 낭림육괴의 사이에는 북부 지방 최대의 퇴적분지인 평남분지가 자리 잡고 있다. 평남분지에는 원생대의 상원누층군, 고생대의 조선누층군과 평안누층군, 그리고 대동누층군이 분포한다.

경기육괴의 남쪽으로는 영남육괴와의 사이에 옥천습곡대가 분포한다. 옥천습곡대는 동북부의 신지향사대와 남서부의 고지향사대로 구분된다. 옥천신지향사대에는 고생대의 조선누층군과 평안누층군, 대동누층군이 분포하는 반면, 옥천고지향사대에는 변성퇴적암류의 분포 면적이 넓다. 평남분지와 옥천습곡대는 여러 가지로 대비된다. 양자 모두 고생대 및 중생대의 퇴적암을 포함하지만, 평남분지에는 원생대의 상원누층군이 기저를 이루는 반면, 옥천습곡대에는 상원누층군이 존재하지 않는 점에서 차이가 있다.

표 2. 한반도의 지질계통(원종관 외, 1989, 표 24-1을 부분 수정)

지질시대			지질계통(남한)		지각변동, 화성활동, 변성작용, 기타	구지질계통	
신생대	제4기	현세	제4계	충적층	국지연안퇴적	제4계	(충적층)
		플라이스토세		신양리층	화성활동 : 알칼리화산암류		(홍적층)
	제3기	플라이오세	제3계	서귀포층		제3계	
		마이오세		연일층군	화산활동		명천통
				양북층군	육분		용동통
		올리고세					봉산통
		에오세					
		팔레오세			불국사화강암		
중생대	백악기		경상누층군	유천층군	육성층, 화산활동	경상계	불국사통
				신라층군, 하양층군			신라통
				낙동층군, 신동층군	대보조산운동, 대보화강암		낙동통
	쥐라기		대동층군	묘곡층		대동계	유경통
				남포층군	송림변동, 화성활동		선연통
	트라이아스기		황지층군	동고층 (평안누층군)	화성활동	평안계	녹암통
고생대	페름기		철암층군 (평안누층군)	고한층	옥천층군(상부): 육성층		고방산통
				도사곡층			
				함백산층			
				장성층	해퇴		사동통
				밤치층			
	석탄기		고목층군 (평안누층군)	(중간층)	해성층		
				금천층			
				만항층			홍점통
					해침		
					조륙운동		
	데본기						
	사일루리아기			회동리층	해퇴		
	오르도비스기		상동층군 삼척층군	대석회암층	옥천층군(하부): 해성층	조선계	대석회암통
	캄브리아기			양덕층군	해침, 지변		양덕통
원생대	후기		연천층군	지리산 변성암 복합체		선캄브리아 상원계	구현통, 사당우통, 직현통
	중기		태안층		화성활동, 광역변성작용 (화강편마암)		
	전기		춘천누층군: 춘성층군, 장락층군		(화강편마암)(화강암화작용) 지변, 화성활동, 광역변성작용	선캄브리아	화강편마암계 결정편암계
시생대			경기변성암 복합체 서산층군	영남누층군			

옥천습곡대의 남쪽 내지 남동쪽에 인접하여 영남육괴가 분포한다. 영남육괴는 경기육괴와 유사한 암석 분포 특징을 보인다. 경상분지[2]는 영남육괴에 의해 둘러싸인 모습인데, 경상도의 거의 전역이 경상분지에 속하며, 중 · 남부 지방에서는 퇴적암의 분포 면적이 가장 넓다. 이곳의 퇴적암은 중생대 백악기층으로 두꺼운 곳은 무려 10km에 달하는 것으로 알려진다. 경상분지의 동쪽, 영일만 주변에는 주로 제3층이 쌓여 있는 연일분지가 있다. 연일분지의 제3기층은 역암, 사암, 실트스톤 등이 중심인데, 장기 일대에는 화산암도 비교적 넓은 범위에 걸쳐 분포한다.

2. 지각운동과 한반도 지형

1) 내인적 작용과 판구조론

지형은 지구 체계 내부 또는 외부에서 비롯되는 힘에 의해 영향을 받아 변화된다(〈그림 8〉 참조). 힘의 원천이 지구 밖 즉, 태양 에너지에서 비롯되는 지형형성과정을 흔히 외인적 작용(外因的 作用, exogenic processes), 그리고 힘이 지구 내부에서 비롯되는 것을 내인적 작용(內因的 作用, endogenic processes)이라 한다.

모든 지형은 정도의 차이는 있을지라도 외인적 작용과 내인적 작용을 동시에 받는다. 그러나 히말라야산맥이나 태백산맥과 같이 규모가 큰 지형은 그 근간이 내인적 작용에 의해 결정되는 반면, 우리 주변에서 흔히 보는 구릉지, 범람원, 해빈 등은 주로 외인적 작용에 의해 생겨난다. 그러므로 우리나라의 지형을 체계적으로 이해하기 위해서는 내인적 작용에 의한 지형형성과정을 먼저 다루고, 그러한 토대 위에서 외인적 작용에 의한 지형들을 배우는 것이 바른 순서이다.

내인적 작용에 의한 지형 변화는 지각운동과 화산활동에 의한 지형 변화를 말한다. 지각운동이란 말 그대로 지각의 수직적 또는 수평적인 움직임을 의미한다. 지각운동은 그 성격에 따라 흔히 조산운동과 조륙운동으로 구분한다. 조산운동은 마그마의 관입, 습곡, 단층 등 지층의 심한 교란을 수반하면서 땅이 융기되어 산맥을 만드는 지각운동을 말한다. 이에 대하여 지층의 커다란 교란을 수반하지 않는 가운데 지각이 융기 또는 침강하는 것은 조륙운동의 범주에 속한다.

2) 경상분지는 지질학적인 의미로 사용된 것으로 지형적인 의미의 분지가 아니라는 점에서 유의할 필요가 있다.

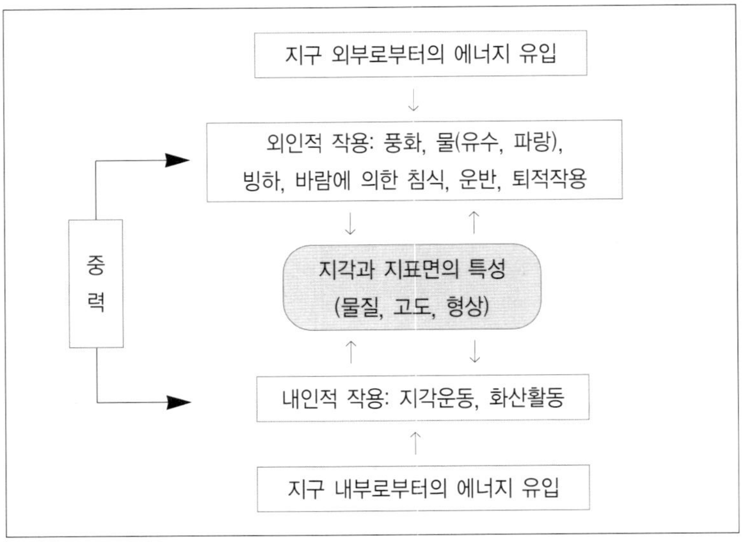

그림 8. 내인적 작용과 외인적 작용(Ahnert, 1998, Fig. 3.1을 부분 수정)

지각운동은 지표면을 움직이고 변형시킴으로써 지형 변화에 중요한 역할을 담당하는 것은 사실이지만, 지각운동이 일어난다고 해서 그것이 그대로 지형 변화에 영향을 미치는 것은 아니다. 지각운동이 지형에 영향을 미치는 것은 대체로 두 가지 경로를 통해서이다. 첫째는 지반을 수직적 혹은 수평적으로 위치 이동시킴으로써 지형을 변화시키는 것이고, 둘째는 그러한 지각운동과정에서 암석이나 지질구조에 변형이 일어남으로써 지형이 변화되는 것이다. 다시 말하면 지각운동에 의하여 지표면의 형태가 직접적으로 변화되거나 지각을 구성하는 물질과 그 구조에 변화가 생겨 이로 인하여 간접적으로 지형이 변화된다.

이와 같은 지각운동은 여러 가지 원인들에 의해서 발생하지만, 맨틀이 대류운동하면서 그 위에 놓인 지각판이 더불어 움직이기 때문에 지각운동이 일어나는 경우가 가장 보편적이다. 이와 같이 지각판의 움직임을 토대로 지각운동을 설명하는 이론을 판구조론(板構造論, plate tectonics)이라 부른다. 근래에는 거의 모든 지각운동의 근거를 판구조론에서 찾고 있다.

판구조론에 의하면, 지구는 10여 개의 지각판(地殼板, lithospheric plate)으로 구성되어 있다. 이들이 맨틀의 약권(弱圈, asthenosphere)에 실려 마치 컨베이어에 실린 판자 모양으로 움직이면서 어떤 곳에서는 지각판들이 서로 만나 충돌하고, 또 어떤 곳에서는 각기 다른 방향으로 갈라져 이동하면서 지각을 변형시키고 있다. 이러한 판구조론의 토대가 된 것은 1922년 독일의 기상학자 겸 지구물리학자인 베게너(A. Wegener)가 처음 주장한 대륙이동설(大陸移動說, continental drift theory)이다. 베게너는 아프리카 서쪽 해안과 남아메리카 동쪽 해안의 모습이 마치 하나를 둘로 갈라놓은 것처럼 일치하는 것에 착안하여 이들 대륙이 갈라져 이동하였다는 대륙이동설을 주장하였다.

오늘날 우리는 대륙이 이동한다는 것을 믿고 있지만, 처음부터 베게너의 이론이 학계에 수용된 것은 아니었다. 오히려 그의 이론이 발표되었던 당시에는 터무니없는 것으로 여겨졌다. 그러나 1960년대 이래 지구탐사 기술이 혁신적으로 발전됨에 따라, 그간 잘 알지 못하였던 심해의 해저 지형 및 지질, 고지자기 등에 관한 많은 학술연구들이 이루어지면서 대륙이 움직인다는 사실을 입증하는 증거들이 속속 밝혀지게 되었다. 특히 해저지각에서의 대칭적인 고지자기(古地磁氣) 반전 현상, 그리고 이에 기초하여 주장된 해저확장설(海底擴張說, theory of sea floor spreading), 변환단층(變換斷層, transform fault)의 존재 등은 대륙이 움직인다는 것을 보다 분명하게 뒷받침하게 되었다. 이에 따라, 한동안 잠자던 대륙이동에 관한 이론은 부활되었고, 이에 관한 학술 연구 내용들이 판구조론의 이론적 틀 속에서 널리 알려지게 되었다.

오늘날 대륙이동을 포함한 판구조론의 이론은 점차 가설로부터 정설화되는 단계에 있다. 크고 작은 지각운동은 물론이고, 큰 규모의 지형이 생성되고 변화되는 과정을 설명할 때 판구조론에 입각한 지각운동을 제시하는 경우가 많다. 예를 들어, 지구적인 규모에서 파악되는 신기조산대의 생성에서부터, 이보다 작은 규모의 지형인 한반도 및 동해의 생성에 이르기까지 판구조론에 입각하여 해석하는 것이 오늘날의 학문 경향이다.

2) 한반도의 주요 지각운동과 지형 발달

(1) 지각운동과 산맥의 형성

신생대 이전에 한반도에서 발생하였던 주요 지각운동으로는 송림변동, 대보조산운동 및 불국사변동을 들 수 있다. 송림변동은 중생대 트라이아스기, 대보조산운동은 중생대 쥐라기, 그리고 불국사변동은 중생대 백악기에 있었다. 그러나 이들 지각운동이 동일한 강도로 한반도의 전 지역에 걸쳐 발생했던 것은 아니다. 비교적 넓은 범위에 걸쳐 가장 크게 영향을 미쳤던 지각운동은 대보조산운동으로 이의 영향을 가장 크게 받았던 지역은 중 · 남부 지방이다. 이에 대하여 송림변동은 북부 지방, 그리고 불국사변동은 영남 지방에 주로 영향을 미쳤던 것으로 알려진다.

이와 같은 지각운동은 대개 마그마의 관입을 수반하므로 지각운동이 있었던 지역에는 당시에 생성된 화강암이 널리 분포한다. 북부 지방에서 낭림육괴 및 관모봉육괴의 화강암은 송림변동, 그리고 중 · 남부 지방에서 경기육괴 및 영남육괴의 대보화강암은 대보조산운동 시에 생

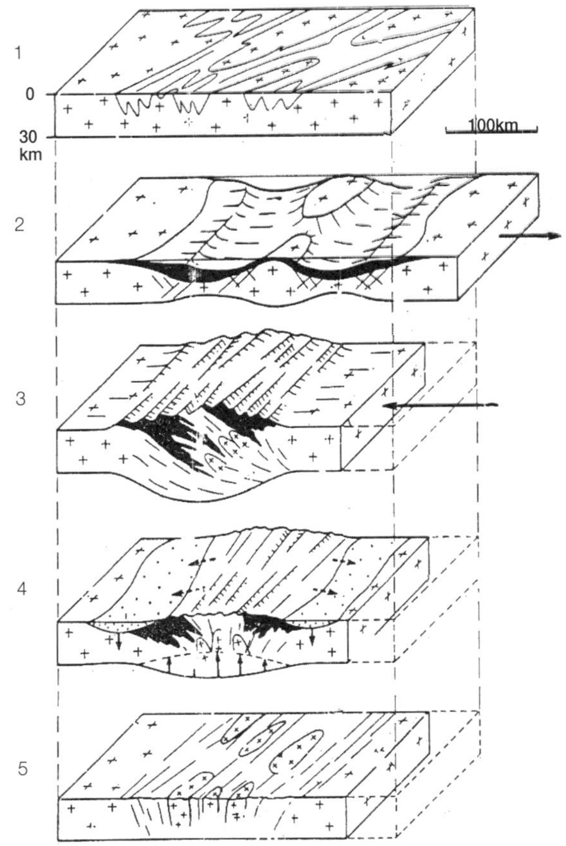

그림 9. 조산운동과 지형 발달(화살표 : 지각판의 운동 방향)*
조산운동은 제3단계에서 절정에 달하며, 여러 줄기를 가진 산맥이 형성된다.

겨난 것이다. 또한 경상분지의 불국사화강암은 불국사변동 시에 생성된 것이다.

그러나 이들 지각운동은 지각이 변형되던 당시에는 지표면의 높낮이를 바꾸는 등 지형 변화를 일으켰을지라도 현재 우리가 보는 지형에 직접적으로 영향을 미친 것은 아니다. '조산운동'이라는 명칭을 사용하는 대보조산운동만 하더라도 조산운동이 있었던 중생대 쥐라기에는 아마도 습곡, 단층, 마그마의 관입 등이 일어나면서 산맥이 형성되었겠지만, 당시의 산맥은 이후 백악기와 신생대 제3기 초엽을 지나면서 장기간에 걸친 육상 침식을 받아 원래의 모습을 잃어버렸을 가능성이 높다. 다시 말하면, 더 이상 산맥이라고 부를 수 없는 낮은 산지 또는 구릉지로 변화되었을 것이다. 그렇지만 암석이나 지질구조에는 당시에 조산운동이 있었다는 흔적이

*독일 아헨공과대학교 지질학과 발터(Walter) 교수의 '일반지질학' 강의 자료(1985년).

남게 되었다. 대상 분포 양상을 보이는 대보화강암이나 그것과 동일한 방향성을 보이는 구조선들이 바로 그것이다. 다시 말하면 중 · 남부 지방에서 대보화강암이 북동–남서 방향을 취하면서 대상으로 분포하는 것이나 그것과 동일한 방향을 보이는 구조선(단층선)들은 과거에 조산운동이 일어나면서 생겨난 것이다(〈그림 2와 9〉 참조).

대보조산운동이 그리하였던 것처럼 송림변동이나 불국사변동도 마찬가지로 현재의 지형에 직접적으로 영향을 미친 것은 아니다. 즉 이러한 지각변동이 그대로 지형에 반영된 것은 아니다. 대보조산운동과는 달리 송림변동이나 불국사변동에 대하여 '조산운동'이라고 부르지 않는 것은 화강암이 관입되어 있는 등 지각변동의 증거는 있으나, 조산운동을 입증하는 습곡 등의 구체적인 증거들이 많지 않기 때문이다.

여기서 대보조산운동이나 송림변동 및 불국사변동이 있었음에도 불구하고 그것들이 지형 발달에 직접적인 영향을 미치지 않았다는 의미를 잘 이해할 필요가 있다. 지각운동이 지형에 직접적인 영향을 미친다는 것은 지각을 융기 또는 침강시키거나 수평적으로 이동시킴으로써 지표의 모습 즉, 지형이 달라지는 것을 뜻한다. 위에 소개한 지각운동은 신생대 이전에 일어났던 것들이므로 지각운동이 일어났던 당시에는 지형의 변화를 직접적으로 일으켰을지라도 그 이후 신생대에 이르러 장시간에 걸쳐 침식작용이 가해져서 원래의 지형 모습이 달라졌기 때문에 지형에 직접적인 영향을 미친 것으로 보기는 어렵다.

그렇다면 이와 같은 지각운동들은 한반도의 지형 발달에 전혀 영향을 미치지 않았던 것인가. 물론 그것은 아니며, 지각운동과 더불어 단층 등의 지각구조에 변화가 일어나고, 화강암이나 변성암이 새로이 생겨나는 등 지표 구성 물질의 변화가 일어났기 때문에 이로 인하여 지형이 달라져 왔다. 그러나 그것은 앞서 말한 바와 같이 한반도의 지반을 직접적으로 움직여 산맥과 골짜기를 만드는 등 지형의 근간을 형성한 것은 아니다.

현재의 한반도 지형의 근간은 이와 같은 지각운동이 아니라 이보다 후일에 일어났던 지각운동 즉, 신생대 제3기 마이오세(Miocene) 이래의 경동성 요곡융기(傾動性 撓曲隆起, tilted upwarping)[3]에 의해 결정된 것으로 본다. 이러한 요곡운동은 일종의 조륙운동으로서 습곡 등 심한 지층의 교란이나 화강암의 관입을 수반한 것은 아니다. 습곡운동과 요곡운동을 혼동하는 경우가 있는데, 습곡운동은 조산운동에 수반되며 횡압력이 가해져서 지층에 주름이 잡

3) 요곡운동은 융기율 또는 침강률이 중심부에서 크고, 외곽부로 가면서 작아지기 때문에, 결과적으로 지각이 휘어지게 되는 지각운동을 말한다. 요곡운동은 상방(上方)요곡운동(upwarping)과 하방(下方)요곡운동(downwarping)으로 나누어진다. 상방요곡운동의 예로서는 우리나라의 경우 이외에 로키의 프런트산맥(Front Range)의 융기운동, 그리고 하방요곡운동의 예로서는 지향사(geosyncline)를 들 수 있다.

히면서 지표면의 면적이 감소되는 지각운동을 의미하는 데 비하여, 요곡운동은 융기의 중심축을 기준으로 주변으로 가면서 융기율이 작아져 결과적으로 지각이 휘어져 올라오는 지각운동을 말한다(〈그림 9〉 참조).

그러므로 지각이 요곡운동을 받게 되면 지표면이 인장력을 받아 오히려 확장되고 그런 과정에서 지각이 끊어지는 정단층(正斷層, normal fault)이 수반된다. 이러한 점은 횡압력으로 인하여 역단층이나 오버스러스트(overthrust), 습곡 등이 수반되는 조산운동과는 다른 것이다. 한반도에 있었던 요곡운동에 '경동(傾動, tilting)'이란 수식어를 붙인 것은 융기의 중심축이 한쪽으로 치우친 관계로 지각이 비대칭적으로 기울어지면서 휘어져 올라온 지각운동이라는 점을 강조하기 위해서이다.

경동성 요곡융기운동은 특히 수도권과 강원도를 포함한 중부 지방의 지형 해석에 유효하다. 김상호(1973)에 의하면 태백산맥을 중심으로 지반융기의 중심축이 놓여 있었기 때문에 높은 산지가 형성되었으며, 이곳으로부터 영서 및 경기 지방, 그리고 영동 지방으로 갈수록 융기율이 작아져 점점 산지의 고도가 낮아졌다고 한다. 이와 같이 융기의 중심축이 한반도의 중앙부가 아니라 다소 동쪽으로 치우쳐 놓였기 때문에 태백산맥으로부터 영서 및 경기 지방으로 가면서 지면 경사가 대체로 완만하게 낮아지지만, 영동 지방으로는 급격하게 경사가 달라진다.

이러한 지각운동이나 지형에 대한 해석은 여러 면에서 의미 하는 바가 작지 않다. 태백산맥뿐만 아니라 함경산맥도 높은 산지를 이루며 동해안에 근접하여 분포하는 반면, 내륙으로 가면서 산지의 고도가 완만히 낮아지므로, 태백산맥의 경우와 유사한 발달 과정을 거친 것으로 해석된다. 다시 말하여 함경산맥, 태백산맥으로 이어지는 한반도의 높고 긴 산맥들이 동해안 가까이 놓이게 된 것은 신생대 제3기 이래 있었던 요곡융기운동에 기인한 것이다. 이들과 마찬가지로 낭림산맥이나 소백산맥 또한 지각 융기에 의해 생성된 산맥이다.

이와는 달리, 태백산맥에서 갈라져 중국 방향(남서-북동)을 취하면서 황해 쪽으로 뻗고 있는 마식령산맥, 광주산맥, 차령산맥은 지반의 직접적인 융기에 의한 산맥이라기보다는 융기가 일어나는 과정에서 그 이전에 이미 있었던 구조선들을 따라 침식이 일어나면서 2차적으로 생겨난 것이다. 태백산맥에서 멀어질수록 지반융기량이 작았기 때문에 이들 산맥은 황해 쪽으로 가면서 대체로 산지의 고도가 낮아지고, 산맥의 줄기가 흩어지는 등 산맥의 연속성이 약하다. 또한 산맥의 주향뿐만 아니라 산지 사이에 형성된 하곡들 또한 대체로 유사하게 중국 방향을 취하고 있다.

이와 마찬가지로 융기의 중심축에서 멀리 떨어진 서해안 일대에 분포하는 구릉지 또는 낮은 산지들은 처음부터 융기량이 많지 않아서 낮은 산지로 쉽게 변모되었다. 즉 서해안의 구릉지나 낮은 산지가 태백산맥 등 높은 산지에 비하여 오랫동안 더 많은 침식을 받았기 때문에 고도가 낮아진 것이 아니다. 사실 같은 조건이라면 해발고도가 높으면 높을수록 더 많이 침식받는 것이므로 낮은 산지가 더 많은 침식을 받았다는 것은 이치에 맞지 않는다. 그와 같이 산지 고도의 차이가 생긴 것은 침식량의 차이가 아니라 기본적으로 지반융기량의 차이에서 비롯된다.

마식령, 광주, 차령산맥과 마찬가지로 랴오둥 방향(서남서-동북동)의 강남, 적유령, 묘향, 언진, 멸악산맥이나 중국 방향의 노령산맥 또한 지반융기와 더불어 그 이전에 생겨난 구조선들을 따라 침식이 강화된 결과 2차적으로 생겨난 산지이다. 이들 산맥은 융기의 중심축인 태백, 낭림, 소백산맥으로부터 멀어질수록 산지의 고도가 낮아져 때로는 산줄기조차 알아보기 어려울 정도로 낮은 산지로 달라진다. 다만 구조선이 생겨난 시기는 서로 다르다. 즉 랴오둥 방향의 구조선은 중생대 트라이아스기의 송림변동, 그리고 중국 방향의 구조선은 중생대 쥐라기의 대보조산운동 시에 생겨난 것이다.

(2) 지각운동과 각종의 지형 발달

신생대 제3기 이래의 지각운동과 이에 수반된 지형 변화는 한반도의 곳곳에 특징적인 지형들을 만들어 놓았다. 고위침식면 및 저위침식면, 감입사행, 하안단구 등이 좋은 예들이다.

고위침식면은 신생대 제3기 마이오세(Miocene) 이래 지각이 요곡융기하면서 산의 정상부 일대에 원래의 평탄한 지형 모습을 간직한 채 남아 있는 산지 지형이다(〈그림 10〉 참조). 고위침식면은 대체로 높이가 비슷하고, 높낮이가 크지 않은 높은 산지들이 이어져 있으면서 산지의 정상부가 비교적 평탄한 모습을 띠고 있다. 이러한 고위침식면은 해발 500m 이상이 되면 나타나기 시작하며, 해발 900m 이상을 넘는 태백산맥의 산지 일대에서는 넓은 범위에 걸쳐 분포한다. 이와는 달리 저위침식면

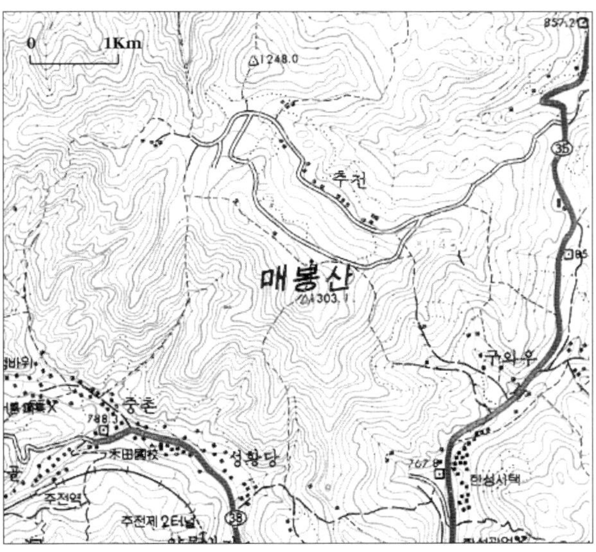

그림 10. 고위침식면(매봉산)

은 지반융기와 더불어 원래의 지형면이 침식 해체되어 새롭게 생겨난 평탄면으로 지반융기량이 작았던 서해안 일대에서 널리 나타난다. 저위침식면은 대체로 해발 300m 이하의 지역에 많은데, 형태로는 산록완사면(山麓緩斜面, piedmont)의 모습을 취하고 있는 것이 보통이다. 이러한 산록완사면들 중에는 지표면 형태가 기반암의 모습을 반영하고, 퇴적층의 두께가 두껍지 않아 페디먼트(pediment)로 불리는 것들이 많다.

이와 같은 침식면 지형들과 더불어 하천(특히 한강) 중 · 상류의 일부 지역에서는 지반의 융기에 따라 보다 활발해진 하천 침식작용으로 인하여 감입사행하도와 여러 단(段)의 하안단구들이 발달하게 되었다. 감입사행하도(嵌入蛇行河道, incised meandering channel)는 계곡이 사행한다는 점에서 자유사행하도와는 뚜렷하게 구분된다(〈그림 11〉 참조). 이러한 하도는 지반융기 또는 해수면 하강과 관련하여 하천의 하각 및 측방 침식이 강화되면서 발달된다. 즉, 지반융기 등에 의하여 위치 에너지가 증가되면 하천 침식력이 강화되고, 침식에 약한 쪽을 향하여 유로가 이동되기 때문에 결과적으로 산지 계곡을 감아 도는 형태의 사행이 발달된다. 감입사행은 하곡이 대칭성을 보이는 굴삭사행(掘削蛇行, entrenched meander)과 비대칭성을 보이는 생육사행(生育蛇行, ingrown meander)이 구분된다. 우리나라의 감입사행하도는 대개 생육사행하도이며, 한강, 낙동강 등 대하천의 중 · 상류에서 흔히 찾아볼 수 있다. 남한강의 지류인 평창강, 골지천, 동강 등이 좋은 예이다. 이와 같이 대하천의 중 · 상류에 감입사행하도가 많은 것은 그러한 곳을 중심으로 지반융기가 활발했기 때문이다.

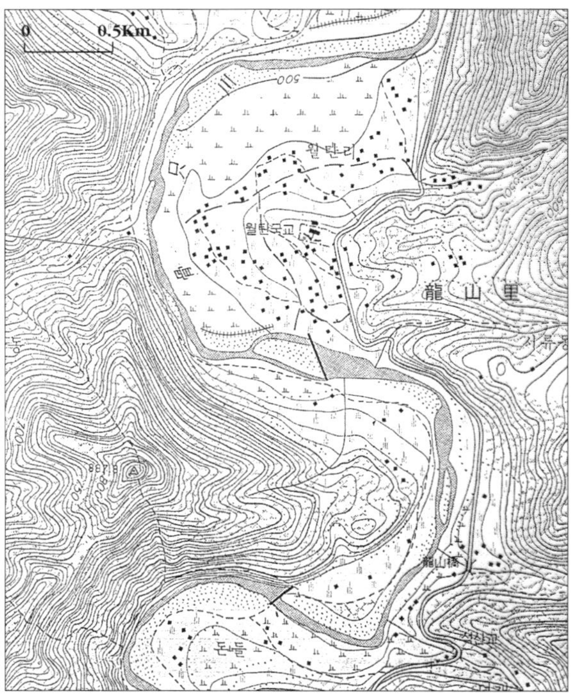

그림 11. 감입사행(남한강 지류, 골지천)

감입사행하도와 더불어 널리 나타나는 하안단구는 단구면(段丘面, terrace surface)과 단구애(段丘崖, terrace scarp)로 이루어져 있는데, 범람원을 포함한 계곡평야(valley floor)가 여러 가지 원인으로 하천 침식을 받아 생겨난 계단상의 지형을 말한다. 하천 침식이 활발해지는 원

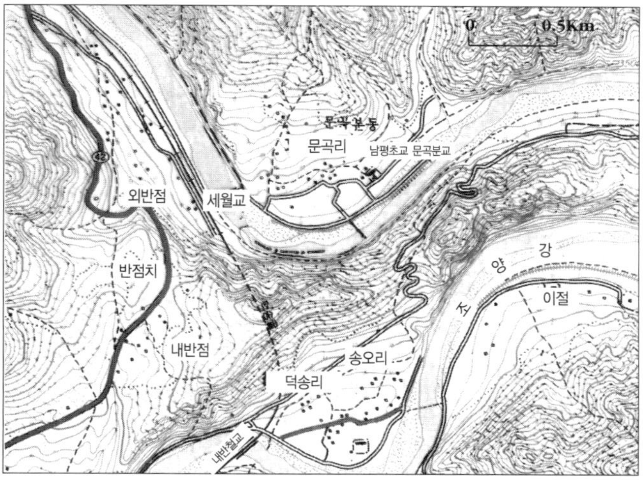

그림 12. 하안단구(강원도 정선)
'내반점' 일대는 조양강이 만든 하안단구이다.

인으로는 지반융기 또는 해수면 하강 등으로 침식기준면이 달라지거나 기후 변화가 일어나 유량 및 퇴적물이 달라지는 경우이다.

지반융기 또는 해수면 하강은 하천의 위치 에너지를 증가시키는 것이므로, 결과적으로 하천의 침식력을 증대시켜 하상을 수직적으로 깎아 대는 하각작용이 활발해지며 그런 과정에서 하안단구가 생겨난다(〈그림 12〉 참조). 그러나 지반융기와는 달리, 해수면 하강이 하안단구에 미치는 영향은 하천의 하류 지역에 국한된다. 또한 해수면 하강을 포함한 해수면 변동은 기후 변화와 관련된 현상이므로 하안단구에 미치는 영향이 지반운동에 의한 것보다 더 복잡한 양상을 띤다. 기후 변화라면, 제4기의 기후 변화 즉, 빙하기와 간빙기의 반복과 관련된 기후 변화가 중요하다.

이러한 기후 변화는 해수면 변동만 초래하는 것이 아니라, 육상의 풍화 및 침식작용에도 영향을 미친다. 빙하기 동안 하천의 상류에 해당되는 중 · 고위도 지방의 높은 산지에서는 빙하 또는 주빙하 환경하에 놓이게 됨으로써 식생은 감소하고 물리적 풍화가 활발해진다. 따라서 지면에는 암설 중심의 풍화산물이 많아지고, 이들의 상당수는 솔리플럭션(solifluction) 등으로 하천에 공급되지만, 하천은 유량이 적어 이들을 효과적으로 운반하지 못한다. 이와 같은 일이 반복되면, 하곡은 조립질 퇴적물로 메워지게 되므로, 그 이전에 단구가 있었을지라도 매몰되고 단지 넓은 범람원만이 하곡에 자리를 잡게 된다.

이와는 달리, 간빙기가 되면, 기후가 온화해지면서 강수량도 대체로 증가하기 때문에, 고산지의 산사면에도 식생이 많아지고, 물리적인 풍화보다는 화학적인 풍화가 우세한 환경이 된다. 따라서 산지로부터 하천에 공급되는 퇴적물은 보다 세립질로 달라지는 반면, 유량이 증가되기 때문에, 범람원은 침식을 받게 되며 그 결과 하안단구가 생겨난다. 이와 같이 기후 변화에 의해 생겨난 단구를 기후단구(climatic terraces)라 부른다. 하안단구의 생성 과정은 복합적인 것임에 틀림없지만, 지반의 융기량이 다른 지역에 비하여 상대적으로 많았던 태백산지 일대의 하천들을 따라서 여러 단의 하안단구들이 전형적으로 발달된 것은 지반융기가 하안단구의 형성에 일정 부분 영향을 미쳤기 때문이다.

참고문헌

건설부 국립지리원, 1980,『한국지지 총론』, pp.143-160.

김상호, 1973,「중부 지방의 침식면 지형 연구」,『서울대 논문집』, 이공계 제21집, pp.85-114.

김상호, 1974,『지리학개론(개정증보)』, 일조각.

김종욱, 1983,「사천 와룡산 서쪽 산록면의 형상과 형성과정에 관한 연구」,『지리학논총』, 제10호, pp.359-369.

원종관 · 이하영 · 지정만 · 박용안 · 김정환 · 김형식, 1989,『지질학원론』, 우성문화사.

이대성 · 유기주 · 김광호, 1983,「추가령 열곡의 지구조적 해석」,『지질학회지』, 19(3). pp.159-168.

이민부 · 이광률 · 김남신, 2004,「추가령 열곡의 철원-평강 용암대지 형성에 따른 하계망 혼란과 재편성」,『대한지리학회지』, 39(6), pp.833-844.

임창주, 1989,「남한강의 하안단구에 관한 연구」, 동국대학교 박사학위논문.

장재훈, 1984,「한국의 산록완사면에 관한 지형연구」, 경희대학교 박사학위논문.

정장호, 1986,『한국지리(개정판)』, 우성문화사.

정창희, 1986,『지질학개론(전정판)』, 박영사.

Ahnert, F., 1978, Gegenwertige Forschungstendenzen der physischen Geographie, *die Erde*, 109, pp.49-80.

Ahnert, F., 1998, *Introduction to Geomorphology*, London, Arnold.

Büdel, J., 1957, Die 'Doppelten Einebnungsflächen' der feuchten Tropen, *Zeitschrift für Geomorphologie, N.F.*, 1, pp.201-228.

Chorley, R.J., Schumm, S.A. and Sugden, D.E., 1985, *Geomorphology*, London, Methuen, pp.3-16.

Leopold, L.B., Wolman, M.G. and Miller, J.P., 1964, *Fluvial Processes in Geomorphology*, San Francisco, W.H. Freeman.

Ritter, D.F., Kochel, R.C. and Miller, J.R., 1995, *Process Geomorphology*, Iowa, Wm. C. Brown, pp.231-269.

Summerfield, M.A., 1991, *Global Geomorphology*, England, Longman Scientic Technical, pp.3-30.

Twidale, C.R., 1978, On the origin of pediments in different structural settings, *Amer. Jour. of Sci.*, 278, pp.1138-1176.

제2장

산지 지형

김종욱(서울대학교)

1. 산지에서의 지형형성작용

우리가 흔히 산지라고 부르는 지형은 평지와는 달리 지면이 경사져 있으며, 고도가 주변의 평지에 비하여 더 높은 일체의 땅을 의미한다. 이와 같이 산지는 지면 경사가 있고, 고도 또한 높기 때문에 그렇지 않은 평지보다는 사람들의 주거활동에 불리한 조건을 갖추고 있다. 그러나 산지라고 해서 전부 다 경사가 급한 땅만 있는 것이 아니며, 산지를 침식하면서 흘러내리는 하천 골짜기 주변에는 소규모의 평지도 분포하기 때문에, 예로부터 사람들의 주된 주거지의 하나로 선택되어 왔다. 특히 우리나라처럼 평지보다는 산지가 많은 국가에서는 주거 및 경제활동, 문화 등 여러 면에서 산지가 차지하는 비중이 결코 작지 않다.

산지는 지형학적인 관점에서도 매우 중요하다. 지표면은 거의 대부분이 정도는 달라도 경사진 사면 즉, 산사면(hillslope)으로 이루어져 있기 때문이다. 지표면은 지반운동이나 화산활동은 물론이고, 물, 바람, 빙하 등에 의해서도 끊임없이 깎여 나가고, 또 깎인 물질이 다른 장소에 쌓이면서 변화된다. 이러한 지형 변화는 많은 경우 지표면의 높낮이와 경사에 영향을 주는 것이므로 결국 산지의 형성과정과 관련된 것으로 볼 수 있다. 그러므로 산지의 지형 특성이나 지형형성과정을 아는 것은 지형 이해의 기본이 된다. 산지에서의 지형형성과정은 여러 관점에서 다룰 수 있지만, 사면의 총합이 바로 산지이므로, 사면 위에서 일어나는 지형 변화를 먼저 알아 둘 필요가 있다.

산사면 발달에 관여하는 지형 변수들은 〈그림 1〉에서와 같이 다양하며 이들 간의 관계는 기능적인 관계로 얽혀져 있다. 주요 지형형성과정을 든다면 풍화작용, 사면 물질의 침식운반작용, 그리고 사면 하단부에서의 하천작용 등으로 나누어 볼 수 있다. 그중 사면 물질의 침식운반작용은 다시금 매스 무브먼트(mass movement)에 의한 작용과 물에 의한 작용으로 나누어진다.

매스 무브먼트란 주로 중력작용에 의하여 사면 위에 놓인 물질이 보다 낮은 위치로 움직이는 현상을 말한다. 매스 무브먼트는 물질의 이동 속도가 느린 매스 무브먼트와 빠른 매스 무브먼트로 나눌 수 있는데, 각기 서로 다른 사면형을 만든다.

지금까지의 연구에 의하면, 토양포행(soil creep), 솔리플럭션(solifluction) 등 느린 매스 무브먼트가 지배적으로 작용한 사면은 凸형이 많다. 사면의 정상부에서 하부 사면으로 가면서 이동 물질의 두께가 동일하게 유지되려면, 물질의 이동 속도가 빨라져야 하고, 그러기 위해서는 사면 경사가 커져야 한다(Gilbert, 1909). 이와 같이 하부 사면일수록 경사가 크다는 것은 사면이 凸형이라는 것을 의미한다. 그러나 Ahnert(1987)의 컴퓨터 모델에 의하면, 느린 매스 무브먼트가 지배적인 사면은 전반적으로 凸형을 유지하는 것은 사실이지만, 시간이 지남에

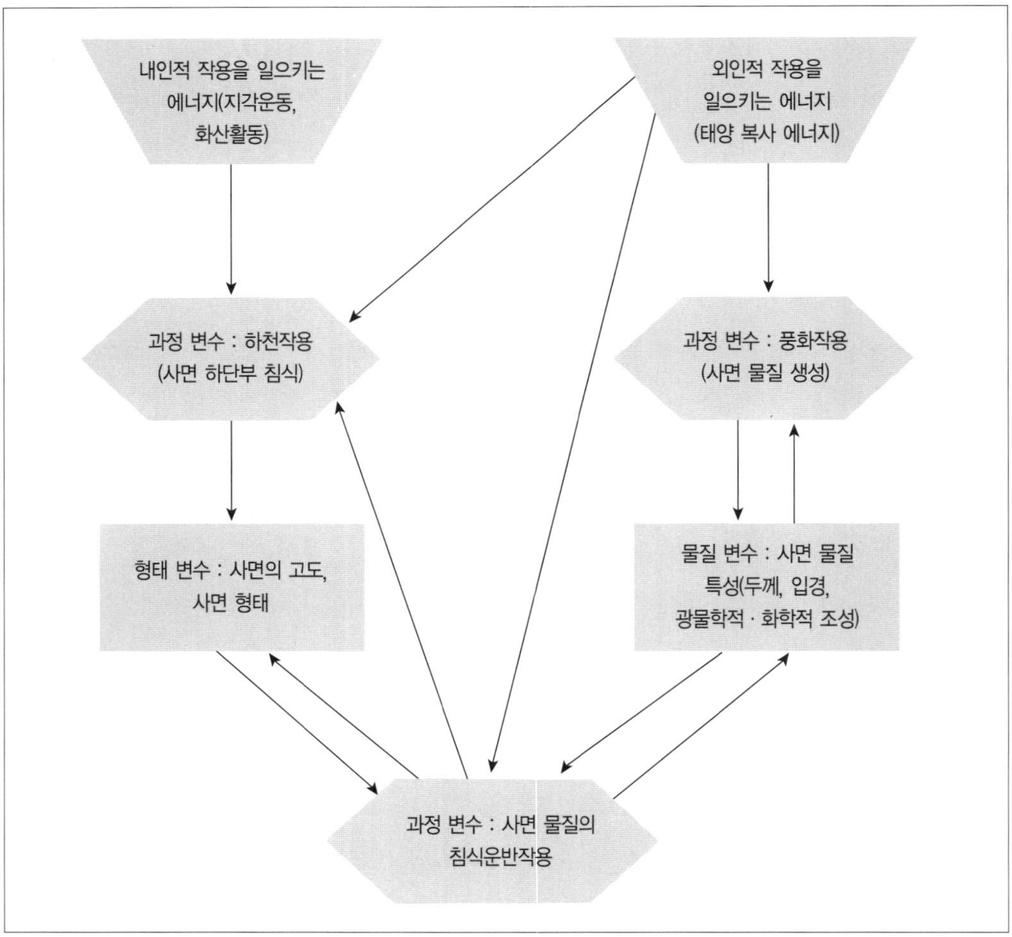

그림 1. 산사면 중심의 과정반응체계(Ahnert, 1980)

따라 점차 정상부의 고도가 낮아지고 경사가 완만해지는 변화를 겪는다. 이와 같은 凸형은 사면의 정상부에서 잘 발달한다.

느린 매스 무브먼트와는 달리, 빠른 매스 무브먼트는 짧은 시간 동안에 사면을 급격하게 변화시키며, 이로 인하여 생겨난 사면은 직선사면형을 보인다. 그러나 완벽한 형태의 직선사면이 존재하는 경우는 매우 드물다. 또한 빠른 매스 무브먼트는 사면 변화에 매우 큰 영향을 미치는 것은 사실이지만, 평형 상태에 이른 사면이 또 다른 평형을 향하여 변화하는 과정에서 발생하는 일종의 과도기적인 사면형으로 존속시간이 길지 않은 것이 대부분이다.

물에 의한 지형형성작용 즉, 사면류(斜面流, slope wash)가 지배적인 경우에는 凹형 사면(wash denudation slope)이 발달한다. 사면류는 포상류(布狀流, sheet flow)와 릴류(rill flow) 형태로 사면 위를 흘러내리는 물 흐름을 총칭하는 것으로 강우가 많은 사면은 주로 이들에 의해 침식받는다. 凹형 사면이 발달하는 것은 사면 하부로 갈수록 유량이 증가되는 반면, 토양 입자의 크기는 감소되므로, 결과적으로 사면류의 운반력이 커지게 되어 완만한 사면 경사로도 물질들을 원활하게 운반 제거할 수 있기 때문이다. 이와 같이, 하부 사면일수록 경사가 완만해지는 사면형이 바로 凹형이다. 하천의 종단곡선이 凹형을 유지하는 것도 이와 같은 맥락에서 이해할 수 있다.

우리나라의 산지들 중에는 산의 정상부 일대에는 凸형 사면, 그리고 산록의 하단부에는 凹형 사면이 발달되어 종단곡선이 사인(sine)곡선을 이루는 곳이 적지 않다. 특히 서해안 일대의 낮은 산지 또는 구릉지들에서 이러한 모습들이 잘 관찰된다. 이는 산지의 정상부에서는 토양 포행 등 느린 매스 무브먼트가 우세한 반면, 산지 사면의 하단부에서는 지표 유출 즉 사면류에 의한 지면 침식이 잘 일어나기 때문이다.

2. 산지 분포와 지형 특성

1) 산지 분포

우리나라는 국토면적에서 산지가 약 70%에 달한다. 산지의 분포를 보면 북쪽과 동쪽에 고도가 높은 산지가 많은 반면, 서쪽과 남쪽에는 고도가 낮은 산지가 많다(〈그림 2〉 참조). 이는 우리나라에서는 높은 편에 속하는 해발 2,000m 이상에 달하는 산지들의 분포를 보아도 잘 알 수 있다. 백두산(2,744m), 관모봉(2,541m), 북수백산(2,522m), 남포태산(2,435m), 두류산

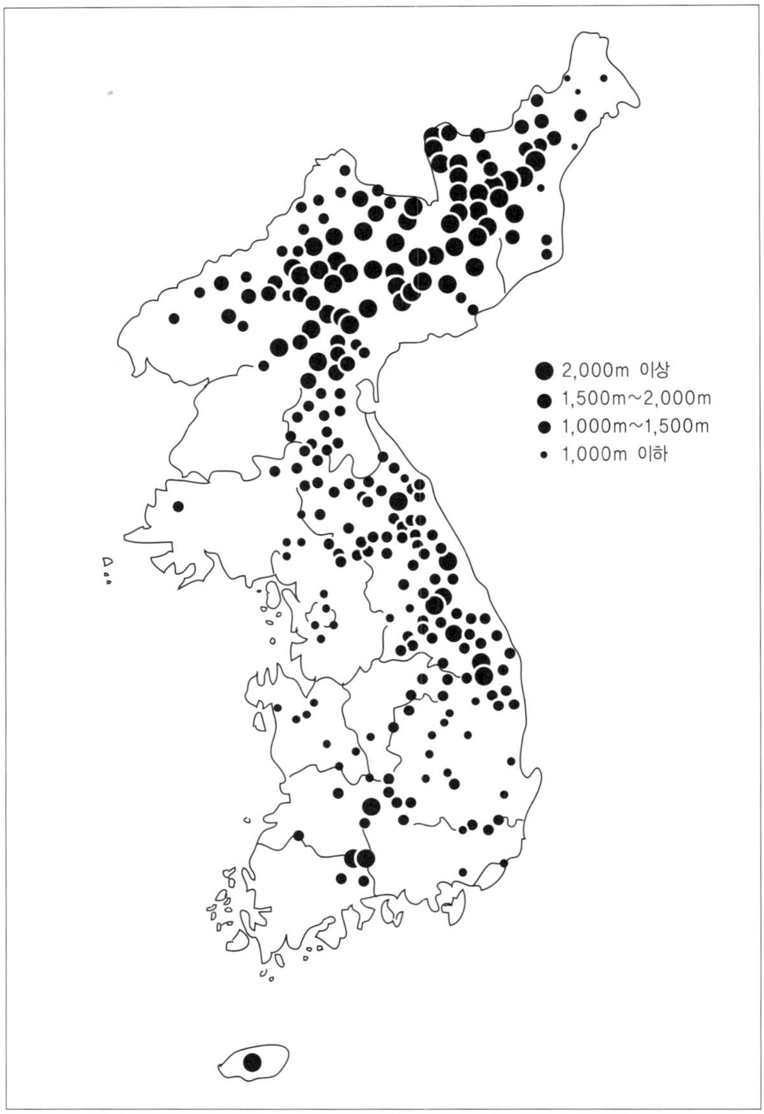

그림 2. 산지 분포(건설부 국립지리원, 1980, p.167)

(2,309m) 등 높고 험준한 산들이 북부 지방 즉 마천령산맥과 함경산맥의 산줄기를 따라 집중 분포한다. 북부 지방에는 이러한 산맥 이외에도 낭림산맥의 산줄기를 따라 맹부산(2,214m), 소백산(2,184m), 낭림산(2,014m) 등의 높은 산지가 분포한다.

이에 비하여 중부와 남부 지방에는 한라산(1,950m), 지리산(1,915m), 설악산(1,708m) 등이 높은 산지에 속할 뿐 해발 2,000m 이상의 산지는 없다. 그런 중에도 태백산맥과 소백산맥의 산줄기에는 해발 1,500m 이상의 높은 산지가 여러 곳에 분포한다. 태백산맥에서는 설악산,

오대산(1,539m), 태백산(1,567m) 등, 그리고 소백산맥에서는 덕유산(1,614m)과 지리산이 이에 속한다. 이들 산지를 포함하여 그의 연장선상에는 해발 1,000m 이상의 산지들이 분포하여 중 · 남부 지방에서는 보기 드물게 분명한 산줄기를 이룬다.

이 밖에도 주목할 만한 것은 고도가 높고 산줄기가 매우 분명한 산맥들인 함경산맥과 태백산맥이 한반도의 동쪽 즉 동해안 가까이에 치우쳐 분포한다는 점이다. 이 산지들은 동해안에 면한 사면이 경사가 급한 반면, 내륙 쪽 사면은 완만한 것이 특징이다. 따라서 동해안에서 바라보면 해안을 따라 마치 병풍처럼 높은 산지가 길게 늘어선 모습인 반면, 산지 너머 즉 내륙 쪽으로는 해발고도는 높지만 비고가 크지 않은 산지들이 모여 고원을 이루는 곳도 있다. 개마고원과 강원고원이 그것이다. 개마고원은 함경산맥의 북쪽에 대략 낭림산맥과 마천령산맥 사이에 펼쳐져 있다. 이곳에 인접하여 백두산에서 마천령산맥으로 이어지는 주변 일대에 발달된 고원에 대하여는 백두용암대지라 부른다. 강원고원은 지역 범위를 한정하기 어렵지만 대략 태백산맥의 서쪽 평창, 정선 등지의 고위침식면 분포 지역을 말한다.

이와 같이 한반도의 등줄을 이루는 함경산맥과 태백산맥이 동해안 쪽으로 치우친 관계로 이들 산지를 흘러내리는 하천들의 특성 또한 같지 않다. 서쪽 사면을 흘러내리는 하천들이 동쪽 사면을 흘러내리는 하천들보다는 대체로 길이가 길고 경사도 완만하다.

함경산맥이나 태백산맥의 경우처럼 산맥의 동쪽과 서쪽 사면 간에 나타나는 비대칭성은 무엇보다도 지반융기와 관련이 있는 것으로 볼 수 있다. 가설적인 수준이기는 하지만, 한반도의 지반운동에 관해 지금까지 알려진 것은 신생대의 제3기 이래 지반융기의 중심축이 한반도의 동쪽 즉, 동해안 가까이에 놓여 있었으며, 중심축을 기준으로 동쪽과 서쪽의 융기율이 서로 다른 비대칭적인 요곡운동이 일어났다. 다시 말하여 함경산맥과 태백산맥의 동쪽 사면에 비하여 서쪽 사면 일대가 전반적으로 융기량이 많았다. 태백산맥을 예로 들면, 제3기 마이오세(Miocene) 이래 산맥의 서쪽 즉, 영서, 경기 또는 충청 지방으로 가면서 융기의 정도가 서서히 작아지는 지반운동이 있었다. 그 결과 융기량이 많았던 태백산맥 일대에는 높은 산지가 생겨났지만, 융기량이 작았던 서해안 지방에는 고도가 낮은 산지 또는 구릉지가 발달하게 되었다.

서해안 가까이에 이를수록 낮은 산지 또는 구릉지가 많은 것은 북부 지방이나 중 · 남부 지방이나 다 마찬가지이다. 이들 산지의 모습은 전반적으로 구릉지 경관(hilly landscape)을 이룬다. 즉 비고(比高, local relief)가 크지 않은 낮은 산지가 점점이 널려져 있으며, 그 사이에는 조각보처럼 충적평야가 펼쳐져 있는 곳들이 많다. 특히 비고가 작고, 산지의 정상부가 너른 곳은, 산도 아니고 들도 아닌, 말 그대로 '비산비야(非山非野)' 의 경관을 이루기도 하는데, 그런

곳 중에는 농경지나 주거지로 개간된 곳이 많다

이와 같은 낮은 산지 또는 구릉지 경관을 가리켜 한때 준평원(peneplain) 또는 잔구(殘丘, monadnock) 등으로 부르기도 하였다. 평양 주변의 이러한 산지들에 관하여 낙랑준평원으로 불렀던 것이 그 좋은 예이다. 그러나 오늘날에는 이 용어들을 잘 사용하지 않는다. 준평원 또는 잔구라는 용어는 데이비스(W.M. Davis)가 주장한 침식윤회(cycle of erosion)설과 관련되어 사용되는 경향이 있기 때문이다. 자칫 데이비스의 주장대로 서해안 일대의 낮은 산지 또는 구릉지들에 대하여 유년기, 장년기, 노년기 등을 거쳐 형성된 지형윤회의 종말 지형이라 해석할 가능성이 있기 때문이다. 그러나 오늘날에는 지반의 융기량 자체가 작았기 때문에 서해안 지방의 산지 고도가 전반적으로 낮은 것이고, 그러하기 때문에 침식량이 크지 않아도 어렵지 않게 현재와 같은 모습의 낮은 산지로 변화되었던 것으로 보고 있다. 그러므로 서해안 일대의 낮은 산지들에 관하여 오랜 침식을 받아 준평원의 모습을 지니게 된 것이라고 말하는 것은 문제가 있다. 침식 정도만을 두고 본다면, 해발고도가 낮은 서해안의 산지들보다는 고도가 더 높은 태백산맥의 산지들이 오히려 더 많은 침식을 받았다고 보는 것이 타당할 것이다. 이와 같이 더 많은 침식을 받았음에도 높은 산지를 이룬 것은 두말할 것도 없이 지반의 융기량이 컸기 때문이다.

서해안에 근접한 곳이라 해서 해발고도가 낮은 산지들만 분포하는 것은 아니다. 북부 지방의 구월산(954m), 멸악산(816m), 그리고 중남부의 북한산(837m), 관악산(629m), 계룡산(845m), 내장산(763m) 등 해발 500m 이상의 산지들도 비록 드물기는 하지만 서해안에서 그리 멀지 않은 내륙 지방에 분포한다. 이들 산지는 주변의 낮은 산지에 비하여 두드러지게 높이 솟아 있어, 함경산맥, 낭림산맥, 태백산맥, 소백산맥 등지에 분포하는 해발 1,000m 이상의 높은 산지들 못지않게 예로부터 사람들이 즐겨 찾는 이름난 산지들이다.

이러한 산지들은 종전에는 잔구라 불렸으나, 오늘날에는 도상구릉(島狀丘陵, inselberg)으로 부르는 경향이 있다. 도상구릉이란 '섬 모양의 산'이라는 뜻인데, 주변 지역이 마치 바다처럼 낮은 산지 또는 평야인 데 비하여 높은 산지가 마치 섬처럼 우뚝 솟아 있는 모습이기 때문에 붙은 이름이다. 도상구릉은 지반이 풍화나 침식에 잘 견디는 암석으로 이루어져 있어 융기와 더불어 강화된 침식작용에도 불구하고 견디어 남아 생긴 것이다. 그러나 동일한 암석이 분포하는 곳에서도 절리(節理, joint)의 발달 정도가 다르면 산지의 높낮이가 달라진다. 대체로 절리의 간격이 조밀한 곳보다는 성글게 발달된 곳이 더 풍화나 침식에 강하므로 높은 산지로 남게 된다. 북한산의 백운대가 좋은 예이다. 이와 같이 절리가 산지의 발달에서 중요한 것은 절리 즉, 암석의 깨진 틈새를 따라 수분이나 공기가 침투함으로써 풍화가 진전되고 이에 따라서 암석이 침식에 약한 상태로 변화되기 때문이다. 백운대는 '돔 형상의 도상구릉(domed inselberg)' 으로 볼 수 있는데 이러한 유형의 도상구릉은 진안의 마이산에서도 찾아볼 수 있다. 그러나 백운대는 화강암이지만, 마이산은 역암이라는 점에서 차이가 있다.

2) 사면 위의 여러 지형들

산지사면은 사면 경사 등 지형의 형태적인 특성 이외에도 기반암, 기후, 생물 등의 영향을 받기 때문에 사면 위에는 특징적인 지형들이 발달한다. 이러한 지형들 중에 우리 주변에서 흔히 관찰할 수 있는 것들을 예로 든다면 토르, 애추, 암괴원와 암괴류, 타포니와 나마 등이 있다.

토르는 핵석(核石, corestone) 기원의 커다란 암괴들이 집단을 이루어 주변보다 더 돌출한 지형인데, 때로는 암괴형 도상구릉(boulder inselberg)이라고도 부른다(〈그림 3〉 참조). 토르의 형성 과정은 다양하게 설명되지만, 기후 변화 또는 지반융기와 관련짓는 경우가 많다. 온난다습한 기후 조건하에서 기반암이 심층풍화를 받아 새프롤라이트(saprolite)와 핵석이 생겨나고, 그 이후 다시금 지반융기나 기후 변화가 일어나면서 핵석 위를 덮고 있는 풍화층이 제거되는 과정을 거쳐 현재 우리가 보는 토르가 생성된 것으로 본다. 핵석을 덮고 있던 풍화층이 활발하게 침식 제거되는 경우란 현재와 같은 기후 조건보다는 빙하기와 같은 한랭한 기후 조건

그림 3. 토르(울산, 서생)

하에서이다. 따라서 토르는 현 기후의 산물이라기보다는 과거 기후의 산물이라고 볼 수 있다. 토르가 발달되는 암석은 다양하지만 화강암 분포 지역에 많으며, 산지의 능선이나 산각(山脚)을 따라 분포하는 경향이 있다. 그러나 완경사의 산록면에서도 드물지 않게 관찰된다.

애추(talus)는 암벽에서 서릿발 풍화로 떨어져 나온 암설(岩屑, debris)이 자유낙하(free fall)하여 절벽 하단부에 쌓여 생긴 산록 퇴적 지형이다. 이러한 지형 변화는 동결과 융해가 빈번히 반복될 뿐만 아니라 식생이 빈약한 곳에서 활발하므로 수목선 고도 이상의 고산 지방이나 툰드라 기후가 나타나는 고위도 지방에서 전형적이다. 그러나 분포 범위는 꼭 그런 곳에 한정되는 것은 아니며, 암석의 물리적인 풍화가 잘 일어날 수 있는 곳이면 어디서나 애추가 발달될 수 있다. 우리나라에서는 한반도의 거의 전 지역에서 애추가 관찰되며, 고도가 높은 산간 지방일수록 더 쉽게 볼 수 있다. 애추의 형성시기는 대체로 지난 빙하기로 보고 있다. 빙하기 때 애추의 형성작용이 활발했을 것이란 점에서는 논란의 여지가 없지만, 영서 산간 지방을 비롯한 고산 지방의 기후 조건을 볼 때, 지난 빙하기만큼은 활발하지 않더라도 현재도 애추가 이루어질 수 있다고 보는 것이 타당하다.

암괴원(岩塊原, block field)은 큰 돌(암괴)들이 완만한 산사면에 집단을 이루어 분포하는 지형이다. 이것과 비슷한 것으로 암괴류(岩塊流, block stream)가 있는데, 하천이 흘러내리는 것과 같은 모습을 보이는 점에서 다르다(〈그림 4〉 참조).

암괴원의 구성 암괴들은 대체로 수십 센티미터 이상이며, 돌 모서리가 각진 것이 많다(〈그림 5〉 참조). 암괴의 모서리가 각진 것은 물리적인 힘에 의해 파괴될 때 나타나는 현상이므로, 암괴원의 구성 암석들이 주로 서릿발 풍화와 같은 물리적인 풍화를 받아 생겨났으며, 생성 이

그림 4. 암괴류(부산, 장산)

그림 5. 암괴원(부산, 장산)

후 멀리 이동되지 않았다는 것을 말해 준다. 그러나 암괴원의 암괴들이 모여 집단을 이루는 것은 풍화만으로는 설명할 수 없다. 이는 암괴의 생성 이후 이동되는 지형형성과정을 받았기 때문인데, 주로 서릿발 포행(frost creep), 솔리플럭션(solifluction) 등 매스 무브먼트에 의해 이동되었기 때문이다. 암괴원이 분포하는 곳의 사면 경사는 3°~12° 정도로 급하지 않은 경우가 많다.

암괴류는 멀리서 바라보면 마치 돌무더기가 하천 줄기처럼 산사면 아래로 길게 뻗어 내리는 모습을 이루는 점에서 암괴원과는 형태적으로 확실히 다르지만, 대체로 주빙하 기후하에서 생겨나는 지형이라는 점에서는 그 생성 과정이 크게 다르지 않다.

그러나 암괴류 중에는 온난 습윤한 기후 조건하에서 발달되는 것도 있다. 이러한 암괴류는 구성 암괴들 중에 핵석에서 비롯된 것들이 많다. 암괴류가 만들어지는 과정을 보면, 토르의 형성 과정과 마찬가지로, 과거에 보다 온난 습윤한 기후하에서 화학적인 풍화가 우세하게 작용하여 땅속에 두꺼운 풍화층과 핵석들이 생겨나고, 이후 기후가 보다 한랭해지면서 풍화층이 침식 제거되어 땅속의 핵석들이 지표에 드러나면서 낮은 곳으로 모여 형성된 것으로 본다. 지면에 노출된 핵석들의 이동은 주로 매스 무브먼트에 의해 일어나는데, 지면 고도가 낮은 곳으로 이동하는 과정에서 지표 유출에 의해 암괴 주변의 고화되지 않은 토양 물질이 점차 제거되어 나가기 때문에 점점 더 많은 암괴들이 골짜기로 모이게 된다. 암괴류 중에 미고화된 토양 물질이 제거된 시기는 건조한 빙하기가 지나고, 보다 강수가 많은 후빙기에 이르러서이다.

타포니(tafoni)는 수직의 암벽에 풍화를 받아 생겨난 구멍(穴) 지형을 일컫는다. 이에 대하여 수평의 암괴 표면에 수직적으로 파인 풍화 구멍에 대하여는 나마(gnamma)라는 용어를 사용한다. 타포니는 서울의 도봉산은 물론, 마이산, 산방산 등 우리 주변에서 드물지 않게 관찰된다. 거대한 암괴의 벽면에 타포니가 발달되어 암괴 전체가 기괴한 모습을 띠고 있는 것들 중에는 지역 주민의 주술 신앙 대상인 것도 있다.

타포니의 형성 과정에 관하여는 학자 간에 견해가 일치되지 않는다. 타포니는 대체로 염풍화 (salt weathering) 이외에도 서릿발풍화 등 여러 종류의 물리적 풍화와 가수분해를 비롯한 화학적 풍화가 함께 게재된 복합적인 풍화 과정의 산물이라고 보는 것이 무리가 없을 듯하다. 타포니의 형성 과정이 그리 단순하지 않다는 것은 타포니의 형태가 매우 다양하다는 사실에서도 잘 알 수 있다. 어떤 것은 마치 벌집을 연상시키는 벌집 타포니(honeycomb tafoni)가 있는가 하면, 사람이 들어가 앉을 수 있을 만큼 큰 구멍이 뚫린 것도 있다. 어떤 요인에 의해서건 암석 표면에 조그만 와지가 생기면, 그곳은 햇빛으로부터 보호받게 되어, 보다 음습한 환경에 놓

그림 6. 타포니(강원도 철원, 고석정)
타포니는 화강암 바위의 수직면에 발달된 구멍들로 풍화에 의해 생긴다.

이게 되고, 따라서 화학적인 풍화나 물리적인 풍화가 계속하여 일어날 수 있는 조건이 된다. 아마도 이러한 과정이 타포니와 같은 풍화 구멍이 생성되는 데 기여를 했던 것으로 추정된다. 한편, 타포니는 암질(岩質, lithology)과도 관련이 있는데, 〈그림 6〉과 같이 대체로 사암, 석회암, 화강암 등의 암석에서 잘 나타나지만, 마이산에서 보듯이 역암과 같은 암석에서도 타포니가 발달한다.

나마는 타포니와 마찬가지로 풍화의 산물이기는 하지만, 그 모양이 사뭇 다르다. 수평의 암괴면 위에 발달된 구멍 또는 와지인데, 개중에는 가마솥 모양인 것도 적지 않다. 이런 나마 중에는 지역 주민의 전설을 간직한 것들도 있다.

3. 주요 산맥

한반도에 분포하는 산맥들은 대체로 3가지의 방향성을 보인다(〈그림 7〉 참조). 즉, 한국 방향, 랴오둥 방향, 중국 방향이 그것이다. 한국 방향 즉, 남-북 방향의 산맥들로는 낭림, 마천령 및 태백산맥을 들 수 있다. 이들은 모두 신생대의 융기운동에 의해 생성된 높고 험준한 산맥들이다. 산줄기가 남-북 방향을 보이는 것은 융기와 더불어 생성된 단층선들이 대체로 그 방향을 유지

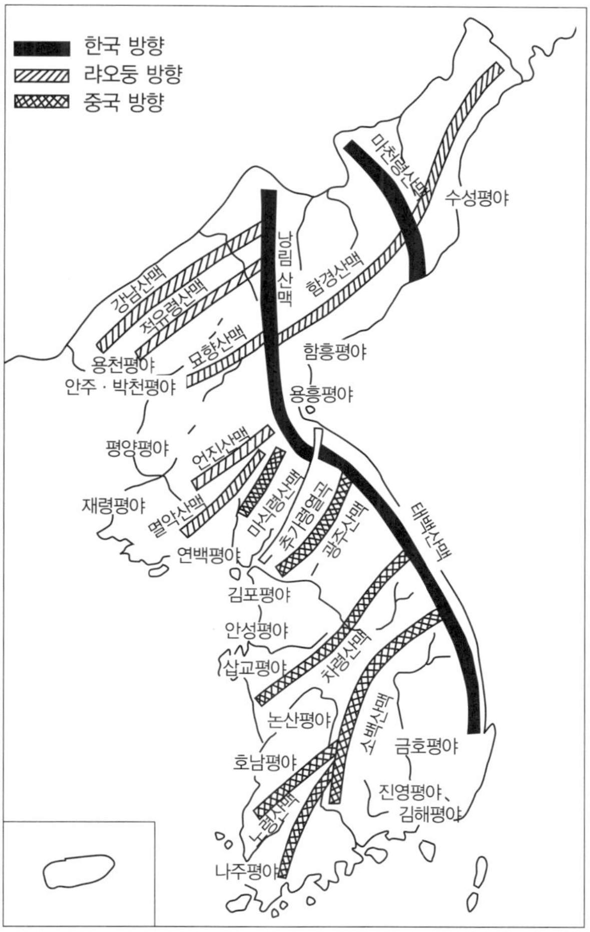

그림 7. 산맥 분포(정장호, 1989, p.24, 부분 수정)

했기 때문이다.

랴오둥 방향 즉, 서남서-동북동 방향을 취하는 산맥들은 낭림산맥에서 황해 쪽으로 빗살처럼 뻗고 있는 산맥들인 강남, 적유령, 묘향, 언진, 멸악산맥과, 동해안을 따라 길게 발달된 함경산맥이다. 이들 중 함경산맥은 융기에 의한 산지이나 다른 산맥들은 송림변동 시에 생겨난 구조선들을 따라 하곡이 파이면서 곡간산지의 형태로 생겨난 것들로 황해로 근접할수록 고도가 낮아지고 산줄기가 흩어진다.

중국 방향 즉, 남서-북동(또는 북북동-남남서) 방향을 취하고 있는 산맥들로는 마식령, 광주, 차령, 노령 및 소백산맥이 있다.[1] 이들 중 소백산맥은 융기에 의한 산맥이지만 나머지 것들은 융기와 더불어 대보조산운동 시에 생겨난 구조선들을 따라 침식이 진행되면서 드러난 산지들이다. 따라서 소백산맥은 고도가 높고 험준하지만 나머지의 산맥들은 황해 쪽으로 근접할수록 고도가 낮아지고 산줄기가 분명치 않다.

4. 침식면 지형

중부 지방에는 태백산지의 동 · 서사면을 따라 고도와 형태를 달리하는 침식면 지형이 발달하였다. 침식면 지형으로는 고위침식면과 저위침식면을 들 수 있다. 고위침식면은 산 정상부를 중심으로 나타나는 비고가 작은 소기복 지형인 데 비하여, 저위침식면은 산록을 중심으로

1) 마식령산맥과 광주산맥은 북북동-남남서 방향을 취하는 것으로 보기도 한다.

나타나는 완만한 경사의 산록면 지형이다.

이와 같은 고위침식면과 저위침식면의 존재나 그것의 형성 과정에 관한 학계의 관심과 연구는 이미 일제강점기 때부터 시작되었지만, 학자마다 분류방식이 다를 뿐만 아니라, 연구 결과가 과학적으로 검증 가능한 것이 아니기 때문에 아직도 가설적인 수준에서 제시되고 있다(〈표 1〉 참조). 그럼에도 불구하고, 고도를 달리하면서 침식면이 분포하는 것만은 분명한 사실로 인정되고 있으므로, 이러한 지형들에 관하여 알아 두는 것도 나름대로 의의가 있다.

1) 고위침식면과 고원

고위침식면은 제3기 마이오세 이래 지각이 요곡융기하기 이전의 지표면 모습을 간직한 일종의 유물 지형이다. 그 형태는 대체로 산정부 중심의 파랑상(波浪狀)의 소기복(小起伏) 지형이다. 고위침식면은 해발 500m 이상이 되면 나타나기 시작하며 해발 900m 이상의 산지에서는 비교적 넓은 범위에 걸쳐 분포한다. 특히 태백산맥의 산줄기를 따라 광역으로 분포하는데, 오대산 일대에서 대관령 주변을 거쳐 태백산 일대에 이르는 지역에서 가장 전형적이다. 그중에서도 황병산[2], 육백산, 매봉산 등은 대표적인 곳이다(〈그림 8〉 참조).

고위침식면은 백악기 또는 제3기 초엽에 존재했을 것으로 추정되는 침식면의 유물 지형인 것은 사실이지만, 당시의 지형이 그대로 존속된 것은 아니다. 지반융기가 일어나면서 지표면

표 1. 우리나라의 침식면 구분(정장호, 1989, p.30)

<table>
<tr><th>小林貞一(1931)</th><th>多田文男(1941)</th><th colspan="2">吉川虎雄(1947)</th><th colspan="2">김상호(1973)</th></tr>
<tr><td>육백산면</td><td>육백산면</td><td colspan="2">900~1,000m
육백산면
(오대산면)</td><td>고위면</td><td>육백산면,
오대산면</td></tr>
<tr><td rowspan="4">여주면</td><td rowspan="4">여주면</td><td rowspan="4">여주면</td><td>570m
대관령면</td><td rowspan="3">중위면</td><td rowspan="3">제천, 대화, 평창,
정선, 하진부,
횡계 등</td></tr>
<tr><td>380m
하진부면</td></tr>
<tr><td>260m
제천면</td></tr>
<tr><td>160m
충주면</td><td>저위면</td><td>충주면
김포면</td></tr>
</table>

2) 현재 삼양축산 목초지로 이용되고 있다. 1:50,000 지형도 연곡 및 도암 도폭 참조.

그림 8. 고위침식면(강원도 평창)
지면이 평탄한 곳이 많아 현재 목장으로 개발되었다.

이 풍화와 침식을 활발하게 받게 되고, 그 결과 모습이 달라졌을 뿐만 아니라 침식면의 규모도 축소되면서 오늘에 이른 것이다. 그렇다고 보면 침식면의 모습이 옛 모습과 비슷하게 평탄하다 할지라도 그 지형의 구성 물질은 옛것 그대로가 아니다. 다시 말하여 고위침식면의 지표에서는 풍화와 침식이 일어나기 때문에 구성 물질이 끊임없이 제거되고 또 새로운 물질로 교대되었지만 지표면의 형태가 옛날의 평탄한 모습을 간직한 채 고산지의 정상부를 중심으로 남아 있는 것이다.

고위침식면에 대하여 고위평탄면이라는 용어를 사용하는 경우도 있다. 이는 고위침식면이 주로 침식에 의해 생겨났지만, 그 모습이 비교적 평탄하기 때문이다. 그러므로 평탄면이라는 용어를 사용한다면 그것은 지형의 성인을 고려한 것이 아니고 단지 형태적인 특성만을 강조한 것이다. 그러나 실제의 고위침식면은 운동장처럼 평탄한 지형이 아니라 높낮이가 크지 않은 소기복(小起伏) 지형이다. 이와 같은 소기복 지형이 융기 이전에도 동일한 모습이었는지 아니면 융기 과정에서 그러한 소기복 지형으로 변화된 것인지는 알기 어렵다. 그러나 적어도 넓은 범위에 걸쳐 비슷한 고도를 보이면서 그러한 지형이 분포하기 때문에 고원이라 불러도 좋을 정도인 것을 보면, 융기 이전에도 평탄한 지형 또는 소기복 지형이 존재했을 것이라고 추정할 수 있다. 김상호(1973)는 고위침식면의 소기복 지형에 대하여 온대 습윤 기후하에서 생성되는 종말 지형이라 해석하였다. 고위침식면이 연속적으로 넓게 분포하는 곳은 고원(高原, plateau) 형태의 지형을 이룬다. 태백산지의 서쪽 사면인 강원고원, 함경산맥과 낭림산맥의 내륙 쪽 사면인 개마고원, 그리고 소백산맥과 노령산맥 사이에 위치한 무주-진안 일대의 고원은 좋은 예들이다.

이러한 고원과는 달리 용암이 덮여 고원상의 대지를 이룬 곳도 있다. 백두, 철원-평강, 신계-곡산용암대지가 그러한 예이다(〈그림 9〉 참조). 이러한 용암대지(lava plateau)는 침식면보다 더 평탄한 것이 특징이다. 이와 같은 고위침식면 또는 고원은 대개 해발고도가 높고, 경사진 사면들이 많아 인구 밀도가 낮으며, 주로 밭농사가 발달되었다. 그러나 철원 일대는 예외적으로 논농사가 중심을 이루고 있다. 이는 관개시설이 잘 정비된 탓도 있지만, 용암대지 위에 하천퇴적층이 두껍게 쌓인 곳들도 많기 때문이다.

2) 저위침식면과 산록완사면

저위침식면은 지반융기와 더불어 지표면이 풍화와 침식을 받는 과정에서 새롭게 생겨난 평탄면이다(〈그림 10〉 참조). 지반융기와 더불어 보다 쉽게 침식 해체되어 평탄면이 생겨날 수 있는 곳은 융기량이 작았던 서해안 일대의 지역이다. 따라서 저위침식면은 고위침식면과는 달리

그림 9. 용암대지와 한탄강 계곡(강원도 철원)
계곡 바닥은 화강암이지만, 그 위에 현무암으로 덮여 있으며, 협곡을 이루고 있다.

주로 서해안 일대에 널리 분포한다. 해발고도는 대체로 300m 이하의 지역에 많은데, 인천(계양산), 충주(계명산 및 남산), 와부(예봉산)에 발달된 산록면은 저위침식면의 좋은 예들이다.

저위침식면은 형태적으로는 고립된 산지의 급경사 산사면 하단부에 발달된 완경사의 산록면의 형태를 취하거나 봉고동일성(峰高同一性)을 보이는 구릉지의 형태를 띠고 있다. 이러한 완경사의 산록면은 줄여서 산록완사면(piedmont)[3]이라 부르는데, 산록완사면이 다시금 침식 해체되는 과정에서 하단부 언저리에 고도가 유사한 구릉지들이 생겨나기도 한다. 따라서 이러한 구릉지나 산록완사면은 침식 변화되기 이전에는 동일한 지형면[4]이었던 것으로 볼 수 있기 때문에 같은 종류의 저위침식면으로 간주하는 경향이 있다. 그러나 김상호(1973)는 산록완사면을 그대로 저위침식면으로 본 것은 아니며 이것보다는 다소 높은 고도의 평탄면 즉 산록면이 침식되기 이전에 존재했을 것으로 추정되는 것에 대하여 저위침식면이라 해석하였다. 이와 같이 산록완사면 또는 높이가 같은 구릉지 형태로 나타나는 저위침식면은 지반융기와 더불어

그림 10. 저위침식면(강원도 평창)

화살표가 있는 일대의 평탄한 산록면이 저위침식면이다.

3) 산록말단부에 위치해 있으면서 배후산지와는 경사를 크게 달리하는 '완경사의 산록면'을 말한다. 이는 산사면의 형상을 지칭하는 용어이며, 엄밀한 의미에서 학술적인 용어는 아니다. 영어에서는 'piedmont'란 용어가 이에 해당된다. 우리나라의 산록완사면은 성인상 페디먼트(pediment) 또는 충적선상지(alluvial fan)로 분류된다.

4) 지형면(geomorphic surface)이란 지형 발달 과정을 밝힐 수 있는 증거들을 포함하고 있는 평탄면을 말한다. 그러한 평탄면(planation surface)은 퇴적 또는 침식작용에 의해 생겨난다. 침식면(erosional surface)이란 퇴적보다는 침식작용이 우세하게 작용하여 생겨난 평탄면을 의미한다.

원래의 지형이 침식 변화되면서 생겨난 것인데, 이러한 생성 과정에 대해서는 여러 가지로 해석된다.

산록완사면 중에는 피복 퇴적물의 두께가 2~4m로 비교적 두껍지 않으며, 산록면의 전체적인 형태가 기반암의 모습과 유사한 것들이 많은데 이들에 대해서는 성인적인 측면에서 지형을 분류하여 페디먼트(pediment)라 부른다.

페디먼트는 배후산지와 사면 경사를 크게 달리하는 완경사의 기반 침식면을 말한다. 페디먼트의 정의 자체가 다소 혼란스러운 면이 있다. 대체로 형태로는 산록완사면, 그리고 성인으로는 기반암이 침식되어 생성된 산록면을 페디먼트라 부른다. 페디먼트의 성인에 관해서는 두 가지 견해가 있다. 즉, 건조 기후하에서 포상홍수(sheet flood)에 의한 면상 침식, 하천의 측방 침식, 풍화에 의한 사면 후퇴 등이 결부되어 발달한다는 것과 열대 사바나 기후와 같은 열대 기후하에서 심층풍화가 일어나고, 그 산물이 사면류 등에 의해 탈거(脫去, stripping)되면서 발달한다는 것이 그것이다. 전자의 경우는 길버트(Gilbert)에서 출발하는 미국 중심의 지형학자들, 그리고 후자는 뷔델(Büdel)로 대표되는 독일 지형학자들의 주장이다. 이와 같이 페디먼트를 건조 기후 지역뿐만 아니라 습윤 기후 지역에도 발달되는 지형이라고 설명하는 점에 유의할 필요가 있다.

우리나라의 산록완사면은 지표면 형태가 기반암의 형태를 반영하고, 퇴적층의 두께가 두껍지 않은 경우가 많다. 이런 점에서 페디먼트로 분류하는 것이 타당한 산록면들이 많다. 미국의 로키산맥 동쪽에 발달된 산록면 역시 우리와 유사한 특징을 보이는데, 그곳 역시 페디먼트로 분류하는 것이 일반적이다. 우리나라에서도 종전에는 페디먼트를 주로 건조 기후하에서 포상홍수 등의 침식작용에 기인한 지형인 것으로 보았으나, 뷔델의 주장과 같이 간빙기 또는 제3기와 같은 온난 습윤한 기후하에서 심층풍화를 받으면서 평탄한 산록면이 생기고 이것이 다시금 빙하기와 같은 한랭한 기후를 겪으면서 일부 변형되어 오늘에 이른 것으로 보기도 한다. 김종욱(1983)은 이와 같은 관점에서 사천의 산록완사면에 대하여 뷔델이 말하는 소위 계승 페디먼트(traditional pediment)라고 보았다. 이와는 달리 산록완사면을 충적선상지로 해석하는 관점도 있는데, 산록면이 주로 퇴적작용이 우세하게 작용하여 만들어진 지형이라고 보기 때문이다.

저위침식면 중에는 해발고도 300~700m에 걸쳐 분포하며 침식분지 내에 발달된 것들도 있다. 이것에 대하여 김상호(1973)는 고위침식면과 저위침식면의 중간적인 특징을 보인다고 해서 중간침식면이라 불렀다[5]. 중간침식면은 대체로 남한강 이동(以東) 지역인 제천, 대화, 평창,

5) 중간침식면을 중위침식면이라고도 부른다.

정선, 하진부, 횡계 등지에 많은데, 그 모습은 분지 내에 발달된 산록면의 형태를 취하고 있다. 이들 중에는 중간침식면이 나타나는 지리적인 위치가 고위침식면과 인접한 곳이라서 잘못 알려진 것도 적지 않다.

특히 대화, 하진부, 횡계 등지의 중간침식면에 대하여 고위침식면이라 오인하는 경우가 많은 것 같다. 예를 들어 대관령면 사무소가 위치한 횡계리 일대의 저평한 산록면, 즉 중간침식면에 대하여 '대관령 일대의 고위평탄면' 인 것으로 잘못 아는 경우가 적지 않다. 이곳의 침식면은 과거에 보다 더 높은 고도에 있었던 고위평탄면이 침식 해체되면서 새롭게 생겨난 것이므로, 당연히 중간침식면에 해당된다. 대관령 일대의 고위침식면은 인근의 황병산 일대에서 보듯이, 그보다 한 단 더 높은 고도, 즉 900m 이상의 해발고도에서 산정부를 중심으로 나타나는 지형을 말한다.

중간침식면의 생성 과정은 저위침식면과 동일하게 이해할 수 있다. 즉, 다 같이 원래의 지형이 풍화 침식받는 과정에서 2차적으로 새롭게 생겨난 침식면이다. 따라서 저위침식면과 중간침식면은 본질상 같은 유형의 침식면이다. 다만 중간침식면은 융기량이 많았기 때문에 풍화와 침식이 보다 활발하여 형태상 분지 내의 산록면 형태인 점에서 다를 뿐이다.

5. 카르스트 지형

카르스트(karst)[6]란 석회암이 용식되어 생성되는 각종 지형을 말한다. 석회암이 용식되는 것은 그것의 주요 조암 광물인 탄산칼슘($CaCO_3$)이 물과 탄산가스에 의해 녹기 때문이다. 이러한 용식 과정을 탄산염화작용(carbonation)이라 하며, 이를 화학식으로 표현하면 아래와 같다.

$$CaCO_3 + H_2CO_3 \rightleftarrows Ca^{2+} + 2HCO_3^-$$

석회암이 암반을 이루는 곳에서 돌리네(doline)와 같은 와지나 싱크홀(sinkholes)과 같은 구멍, 또는 석회동굴과 같은 지면 하의 공동(空洞)이 생겨나는 것은 모두 이러한 용식작용의 결과이다. 위의 화학 반응은 역(逆)방향으로도 일어난다. 석회동굴 내에 생성되는 종유석, 석

6) 'Karst'의 어원은 슬라브어 'Kras' 혹은 'krs'(또는 이탈리아어 'carso')가 독일어로 정착된 것으로 '물 없는 황량한 곳(a bleak waterless place)' 내지 '거친 암석 경관이 나타나는 곳'을 의미한다.

순, 석주 등의 지형(스펠레오뎀, speleothems, 석회동굴 내 2차 생성물)은 이와 같은 역방향으로의 화학 반응의 결과이다. 즉, 물과 이산화탄소의 결합으로 생겨나는 탄산수가 석회암의 공극이나 절리를 통과하면서 탄산칼슘을 녹여낸 후, 동굴의 천장이나 암벽을 스며 나와 동굴 대기와 접할 때, 이에 포함된 탄산가스의 용해량이 동굴 대기의 것보다는 높기 때문에 이산화탄소가 분리되면서 탄산칼슘이 집적된다. 이와 같은 탄산칼슘의 집적 양태에 따라 다양한 종류의 석회동굴 속 지형들이 생겨난다.

석회암의 용식과 관련되어 생성되는 카르스트 지형은 우리나라에서는 조선누층군 석회암이 분포하는 평남, 황해, 강원 남부, 충북 동북부, 경북 북부 등지에서 널리 나타난다. 이들 지역에는 돌리네, 석회동굴 등이 많다(〈그림 11〉 참조). 그중 석회동굴은 동굴 내부에 석회암이 용식되면서 생겨난 종유석, 석순, 석주, 석회화단구 등 독특한 지형들이 발달되어 있어서 관광의 명소가 되고 있다. 잘 알려진 석회동굴로는 영변의 동룡굴, 단양의 고수동굴, 울진의 성류굴, 영월의 고씨굴 등이 있다.

돌리네(doline)는 석회암의 용식과 지반의 함몰이 결부되면서 생겨나는 반원형의 와지를 말한다(〈그림 11과 12〉 참조). 그중에는 수개의 돌리네가 연합되어 마치 막힌 골짜기 모습을 하고 있는 경우도 있는데, 그런 골짜기를 우발라(uvala)라고 부른다. 돌리네 내의 평탄한 저지

그림 11. 돌리네(강원도 삼척)
중앙의 오목하게 낮은 부분이 돌리네인데, 현재 밭으로 개간되었다.

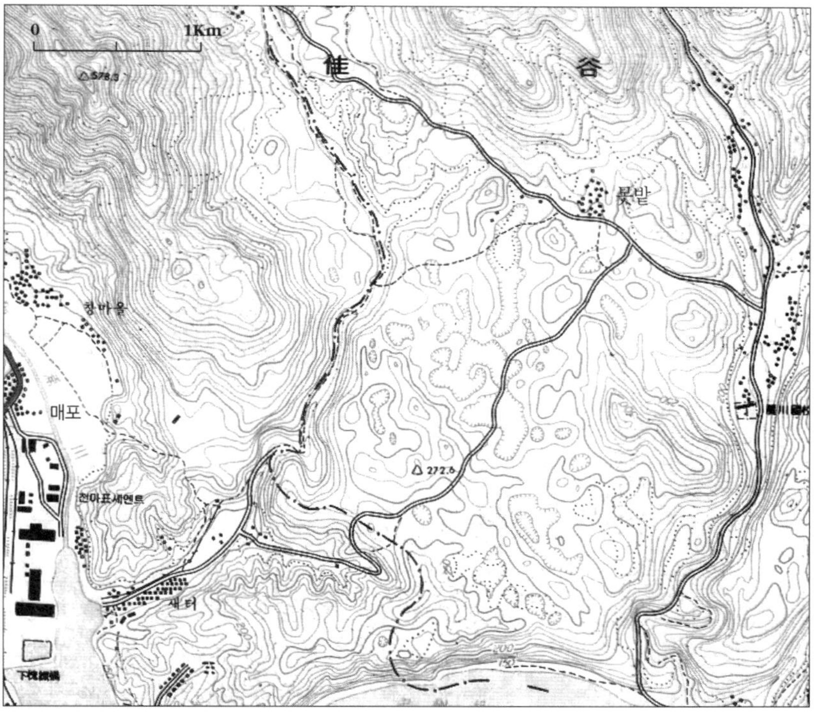

그림 12. 돌리네(매포)

지도에서 ⬭ 로 표시된 곳들이 돌리네이다.

대는 대부분 밭으로 개간되었다. 돌리네가 많은 매포의 자연부락 이름이 '못밭(池田)' 인 것도 이러한 것과 연관이 있다. 이와 같은 돌리네의 집중 분포지는 우리나라에서는 매포, 삼척 등지에서 찾아 볼 수 있다. 그중 조선누층군 석회암이 기반을 이루는 삼척시 성남동 일대에 발달된 돌리네들을 보면 주변에 하천 자갈들이 흩어져 있다. 이는 인근을 흐르는 오십천에 의하여 평탄지가 형성된 후 유로 이동이 일어나면서 하안단구가 되고, 이와 같이 단구가 되는 과정에서 석회암의 용식작용이 더욱 활발해져 지표면이 함몰되면서 돌리네가 생겨났기 때문이다. 카르스트 지형이 분포하는 일대의 토양은 적색을 띠는 것들이 많다. 석회암이 용식되고 남는 불순물들 중에 남아 있는 철분에 의해 이들이 산화되어 적색을 띠기 때문이다.

참고문헌

강영복, 1998, 「동강 유역의 카르스트 지형」, 『한국지형학회지』, 5(2), pp.131-142.

건설부 국립지리원, 1980, 『한국지지 총론』, pp.143-196.

권동희, 1987, 「한국산지에 발달한 Tor에 관한 연구」, 동국대학교 박사학위논문.

권순식, 1978, 「부산시 범어사 주변의 Block Field에 관하여」, 『지리학논총』, 5, pp.49-54.

권혁재, 1980, 『지형학』, 법문사.

권혁재, 1988, 『한국지리』, 법문사, pp.43-65.

김상호, 1973, 「중부 지방의 침식면 지형 연구」, 『서울대학교 논문집』, 이공계 제21집, pp.85-114.

김상호, 1974, 『지리학개론』(개정증보), 일조각.

김종욱, 1983, 「사천 와룡산 서쪽 산록면의 형상과 형성 과정에 관한 연구」, 『지리학논총』, 제10호, pp.359-369.

김종욱, 1993, 「지형학에서의 시간의 역할과 기능」, 『지리교육논집』, 서울대학교 사범대학 지리교육과, 제30집, pp.1-15.

박승필, 1996, 「무등산 지역의 지형 특성에 관한 연구」, 『한국지형학회지』, 3(2), pp.115-134.

박희두 외, 2000, 『자연환경과 인간』, 한국자연지리연구회 편.

서무송, 1997, 『한국의 석회암 지형』, 세경자료사.

성영배 · 김종욱, 2006, 「우주기원 방사성 핵종을 이용한 만어산 암설 지형의 침식률 및 노출연대 측정」, 『대한지리학회지』, 38(3), pp.389-399.

오경섭, 1976, 「북평주변의 침식 지형 연구」, 『지리학연구』, 1(2), pp.45-57.

장재훈, 1984, 「한국의 산록완사면에 관한 지형 연구」, 경희대학교 박사학위논문.

정장호, 1989, 『한국지리』(개정판), 우성문화사, pp.24-32.

장 호, 1975, 「강릉주변의 저위침식면 지형 연구」, 서울대학교 석사학위논문.

Ahnert, F., 1980, A note on measurements and experiments in geomorphology, *Zeitschrift für Geomorphologie, N.F. Suppl.*, 35, pp.1-10.

Ahnert, F., 1987, Approaches to dynamic equilibrium in theoretical simulation of slope development, *Earth Surface Processes and Landforms*, 12, pp.2-15.

Büdel, J., 1957, Die 'Doppelten Einebnungsflächen' der feuchten Tropen, *Zeitschrift für Geomorphologie, N.F.*, 1, pp.201-228.

Büdel, J., 1963, Klima-genetische Geomorphologie, *Geographische Rundschau*, 15, pp.268-285.

Büdel, J., 1981, *Klima Geomorphologie*, Gebrüder Borntraeger, Berlin.

Doehring, D.O., 1970, Discrimination of pediments and alluvial fans from topographic maps, *Geol. Soc. Amer. Bull*, 81, pp.3109-3115.

Gilbert, G.K., 1909, The convexity of hilltops, *J. Geol.*, 17, pp.344-351.

Jennings, J.N., 1985, *Karst Geomorphology*, London, Basil Blackwell.

Summerfield, M.A., 1991, *Global Geomorphology*, Longman Scientific Technical, pp.3-30.

Twidale, C.R., 1978, On the origin of pediments in different structural settings, *Amer. Jour. of Sci.*, 278, pp.1138-1176.

Young, A., 1972, *Slopes*, Edinburgh, Oliver & Boyd.

제3장

하천 지형

손명원(대구대학교)

하천은 풍화산물(weathering products)과 사면이동작용으로 운반되는 암석쇄설물을 침식·운반하여 유역분지 곳곳에 퇴적함으로써 경관을 변화시킨다. 하천은 식물이 성장하는 데 필수적인 물질들을 재분배하므로 육상생태계의 동맥이라고 할 수 있다. 하천은 우리들이 생활하고 상품을 생산하고 농사를 짓는 데 필요한 각종 용수를 공급하고, 여객과 화물을 실어 나르는 교통로를 제공하기도 한다. 그리고 하천은 취락이 발달하는 입지에 영향을 미치는 등 우리의 생활과 밀접히 연관되어 있다.

1. 유역

1) 유역 시스템

모든 하천은 다양한 크기의 유역(drainage basin)을 갖는다. 모든 유역은 유역 내에 떨어지는 빗물의 배수를 통제하는 분수계로 경계를 이루므로 집수 구역(watershed area)과 함께 쓰인다. 대체로 분수계는 산줄기로 이루어져 있으나, 지질구조선을 따른 골짜기 내에서 곡중분수계(谷中分水界)를 이루거나 저수지로 이어지는 경우도 있다(〈그림 1〉 참조).

유역은 물질의 순환과 에너지의 흐름으로 상호 연관된 여러 요소들로 구성되는 시스템이다. 침식윤회는 폐쇄 시스템(closed system)에 속한다. 침식윤회에서는 초기에 에너지의 공급(융기작용)이 있은 이후에는 물질과 에너지의 공급이 차단된 상태에서 지형이 발달한다. 그러나 유역은 개방 시스템(open system)에 속한다. 유역 시스템의 에너지는 태양 복사 에너지(햇빛)와 중력이다. 유역은 유역의 기후에서 에너지를 얻고 유수와 퇴적물을 운반하면서 에너지를 잃는다. 유역 내의 어느 부분에서 변화가 생기면 유량과 유속에 상응하는 퇴적물을 운반하도록 하천이 조정되므로 전체 시스템에 영향을 미칠 수 있다. 하천이 현재의 상태를 더 이상 유지할 수 없는 한계점(threshold)에 도달하면 유역 시스템 내의 유량과 퇴적물량과 하도 형태의 관계가 불안정해져 보다 안정된 상태로 옮아간다.

유역의 형태와 유역 내에서 일어나는 작용 사이에는 일반적인 상관관계가 있다. 그러한 상관관계는 기후 지형 발생 지역에 따라 세분된다. 지형 발달에 있어서 원인과 결과의 구분은 공간적인 분포뿐만 아니라 시간의 함수이다. 지형 발달에 있어서 인과(因果)의 구분은 공간상의 시스템 규모와 고려하는 시간 척도에 따라 다르다. 지형 발달에 영향을 미치는 요소들은 시간 척도에 따라 독립변수일 수도 있고 종속변수일 수도 있다. 침식윤회에 소요되는 긴 시간의 지질시간(geologic time, 10^3년 이상) 척도에서는 '지질'과 '초기 기복'과 '기후'만이 독립변수이나, 평형하천(graded stream) 단면이 발달할 정도의 기간에 해당하는 근대시간(modern time, 10~10^2년) 척도에서는 '식생'과 '기복', '수문', '하곡 규모', '유량' 등도 독립변수로 인정되며, 짧은 현재시간(present time, 1~10년) 척도에서는 '하도 형태'도 독립변수로 평가된다.

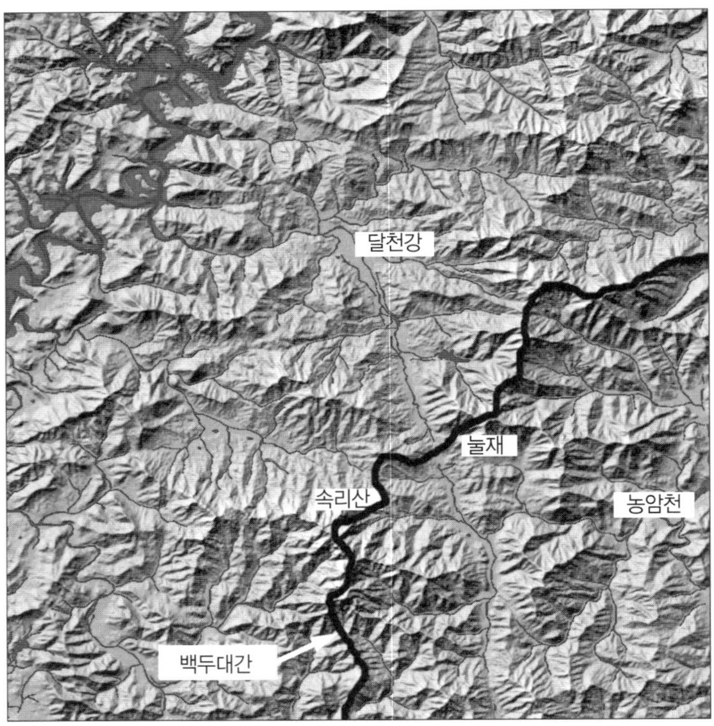

그림 1. 곡중분수계

괴산-상주 사이의 지질구조곡 내에 달천강(남한강)과 농암천(낙동강)의 분수계(백두대간)를 이루는 늘재가 있다.

2) 하계망의 발달

하천은 침식 및 운반작용을 할 수 있는 하천의 힘(stream power)과 흐름에 맞서는 저항력(resistance)으로 이루어지는 시스템이다. 하천의 힘은 강우의 위치 에너지($Pe=mgh$)가 유수의 운동 에너지($K_e=\frac{1}{2}mv^2$)로 변환된 것이므로 유량과 유속에 비례한다. 그리고 유속은 하천 경사에 따라 증가한다.

하천이 골짜기를 더 이상 침식할 수 없는 해발고도를 침식기준면(base level)이라고 한다. 일반적으로 궁극적인 침식기준면은 해수면이다. 그러나 일시적으로는 하천이나 호소, 단단한 암석, 인공적인 댐 등이 국지적 침식기준면을 이루기도 한다.

하천의 힘과 저항력이 평형상태를 이룰 때 하천종단곡선(longitudinal profile curve)은 하천의 규모와 관계없이 아래로 오목한 형태를 나타낸다. 이처럼 평형 상태를 이루던 유역이 융기하면 하천의 경사가 증가하여 하천의 힘이 강해지므로 하천의 침식이 부활한다. 하천 침식의 결과로 만들어지는 퇴적물은 강우체제의 특성과 기반암의 지질에 따라 그 종류와 양이 다양하다.

하계망은 유역의 기반을 이루는 지층의 경사와 암석의 굳기, 그리고 지질구조에 따라 여러 가지 패턴으로 나타난다. 암석이 균일하고 지배적인 지질구조가 발달하지 못한 지역에서는 〈그림 2〉와 같이 나뭇가지 모양의 하계패턴이 나타나며, 습곡구조가 해체되면서 단단한 경암층과 약한 연암층이 교대로 노출된 지역에서는 평행하게 달리던 향사부(向斜部)의 유로가 배사부(背斜部)의 유로를 쟁탈함으로써 격자 모양을 나타낸다.

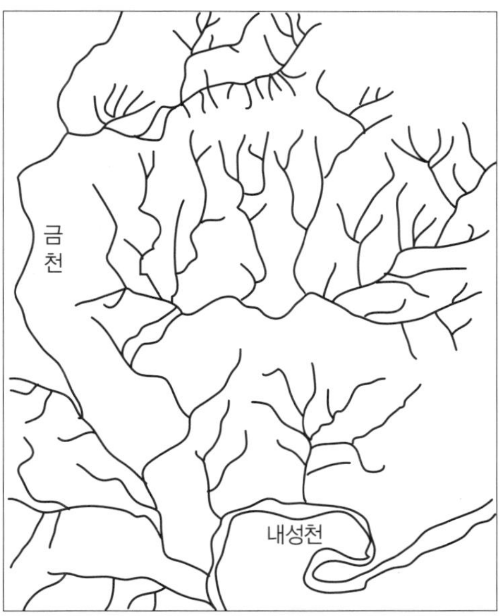

그림 2. 수지상 하계망
예천 화강암분지 내를 흐르는 금천의 지류들은 수지상패턴을 나타낸다.

지질구조선이 잘 발달된 지역에서는 유로가 지질구조선을 반영하여 직각이나 예각으로 구부러진다(〈그림 3〉 참조). 우리나라에는 북북서–남남동 계열(한국 방향)과 동북동–서남서 계열(중국 방향) 및 북북동–남남서 계열(중국 방향)의 지질구조선이 우세하게 교차함으로써, 남한강과 낙동강 유로의 20%가 지질구조선을 따라 흐른다. 특히 7차수하천의 유로와 지질구조선은 40~50% 정도 일치한다(박동원 · 강필종, 1977). 또한 〈그림 4〉와 같이 양구의 해안분지나 합천의 초계분지와 같은 곳에서는 여러 지류들이 하나의 구심점으로 모여들고, 돔 형태를 나타내는 화강암 산지나 원뿔 모양을 띠는 화산성 산지에서는 유로가 사방으로 흘러 나간다.

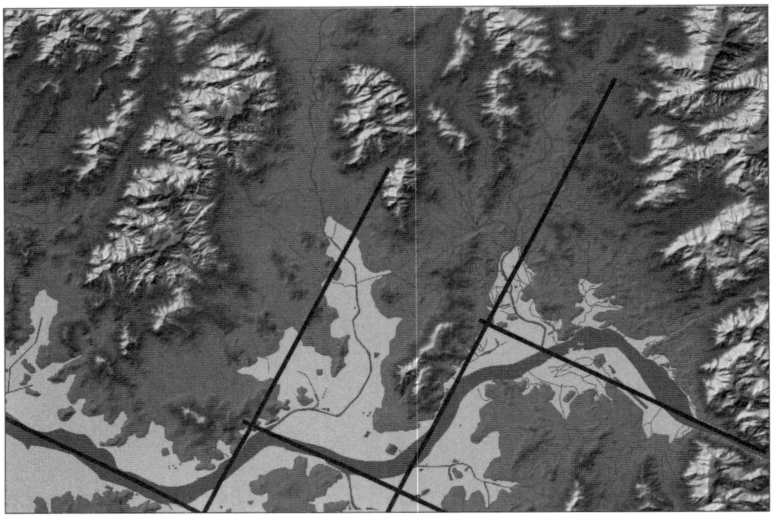

그림 3. 직각상 하계망
한강 하류구간은 추가령구조곡과 평행한 지질구조선의 격자망을 따라 흐른다.

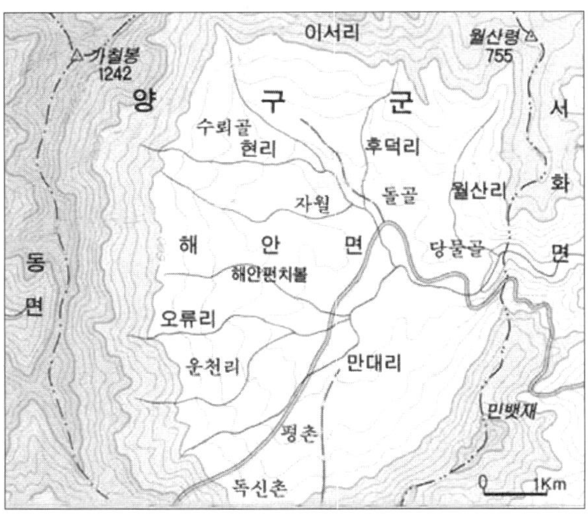

그림 4. 구심상 하계망
폐쇄형 분지인 해안편치볼 내를 흐르는 하천은 소양강으로 흘러든다.

하계밀도(km/km²)는 단위 면적 내에 분포하는 전체 하천의 길이로 나타낸다. 하계밀도는 기후와 지질 조건에 따라 다양하다. 하계밀도는 암석이 부드러워 침식에 약할수록, 투수율이 낮아 지표로 흘러가는 물의 양이 많을수록 높게 나타난다. 단단한 사암이나 투수율이 높은 석회암지대에서는 하계밀도가 대체로 낮다. 건조 내지 반건조 기후 지역에서는 식생의 피복이 적어 빗방울의 충격을 직접 받게 되고 강우의 대부분이 지표로 유출되므로 하계밀도가 매우 높은 악지(badland)가 발달한다. 우리나라에서는 신생대 제3기층에 악지가 발달하여 있다.

2. 하도

1) 산지하천

산지하천은 급경사를 이루므로 여러 가지 측면에서 충적하천과 다르다. 산지하천은 퇴적물의 주요 공급원인 사면과 밀접히 연관되어 있으며, 하상에 분포하는 대규모 거력들과 불규칙한 기복으로 상당한 양의 하천 에너지가 소비된다.

하천은 하천수의 흐르는 상태에 따라 세 구간으로 구분된다. 일시적 하천(ephemeral stream)은 분수계를 이루는 능선에서 비롯하는 건곡(dry valley)이다. 좁은 골짜기가 사력 물

그림 5. 한강의 발원지인 검룡소

그림 6. 낙동강의 발원지인 너덜샘

질로 채워져 있어, 유수는 강우가 있을 때에만 흐르고 강우가 멈추면 사력 물질 밑으로 복류하다가 일정한 지점에서 용천하여 소(沼)를 이룬다. 이러한 소에는 한강의 발원지로 알려진 〈그림 5〉의 검룡소(儉龍沼)나 낙동강의 발원지라고 주장하는 〈그림 6〉의 너덜샘 등이 있다.

간헐적 하천(intermittent stream)은 일시적 하천과 영구하천 구간 사이에 위치하며 점이적인 형태를 띤다. 평수위 때의 간헐하천 구간은 소(沼)에만 물이 있어 단속적인 유로를 형성한다. 간헐하천 구간에서 하류로 이어지는 영구적 하천 구간(perennial stream)에서는 평수위 때에도 유로가 연속되어 나타난다.

산지하천의 하곡은 하상과 곡벽이 기반암으로 이루어져 있기 때문에 측면으로의 이동(shift)이 자유롭지 못하고, 대체로 기반암의 영향을 받아 방향이 결정된다. 지질구조선이나 단층선의 지배를 받는 하곡은 직선 형태를 띤다. 그러나 대부분의 경우에는 교차하는 절리체계를 따르거나 풍화된 기반암을 침식하여 구부러진 형태를 나타낸다.

곡류하곡(meander valley)은 다양한 형성 과정을 거쳐 발달한다. 굴삭곡류(entrenchment meander)의 하곡은 급경사를 이루는 양안의 곡벽이 대칭을 이루고 있어, 지반의 융기 속도가 매우 빠를 때 하방침식만으로 형성되었음을 알 수 있다. 따라서 굴삭곡류의 하곡은 지반이 융기되기 이전에 흐르던 자유곡류의 하도를 계승한 것이다. 생육사행(ingrown meander)의 하곡은 충적하도의 공격사면과 포인트바(point bar)처럼 양안의 곡벽이 비대칭을 이룬다. 이것은 지반의 융기 속도가 느릴 때 하방침식과 더불어 측방침식을 받았기 때문이다. 그러므로 생육사행의 하곡은 하곡 내를 흐르는 하천에 의하여 형성된 것이다.

우리나라 대하천의 상류에 발달하는 곡류하곡은 지반이 융기할 때 자유곡류의 하도를 계승한 것이라는 주장이 제기된 바 있다(송언근 · 조화룡, 1989). 그러나 곡류하곡의 대부분이 단층선을 따르면서 생육사행을 하고 있다. 이런 점에서 볼 때 곡류하곡은 단층선과 절리를 따라 형성된 직각상의 하곡(fault-guided meander)이 하천의 측방침식을 받아 점차 사행으로 변모된 것으로 생각된다. 옥천변성대 내의 금강 상류에 분포하는 곡류하곡은 절리를 따라 형성된 것이라는 주장도 있다(김상호, 1983). 교차하는 절리를 따라 풍화대(風化帶)가 깊게 형성되고, 이후 풍화대가 제거된 곳을 따라 하천이 흐르게 되었다는 것이다.

2) 충적하천

대하천의 하류 구간에는 대체로 넓은 충적 지형이 분포하는데, 충적층 위에 발달하여 자유롭게 이동할 수 있는 하도를 충적하천(alluvial channel)이라고 한다. 하도패턴은 하곡의 경사가 일정하게 유지될 때 유수를 방해함으로써 경사를 조정하는 역할을 한다. 대체로 하도패턴은 평면상의 형태에 따라 직선하도와 곡류하도와 망류하도로 구분된다(Leopold and Wolman, 1957). 충적층 위의 자연하도는 어느 정도 곡선 형태를 띠므로 직선하도와 곡류하도의 구분이 매우 애매하기 때문에, 곡률도(sinuosity) 1.5를 기준으로 구분하고 있다.

곡률도 = (실제의 하도길이)/(측정지점 간의 직선거리)

그러나 이러한 구분은 너무 단순하므로, Schumm(1985)은 하도패턴을 하중(load)의 유형에 따라 14개로 세분하였다. 〈그림 7A〉에서 (1~5)유형의 하도패턴은 하상하중에서 발달하며, (11~14)유형의 하도패턴은 부유하중에서 발달하고, (6~10)유형의 하도패턴은 하상하중과 부유하중이 혼합된 상태에서 발달한다.

하나의 유로를 형성하는 경우, 직선하도 가운데 (11)유형에는 이동하는 하상기복이 발달한다. (2)유형에서는 바(bar)가 규칙적으로 형성되고 최심하상선(thalweg)이 곡류하며, (8, 13)유형에는 다양한 형태의 곡류가 나타난다. 여러 개의 유로를 형성하는 경우, (5, 10)유형은 제한된 하도 내에 유수를 분기시키는 바들이 발달한다. 우리나라의 하천은 자갈하상으로 이루어진 상류부에서 (2, 3)유형을 띠며, 풍화산물의 공급이 많은 내륙분지를 관류하는 구간에서 (9,

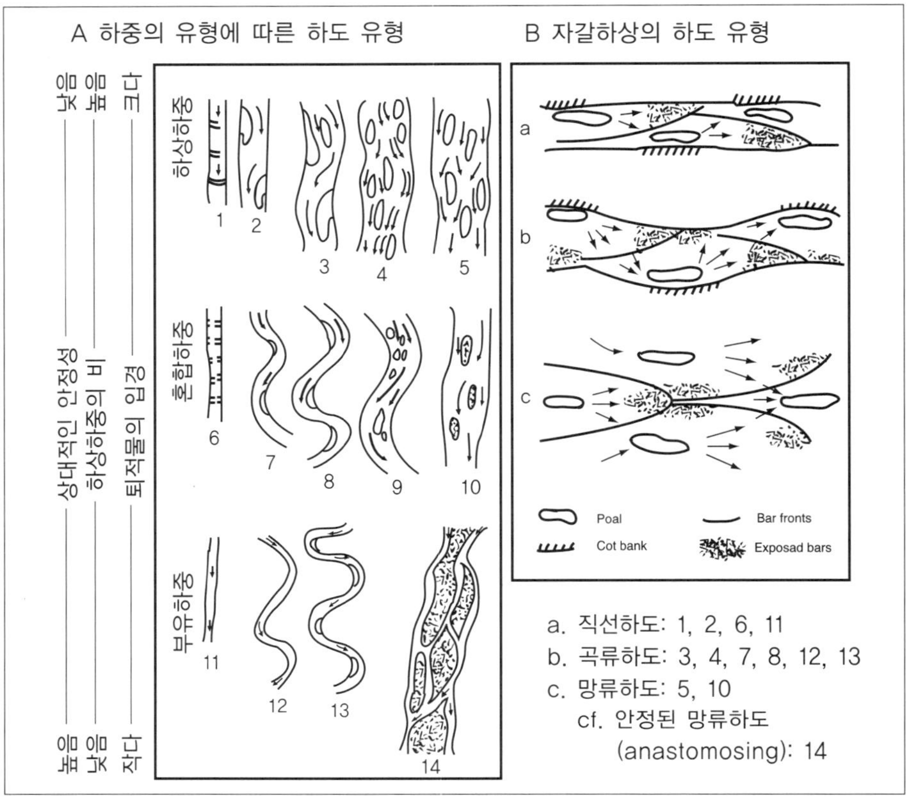

그림 7. 하중에 따른 다양한 하도패턴

10)유형을 보인다.

Carson(1984)은 자갈하상 하천의 곡류를 두 가지 유형으로 구분하였다. 하나는 포인트바의 개석(〈그림 7A〉의 3유형과 유사〉)으로 곡류대가 빠르게 이동하는 것이 특징이며, 다른 하나는 유로의 대부분이 식생으로 안정된 망류하도(〈그림 7A〉의 14유형)이다. 자갈하상의 하도패턴을 나타낸 〈그림 7B〉에서, (a)는 바가 규칙적으로 발달하는 직선하도이고 (b)는 포인트바를 갖는 곡류하도이며, (c)는 하도 내에 중앙 바(medial bar)가 발달하는 망류하도이다.

3) 하상의 기복

하상의 기복은 하천의 힘을 소모시키는 주요 요소이다. 하상의 기복은 교통흐름의 파동(kinematic wave)과 유사한 방식으로 형성된다. 즉 하천으로 운반되는 퇴적물은 하상에 고르게 분포하지 않고, 도로 곳곳에서 빨간 신호에 정체되어 있는 자동차 행렬처럼 파동을 그리며 하류로 이동한다. 이러한 하상의 기복의 높이나 간격은 하상 경사와 밀접히 연관되어 있다.

그림 8. 기반암으로 이루어진 계-담 체계(금강산, 상팔담)

하상 경사가 3~5%보다 큰 산지하천에서는 거력들이 제방처럼 쌓인 계(階, step)와 그 아래에 형성되는 담(潭, pool)이 연속하여 교대로 나타난다. 계를 구성하는 물질은 국지적인 공급과 운반 조건에 따라 다르지만 거력과 자갈들로 이루어지는 것이 보통이며, 숲이 우거진 곳에서는 통나무가 가로놓여 있기도 하고, 기반암으로 형성될 수도 있다(〈그림 8〉 참조).

계-담 체계에서 파장(계에서 계까지의 간격)은 평균 하도너비의 2~3배에 이르는데, 하상의 경사가 감소할수록 간격은 멀어지고 계는 낮아진다. 산지하천에서 하류로 가면서 하상의 경사가 더욱 감소하면 계의 간격은 멀어지고 높이도 낮아져, 계는 점차 급류(rapid)로 변한다. 그리고 계를 구성하는 입자의 규모도 작아지게 된다.

하상의 경사가 더욱 감소하여 하상 물질의 입자가 감소하면 파장이 하도너비의 5~7배에 달하는 일련의 여울(riffle)과 소(pool)가 연속으로 형성된다. 소의 깊이는 하상의 경사가 감소할수록 증가한다. 여울은 소에 비하여 얕고 넓으며 구성 물질의 규모도 크다. 자갈하상에서 발달하는 여울-소 체계는 의사 평형 상태(quasi-equilibrium)를 유지하고 곡류를 형성하는 데 중요한 자기조정의 수단이다. 그리고 여울-소 체계는 자연하천이 하천작용의 힘을 최소화하는 한 방식이다.

3. 하천작용

1) 침식작용

유역 내에 떨어진 강우의 위치 에너지는 하천을 통하여 운동 에너지로 변환되어 하상과 제방을 침식하고 암설을 운반하며 소모된다. 하천의 침식 작용은 침식의 양식과 침식 방향에 따라 구분된다. 침식 양식에 따른 구분에는 굴식(掘蝕, cavitation)과 마식(磨蝕, abrasion)과 용식(溶蝕, corrosion)이 있다. 굴식이란 유수의 압력으로 발생하는 침식을 말한다. 곡류하천에서는 수심이 가장 깊은 부분을 연결한 최심하상선(thalweg)도 곡류하게 된다. 수심이 깊은 부분은 유속도 빠르기 때문에 운동량이 크고, 원형으로 구부러져 흐르기 때문에 바깥쪽으로 원심력이 작용하여 제방 부분을 굴식하게 된다. 이러한 굴식은 유수의 수압으로만 이루어지기 때문에 견고하지 않은 비고화퇴적물이나 풍화 물질을 뜯어내는 데 효과적이다.

마식이란 유수로 운반 중인 퇴적물 입자에 부딪쳐 마모되는 것을 말한다. 하천 유수를 따라 운반 중인 조립 물질은 하상에 쌓인 자갈이나 기반암과 부딪치면서 하류로 이동한다. 산지하천에서는 하상의 경사가 급하여 하천의 힘이 강하므로 조립질의 암설이 많이 운반된다. 하상이 약간 움푹 들어간 곳에서는 와류가 발생하는데, 와류에 휩쓸린 암설이 빙글빙글 돌면서 기반암 하상을 마모시키면 포트홀

그림 9. 마식작용으로 형성된 포트홀
(경북 문경시, 대야산의 용추)

그림 10. 토평천의 곡류하도(1956년)

(pothole)이 만들어지기도 한다(〈그림 9〉 참조). 유수를 따라 운반 중인 조립 물질은 모서리가 마모되어 상류에서 하류로 갈수록 원마도(roundness)가 증가하고 크기도 작아진다. 용식이란 기반암이 유수에 용해되는 것을 말한다. 용식은 화학적 풍화작용이 활발한 고온 습윤한 열대 지방에서 많이 일어나며, 지질상으로는 석회암 지대에서 가장 활발하다.

침식 방향에 따른 구분으로는 측방침식(側方浸蝕, lateral erosion)과 하방침식(下方浸蝕, down-cutting erosion)과 두부침식(頭部浸蝕, headward erosion)이 있다. 측방침식이란 하천 시스템이 동적 평형 상태에 이르렀을 때 하천의 힘을 소모하기 위하여 유로를 연장하는 과정에서 일어나는 침식작용이다. 충적하천에서는 직선하도의 양안에 교대로 바가 형성되고, 이어서 여울–소 체계가 충분히 발달하면 측방침식이 활발해져 곡류하도가 발달한다. 곡류하도의 측방침식은 제방 밑 부분의 제거와 제방의 붕락으로 이루어진다. 우리나라의 경우에는 대하천의 하류부에서도 충적지의 발달이 빈약하여 곡류하도가 형성되기 어렵고, 대하천의 하류부로 유입하는 일부 소하천만이 자유곡류를 한다(〈그림 10〉 참조).

하방침식이란 평형 상태를 이루고 있던 하천 시스템에서 하천의 힘이 증가할 때 일어나는 침식작용이다. 하천의 힘은 유량 및 하상의 경사에 비례한다. 기후가 보다 습윤한 상태로 변하여 유량이 증가하거나 지반이 융기하여 하상의 경사가 증가하면 하천의 힘도 증가하여 하방침식이 일어난다.

두부침식이란 두 개의 시스템이 불협화(disharmony)를 이루는 경계 지점에서 발생하여 상류 쪽으로 옮겨가는 침식작용이다. 하천 시스템이 평형 상태를 이룰 때 하천종단곡선은 해수면에 접근하지만, 해수면이 하강하면 하구 부분의 하상 경사 증가로 하방침식이 발생하여 점차 상류 쪽으로 이동한다. 또한 유로 가운데 단단한 경암(硬岩)이 있어 폭포가 형성되거나, 곡류의 절단으로 급류가 발달하는 경우에도 두부침식이 발생한다.

2) 운반작용

하상에서 물에 잠겨 있는 퇴적물은 입자에 작용하는 양력이 입자의 무게보다 클 때 물속으로 떠오른다. 이러한 양력은 퇴적물 입자의 밑부분과 윗부분 사이의 유속 차이와 난류(turbulent flow)에서 발생하는 소용돌이로 만들어진다. 난류는 유속이 빠를수록, 하상의 조도(粗度, 혹은 거칠기, roughness)가 클수록 잘 만들어진다.

〈그림 11〉은 유속과 퇴적물의 침식 및 퇴적과의 관계를 나타낸 것이다. 퇴적물의 입경이 0.2mm 이상인 경우에는 입경(grain size)이 커질수록 이를 침식하는 데 필요한 유속이 증가하

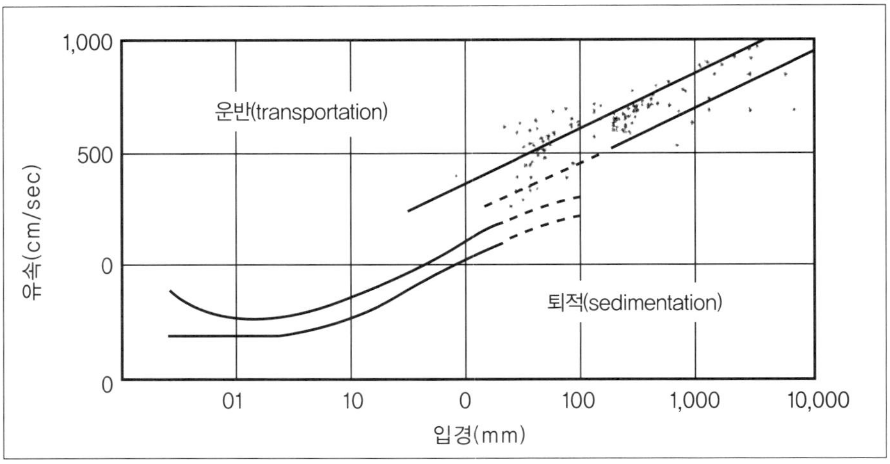

그림 11. 하중 입경과 유속의 관계

지만, 퇴적물의 입경이 0.2mm보다 작을 경우에는 입경이 작아질수록 이를 침식하기 위해 더 큰 유속이 필요하다.

물속으로 떠 오른 입자가 물속에 머무르는 시간은 입경과 유속에 따라 다르다. 유속이 빠르면 난류의 소용돌이가 강하여 입자들이 물속에 떠 있는 시간도 길어지지만, 입자의 중량이 양력보다 크면 곧 가라앉는다. 하천으로 운반되는 퇴적물에서 물속에 떠 있는 시간이 짧은 입자를 하상하중(bed load)이라 하고, 물속에 떠 있는 시간이 비교적 긴 입자를 부유하중(suspended load)이라고 한다.

홍수 시 최고 수준에 올랐던 수위가 서서히 떨어지기 시작하면 하천의 운반력도 감소하므로 굵은 입자부터 쌓이기 시작한다. 하도 내에서도 수심이 깊은 하상에는 유속이 빨라 운반력이 크기 때문에 자갈이 쌓이고, 수심이 얕은 가장자리에는 유속이 느려 운반력이 작기 때문에 모래와 점토가 쌓인다. 이처럼 퇴적물이 입경에 따라 차별적으로 집적되는 것을 분급(sorting)이라고 한다.

3) 퇴적작용

하천으로 운반되는 퇴적물은 유량이나 하상 경사가 감소하여 하천의 힘이 줄어들면 하상 곳곳에 퇴적된다. 하상에 쌓인 충적 지형을 바라고 하는데, 특히 곡류하도의 만곡부에 형성되는 완경사의 퇴적 지형을 포인트바라고 한다. 포인트바의 하부에는 곡류하도가 공격사면 쪽으로 확장하거나 곡류대(meander belt)가 하류로 이동할 때 조립퇴적물이 쌓이고, 상부에는 범람한 유수의 부유하중인 세립퇴적물이 침전된다. 전자의 퇴적 양식을 측방퇴적(lateral accretion)이라고 하며, 후자의 퇴적양식을 수직퇴적(vertical deposition)이라고 한다. 수직퇴적 되는 세립 물질은 공극이 매우 작아 배수가 불량하므로 배후습지를 이룬다.

산지하천이 완만한 평지로 흘러나오면 하상 경사의 감소에 따른 유속의 감소로 운반력이 급격하게 줄어들기 때문에 많은 퇴적물이 곡구(谷口) 주변에 쌓이게 된다. 건조 기후에서는 유량이 부족하기 때문에 곡구를 중심으로 원호를 그리는 선상지가 발달한다. 선상지 위를 흐르는 하천은 퇴적물량에 비하여 유량이 부족하기 때문에 망류하도를 형성하며, 선상지가 사력 물질로 구성되어 있으므로 일부 복류(伏流)한다. 습윤 기후에서는 유량이 비교적 풍부하기 때문에 선상지면의 경사가 완만하며, 배후산지에서 공급된 세립 물질이 지면을 피복한다. 우리나라에서는 추가령열곡 내의 석왕사(釋王寺)와 사천(泗川)의 와룡산 남쪽 산록, 구례의 화엄사(華嚴寺) 부근, 경주의 불국사단층 주변에 소규모의 선상지가 널리 분포한다(박노식, 1959; 고의장, 1982; 위상복, 1982; 윤순옥, 1984).

거력들이 하곡을 가득 메우는 산지를 벗어난 하천 양안에는 범람원이 발달한다. 산지에서 가까운 자갈하상의 상류 구간에서는 범람원이 대체로 좁다. 중·하류 구간의 내륙분지에서는 유량에 비해 퇴적물량이 많아 하상 곳곳에 바가 형성되어 망류하도가 나타나며, 지류가 합류하는 지점의 상·하류 부분에는 하중도가 발달한다. 낙동강에서는 안동–왜관에 이르는 구간에 넓은 범람원과 하중도가 널리 분포한다.

우리나라 대하천의 하류 구간으로 유입하는 소규모 지류에는 배후습지성 자연늪지가 널리 분포한다. 이들 자연늪지는 제4기의 기후 변화의 영향으로 형성된 것이다. 지난 최후빙기 동안 침식기준면인 해수면이 하강함에 따라 하천 시스템의 새로운 평형을 이루기 위하여 하구에서부터 시작된 하상 세굴(洗掘)이 상류 쪽으로 진행되어 갔다. 이후 후빙기가 도래하여 해수면이 상승함에 따라 하구에서부터 상류 쪽으로 하상이 매적(filling)되기 시작하였다. 그리하여 최후빙기의 하천종단곡선과 후빙기의 하천종단곡선이 불협화를 이루는 곳에 자연늪지가 형성되었다. 낙동강 유역의 자연늪지는 하구로부터 50~170km 구간에 분포한다(손명원·전영권, 2003). 이것은 하천 상류로 갈수록 최후빙기 시의 하상 세굴이 깊지 않아, 최후빙기의 하천종단곡선과 후빙기 하천종단곡선 사이에 불협화가 크지 않음을 의미한다.

하천이 바다로 흘러드는 하구에는 유속 감소에 따른 운반력 감소로 하천이 운반해 온 많은 퇴적물이 쌓여 삼각주를 형성한다. 유로는 여러 개의 분류로 갈라지고, 분류들 사이의 하중도는 윤중제로 둘러싸인 와지를 이룬다. 하천의 유량이 풍부한 경우에는 먼 바다까지 퇴적물을 운반하여 조족상 삼각주를 형성하며, 파랑의 힘이 강한 경우에는 연안류가 발달하여 원호상 삼각주가 형성된다. 하천의 운반력이나 파랑의 재분배 능력이 약한 경우에는 만입상 삼각주가 형성된다. 〈그림 12〉의 낙동강 삼각주는 만입상 삼각주로서, 파랑에 의해 조립 물질(모래)의 사주(등)가 만들어진 후 뒤편의 요지(凹地)가 세립 물질(점토와 실트)로 메워지는 과정을 거쳐 성장하며 하구언이 건설된 이후 더욱 성장하고 있다.

4. 도시하천

1) 직강화

농촌 지역에 도시가 발달하게 되면 시민들의 편리를 위하여 지표를 피복하고 하수도망을 정비하게 된다. 지표를 불투수성의 아스팔트로 피복하면 강우의 토양침투가 억제되고, 토양수의 함양이 어려워짐으로써 갈수기에 하천의 기저 유출(base flow)이 현저하게 감소하여 수질오염을 일으킨다. 또한 도시에서는 배수기능을 강화하기 위해 하수도망을 정비한다. 인위적으로

그림 12. 낙동강 삼각주의 위성 이미지

하수도망을 건설하면 빗물이 하천에 도달하는 시간이 짧아지므로, 하천의 첨두홍수량(peak discharge)이 증가하여 범람의 위험성이 커진다. 특히 최근에는 지구 온난화의 영향으로 돌발 홍수의 빈도가 증가하고 있어 문제가 심각하다.

20세기 최악의 을축년(1925년) 홍수를 겪은 한강 유역에서는 1968년부터 '한강 개발 3개년계획'을 진행하였다. 사업의 내용은 여의도 주변에 윤중제를 쌓고 한강변 양안에 인공제방을 쌓아 도로를 건설하는 것이었다. 그리고 수도권의 홍수 방지와 '88 올림픽'에 대비하기 위하여 한강 상류에 다목적 댐을 건설하고 1982년부터 '한강종합개발사업'을 시행하였다. 사업의 내용은 양안에 인공제방을 확충하여 자동차도로를 신설하고 고수부지에 시민공원을 만드는 것이었다. 한강에 유람선을 띄우기 위해 수중보를 건설함으로써 한강은 흐름이 정체된 호수로 바뀌었고, 하도 내 곳곳에 형성되었던 하중도와 하천습지들은 사라졌다(〈그림 13〉 참조).

한강종합개발사업에서 시작된 하천 개발 양식이 전국의 모든 도시하천에 적용되었다. 도시하천이 비교적 큰 경우에는 직강화를 하기 위한 인공제방에 도로를 건설하고, 고수부지에 시민휴식 공간과 운동장 및 주차장을 조성하였다. 그리고 도시하천이 비교적 작은 경우에는 복개하여 주차장으로 이용하였다. 도시하천은 이수(利水)와 치수(治水)의 관점에서만 고려되었고 생태학적 관점은 무시되었다.

그림 13. 도시하천 개발의 전형적인 양식(한강시민공원)

2) 자연형 하천

우리가 하천을 이수 및 치수의 관점에서만 관리함으로써 하천 주변의 다양한 원시적 자연경관이 갖는 미적 가치와 생태 공간으로서의 가치가 점차 상실되고 있다. 이에 기존의 이수 및 치수 기능을 고려하면서 하천의 생태학적 기능을 회복하여 인간의 삶의 질을 향상시키려는 자연형 하천 조성사업이 호응을 얻고 있다(〈그림 14〉 참조). 자연형 하천이란 '하천을 정비하되 그 하천이 본래 지닌 자연성을 최대한 살리면서 정비한 하천'을 가리킨다.

우리나라에서는 1995년의 양재천 하천정비사업을 필두로 지방자치단체별로 자연형 하천 조성사업이 활발하게 진행되고 있다. 그중에서도 가장 획기적인 것은 2003년부터 추진하고 있는 청계천 복원사업이다. 청계천은 조선시대 왕경이었던 한양의 상징이자 역사 그 자체이다. 청계천이 자연스러운 옛 모습을 그대로 간직할 수는 없겠지만, 많은 사람들은 서울시민들에게 활력을 불어넣는 친숙하고도 자애로운 도시하천으로 거듭나길 바랐을 것이다. 그러나 콘크리트 장벽으로 갇힌 공간 내에 인공적으로 꾸며진 화려한 청계천은 또 하나의 서울의 명소임에는 틀림이 없겠으나, 자연 친화적인 생태하천과는 거리가 먼 하나의 예쁜 인공수로의 모습을 띠고 있어 아쉬움을 더한다.

그림 14. 대덕밸리 주거지 건설 시 조성한 자연형 하천(관평천)

참고문헌

고의장, 1982, 「지리산 화엄사선상지에 관한 분석적 연구」, 『지리학총』, 10, pp.18-29.

김상호, 1983, 『옥천지향사의 지형 연구』, 문교부.

박노식, 1959, 「한국 선상지 연구」, 『경희대학교 논문집』, 2, pp.1-28.

박동원, 1985, 「남한강에 있어서 하계망과 지질구조선의 관계에 대한 연구」, 『지리학논총』, 12, pp.99-109.

박동원 · 강필종, 1977, 「하계망과 지질구조선의 관계에 대한 연구」, 『낙산지리』, 4, pp.7-16.

손명원 · 전영권, 2003, 「낙동강 하류 연안 자연습지의 자연지리적 특성」, 『한국지역지리학회지』, 9(1), pp.66-76.

송언근 · 조화룡, 1989, 「한국에 있어서 감입곡류 하천의 분포 특성」, 『한국제4기학회지』, 3(1), pp.17-34.

위상복, 1982, 「건천 지역의 선상지 지형 발달」, 경북대학교 석사학위논문.

윤순옥, 1984, 「사천 · 삼천포 일대의 선상지에 대한 연구」, 경희대학교 석사학위논문.

Beaver, S.H. and Derbyshire, E.(trans.), 1974, *Structural Geomorphology (Tricart, J., 1968, Geomorphologie Structurale)*, Longman, New York.

Carson, M.A., 1984, Observations on the meandering-braided transition, Canterbury Plains, New Zealand, *New Zealand Geographer*, 40, pp.89-99.

Christopherson, R.W., 2005, *Geosystems-an Introduction to Physical Geography*, 5th ed., Pearson Prentice Hall, New Jersey.

Gregory, K.J. and Walling, D.E., 1973, *Drainage Basin Form and Process: A geomorphological approach*, Edward Arnold, London.

Leopold, L.B. and Wolman, M.G., 1957, River channel patterns-braided, meandering and straight, *U.S. Geol. Surv. Prof. Papers*, 282B, pp.39-85.

Leopold, L.B., Wolman, M.G. and Miller, J.P., 1964, *Fluvial Processes in Geomorphology*, W.H. Freeman and Company, San Francisco.

Novak, I.D., 1973, Predicting coarse sediment transport: the Hjulstrom curve revisited, in *Fluvial Geomorphology*(Morisawa, M. ed.), pp.13-26.

Richards, K., 1982, *Rivers: Form and Process in Alluvial Channels*, Methuen, London and New York.

Schumm, S.A., 1985, Patterns of alluvial rivers. *Annual Review of Earth and Planetary Sciences*, 13, pp.5-27.

www.happyna.com.

제4장

해안 지형*

이민부(한국교원대학교) · 김태호(제주대학교)

1. 해안의 지형영력

해안은 육지, 바다 및 대기가 서로 만나면서 영향을 주고받는 띠 모양의 좁은 지대로서 육지와 바다의 경계선인 해안선을 기준으로 파랑과 조석의 주도하에 다양한 지형이 형성된다(권혁재, 1999). 예를 들어 파랑 에너지가 집중되는 해안에는 해식애와 파식대로 이루어진 암석해안이 출현하기 쉬우며, 조차가 큰 해안에는 간석지가 잘 발달한다. 또한 하천의 작용이 가세하여 하구 일대에 삼각주나 해안평야와 같은 충적 지형이 형성되는 등 해안의 지형형성에 관여하는 영력은 파랑, 조류, 연안류, 쓰나미, 바람, 하천 등 매우 다양하다(Ritter *et al.*, 1995).

파랑은 바람에 의해 발생하는 해수면의 파동 현상으로서 바람의 영향권 안에서 발생하는 불규칙한 파랑을 풍파(wind wave)라고 하며, 바람의 영향권 밖으로 전달되어 가는 규칙적인 파랑은 스웰(swell)이라고 한다. 수심이 얕은 해역으로 파랑이 접근하면 해저면과의 마찰로 인하여 파형을 비롯하여 파속, 물 입자운동이 변화한다. 따라서 파랑의 성질은 수심에 따라 달라질 수 있으므로 파장의 1/2 길이에 해당하는 수심을 기준으로 천해파와 심해파로 구분한다.

파랑은 물 입자의 원형 궤도운동에 의해 전진하게 된다. 원형운동은 수면 아래에서도 일어나지만 물 입자가 그리는 원의 직경은 수면 아래로 내려갈수록 급격하게 작아지며, 천해파의 경우에는 해저면의 마찰로 인하여 운동 궤도가 타원형으로 변한다. 타원 궤도는 수면 아래로 내려갈수록 납작해져 결국 해저면에서는 수평의 왕복운동으로 나타난다(Pathick, 1984). 따라서 이 왕복운동에 의해 파랑은 해저퇴적물을 침식, 운반함으로써 지형을 변화시킨다. 파랑에 의해 해저퇴적물의 침식과 운반이 일어날 수 있는 한계수심은 9m 정도이다(Bloom, 1969). 수심이 매우 얕은 해안에서는 마찰 저항이 커져 파랑은 형태가 급격하게 변화하며 결국 부서지게 된다. 이를 쇄파(breaker)라고 하며, 파랑에 집적된 에너지를 일시에 발산하므로 큰 파괴

* '해안의 지형영력'과 '해안의 지형경관'은 김태호(2000)를 일부 수정하여 작성하였음.

력을 발휘하며 파랑 에너지의 대부분이 소비된다.

파장이 매우 길어 주기가 수분에서 1시간에 이르기도 하는 파랑을 쓰나미(tsunami)라고 한다. 쓰나미는 진도 6.3 이상의 해저지진에 따른 해저면의 급격한 상하변동으로 인하여 발생하며, 때로는 해저화산의 분화가 원인이 되기도 한다. 쓰나미가 해안 가까이 도달하면 수심의 감소로 파고가 높아지며, 특히 작은 만에서는 급속하게 파고가 높아져 20m 이상을 기록하기도 한다(佐藤 · 町田, 1990). 2004년 남아시아 해안을 초토화시킨 인도네시아 쓰나미에서 볼 수 있듯이 해안 지형에 미치는 쓰나미의 영향은 매우 크다.

지구에 작용하는 달과 태양의 인력 때문에 해수면이 규칙적으로 승강하는 조석이 발생한다. 하루에 두 번씩, 정확하게는 12시간 25분을 기준으로 해수면이 높아지는 만조와 낮아지는 간조가 반복된다. 조차는 만조와 간조의 차이로서 특히 달과 태양이 지구와 일직선으로 놓이게 되면 조차가 큰 사리 또는 대조가 발생하며, 반대로 달과 태양이 지구에 직각 방향으로 놓이게 되면 조차가 작은 조금 또는 소조가 발생한다. 우리나라 서해안은 조차가 매우 큰 해역으로 대조 시 아산만의 조차는 8.5m에 달한다. 아산만으로부터 남북 방향으로 멀어질수록 조차는 감소하여 인천 8.1m, 남포 6.2m, 군산 6.2m, 목포 3.2m를 기록하고 있다. 남해안에서는 여수 2.5m, 부산 1.2m로 서쪽에서 동쪽으로 갈수록 줄어들며, 동해안의 조차는 0.2~0.3m에 불과하다(권혁재, 1999).

조류는 조차로 인하여 발생하는 해수의 수평 이동으로 유속과 흐르는 방향이 시간과 함께 변한다. 해수면이 높아질 때의 조류는 밀물 또는 창조류라고 하며, 낮아질 때의 조류는 썰물 또는 낙조류라고 한다. 조류는 토사를 침식, 운반함으로써 지형형성에 영향을 미친다. 조차가 큰 경우 또는 만 입구나 좁은 해협을 통과하는 경우 조류는 빨라진다. 강한 조류가 나타나는 해역에서는 토사의 퇴적이 일어나지 않으므로 기반암이 노출하게 되며, 이 기반암에 마식작용이 가해져 와지가 형성되기도 한다(町田, 1988).

해안 근처에서는 해안과 해저의 형태, 해저의 경사, 수심 등의 조건에 의해 해류, 조류 및 파랑류가 합성되어 해안선을 따라 흐르는 연안류(longshore current)가 출현한다. 연안류에 가장 크게 작용하는 것은 해안 가까이에 발생하는 파랑류로서 파랑이 해안을 향하여 접근하면 파랑류로 인하여 쇄파대와 해안선 사이에는 물이 집적되어 수면이 높아지고, 결국 이 물은 해안선을 따라 흘러 나가게 된다. 사빈의 침식과 퇴적은 주로 연안류에 의해 일어나는데, 특히 쇄파가 발생함으로써 움직이기 시작한 해저의 토사는 연안류에 실려 쉽게 운반될 수 있다.

한편 해수면은 조석으로 인한 급속한 승강운동 이외에 기후 변화에 의해서도 완만하게 변동한다. 현재의 해수면은 최종빙기 극성기를 지나면서 급속하게 상승해 온 결과로서 약 6000년 전에 현 수준에 도달하여 안정된 것으로 보고 있다(Pethick, 1984; 〈그림 1〉 참조). 한반도에서도 빙하성 해수면운동은 비슷한 경향을 보여 해수면은 5000~6000년 전에 현 수준 또는 현재보다 다소 높은 수준까지 도달하였다. 그러나 이후에도 소규모의 변동이 반복되어 2300년과 4000년 전에는 해수면이 현재보다 상대적으로 낮아졌으며, 1800~2000년과 3200년 전에는 상대적으로 높아졌다(윤순옥 · 황상일, 2000a).

이 외에 비(非)해양성 지형영력인 바람은 파랑을 발생시킬 뿐 아니라 직접 해안의 모래를 포획, 운반하여 내륙 쪽에 다시 퇴적시킴으로써 해안사구와 같은 지형형성에 관여한다. 또한 하천은 해안으로 토사를 공급하거나 직접 하구 일대에 삼각주와 간석지를 형성함으로써 해안의 퇴적 지형에 영향을 미친다. 특히 유역의 크기와 지질 특성 또는 하도구배나 길이와 같은 하도 특성을 반영하여 하천은 여러 유형의 토사를 해안에 공급함으로써 해안 퇴적 지형을 다양하게 만든다.

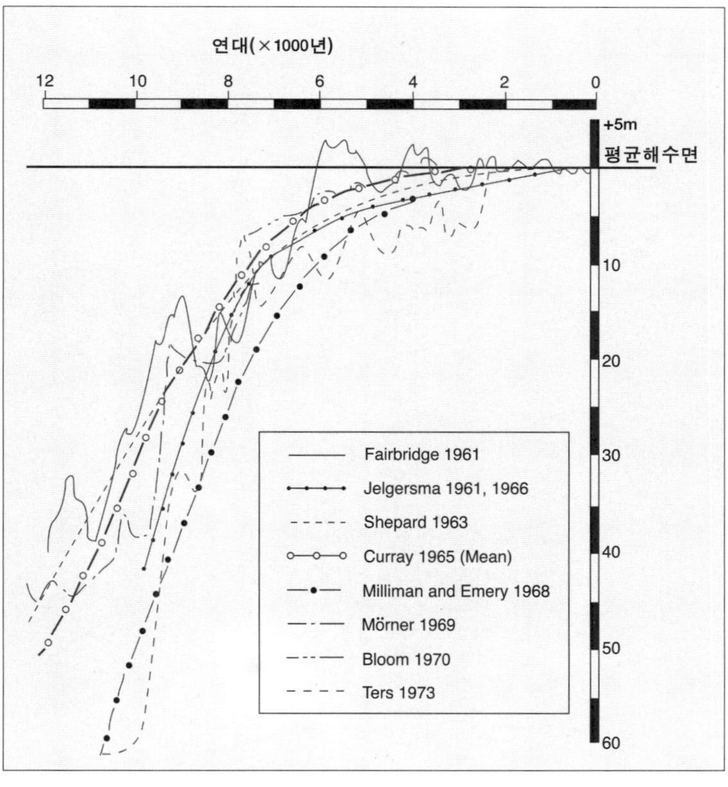

그림 1. 후빙기의 빙하성 해수면 변동(Ritter *et al.*, 1995)

2. 해안의 지형경관

빙하와 산호초가 존재하지 않는 중위도 지역의 해안은 구성 물질에 의해 사질해안과 암석해안으로 구분된다. 사질해안은 해수욕장으로 이용되는 사빈이 대표적이며, 자갈로 이루어진 역빈도 사질해안에 포함된다. 육지에서 바다 쪽으로 완만하게 기울어진 사질해안에서는 해안선의 위치에 따라 명칭이 달라져 간조 시 해안선과 만조 시 해안선 사이를 전안이라고 한다(〈그림 2〉의 A 참조). 풍랑이 거세지면 해안선이 더욱 육지 쪽으로 올라가 빈제 또는 비치리즈(beach ridge)라는 모래로 이루어진 작은 고지대를 만들게 되며, 만조 시 해안선으로부터 이 부근까지를 후안이라고 한다. 간조 시 해안선으로부터 수심 10m 정도까지의 천해 지대는 외안이라고 하며, 쇄파가 일어나는 부근의 해저에는 사주(bar)가 출현한다. 전안과 후안의 모래가 마르면 바람에 의해 내륙으로 날려가 비치리즈나 그 배후에 쌓여 해안선에 평행한 사구 지형이 형성된다. 수목이 정착하면 해안사구는 안정 상태에 들어가며 취락의 입지가 되기도 한다.

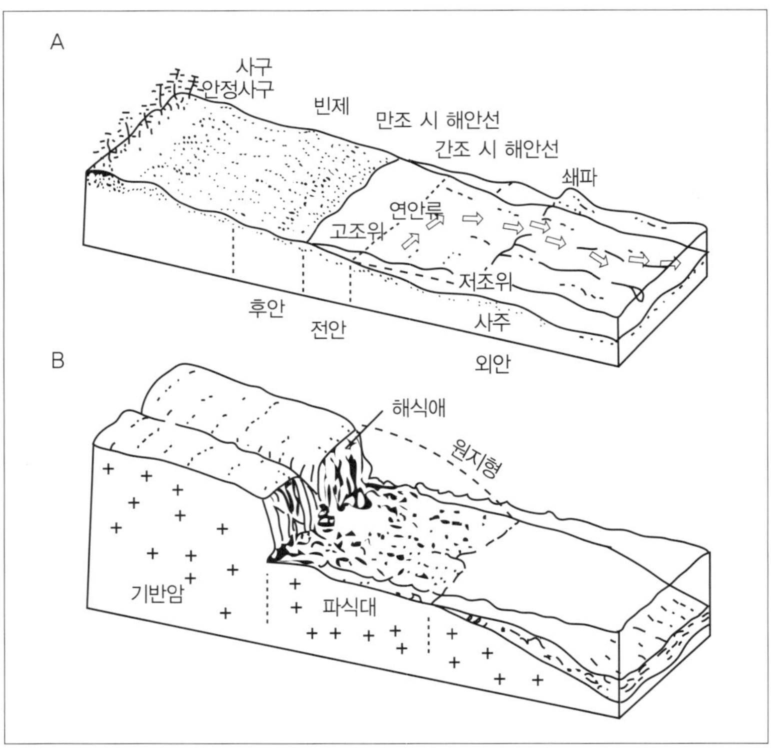

그림 2. 사질해안(A)과 암석해안(B)의 모식도(貝塚, 1992)

반면에 산지나 구릉지가 근접한 해안에서는 배후의 급사면과 전방의 평탄면으로 이루어진 암석해안이 발달한다(〈그림 2〉의 B 참조). 전형적인 암석해안은 해식애(sea cliff)와 파식대(shore platform)로 구성된다. 해식애는 파식으로 인하여 기반암이 노출한 해안의 절벽으로 그 형태는 암석의 경연과 지질구조에 의해 결정된다(Guilcher, 1958). 파식대는 해식애가 후퇴하면서 해수면 높이에 나타나는 평탄한 기반암의 침식면이다. 만조 시에는 물에 잠기고 간조 시에는 드러나는 조간대에 위치하며, 해식애의 하단으로부터 바다를 향하여 완만하게 기울어져 있다. 파식대 표면에는 조류에 운반되는 자갈의 마식작용으로 포트홀(marine pothole)이 형성된다. 해식애의 후퇴는 파식에 의해 해수면 부근에 노치(notch)라는 요지가 생기고, 노치가 커지면서 불안정해진 상부사면이 붕괴하는 과정을 통하여 진행된다. 해식애 하부에는 절리나 층리의 틈을 따라 집중적으로 파식이 일어나 해식동이 출현한다. 파식이 더욱 진행되면 차별 침식에 의해 경암의 일부는 해안 근처에 시스택(sea stack)이라는 기형의 바위섬으로 남게 된다.

일반적으로 사질해안은 만에, 암석해안은 헤드랜드(곶)에 발달한다. 사질해안과 암석해안이 교대로 출현하는 것은 수심에 따른 파랑 에너지의 분포 상태가 두 장소에서 다르기 때문이다. 헤드랜드 부근에서는 수심이 낮아 파랑의 전진 속도가 감소하는 데 비하여, 양쪽 만에서는 비교적 수심이 깊어 이전과 거의 같은 속도로 전진한다. 따라서 헤드랜드에서는 파정선(波頂線)이 육지에 대하여 오목한 형태를 취하게 되므로 파랑 에너지가 헤드랜드에 집중하여 침식작용이 활발하게 일어난다. 그러나 만에서는 반대로 파랑 에너지가 발산하므로 침식작용은 크지 않다(〈그림 3〉 참조). 해식애의 높이는 헤드랜드에서 만 안쪽으로 들어갈수록 낮아지는데, 이것은 만 안쪽일수록 파랑이 약해지기 때문이다. 또한 헤드랜드에서는 파랑이 집중하므로 해

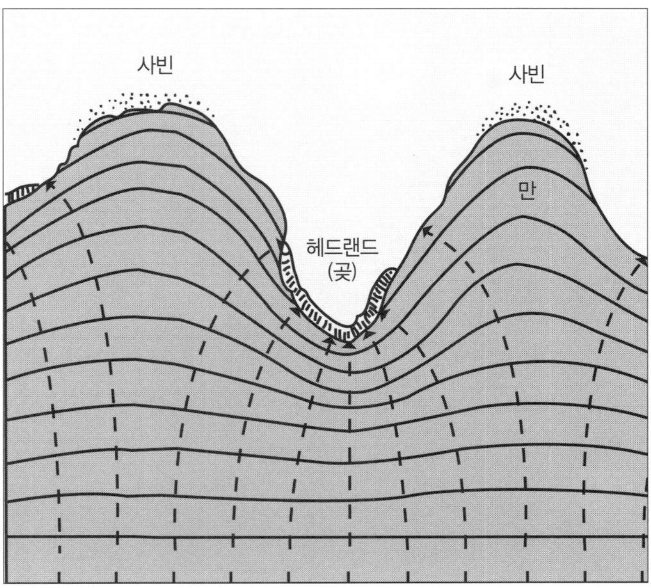

그림 3. 수심 변화에 따른 파랑의 굴절 현상(Strahler, 1975)

수면이 상승하는 데 비하여, 만에서는 해수면이 낮아지므로 헤드랜드에서 양쪽의 만으로 향하는 연안류가 발생한다. 따라서 헤드랜드에서 생긴 암설은 연안류를 따라 만으로 운반, 퇴적되어 사질해안을 형성한다.

한편 해안단구(marine terrace)는 현재의 해수면보다 높은 고도에 위치한 과거의 해수면에서 형성된 평탄한 지형을 의미한다. 즉, 과거의 해수면에서 형성된 파식대나 사빈이 지반의 융기 또는 해수면의 하강으로 인하여 현재의 해수면보다 높은 고도에 위치하게 된 것이다. 따라서 해안단구는 해수면이 높았던 간빙기에 형성된 것으로 볼 수 있다. 일반적으로 해안단구와 해성단구는 같은 용어로 사용되고 있으나, 엄밀히 구분하면 해성단구는 지형의 성인에 초점을 맞춘 용어로서 해성작용에 의해 형성된 단구라는 의미가 더욱 강하다.

해안단구는 평탄면인 단구면과 그 전면에 위치한 급경사의 절벽인 단구애로 구분한다. 과거 해수면이 위치하였던 구정선(舊汀線) 고도는 일반적으로 단구면과 그보다 이전에 형성된 단구애 사이의 경사급변점으로 설정한다. 해안단구는 현재의 해수면에서 산지를 따라 계단상으로 분포하게 되는데, 각 단구면을 명명하는 방법에는 대체로 두 가지의 경향이 있다. 첫 번째로는 해안단구의 형성시기 즉, 해발고도에 따라 가장 최근에 형성된, 바꾸어 말하면 해발고도가 가장 낮은 지형면을 저위면, 그 다음을 중위면, 가장 오래된 지형면을 고위면으로 구분하는 방법이 있다. 두 번째로는 해발고도에 따라 1, 2, 3, 4 등의 숫자를 붙이는 방법이 있다. 이 경우 최근에 형성된 지형면에 가장 낮은 숫자를 부여하는 것이 일반적이나 연구 목적과 지역의 상황

그림 4. 정동진의 해안단구

에 따라서는 반대로 적용될 수도 있다.

우리나라에서는 1970년대부터 포항–울산 사이의 남동부 해안을 시작으로 해안단구에 대한 연구가 이루어져 현재까지 상당한 성과가 축적되었는데 특히 강릉–묵호, 포항–울산 사이의 해안에서 많은 연구가 이루어졌다(김종욱 외, 2005, 2007a, 2007b; 오건환, 1980a 1980b; 최성길, 1995a 1995b; 황상일 · 윤순옥, 1996; 윤순옥 · 황상일, 2000b; 윤순옥 외, 2003). 연구자에 따라 다소의 차이는 있지만, 근래에 루미네선스 연대측정법(OSL, Optically Stimulated Luminescence Dating)을 이용하여 해안단구 퇴적물에 대해 연대측정한 결과를 보면, 해발 10~25m에 분포하는 해안단구는 약 8만년 전(MIS 5a), 그리고 해발 30~45m에 분포하는 해안단구는 약 12만 5천 년 전(MIS 5e)에 생성된 것으로 밝혀졌다(김종욱 외, 2005, 2007a, 2007b). 형성시기가 가장 오래된 단구면은 이보다 높은 고도에 위치하고 있는데, 경주 읍천리에서는 약 160m, 경주–울산 경계 지역에서는 약 155m에 위치하는 것으로 최근 보고되고 있다(최성길 외, 2003; 황상일 외, 2003). 해안단구는 동해안뿐 아니라 서해안과 남해안에서도 확인되고 있다. 서해안에서는 보령의 웅천천 하구 지역과 변산반도 등과 같이 상대적으로 높은 산지와 접하는 해안에서 나타나고 있으며, 남해안은 진해, 광양만 등지에서 해안단구의 존재가 확인되고 있다(최성길, 1996).

해안단구에 대한 연구는 신생대 제4기 동안 한반도의 지반융기 및 해수면 변동과 관련한 많은 정보를 제공한다. 해수면의 변화는 그 특성상 우리나라뿐 아니라 해당시기 동안 동아시아 일대에서 일정하게 작용하였을 가능성이 높기 때문에 일본 및 중국 등 주변 지역의 연구 성과들도 활용할 수 있다. 그 결과 해안단구 연구는 한반도의 지반융기의 속도와 양식 등을 추정하는 근거가 될 수 있다.

최근까지의 연구에 의하면 최종간빙기 이후 한반도의 지반융기율은 0.07~0.14m/ka(1000년)로서 평균 약 0.1m/ka일 가능성이 높은 것으로 제시되고 있다(오건환 · 최성길, 2001). 또한 서해안의 다수 지역에서 해안단구가 보고되고 있는 점에 비추어 볼 때 신생대 제4기 후반에 서해안이 융기했을 가능성이 있다. 해안단구의 해발고도도 동해안의 동일시기 해안단구와 거의 유사하거나 조금 낮게 나타난다는 점을 고려하면, 제4기 후반 서해안은 동해안과 거의 유사하거나 다소 늦은 속도로 융기했을 가능성이 높다.

3. 한국의 해안

1) 서해안

우리나라는 3면이 바다로 둘러싸여 있어 해안선이 길며 다양한 해안 지형이 발달하고 있다. 지리적으로 서해안과 남해안의 경계는 전라남도의 해남반도이며, 남해안과 동해안의 경계는 부산광역시로 판단할 수 있다. 그러나 행정상으로는 서해안을 인천광역시에서 전라남도 영암군 해안까지로, 남해안을 전라남도 해남군에서 울산광역시까지로, 동해안을 경상북도 경주시에서 강원도 고성군까지로 규정하고 있다. 최근의 자료에서 해안선의 길이는 남한의 서해안이 약 4,900km, 남해안이 약 3,300km, 동해안이 약 600km로 제시되어 있으나 해안선의 길이는 측정 방법에 따라 매우 큰 차이가 있으므로 해양수산부에서는 2008년을 목표로 해안선의 길이를 정밀하게 다시 측정하고 있다(해양수산부, 2003, 2004).

우리나라의 동해안은 융기해안 또는 이수해안으로, 서해안과 남해안은 침강해안 또는 침수해안으로 분류되어 왔다. 즉 동해안은 융기를 서해안은 침강을 통해 형성된 해안으로 정의하고 있다. 그러나 최근 서해안과 남해안에 발달한 해안단구가 보고되고 있는 점을 감안하면, 서해안과 남해안에서도 신생대 제4기 후반 동안 지반의 융기가 꾸준히 발생했을 가능성이 있다.

서해안은 해안선의 출입이 매우 심하여 만, 반도, 곶, 섬 등이 많다. 서해안에서도 전라남도

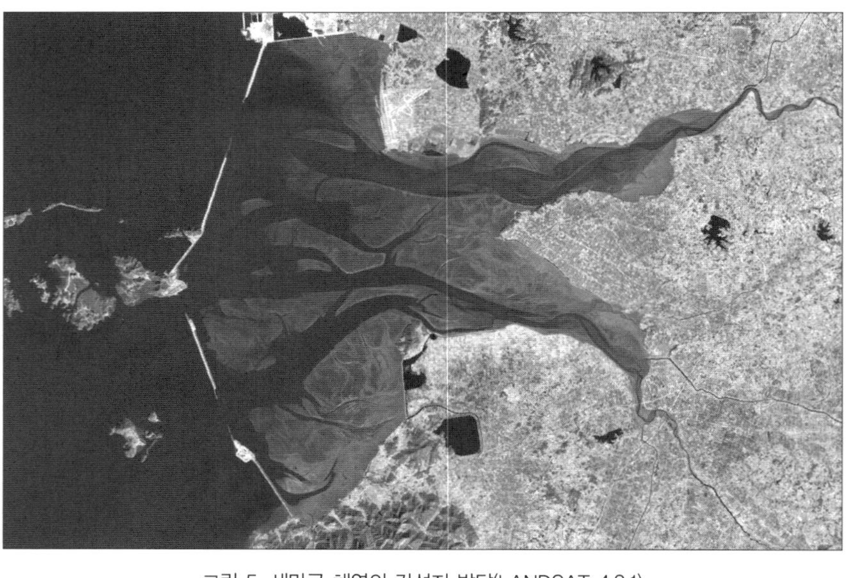

그림 5. 새만금 해역의 간석지 발달(LANDSAT 4,3,1)

의 다도해 지역과 충청남도 태안반도 일대의 해안은 해안선의 출입이 특히 심하여 전형적인 리아스식해안이 잘 발달하고 있다. 서해안의 대표적인 만으로는 경기도에 위치한 경기만과 평안북도와 평안남도 사이에 위치한 서한만이 가장 규모가 크다. 이보다 작은 만으로는 철산만, 광량만, 해주만, 남양만, 아산만, 천수만, 비인만, 줄포만, 함평만, 영암만 등이 있다. 이들 중 전라남도의 영암만은 1990년대 후반 간척사업을 통해 완전히 사라졌으며, 경기도와 충청남도의 남양만, 아산만, 천수만, 비인만도 간척 및 항만 건설 등으로 인해 규모가 축소되거나 지형이 크게 변형되었다. 또한 남한과 마찬가지로 북한에서도 간척 및 염전 확장 등의 목적으로 철산만, 광량만, 해주만의 내측에서 소규모의 해안선 변화가 나타나고 있다(이민부 외, 2005).

서해안에 발달한 반도로는 철산반도, 장연반도, 옹진반도, 태안반도, 변산반도, 화원반도 등이 있다. 이 중 전라남도의 화원반도는 반도와 내륙 사이에 발달한 소규모 만이 모두 간척됨으로써 현재는 반도라고 불리기 어려운 지형이 되었으며, 전라북도의 변산반도 역시 군산에서 신시도를 지나 변산반도의 북서쪽 해안에 연결되는 새만금간척사업이 완공되면 더 이상 반도로 불리기는 어려울 것이다(〈그림 5〉 참조).

서해안은 지형 경사가 완만하고 조차가 심하며, 한강, 금강, 영산강, 만경강, 동진강 등의 대하천이 흘러들어 육상 기원의 많은 토사가 운반되어 퇴적되는 장소이기도 하다. 따라서 서해안에는 넓은 간석지가 발달하고 있으며, 내륙 쪽은 낮은 구릉성 산지나 크고 작은 해안평야가 분포한다. 간석지는 주로 점토와 실트 입자 등으로 이루어지며, 하천으로부터 운반된 토사들이 유입되는 대규모 하천의 하구에서 잘 발달한다. 특히 서해안으로 유입되는 하천 중 유역분지가 가장 넓은 하천인 한강 하구의 경기만 갯벌은 서해안에서도 가장 규모가 크다. 홍수 시에 바다로 유입된 다량의 토사 중 점토질 입자는 조류에 의해 멀리까지 퍼져 나가 쌓일 수 있으므로 경기만에는 한강 하구에서 멀리 떨어진 영종도까지 점토질 간석지가 넓게 형성되어 있다. 경기만 이외에도 충청남도의 가로림만, 안면도, 비인만 등지와, 전라북도의 만경강과 동진강 하구에 위치한 새만금 갯벌, 전라남도의 함평만 갯벌 등도 우수한 지형 및 생태경관을 보유한 곳들이다.

이러한 간석지는 나문재, 칠면초, 퉁퉁마디 등의 염생식물뿐만 아니라 다양한 종류의 어패류가 서식하고 있어 다른 지역에 비해 수배~수십 배 더 높은 생산력을 가지고 있다. 또한 오염물질을 정화시키고 해안의 홍수 발생 및 태풍의 힘을 억제하고 완화시키는 기능을 가지고 있으므로 환경적으로 매우 중요한 지형경관으로 관심을 받고 있다. 그러나 1980년대 이후 대규모로 추진된 간척사업의 결과 시화호, 화옹호, 남양만, 아산만, 천수만, 새만금 등을 비롯한

그림 6. 안면도 기지포 해안의 사빈과 사구 및 포집기 시설

상당수 해안의 간석지가 사라졌으며 이로 인한 환경 및 사회문제가 다양한 형태로 표출되고 있다.

황해도의 몽금포해안과 충청남도의 태안반도 및 안면도 일대의 해안에는 바람에 의해 사빈으로부터 날아와 쌓인 모래가 높은 언덕을 이루고 있는 해안사구가 나타나는데, 특히 신두리 해안사구와 같이 우리나라 겨울철의 탁월풍인 북서계절풍을 정면으로 맞이하는 해안에서 발달이 탁월하다(〈그림 6〉 참조).

2) 동해안

동해안은 서해안 및 남해안에 잘 나타나는 리아스식해안과 대조되는 남북 방향의 단조로운 해안선을 가지며 섬의 발달도 미약하다(〈그림 7〉 참조). 태백산맥의 영향으로 해안으로의 경사가 급하며, 대부분의 하천이 짧고 소규모이므로 평야의 발달 또한 미약하다.

동해안에는 해식애 및 파식대 등의 침식해안과 사빈, 사구 등의 퇴적해안이 소규모의 만과 반도를 따라 연속적으로 잘 나타난다. 단조로운 해안선을 따라 바다로 돌출한 산지가 해안에 접하여 경사가 급한 곳에는 해식애와 그 전면에 파식대가 발달하고 있으며, 하천의 하구 부근과 같이 퇴적물의 공급이 많고 평탄한 지역에는 사빈이 잘 발달하고 있다. 크고 작은 내만의 형태를 취하는 퇴적해안은 대부분 길고 넓은 사빈으로서 주로 해수욕장으로 이용되고 있으며,

인위적인 지형 변형에 의해 해안 침식이 발생하는 곳도 있다. 모래해안의 배후에는 해안사구 또는 빈제가 해안선과 평행하게 발달하고 있으며, 방풍림 역할을 하는 울창한 송림으로 잘 보존되어 있기도 하지만 도로와 주거지 등으로 이용되는 지역도 많다.

그림 7. 동해안과 대관령(LANDSAT 4,3,1)

동해안에서도 함경북도에서 강원도까지의 해안에는 과거에 고도가 낮은 하곡이었던 곳이 후빙기 해면 상승으로 해수가 침입하여 만의 형태를 이루며 침수되었다가 만의 입구 부근에 연안사주나 사취가 발달하게 됨으로써 형성된 석호(lagoon)가 잘 나타난다(이민부 외, 2005). 석호는 남한에 비해 북한의 것이 훨씬 대규모인데 함경북도의 번포와 함경남도의 광포가 가장 넓은 면적을 지니고 있다. 특히 통천부터 강릉까지의 강원도 해안에는 크고 작은 내만의 입구와 소규모 하천의 하구가 막혀 형성된 석호가 해안을 따라 연속적으로 잘 발달하고 있는데, 동정호, 천아포, 시중호, 삼일포, 화진포, 송지호, 청초호, 영랑호, 경포호 등이 대표적이다(〈그림 7〉 참조). 이러한 석호는 경치가 뛰어나서 예로부터 경승지로 불렸으며 규모가 큰 석호들은 최근에도 관광지로 이용되고 있다. 다른 지형과 마찬가지로 석호도 최근 심각한 지형 변화를 겪고 있는데, 내륙으로부터 유입되는 하천 퇴적물에 의해 매적되면서 육화되기도 하고, 농경지 등으로 인위적인 개발이 진행되면서 그 면적이 점차 축소되어 가고 있다.

태백산맥에 인접하여 고도가 높고 경사가 급한 산지가 발달한 동해안에서는 해식애 및 파식대 등과 같이 암석해안으로 이루어진 침식 지형의 발달이 탁월하다. 동해안을 구성하고 있는 암석은 오랫동안 풍화 · 침식을 받은 서해안에 비해 암석의 특성이 뚜렷이 반영되기 때문에, 암석의 경연 차나 지질구조의 차이에 의해 잘 발달하는 해식애, 파식대, 시스택 등의 침식 지형이 보다 전형적이며 규모도 크다.

동해안에서도 포항시에서 울산시에 이르는 해안과 강릉시 정동진 일대의 해안에는 해면 상승과 지반융기의 증거가 되는 해안단구가 매우 전형적으로 발달하고 있다. 해안단구는 과거 간빙기에 파랑의 작용에 의해 형성된 파식대 등의 지형이 지반의 융기 및 해수면의 하강 등에 의해 현 해수면보다 높은 고도에 나타나는 고파식대라고 할 수 있다(오건환 · 최성길, 2001; 김종욱 외, 2007a, 2007b).

3) 남해안

남해안은 서해안과 마찬가지로 해안선의 출입이 복잡하고 바다 쪽으로 많은 섬들이 분포하는 전형적인 다도해를 이루고 있으며, 서해안보다 더욱 특징적으로 해안을 따라 반도와 만이 연속해서 분포하고 있다. 해남반도, 장흥반도, 고흥반도, 여수반도, 고성반도 등 규모가 큰 반도가 바다를 향해 있으며, 비록 내륙과 연결된 반도는 아니지만 거제도와 남해도 등의 큰 섬들도 반도와 유사한 모습으로 바다를 향해 돌출하고 있다. 이들 반도 및 섬 사이에는 도암만, 보성만, 득량만, 순천만, 여자만, 광양만, 여수만, 진주만, 사천만, 고성만, 통영만, 당동만, 진해만 등 크고 작은 만들이 분포한다(이민부 외, 2003).

남해안에서는 해식애, 시스택 등의 침식 지형과 사빈, 자갈해안 등의 퇴적 지형이 가장 많은 분포를 보인다. 중소하천의 하구로서 내륙으로 깊숙이 들어간 내만의 넓은 해안에는 서해안보다 규모가 작은 간석지가 발달하기도 하는데, 도암만, 득량만, 순천만, 광양만, 광포만, 사천만

그림 8. 진해만의 암석해안

등이 대표적이다.

산지와 접하는 해안의 돌출부는 파랑의 영향을 받아 해식애와 파식대가 발달하고 있으며, 헤드랜드와 헤드랜드 사이의 작은 만입부에는 모래와 자갈로 이루어진 퇴적해안이 발달하고 있다. 특히 육지에서 멀리 떨어진 남해안의 섬에서도 외해와 면하고 있는 남쪽에 위치한 해안에는 수십 미터 높이에 달하는 해식애가 발달하고 있으며, 이러한 곳에서 파식에 의해 형성된 거대한 암괴들은 장기간 파식작용을 받아 원마되면서 작은 내만으로 이동해 쌓임으로써 몽돌해안으로 불리는 자갈해안을 형성하고 있다(〈그림 8〉 참조). 따라서 남해안에서도 외해를 향하는 남단의 해안은 절경을 이루는 곳이 많기 때문에 상당수 지역이 다도해해상국립공원과 한려수도국립공원으로 지정되어 보존되고 있다.

남해로 유입하는 하천 중에서 낙동강과 섬진강은 바다와 접하면서 유속이 급격하게 감소하는 하구에 육지로부터 공급된 토사가 퇴적됨으로써 넓은 삼각주가 발달하고 있다. 낙동강 삼각주는 우리나라의 가장 대표적인 삼각주로서 하천의 분기에 의해 하중도가 잘 발달하고 있다(반용부, 1984). 섬진강의 하구에는 간조 시에 관찰되는 삼각주성 조간대가 형성되어 있다. 이는 육상으로부터 운반된 토사가 조간대에 쌓여 해수면에 근접한 고도에 부채꼴 모양의 퇴적지형이 형성된 것으로서 일제 강점기 시대의 지형도나 해도에서는 그 형태를 쉽게 확인할 수 있다. 낙동강과 섬진강을 제외한 소하천의 하구에는 고도가 매우 낮은 소규모 해안평야들이 발달하고 있으며, 남해, 사천 등지의 급사면 산지에서 발원하여 바다로 바로 유입하는 소하천의 하구나 해안에는 소규모의 선상지 지형들이 분포하기도 한다.

그림 9. 파식대가 발달한 현무암질 암석해안

4) 제주해안

현무암이 넓게 분포하는 제주도 해안은 암석해안이 탁월하여 제주도 전체 해안의 75%를 차지하는 229.7km가 암석해안으로 분류된다(김태호, 1997). 고온의 현무암질 용암류는 점성이 작아 잘 흐르는데, 동부와 서부해안에는 매우 유동적인 파호이호이용암(pahoehoe lava)이 넓게 분포한다. 유동성이 큰 현무암질 용암류는 얇은 층을 이루며 멀리까지 이동하며 주변부로 갈수록 용암류의 두께는 감소하므로 동부와 서부해안에는 비고가 큰 지형의 출현은 적고 대부분 바다를 향하여 완만하게 기울어진 평탄면이 나타난다(〈그림 9〉 참조).

그러나 유동성이 작은 조면안산암이 분포하는 서귀포 일대의 남부해안에는 비고가 큰 지형이 발달하며, 조면암질 용암류에 잘 나타나는 주상절리로 인하여 수직에 가까운 급경사의 해식애가 출현하기 쉽다(〈그림 10〉 참조). 해식애는 하이드로볼케이노(hydrovolcano)에도 잘 나타난다. 제주해안에는 일출봉, 수월봉, 송악산, 용머리 등 수증기 마그마 폭발로 형성된 소형 화산체가 도처에 분포한다. 하이드로볼케이노는 강력한 폭발에 의해 생성된 미립질의 화산쇄설물로 이루어져 있어 파식작용에 약하므로 바다에 면한 사면에는 연속성이 양호한 수직의 해식애가 잘 발달한다.

암석해안이 탁월한 제주해안에는 대부분 파식대가 출현하나 모식적인 암석해안과는 달리 파식대 배후에 명료한 해식애를 동반하지 않는 경우가 많다. 이것은 현무암질 용암류의 유동

그림 10. 해식애가 발달한 조면암질 암석해안

그림 11. 기반암이 산재하는 소규모의 사빈

성으로 비교적 완만한 사면이 해안에 면하고 있기 때문이다. 파식대의 형태는 암석과 파랑 에너지의 강도를 반영하게 되므로 현무암의 종류에 따라 파식대의 모습은 상당히 달라진다. 파호이호이용암으로 이루어진 파식대는 비교적 평탄면을 보이는 데 비하여 아아용암(aa lava)이 분포하는 해안의 파식대는 보행이 어려울 정도로 작은 기복이 많이 나타난다.

제주도의 사질해안은 규모와 수가 모두 작아 전체 해안의 7.1%인 21.9km에 불과하다(김태호, 1997). 제주도 사빈을 대표하는 이호, 함덕, 협재, 곽지, 김녕, 중문해수욕장은 길이가 500m를 넘지 못하는 전형적인 포켓비치이며, 해수욕장 도처에 기반암이 노출하고 있어 사빈의 연속성도 떨어진다(〈그림 11〉 참조). 또한 모래의 주요 공급원이 육지가 아니므로 사빈 퇴적물에는 바다로부터 공급된 패사의 함량이 매우 높다. 제주도 사빈에서 석회질 퇴적물이 차지하는 비율은 평균 67%에 이르며, 특히 김녕해수욕장에서는 퇴적물의 98%가 석회질로서 사빈이 대부분 조개껍질의 파편으로 이루어져 있다(한태홍, 1998).

제주도의 해안사구는 겨울 계절풍이 탁월하게 나타나는 김녕, 협재, 곽지와 같은 북부해안에서 잘 발달한다. 특히 김녕 일대의 해안사구는 폭이 1km 내외에 달하며, 북서풍 계열의 풍향을 따라 내륙으로 6km 정도 들어간 지역에도 발달하여 제주도 최대의 사구 지대를 이룬다(한태홍, 1998). 따라서 이 일대에 분포하는 구릉 모양의 지형은 대부분 사구라고 할 수 있으며, 일부 해안 지역에서는 취락과 농경지를 보호하기 위하여 방사제를 설치할 정도로 비사현상이 심각하다(최진희, 2008).

참고문헌

권혁재, 1999, 『지형학』, 법문사.

김태호, 1997, 「제주도의 해안 지형」, 『탐라문화』, 18, pp.381-397.

김태호, 2000, 「해안지형과 생태계」, 『자연보존』, 112, pp.31-38.

김종욱 · 장호완 · 최정헌 · 최광희 · 변종민, 2005, 「포항 북부 흥해읍 일대의 해안단구 지형 특성과 단구 퇴적물 연대」, 『한국지형학회지』, 12(1), pp.103-116.

김종욱 · 장호완 · 최정헌 · 최광희 · 변종민, 2007a, 「울진 후정-죽변 일대의 해안단구 퇴적물에 대한 OSL 연대측정」, 『한국지형학회지』, 14(1), pp.15-27.

김종욱 · 장호완 · 최정헌 · 최광희 · 변종민, 2007b, 「경주시 양남-양북 일대의 해안단구 지형 특성과 단구 퇴적물에 대한 OSL 연대측정」, 『한국지형학회지』, 14(3), pp.1-14.

반용부, 1984, 「낙동강 하구의 간석지」, 『지리학 연구』, 9, pp.537-559.

오건환, 1980a, 「한반도 동서해안에 분포하는 해성단구면의 대비」, 『부산여대논문집』, 8, pp.157-170.

오건환, 1980b, 「한반도의 해성단구와 제사기 지각변동」, 『부산여대논문집』, 9, pp.377-415.

오건환 · 최성길, 2001, 「한국의 해안단구」, 박용안 · 공우석(편), 『한국의 제4기 환경』, pp.159-192.

윤순옥 · 황상일, 2000a, 「제4기 환경변화와 지형」, 한국자연지리연구회(편), 『자연환경과 인간』, pp.467-487.

윤순옥 · 황상일, 2000b, 「한국 남동해안 해안단구의 지형형성 mechanism」, 『대한지리학회지』, 35, pp.17-38.

윤순옥 · 황상일 · 반학균, 2003, 「한반도 중부 동해안 정동진, 대진 지역의 해안단구 지형 발달」, 『대한지리학회지』, 38, pp.156-172.

이민부 · 김남신 · 이광률, 2006, 「한반도 동해안의 자연호 분포와 지형 환경 변화」, 『한국지역지리학회지』, 12(4), pp.449-460.

이민부 · 김남신 · 한균형, 2008, 「수치고도 모델을 이용한 사천만 해안 지역의 3차원 지형분석」, 『한국지역지리학회지』, 9(2), pp.203-216.

이민부 · 이광률 · 김남신 · 신근하 · 남혜정, 2005, 「위성 영상과 지형도를 이용한 북한 연백평야의 지형 변화 연구」, 『한국지형학회지』, 12(2), pp.73-85.

최성길, 1995a, 「강릉~묵호해안 최종간빙기 해성면의 동정과 발달 과정」, 『대한지리학회지』, 30, pp.9-20.

최성길, 1995b, 「한반도 중부 동해안 저위 해성단구의 대비와 편년」, 『대한지리학회지』, 30, pp.103-119.

최성길, 1996, 「웅천천 유역의 하성단구로부터 추정되는 구정선 고도와 그 의의」, 『대한지리학회지』, 3, pp.613-629.

최성길 · 장호 · 김주용, 2003, 「한반도 남동부해안 고위 해성단구의 신분류 시안」, 『한국지형학회지』,

10, pp.93-98.

최진희, 2008, 「제주도 김녕 · 월정 해안사구 지역의 환경 변화 연구」, 한국교원대학교 석사학위논문.

한태홍, 1998, 「제주도 연안 해빈과 사구 연구」, 『한국지형학회지』, 5, pp.73-87.

해양수산부, 2003, 『연안실태에 관한 기초조사-서해안 연안실태조사』, 해양수산부.

해양수산부, 2004, 『연안실태에 관한 기초조사-남동해안 연안실태조사』, 해양수산부.

황상일 · 윤순옥, 1996, 「한국 동해안 영덕 금곡 지역 해안단구의 퇴적물 특성과 지형 발달」, 『한국지형학회지』, 31, pp.99-114.

황상일 · 윤순옥 · 박한산, 2003, 「한국 남동해안 경주-울산 경계 지역 지경리 일대 해안단구 지형 발달」, 『대한지리학회지』, 38, pp.490-504.

町田貞, 1988, 『地形學』, 大明堂.

佐藤久 · 町田洋, 1990, 『地形學』, 朝倉書店.

貝塚爽平, 1992, 『平野と海岸を讀む』, 岩波書店.

Bloom, A.L., 1969, *The Surface of the Earth*, Prentice-Hall.

Guilcher, A., 1958, *Coastal and Submarine Morphology*, Methuen.

Pethick, J., 1984, *An Introduction to Coastal Geomorphology*, Arnold.

Ritter, D.F., Kochel, R.C. and Miller, J.R., 1995, *Process Geomorphology*, McGraw Hill.

Strahler, A.N., 1975, *Physical Geography*, John Wiley.

제5장

화산 지형*

김태호(제주대학교)

1. 화산활동과 화산 지형

고온의 규산염 용융체인 마그마가 지구 내부에서 생성 · 이동하며, 대부분의 경우 지표면으로 분출하여 화산가스, 용암, 화산쇄설물의 형태로 지상에 방출 · 퇴적되는 프로세스를 화산활동이라고 한다. 그러나 화성활동과 구별하기 위해 화산활동을 분화 현상에 국한시키기도 한다. 분화(eruption)는 화산활동 가운데 화산성 물질이 지구 내부로부터 지표면으로 비교적 빠른 속도로 방출되는 동적 현상으로 화산성 물질에는 고체, 액체, 기체의 모든 물질이 포함된다(橫山 외, 1992).

마그마가 지표면으로 분출하는 출구를 화구라고 하며, 화구 주위에는 분출물이 퇴적되어 화산체를 형성한다. 그러나 화구 주위에 화산체가 나타나지 않을 수도 있으며, 모든 화산체에 화구가 존재하는 것도 아니다. 따라서 화산은 화구와 화산체를 모두 포함하는 용어이다. 화산암으로 구성된 산지일지라도 화산분출물의 퇴적에 의한 것이 아니라 차별 침식이나 지반운동으로 인해 주위보다 높아진 경우라면 화산이라고 하지 않는다. 또한 화산체의 원형이나 화구의 위치를 추정하지 못할 정도로 심하게 침식되어도 화산으로 간주하지 않는다(鈴木, 1969).

분화 현상을 통해 지표면에 출현하는 화산 지형에는 두 가지 형성프로세스가 작용한다. 즉 화산 지형에는 지표로 방출된 화산분출물의 퇴적작용으로 형성된 지형뿐 아니라 폭발적인 분화에 따른 붕괴나 함몰로 형성된 지형도 포함된다. 전자의 건설적인 작용으로 형성된 화산 지형을 화산체라고 한다. 화산체의 분류로는 톨로이데나 호마테와 같은 용어로 잘 알려진 슈나이더의 화산체 외형에 의한 분류가 유명하나 최근에는 형태보다는 형성 과정이나 구조, 구성 물질에 근거하여 화산체를 분류하고 있다.

한편, 분화활동기의 횟수에 주목하면 화산을 단성화산과 복성화산으로 구분할 수 있다. 단

* 이 장은 김태호(2000, 2001)를 토대로 재작성하였음.

성화산(monogenetic volcano)은 일회의 분화활동으로 형성되는 소형 화산체로 비고와 체적이 대부분 0.5km 및 0.1km^3 이하이다. 반면에 복성화산(polygenetic volcano)은 장기간에 걸친 반복적인 분화활동으로 형성되는 대형 화산체로 성층화산의 경우라면 체적이 10~100km^{3}에 달한다. 또한 복성화산이 단독으로 출현하는 데 비해 단성화산은 무리를 이루는 경우가 많으며, 특히 단성화산이 복성화산 주변에 출현하는 경우에는 기생화산 또는 측화산(lateral volcano)이라고 부른다.

일반적으로 화산의 분화 양식은 마그마의 성질에 따라 달라진다. 고온이며 점성이 낮고 가스를 적게 포함하고 있는 염기성 마그마는 비폭발적인 아이슬란드식이나 하와이식 분화를 일으킨다. 반면에 저온이며 점성이 높고 가스를 다량 포함하고 있는 산성 마그마는 강력한 폭발을 동반하는 불칸식, 플리니식 또는 펠레식 분화를 일으킨다. 두 유형의 경계에 놓여 있는 마그마는 소규모의 지속적인 폭발이 특징인 스트롬볼리식 분화를 일으킨다. 이와 같이 분화 양식이 다르면 화산분출물과 퇴적기구도 달라지며 결과적으로 상이한 형태의 화산체가 출현한다.

2. 단성화산

제4기의 분화활동으로 형성된 제주도에는 '오름'으로 불리는 단성화산이 섬 전역에 걸쳐 분포하고 있다(〈그림 1〉 참조). 화산체의 판정 기준에 따라 오름의 수는 달라질 수 있으나, 제주도를 흔히 '오름의 왕국'이라고 부르듯이 그 수는 300개를 상회하고 있다(박승필, 1985; 제

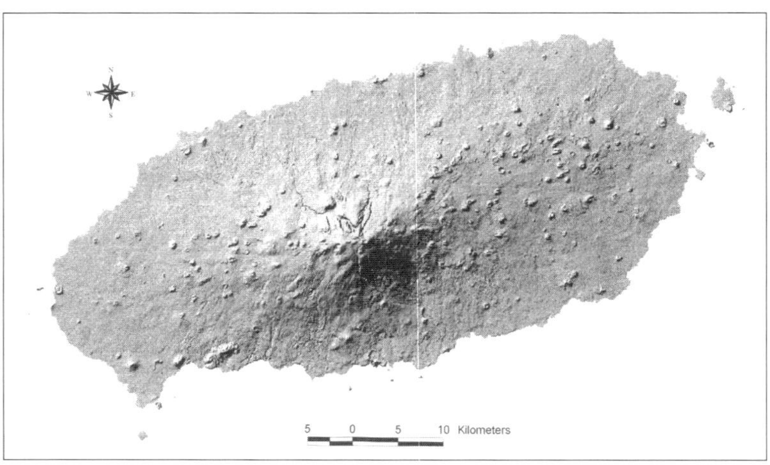

그림 1. 제주도의 음영기복도

주도, 1997). 오름은 화산분출물의 성질을 반영하여 여러 유형의 단성화산으로 분류할 수 있는데, 유형별로 분포 지역이 달라 분화환경의 지역성을 반영하고 있다. 제주도의 오름을 중심으로 단성화산을 유형별로 살펴보면 다음과 같다.

1) 스코리아콘

화산쇄설구(pyroclastic cone)는 폭발식 분화에 의해 화구 위로 방출된 화산쇄설물이 화구 주변에 떨어져 쌓임으로써 형성되는 원추형의 화산체이다. 화산쇄설구는 분화 양식과 구성 물질에 의해 다시 분류되는데, 스트롬볼리식 분화에 의해 형성되는 가장 기본적인 퇴적성 화산 지형이 스코리아콘(scoria cone)이다. 구성 물질은 현무암질 마그마로부터 유래한 적색 또는 흑색의 다공질 화산쇄설물인 스코리아로서 제주도에서는 '송이'라고 부른다. 분석구(cinder cone)라고도 하는 스코리아콘의 모식적인 형태를 다랑쉬오름에서 볼 수 있다(〈그림 2〉 참조).

스트롬볼리식 특유의 지속적인 분화활동으로 스코리아콘이 성장하여 사면의 경사가 급해지면, 화산체 위에 떨어진 스코리아는 그 자리에 멈추지 못하고 사면 아래로 굴러 떨어진다. 이러한 과정을 통해 화산체가 형성되므로 스코리아콘의 사면은 애추의 특징을 지닌다(McGetchin *et al.*, 1974). 따라서 스코리아콘은 30°에 가까운 급경사의 직선사면을 지닌 원추형을 이룬다. 다랑쉬오름의 산정에는 기저 직경의 1/4 크기에 해당하는 화구가 나타난다. 그러나 모든 스코리아콘에 화구가 출현하는 것은 아니며, 제주도에서는 오히려 화구가 없는 스

그림 2. 스코리아콘(다랑쉬오름)

코리아콘이 일반적이다. 이러한 현상은 화산체가 형성된 이후에 시작되는 침식작용으로 화구 주변이 제거되기 때문이다(Hooper and Sheridan, 1998).

제주도의 스코리아콘은 다랑쉬오름과 같은 모식적인 유형보다는 화산체 일부가 유실되어 평면 형태가 U자를 이루는 말굽형이 일반적이다(〈그림 3〉 참조). 말굽형은 스코리아콘이 형성된 직후에 미고결 상태의 화산체를 일부 파괴하면서 다시 용암류가 분출함으로써 출현하게 된다. 분출 과정에서 무너져 내린 스코리아는 용암류에 실려 흘러가면서 구릉 모양의 미지형을 만든다. 말굽형 스코리아콘의 전면에 출현하는 이러한 소규모의 퇴적 지형이나 퇴적물은 스코리아 래프트(scoria raft)라고 한다(早川, 1996).

스코리아콘은 규모가 크더라도 높이가 200~300m 이하에 불과하다(권혁재, 1999). 제주도의 원추형 스코리아콘을 대상으로 계측한 결과에 따르면 화산체의 높이는 14~167m로 평균치는 81m이며, 전체의 71.4%가 41~120m의 범위에 들어간다. 화산체의 기저 직경은 158~988m로 평균치는 591m이며, 기저 직경이 커질수록 높이도 커지는 경향을 보인다(현경희 · 김태호, 2001). 침식작용을 거의 받지 않은 스코리아콘의 높이는 기저 직경의 0.18배로 알려져 있으나(Wood, 1980), 제주도의 스코리아콘은 그 값이 0.15로 다소 작은 값을 보인다. 일반적으로 스코리아콘의 완경사화 과정은 용암류에 의해 사면이 매몰되는 경우와 사면 물질이 침식과 매스 무브먼트에 의해 재동하는 경우로 설명할 수 있다. 특히 후자의 프로세스에서는 풍화물질이 사면 아래쪽으로 이동하여 퇴적함으로써 화산체의 기저 직경을 증가시키며 사면각

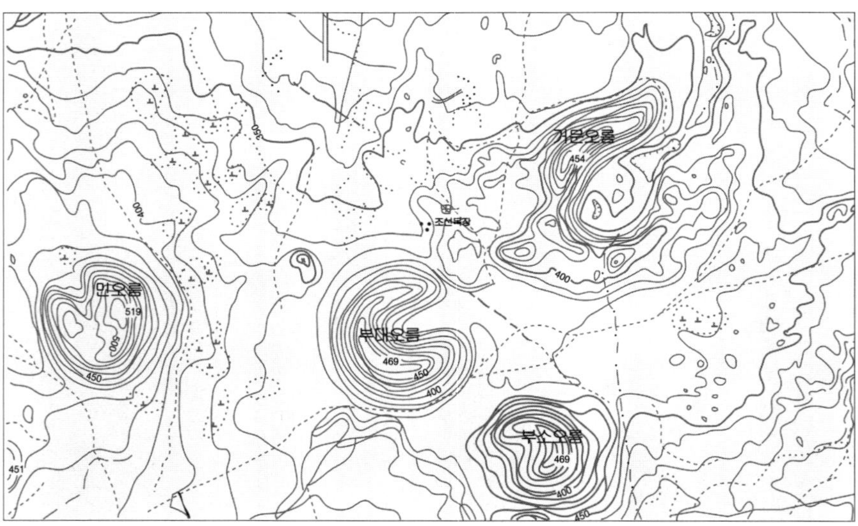

그림 3. 말굽형 스코리아콘

을 감소시키게 된다. 따라서 기저 직경에 대한 비고의 비율이 낮아졌다는 것은 제주도 스코리아콘의 형성시기가 비교적 오래되어 완경사화 과정을 장기간 겪었음을 시사한다(현경희 · 김태호, 2001).

2) 하이드로볼케이노

성산 일출봉은 스코리아콘과는 외형뿐 아니라 구성물질과 구조에서도 현저한 차이를 보이는데, 인근에 위치한 우도의 소머리오름과 함께 하이드로볼케이노(hydrovolcano)의 일종인 응회구(tuff cone)에 해당한다(〈그림 4〉 참조). 하이드로볼케이노는 마그마의 분출 과정에서 외부의 물이 영향을 미치는 수성 화산활동으로 형성되는 화산체이다.

일반적으로 현무암질 마그마는 비폭발적인 아이슬란드식이나 하와이식 분화 또는 소규모 폭발을 동반하는 스트롬볼리식 분화를 일으킨다. 그러나 현무암질 마그마도 지표수나 지하수와 접촉하게 되면 매우 폭발적인 분화를 일으키게 된다. 즉 마그마와 물의 비율에 따라 현무암질 마그마의 분화 양식은 크게 달라지며 결과적으로 다른 유형의 화산체가 출현한다. 특히 마그마에 대한 물의 비율이 0.1~100인 경우에는 고온의 마그마에 접한 물이 기화함으로써 화도안의 압력이 커져 서쩌이안(surtseyan) 분화로도 불리는 매우 강력한 수증기 마그마 폭발이 일어난다(Kokelaar, 1986). 그러나 마그마에 대한 물의 혼합비율이 너무 높아지면 해저 분화에서 볼 수 있듯이 분화의 강도는 다시 감소하여 베개용암(pillow lava)과 같은 용암류가 분출

그림 4. 하이드로볼케이노(성산 일출봉)

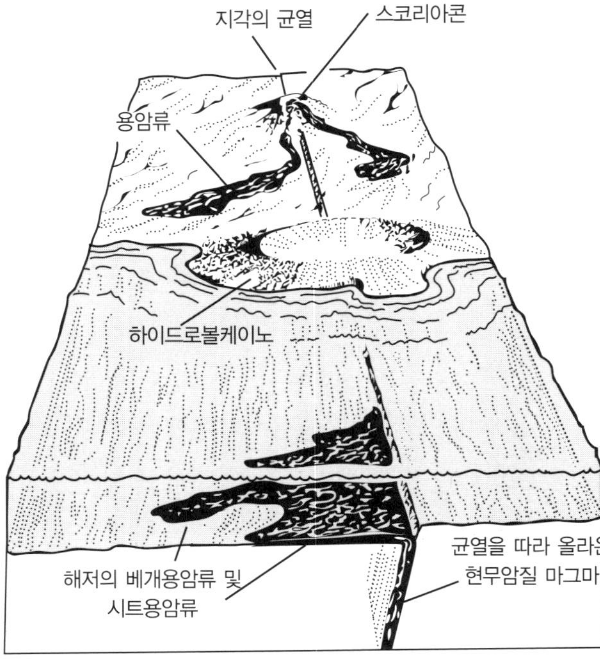

그림 5. 분화 양식 및 화산체 유형에 미치는 물의 영향(Fisher *et al.*, 1997)

한다(〈그림 5〉 참조).

수증기 마그마 폭발이 일어나면 폭발력의 증대로 인해 화산쇄설물에는 미립질 화산회가 많아진다(〈그림 6〉 참조). 또한 화구를 중심으로 화쇄난류(pyroclastic surge)가 사방으로 퍼지면서 화산쇄설물이 퇴적되므로 기저부의 직경이 큰 반면에 비고가 낮은 화산체가 형성된다. 화산체의 기저 직경에 대한 비고의 비율을 비교하면, 스코리아콘이 1/5~1/6인 데 비해 응회구는 1/9~1/11로 훨씬 작다. 응회구의 극단적인 형태로서 이 비율이 1/10~1/30에 이르는 화산체는 응회환(tuff ring)이라고 한다(Heiken, 1971). 제주도의 대표적인 관광지인 송악산, 수월봉, 용머리 등의 화산체가 응회환으로 분류되고 있다. 제주도의 하이드로볼케이노는 대부분 해안 지대에 나타나는데, 응회구가 주로 동부해안에 분포하는 데 비해 응회환은 서부해안에 출현한다. 응회구와 응회환의 형태적인 차이는 수성 화산활동을 일으킨 물의 양과 공급 속도 또는 화구 주변 암질의 차이에 기인한다(Sohn, 1996).

하이드로볼케이노의 일종으로서 폭발적인 수증기 분화로 형성된 원형의 화구 지형은 마르(maar)라고 한다. 일반적으로 마르의 화구는 깊이에 비해 매우 넓고, 화구 주변에는 분화 시

그림 6. 하이드로볼케이노의 화산쇄설물과 탄낭구조(수월봉)

방출된 소량의 화산쇄설물이 고리 모양으로 쌓여 낮은 화구륜을 이룬다. 화산쇄설물은 분화를 일으킨 마그마로부터 직접 유래한 물질은 많지 않고 대부분 기반암의 암편으로 구성되어 있다. 화구륜의 안쪽은 급사면이나 바깥쪽은 보통 4° 이하의 완사면으로 이루어져 있으므로 비대칭적인 단면 형태를 보인다. 마르는 담수하여 호소를 이루는 경우가 많다. 천연기념물 263호로 지정되어 있는 산굼부리를 과거에는 마르로 분류하였으나, 최근에는 화도를 따라 올라왔던 용암이 다시 밑으로 내려가면서 생긴 함몰화구(pit crater)로 해석하고 있다(제주도, 1998).

3) 용암원정구

점성이 높은 용암이 화구에서 밀려 올라오면 유동성이 작으므로 빨리 흐르지 못하고 화구 주변에서 다소 퍼지면서 반구 모양의 화산체를 이루게 된다. 종상화산으로 불리는 이러한 유형을 용암원정구(lava dome)라고 한다. 용암의 점성이 더욱 커지면 화구 위로만 성장하여 탑 모양의 화산암첨(volcanic spine)이 형성된다. 용암원정구는 양파와 같은 내부구조를 지니고 있다(〈그림 7〉 참조). 이러한 독특한 구조는 먼저 나온 용암이 뒤이어 나오는 용암으로 인해 얇게 늘어나면서 바깥쪽으로 밀려 나가기 때문에 나타난다(横山 외, 1992).

제주도의 대표적인 용암원정구로는 산방산과 한라산 정상의 백록담 서벽을 들 수 있다. 특히 산방산은 용암원정구의 형태적인 특징인 산록부의 볼록사면과 기저부의 직선상 애추사면

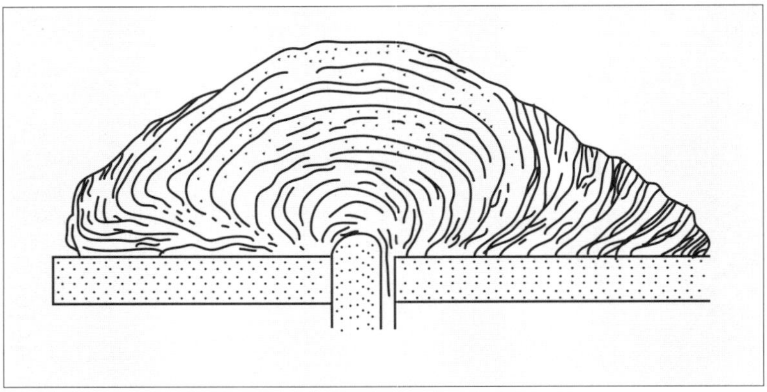

그림 7. 퍼티(putty)로 만든 용암원정구의 내부구조(横山 외, 1992)

이 잘 나타난다(〈그림 8〉 참조). 용암원정구의 비고는 보통 기저 직경의 35%를 넘지 못하는 것으로 알려져 있으며(守屋, 1992), 산방산의 경우도 그 비율이 30% 정도에 불과하다.

제주도에서는 조면암이 분포하는 지역에 용암원정구가 잘 나타난다. 제주도 형성사에 의하면 제1분출기 말기에 서귀포에서 안덕에 이르는 남부해안 일대에 조면암질 용암이 집중적으로 분출하면서 서귀포 인근의 범섬, 문섬, 섶섬과 산방산 등의 용암원정구를 형성하였다(원종관, 1975; 이문원, 1994). 이들 용암원정구의 절대연대치는 0.87ma의 산방산을 비롯하여 대부분 0.9~0.7ma로 제주도의 지표면에 분포하는 가장 오래된 화산 지형에 해당한다(이문원 외, 1994). 그러나 최근 서귀포 인근 무인도의 지질을 한라산조면암으로 분류하고 있는 제주도

그림 8. 용암원정구(산방산)

(2000)에 의하면 이들의 연대측정치는 0.14~0.05ma에 불과하여 큰 차이를 보이고 있다.

3. 복성화산

복성화산은 하나 또는 인접하고 있는 복수의 화구로부터 휴식기를 사이에 두고 반복되는 분화활동으로 형성되는 대형 화산체로서 산정에는 화구를 지니며 원추형을 이루는 경우가 많다. 활동기간은 1000~10만 년이며, 휴식기에 있는 복성화산이 휴화산에 해당한다. 복성화산의 지하 심부에는 마그마저장소(magma reservoir)가 존재하는 것으로 생각되고 있다(町田 외, 1981). 복성화산도 마그마의 성질과 분화 양식에 따라 다음과 같은 유형으로 구분된다.

1) 용암대지

용암대지(lava plateau)는 아이슬란드식 분화에 의해 넓게 분출된 유동성이 큰 현무암질 용암류가 기존의 기복을 메워 광대한 평탄지를 만든 후에 침식곡이 형성되면서 대지로 변한 지형이다. 다수의 용암류가 누적되어 발달하며 용암류 전체의 두께는 2,000m에 이르기도 한다. 그러나 용암류 하나의 두께는 1~30m 정도로 얇고 대부분을 파호이호이용암(pahoehoe lava)이 차지한다(町田 외, 1981). 용암대지는 가장 규모가 큰 화산 지형으로 인도의 데칸고원은 면적이 50만 km^2에 이른다. 용암분출량이 40만 km^3를 넘는 미국의 콜롬비아고원도 대표적인 용암대지이다. 우리나라에는 백두산 일대에 분포하는 백두용암대지와 중부 지방의 철원 · 평강, 신계 · 곡산용암대지가 유명하다.

백두용암대지는 백두산을 중심으로 한반도 북동부와 중국 동북 지방에 걸쳐 분포하는 국내 최대의 화산 지형이다. 서쪽과 북쪽으로는 중국 지린성의 후송현과 안투현을 포함하며, 동쪽과 남쪽의 경계는 함경북도 무산과 함경남도 단천으로 동서 및 남북길이는 각각 200km와 310km이다. 백두용암대지의 한반도에서의 범위도 동서 및 남북길이가 각각 88km와 125km이며 면적은 5,350km^2에 달한다(〈그림 9〉 참조).

백두용암대지의 형성은 크게 3단계로 구분한다. 플라이오세 후기부터 시작된 제1분출기에는 다량의 현무암질 용암이 틈분화(fissure eruption)하여 용암대지의 기본 형태가 이루어졌다. 이 시기에 분출한 현무암질 용암의 두께는 30~600m이며 용암대지 주변부로부터 중심부인 백두화산대로 갈수록 두꺼워진다. 플라이스토세 전기부터 중기에 걸친 제2분출기에는 분화

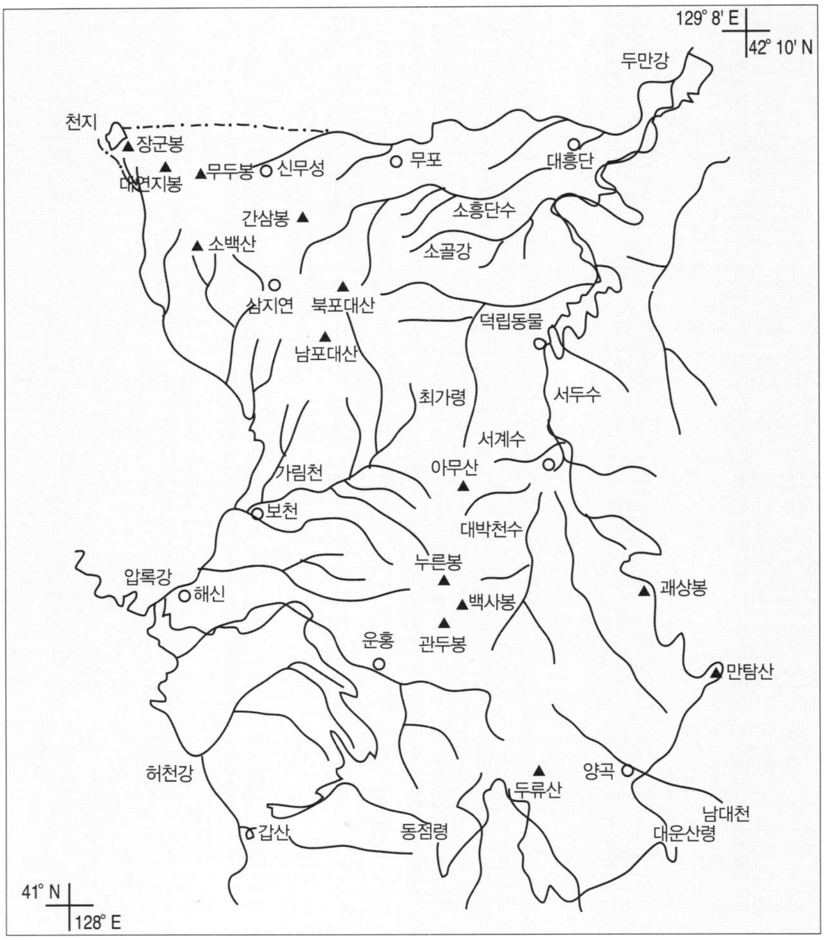

그림 9. 한반도에 분포하는 백두용암대지의 범위(김정락 외, 1994)

양식이 중심분화로 변화하며 50~400m 두께의 조면암질 용암이 분출하여 5개의 화도를 중심으로 백두산을 비롯한 백두용암대지의 주요 화산체가 형성되었다. 플라이스토세 중기 이후의 제3분출기에는 백두화산대의 단열대를 따라 다시 현무암질 용암이 분출하여 160개에 이르는 소형 화산체가 출현하였다. 또한 이 시기에 분출한 용암류의 일부는 압록강, 어랑천 및 단천 북대천 등의 하곡을 따라 백두용암대지의 외곽으로 흘러나갔으며, 특히 압록강에서는 초산까지 630km를 유동하였다(김정락 외, 1992).

백두용암대지는 형성 과정과 형태에 의해 화산산지와 용암대지로 구분하며, 용암대지는 다시 4지역으로 세분한다. 북부 용암대지는 백두산 동쪽 산록과 북포태산 북쪽 산록의 전면에 펼쳐진 지역으로 면적은 1,100km²이다. 용암대지의 고도는 대흥단에서 1,100m, 무포에서

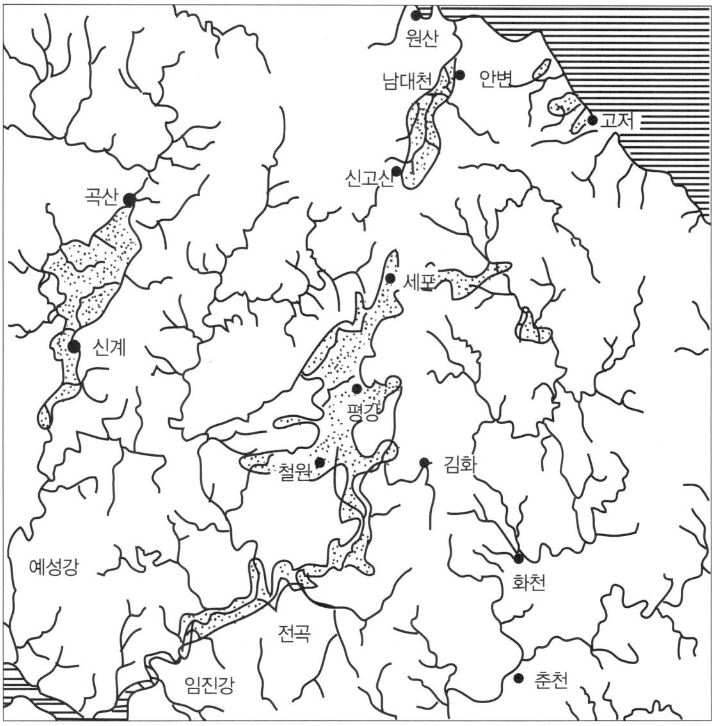

그림 10. 중부 지방의 용암대지(Lautensach, 1945)

1,200m, 간삼봉과 신무성에서 1,400m, 무두봉에서 1,800m로 동쪽을 향해 완만하게 기울어져 있다. 평균경사는 대흥단과 무포에서는 2° 미만으로 비교적 평탄하며 신무성에서 무두봉까지는 4~7°를 보인다. 백두화산대 서쪽에 위치하는 서부 용암대지는 가림천 유역과 운총강 북쪽 지역을 포함하고 있으며 면적은 1,200km²이다. 용암대지의 고도는 서쪽과 남쪽으로 갈수록 낮아져 허항령에서는 1,402m이나 혜산에서는 800m에 불과하다. 이 지역은 압록강, 가림천, 운총강에 의해 심하게 개석되어 있다. 백두화산대 동쪽에 위치하는 동부 용암대지는 북쪽으로는 소골강, 남쪽으로는 백암 양곡리, 동쪽으로는 서두수와 괘상봉에 이르는 면적 1,400km²의 지역이다. 용암대지의 고도는 북계수에서 1,700m, 원봉에서 1,000m로 서두수를 따라 북쪽으로 갈수록 고도가 낮아진다. 이러한 경향은 함경산맥의 융기라는 지체구조적인 요인이 작용한 결과이다. 남부 용암대지는 동점령 북쪽의 운총강 상류 지역에 나타나는 1,600m 이상의 대지와 두류산 남쪽의 대지를 포함하고 있다(김정락 외, 1992).

한반도 중부 지방에는 추가령구조곡을 비롯하여 북북동–남남서 주향의 단층선이 잘 나타난다(이대성 외, 1983; 김규환 외, 1984). 플라이스토세 후기에 들어와 이들 단층선에서 분출한 현무암질 용암류는 하곡을 따라 흐르며 소규모의 용암대지를 철원 · 평강과 신계 · 곡산 일대에 형성하였다(〈그림 10〉 참조). 이 가운데 철원 · 평강용암대지를 구성하고 있는 전곡현무암은 철원, 평강으로부터 운천, 통현, 고랑포를 거쳐 율곡까지 한탄강, 차탄천 및 임진강을 따라 약 95km에 걸쳐 분포하며 125km²의 면적을 덮고 있다. 전곡현무암의 연대측정치는 0.27ma이며, 고지자기 측정 결과도 브루뉴 정자극기를 가리키고 있다(Choi, 1982; 이대성 외, 1983).

전곡현무암의 분출 화구로는 평강 남서쪽 3km의 오리산과 검불랑 북동쪽 4km의 680m 고지 두 곳이 확인되고 있다(木野崎, 1937). 이 가운데 오리산에서 분출한 용암류는 주로 한탄강을 따라 남쪽으로 흐른 반면에 680m 고지에서 분출한 용암류의 일부는 추가령구조곡을 따라 북쪽으로 흘렀다(원종관, 1983). 용암류는 한탄강 상류 지역인 철원 화지리에서 최고 11매를 보이며, 철원 상월리에서 6매, 전곡 고문리에서 4매, 문산 동파리에서 1매로 한탄강 하류로 갈수록 분출매수와 분출량이 감소한다. 용암류의 두께는 2~4m로 상류에서의 층후는 24m이며 하류에서는 8m 정도를 보인다. 압산에서 남쪽으로 분출한 용암류의 총량은 2.3km³으로 추산하고 있다(이대성 외, 1983).

2) 순상화산

점성이 매우 작은 현무암질 용암류가 화구를 중심으로 다수 누적되어 형성된 방패 모양의 화산체를 순상화산(shield volcano)이라고 한다. 아이슬란드식 분화에 비해 중심성이 큰 하와이식 분화의 결과로서 형성된다. 사면 경사는 10° 이하로 매우 완만하며, 분화 시 폭발력이 약하므로 파편상의 분출물은 극히 적다. 따라서 화산체는 대부분 용암으로 구성되어 있으며, 화산쇄설물은 구성물질의 1% 이하에 불과하다(横山 외, 1992).

순상화산은 일회의 분화활동으로 형성되는 체적 10km³ 이하의 아이슬란드형과 반복적인 분화활동으로 형성되는 대규모의 하와이형으로 구분한다. 아이슬란드형으로는 아이슬란드 남동부에 위치하는 넓은 방패라는 의미의 스칼드브레이뒤르가 전형적이다. 스칼드브레이뒤르는 비고 550m, 기저 직경 10km에 이르는 대형의 단성화산으로 용암 분출량도 16km³에 이른다. 직선상의 사면은 7~8°의 경사를 보이며 산정부에는 직경 300m의 분화구를 지닌다(貝塚 외, 1985). 반면에 하와이형으로는 하와이섬의 마우나케아, 마우나로아 및 킬라우에아를 들 수 있다. 하와이의 순상화산은 수만 년에서 수십만 년에 걸쳐 수심 5,000m의 해저로부터 성장한 대형 화산체로 분출량은 10,000km³에 이른다. 그러나 산록의 경사는 4~6°로 매우 완만하다. 우리나라의 순상화산으로는 제주도의 한라산이 대표적이나 제주도에서 한라산 순상화산체의 구

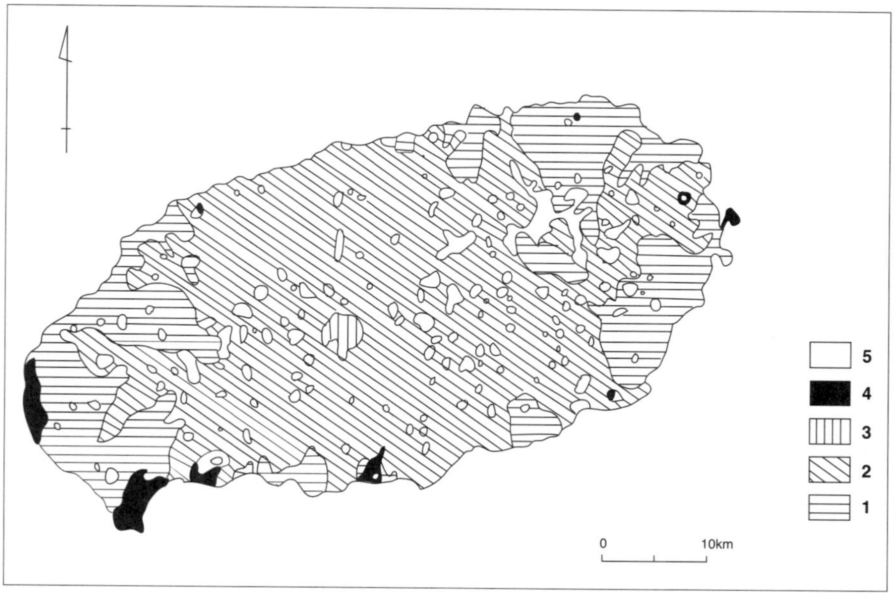

1. 제1 · 2분출기의 현무암과 조면암 2. 제2 · 3분출기의 현무암과 조면암
3. 제4분출기의 현무암 4. 응회암 및 응회질 퇴적암 5. 스코리아
그림 11. 제주도의 지질 분포(원종관, 1975)

분은 간단하지 않으므로 제주도 전체를 대상으로 형성 과정을 살펴본다(〈그림 11〉 참조).

제주도의 지질은 백악기의 응회암과 미고결 퇴적층 위로 제4기의 화산분출물이 출현하는데, 이들의 분출순서와 시기를 둘러싸고 화산활동사에 차이를 보이고 있다(原口, 1931; 원종관, 1975; 李文遠, 1982; 이문원, 1994; 윤선, 1995). 이 가운데 4단계 형성사에 따르면 제1분출기는 해수면 아래 100m까지 분포하는 감람석휘석현무암이 분출한 시기이다. 이 현무암의 연대측정치는 1.2~0.94ma이므로 전기 플라이스토세부터 제주도는 화산활동을 시작하였다고 볼 수 있다. 제2분출기는 한라산체를 제외한 제주도의 모습이 대부분 결정된 용암대지 형성기이다. 0.6~0.37ma에 틈분화로 분출한 침상장석감람석현무암은 남부 해안 지역을 제외한 제주도 전역에 분포한다. 제3분출기에 들어와 분화 양식이 제주도 중앙부의 중심분화로 바뀌면서 중앙화구를 중심으로 화산체의 고도가 높아져 비고 1,700m의 한라산 순상화산체가 형성되었다. 제3분출기 말기인 0.16ma에는 조면암질 용암이 분출하여 한라산 정상에 용암원정구가 형성되었다. 제4분출기는 0.12ma부터 시작된 후화산활동기로 제주도 전역에 걸쳐 소형 화산체가 형성되었다. 이후 25ka에 백록담 용암원정구에서 다시 현무암이 분출하면서 백록담 분화구가 출현하였다. 그러나 70ka에 일어난 조면암의 분출이 용암원정구와 화구를 형성하였다는 의

그림 12. 하와이형 순상화산(한라산)

그림 13. 아이슬란드형 순상화산(모슬봉)

견(윤선, 1995; 고기원, 1997)도 있어 백록담 화구의 형성시기를 둘러싸고도 논란이 계속되고 있다. 역사시대에 들어와서도 제주도에서의 화산활동은 계속되어 고려 중엽인 1002년과 1007년에 각각 발생한 용암류 분출과 화산체 생성에 관한 기록이 『고려사』 권55 「오행지」에 남아

그림 14. 용암동굴의 스펠레오뎀(당처물동굴)

있다.

동서 방향으로 매우 완만하게 산록이 펼쳐진 한라산은 복성화산이므로 하와이형 순상화산에 해당한다(〈그림 12〉 참조). 반면에 한라산과 매우 흡사한 외형을 지닌 모슬봉은 기저 직경이 한라산의 1/20 정도인 1.8km이며, 비고도 130m에 불과한 소형 화산체이다(〈그림 13〉 참조). 사면 경사가 8° 정도인 모슬봉은 아이슬란드형 순상화산으로 복성화산인 하와이형 순상화산과는 규모에서 큰 차이를 보인다.

한편, 유동성이 큰 현무암질 용암으로 형성된 제주도에는 용암동굴(lava tube)이 잘 나타난다. 세계 최장 동굴로 알려져 있는 길이 13,422m의 만장굴을 비롯하여 11,749m의 빌레못굴 등 21개 지역에 70여 개의 용암동굴이 확인되고 있다(손인석, 2001). 용암동굴은 용암류가 유동할 때 공기와의 접촉으로 표면이 냉각 고결된 후에도 용융 상태에 있는 내부의 용암이 하류로 흘러내려감으로써 형성된다. 따라서 현무암질의 파호이호이용암에 잘 나타나며, 제주도에서도 제2분출기의 침상장석감람석현무암으로 이루어진 해안 지대에 집중적으로 분포한다. 협재굴, 쌍룡굴, 당처물동굴 등 해안 부근에 위치하는 용암동굴의 내부에는 석회동굴에서 볼 수 있는 종유석과 같은 스펠레오뎀(speleothem)이 출현하여 천연기념물로 지정되어 있다(〈그림 14〉 참조). 그러나 이들 스펠레오뎀의 형성은 지질적인 요인에 의한 것이 아니라 동굴 위의 지표면을 덮고 있는 패사를 용식한 우수가 지하로 침투하는 과정에 의한 것이다.

3) 성층화산

중심분화에 의해 교대로 분출한 용암류와 화산쇄설물이 화구 주변에 누적되어 형성된 복성화산을 성층화산(stratovolcano)이라고 한다. 일본의 후지산과 아탈리아의 베수비오산 등 세계적으로 유명한 대형 화산은 대부분 성층화산에 해당한다. 성층화산은 육상 화산체의 60%를 차지하고 있으며, 칼데라를 지닌 화산체까지 포함하면 그 비율은 70%에 이른다(鈴木, 1975).

성층화산은 요형의 단면형을 지닌 원추형 화산체로 알려져 있으나 실제 형상은 매우 다양하다. 즉 성층화산의 활동 초기에는 현무암질 용암과 스코리아를 분출하는 온건한 활동으로 원추형 화산체가 형성된다. 그러나 중 · 후기로 가면서 점차 화산쇄설류와 강하 화산쇄설물을 분출하는 격렬한 분화활동으로 바뀌면서 반복적인 폭발로 인해 산정부의 화구 부근은 낮아지고 산록은 화산쇄설류의 퇴적에 의해 확대됨으로써 원추형을 상실한다(守屋, 1992).

국내 최고봉인 장군봉을 비롯하여 2,500m 이상 16개의 봉우리를 외륜산으로 지니고 있는 백두산은 용암대지 위로 화산체 하부는 순상화산이며, 상부는 칼데라가 발달한 성층화산으로 이루어진 복합 화산체이다(〈그림 15〉 참조). 후기 플라이오세인 2.9~1.7ma에 하와이식 분화에 의해 천지를 중심으로 용암대지와 하와이형 순상화산체가 형성되었다. 이 시기에 형성된 화산

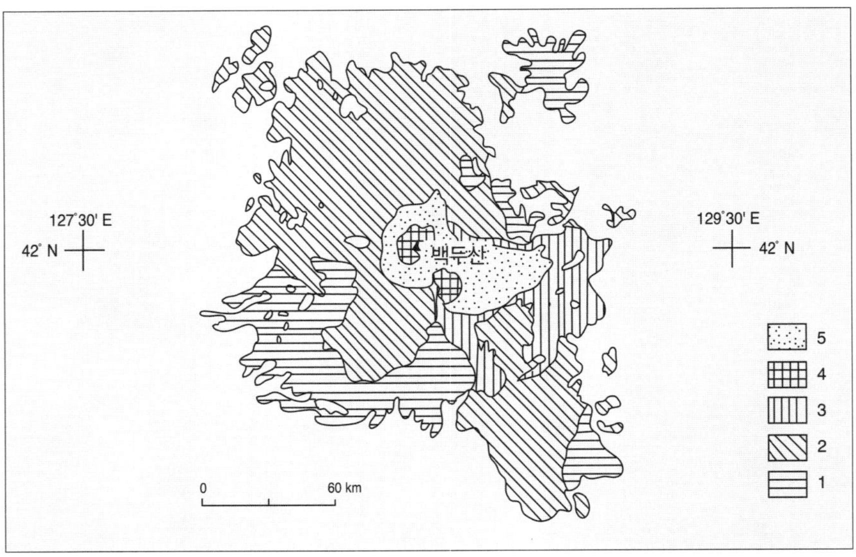

1. 마이오세의 현무암 2. 플라이오세의 현무암과 조면암
3. 플라이스토세 전기의 현무암 4. 플라이스토세 후기의 조면암
5. 홀로세의 경석

그림 15. 백두산 일대의 지질 분포(윤성효 외, 1993)

체의 분포 면적은 15,000km^{2}이며, 기저 직경은 130~150km에 이른다. 플라이스토세에 들어와 마그마의 화학조성이 산성으로 바뀌고 스트롬볼리식 분화가 일어나면서 조면암질 용암과 화산쇄설물이 번갈아 분출하여 원추형의 성층화산체가 형성되었다. 이 화산체의 분포 면적은 600km^{2}이며, 기저 직경은 20~30km, 중심 고도는 650m로 백두산을 장백산맥의 주봉으로 만들었다(윤성효 외, 1993).

홀로세 초기에는 백두산 본체보다는 주변의 단열대를 따라 현무암질 용암과 화산쇄설물을 분출하여 높이 50~200m의 소형 측화산이 다수 형성되었다. 홀로세 말기에는 마그마 분화작용으로 마그마저장소 내부의 수증기압이 커지면서 백두산은 플리니식 분화를 일으켜 50만 km^{3}에 달하는 경석을 방출하였다(Machida *et al*., 1990). 경석의 층후는 천문봉에서 73m, 백두산 동남쪽 삼포에서는 1~30m로 백두산에서 멀어질수록 작아지며, 일부는 동해를 건너 일본의 혼슈 북동부와 홋카이도에 1~5cm의 두께로 쌓였다(〈그림 16〉 참조). 일본에서 B-Tm으로 명명된 이 화산회는 한반도 기원의 광역 테프라(tephra)로 유명하며, 층서학 및 고고학적 자료에 의해 AD 915년과 1334년 사이에 분출한 것으로 추정하고 있다(町田 외, 1981). 이후에도 백두산에서는 100~200년의 간격으로 소규모의 분화가 일어나고 있는데, 1668년과 1702년 함경도에서 발생한 강하 화산회에 관한 기록이 『조선왕조실록』 중 「현종실록」 권14와 「숙종실록」 권36에 실려 있다. 또한 1991년에는 백운봉 부근에서 지진과 함께 연기가 분출되는 등 최근까지도 분화활동이 계속되고 있다(윤성효 · 최종섭, 1996).

울릉도는 중앙에 위치한 성인봉의 고도가 983m이며 면적도 73km^{2}에 불과하나 화산체를

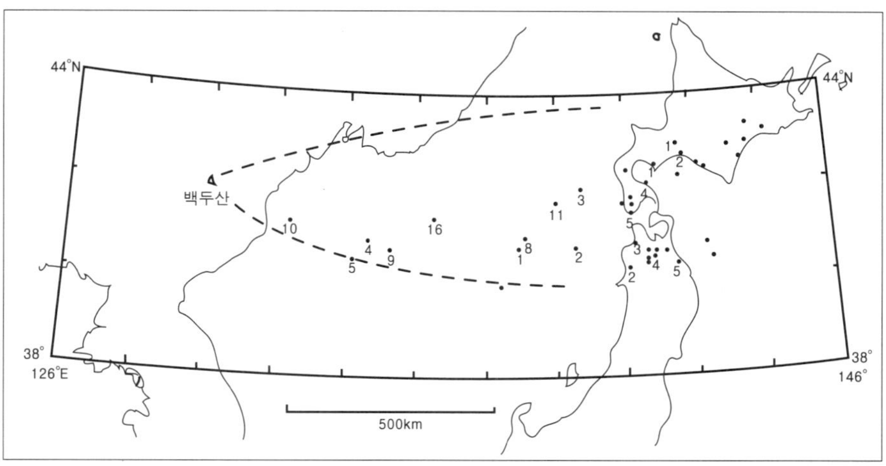

그림 16. 백두산에서 분출한 테프라의 분포(町田 · 新井, 1992)
점으로 표시한 지점은 테프라층의 발견 장소이며 수치는 층후(cm).

수심 2,200m의 해저까지 포함하면 비고가 3,000m를 넘고 면적도 1,300km²에 이르는 대형 화산체이다(원종관 · 이문원, 1984). 울릉도는 지질구조면에서 시기를 달리하는 상하 두 부분으로 구분된다. 하부는 울릉도의 본체를 이루는 기저현무암체에 해당하며, 상부는 현재의 해수면과 거의 동일한 높이에 형성된 기저현무암체의 침식면 위로 형성된 알칼리암류의 화산체이다(Tsuboi, 1920).

제4기에 들어와 시작된 울릉도의 화산활동은 화산암의 분출 상태와 암질에 의해 5단계로 구분된다(김윤규 · 이대성, 1983; 원종관 · 이문원, 1984; 민경덕 외, 1988). 제1분출기는 해안을 따라 넓게 분포하는 현무암질 집괴암과 응회암이 분출하여 해수면 위 화산체의 기저부가 형성된 시기이다. 제2분출기와 3분출기에는 조면암질 용암과 응회암이 각각 화산체의 남사면과 북사면을 따라 분출하였다. 제4분출기에는 나리분지를 화구로 하는 중심 분화에 의해 조면암과 포노라이트질 용암이 분출하여 화산체의 골격이 형성되었다. 제5분출기에 들어와 화산활동이 매우 폭발적으로 바뀌면서 플리니식 분화로 다량의 화산쇄설물이 분출되었다. 또한 화산체의 함몰로 인해 중앙에 칼데라가 형성되었으며, 칼데라 안에 다시 스코리아콘이 출현하였다. 특히 9300년 전에 발생한 플리니식 분화로 10km³에 달하는 화산쇄설물이 방출되었으며, 다량의 화산회는 편서풍에 실려 600km 떨어진 일본의 긴키 일대에 2~10cm의 두께로 쌓였다. 일본에서는 홀로세 초기에 분출한 이 화산회를 U-Oki로 부르며, 대마난류가 유입하여 동해의 수온과 염분이 변화하기 직전의 시기를 알려 주는 지표로 사용하고 있다(町田 외, 1984).

4. 이중화산

한 개의 화산체로 이루어진 화산을 단식화산(simple volcano)이라고 한다. 단식화산은 화산체의 크기와는 무관하므로 복성화산일 수도 있고 또는 단성화산의 경우도 있다. 단식화산에 대해 복수의 화산체로 이루어진 화산은 복식화산(multiple volcano)이라고 하며, 구성하는 화산체의 수에 따라 이중화산 또는 삼중화산으로 구분할 수 있다(横山 외, 1992). 복식화산에도 복성화산과 단성화산이 모두 출현하나 복성화산이 대부분을 차지한다.

울릉도의 나리분지 안에는 알봉으로 불리는 스코리아콘이 출현하여 복성화산인 성층화산의 산정 화구에 단성화산이 분포하는 이중화산을 이루고 있다. 반면에 제주도에는 단성화산으로만 이루어진 이중화산이 다수 분포하고 있다. 대표적인 이중화산으로는 송악산을 비롯하여 당

그림 17. 하이드로볼케이노와 스코리아콘으로 이루어진 이중화산(하논화구원과 보롬이오름)

산봉, 두산봉, 우도의 소머리오름과 서귀포의 하논을 들 수 있으며, 대부분 하이드로볼케이노의 화구 안에 소형의 스코리아콘이 출현하는 공통점을 지니고 있다(〈그림 17〉 참조). 이러한 단성의 복식화산은 분화활동 중에 분화환경이 달라지기 때문에 출현하게 된다(황상구 외, 1992). 즉 분화활동의 초기에는 지하수나 지표수와의 접촉을 통한 수증기 마그마 폭발이 발생하여 응회구나 응회환이 형성된다. 그러나 분화활동이 지속되면서 지하수가 고갈되거나 또는 화구 주변에 화구륜이 형성되어 외부로부터 화구 안쪽으로 유입하는 지표수가 차단되면 마그마와 물의 접촉이 일어나지 않게 된다. 따라서 현무암질 마그마 특유의 스트롬볼리식 분화가 발생하면서 스코리아콘이 형성된다. 소머리오름의 알오름이나 하논의 보롬이오름 등이 후기의 스트롬볼리식 분화에 의해 출현한 스코리아콘에 해당한다.

5. 화구 지형

화산의 분화구는 화구와 화구보다 큰 원형의 화산성 분지인 칼데라(caldera)로 구분한다. 화산 폭발로 형성되는 보통의 화구는 직경이 2km를 넘지 못한다. 그러나 화산 폭발보다는 화산체가 함몰함으로써 형성되는 칼데라의 직경은 2km를 훨씬 상회한다. 칼데라는 분화 양식과 지질구조의 차이에 따라 킬라우에아형과 크레이터레이크형으로 구분한다. 전자는 킬라우에아 산정에 형성된 직경 2~3km의 칼데라가 전형적이다. 킬라우에아형은 마그마저장소로부터 현무암질 마그마가 급격하게 분출하여 공동이 생긴 후에 산정부가 함몰하여 형성된다. 반면에 크레이터레이크형은 다량의 규장질 마그마가 화산쇄설류와 강하 화산쇄설물로 중앙화구로부터 지표로 분출한 후에 화산체나 주변 지역이 함몰하여 형성된 칼데라이다. 미국 오리건주의 마자마에서 6000년 전에 분화활동으로 28~39km^{3}의 마그마가 분출한 후에 형성된 직경 10km, 깊이 1,200m의 칼데라가 유명하다(Williams, 1941). 현재 이 칼데라는 담수하여 크레이터레이크로 불린다. 칼데라는 솥을 의미하는 포르투갈어 칼데이라(caldeira)에서 유래한다(横山 외, 1992).

백두산의 천지와 울릉도의 나리분지는 크레이터레이크형 칼데라에 해당한다. 둘레 20.6km, 면적 19.8km^2, 최대깊이 944m의 백두산 칼데라는 약 1000년 전에 50만 km^{3}의 화산쇄설물을 분출한 플리니식 분화로 형성되었다. 그러나 칼데라 벽에 빙하의 침식작용으로 형성된 권곡이 존재하는 사실을 고려하면 백두산 칼데라가 이 분화활동으로 일시에 형성되지는 않은 것으로 보인다(Machida *et al.*, 1990). 백두산 칼데라에는 동서 길이 3.6km, 남북 길이 4.6km, 둘레 14.4km, 면적 9.2km^{2}의 칼데라호 천지가 출현한다. 압록강, 두만강 및 쑹화강의 발원지를 이루는 천지는 평균수심 213m, 최대수심 384m로 담수량은 19.5억 m^{3}에 이른다.

울릉도에서 직경 3km의 나리분지가 형성된 것은 중앙화구로부터 플리니식 분화로 화산쇄설물이 다량으로 방출된 제5분출기이다. 나리분지도 일시에 형성된 지형은 아니며 수차례의 폭발적인 분화활동을 통해 확장된 칼데라이다. 제4분출기의 용암류 위로 최상위의 U-1부터 최하위의 U-7까지 일련번호로 명명된 7매의 경석 퇴적층이 나타난다. 이 가운데 U-4를 분출한 2만 5천년 전의 플리니식 분화에 의해 화도와 화구벽이 크게 붕괴되어 소형의 칼데라가 형성되었으며, 뒤이어 다시 U-3를 분출한 플리니식 분화로 현재의 모습과 같은 칼데라로 확대되었다. U-3를 분출한 초기 분화는 수증기 마그마 폭발로 추정되므로 U-4의 분출로 형성된 칼데라 안에는 호소가 존재하였던 것으로 보인다(町田 외, 1984). 분화활동의 최후기에 알봉에서 분출된 용암류가 칼데라의 남쪽을 메워 나리분지는 두 개의 면으로 나누어졌다. 면적이 1.5km^{2}인 나리분지의 화구원은 울릉도 최대의 평탄면이다.

한편, 제주도에 분포하는 모식적인 스코리아콘은 다랑쉬오름과 같이 산정에 화구를 지니고 있다. 스코리아콘은 투수성이 큰 화산쇄설물로 구성되어 있으므로 화구에 호소가 출현하기 어려우나 최근 습지 보전 지역으로 지정된 물영아리를 비롯하여 사라오름, 물장올, 물찻오름 등

그림 18. 스코리아콘의 화구호(사라오름)

의 화구는 담수하여 제주도의 대표적인 산정 습지를 이루고 있다(〈그림 18〉 참조). 그러나 이들 습지는 식생천이와 같은 자연적인 요인뿐 아니라 인위적인 요인에 의해 빠른 속도로 육화되고 있다(제주도 외, 2001). 한라산 정상에도 동서길이 500m, 남북길이 400m, 둘레 1.7km, 최대깊이 110m의 백록담 분화구가 출현한다. 화구저의 동쪽으로 일부 담수하여 화구호를 이루고 있으나 분화구 안쪽 사면의 토양 침식으로 발생된 토사가 유입되면서 화구호는 많이 매몰되었다.

참고문헌

고기원, 1997, 「제주도의 지하수 부존 특성과 서귀포층의 수문지질학적 관련성」, 부산대학교 이학박사 학위논문.

권혁재, 1999, 『지형학』, 법문사.

김규환 외, 1984, 「추가령지구대의 지질구조, 고지자기 및 암석학적 연구」, 『광산지질』, 17, pp.215-230.

김윤규 · 이대성, 1983, 「울릉도 북부 알칼리 화산암류에 대한 암석학적 연구」, 『광산지질』, 16, pp.19-36.

김정락 외, 1992, 『백두산총서: 지형』, 과학기술출판사, 평양.

김정락 외, 1994, 『백두산총서: 백두산지도첩』, 과학기술출판사, 평양.

김태호, 2000, 「화산 지형」, 한국자연지리연구회(편), 『자연환경과 인간』, pp.441-466.

김태호, 2001, 「복성화산」, 박용안 · 공우석(편), 『한국의 제4기 환경』, pp.244-266.

민경덕 외, 1988, 「한국남부의 백악기말 이후의 화성활동과 광화작용에 대한 판구조론의 적용성 연구(Ⅱ)」, 『지질학회지』, 24, pp.11-40.

박승필, 1985, 「제주도 측화산에 관한 연구」, 『전남대학교 논문집』, 30, pp.159-166.

손인석, 2001, 「제주도의 천연동굴과 보존」, 『자연보존』, 114, pp.8-12.

원종관, 1975, 「제주도의 형성 과정과 화산활동에 관한 연구」, 『건국대학교 이학논집』, 1, pp.7-48.

원종관, 1983, 「한반도에서의 제4기 화산활동에 관한 연구」, 『지질학회지』, 19, pp.159-168.

원종관 · 이문원, 1984, 「울릉도의 화산활동과 암석학적 특성」, 『지질학회지』, 20, pp.296-305.

윤　선, 1995, 「제주도 형성사」, 『제주도』, 98, pp.148-164.

윤성효 · 원종관 · 이문원, 1993, 「백두산 일대의 신생대 화산활동과 화산암류의 특성 고찰」, 『지질학회지』, 29, pp.291-307.

윤성효 · 최종섭, 1996, 「백두산 천지 칼데라 화산의 역사 분출기록」, 『한국지구과학회지』, 17, pp.376-382.

이대성 · 류기주 · 김광호, 1983, 「추가령열곡의 지구조적 해석」, 『지질학회지』, 19, pp.19-38.

이문원, 1994, 「제주도의 형성사와 지질구조」, 대한지하수환경학회(편), 『제주도 지하수자원의 환경학적 보전과 개발이용』, 제주도, pp.54-74.

이문원 외, 1994, 「제주도 남사면 화산암류의 화산층서 및 암석학적 연구」, 『지질학회지』, 30, pp.521-541.

제주도, 1997, 『제주의 오름』, 제주도.

제주도, 1998, 『제주 · 애월도폭 지질보고서』, 제주도.

제주도 · 제주발전연구원, 2000, 『제주 오름의 보전 · 관리 방안』, 제주도.

제주도 · 제주발전연구원 · 제주환경운동연합, 2001, 『제주의 습지』, 제주도.

현경희 · 김태호, 2001, 「제주도 스코리아콘의 사면발달」, 『제4기학회지』, 16, pp.37-45.

황상구 외, 1992, 「제주도 송악산 응회환 · 분석구의 화산 과정」, 『지질학회지』, 28, pp.110-120.

鈴木隆介, 1972, 「火山」, 『ブリタニカ國際大百科事典』, 4, pp.249-265.

鈴木隆介, 1975, 「火山地形論」, 『火山』, 20, pp.241-246.

木野崎吉郎, 1937, 「朝鮮の第四紀火山に關して」, 『朝鮮博物學會誌』, 22, pp.3-8.

守屋以智雄, 1992, 『火山を讀む』, 岩波書店, 東京.

原口九萬, 1931, 「濟州島の地質」, 『朝鮮地質調査要報』, 10, pp.1-34.

李文遠, 1982, 「韓國濟州火山島の地質」, 『岩石鑛物鑛床學會誌』, 77, pp.55-64.

町田洋 · 新井房夫 · 森脇廣, 1981, 「日本海を渡ってきたテフラ」, 『科學』, 51, pp.562-569.

町田洋 외, 1984, 「韓國鬱陵島のテフラ」, 『地學雜誌』, 93, pp.1-14.

町田洋 · 新井房夫, 1992, 『火山灰アトラス』, 東京大學出版會, 東京.

町田貞 외, 1981, 『地形學事典』, 二宮書店, 東京.

早川由紀夫, 1996,「火山」, 地學團體硏究會(編)『地震と火山』, 東海大學出版會, 東京, pp.93-178.

種子田定勝・辻和毅・中村眞人, 1970,「濟州島火山の地質學的・岩石學的・古磁氣學的性格」,『火山』, 15, pp.96-108.

貝塚爽平 외, 1985,『寫眞と圖でみる地形學』, l 東京大學出版會, 東京.

橫山泉・荒牧重雄・中村一明, 1992,『火山』, 岩波書店, 東京.

Choi, M.C., 1982, Report of the third excavation in Cheon-kok palaeolithic site, *Jour. Liberal Art, Konkuk Univ.*, 14, pp.207-238.

Fisher, R.V., Heiken, G. and Hulen, J.B., 1997, *Volcanoes*, Princeton Univ. Press, New Jersey.

Heiken, G.H., 1971, Tuff rings: examples from the Fort Rock-Christmas Lake Valley Basin, South-Central Oregon, *Jour. Geophy. Res.*, 76, pp.5615-5626.

Hooper, D.M. and Sheridan, M.F., 1998, Computer-simulation models of scoria cone degradation, *Jour. Volcanol. Geotherm. Res.*, 83, pp.241-267.

Kokelaar, P., 1986, Magma-water interactions in subaqueous and emergent basaltic volcanism, *Bull. Volcanology*, 48, pp.275-289.

Lautensach, H., 1945, *Korea,* Koehler Verlag, Leipzig.

Machida, H., Moriwaki, H. and Zhao, D.C., 1990, The recent major eruption of Changbai volcano and its environmental effects, *Geog. Rep. Tokyo Metro. Univ.*, 25, pp.1-20.

McGetchin, T.R., Settle, M. and Chouet, B.A., 1974, Cinder cone growth modeled after northeast crater, Mount Etna, Sicily, *Jour. Geophy. Res.*, 79, pp.3257-3272.

Sohn, Y.K., 1996, Hydrovolcanic processes forming basaltic tuff rings and cones on Cheju Island, Korea, *Ame. Geo. Soc. Bull.*, 108, pp.1199-1211.

Tsuboi, S., 1920, On a leucite rock, vulsinitic vicoite, from Utsuryoto Island in the Sea of Japan, *Jour. Geol. Soc. Tokyo*, 27, pp.91-104.

Williams, H., 1941, Calderas and their origins, *Univ. Calif. Publ. Geol. Sci.*, 25, pp.239-346.

Wood, C.A., 1980, Morphometric evolution of cinder cones, *Jour. Volcanol. Geotherm. Res.*, 7, pp.387-413.

제6장

국립공원의 지형지질 자원과 경관

박 경(성신여자대학교)

1. 경관 관리의 개념

1) 경관의 정의

경관이란 단어 속엔 많은 의미가 포함되어 있으며, 이는 어느 지역의 지질구조, 그 지역의 토양, 동식물과 과거와 현재의 인간 행태의 유형들, 즉 경작지, 산림, 취락과 지역 산업 등을 아우른다. 경관은 단순히 미추(美醜)의 문제일 뿐만 아니라 한 지역 전체 생태계와 그 지역을 차지하고 이용해 온 인간의 역사를 포함한다(Lucas, 1992에서 재인용).

따라서 경관에 대한 정의를 정확히 내리기는 쉽지 않다. 하지만 지리학에서 보는 경관은 자연생태계 내의 비교적 대규모의 부분집합으로서, 자연과 물리적 자원을 모두 포함하며 자원을 보는 사람이 인식하는 것과 관련된 다양한 요인들도 포함한다. 경관이란 개별 자원이 환경 전체와 관련되게 하는 연계 고리로서 여러 개의 자연과 물리적 환경을 종합적으로 고려하는 것이다.

우리나라의 경우 종합적 경관 관리 정책의 결여와 경제적 이익의 극대화 및 기능적 측면만을 강조하는 개발 계획으로 인해 건축물 위주의 인공적이고 복잡한 경관을 형성하고 있다(임승빈 외, 1995). 국립공원의 경관도 고유의 경관 특성 및 이미지를 상실하고 있으며, 지역 차이가 없이 유사한 형태의 숙박시설과 상가를 비롯한 건축물의 건설로 경관 자원의 가치가 훼손되고 있다. 경관이 공공복리의 한 부분으로서 시민의 일상적인 생활환경에서의 쾌적성, 정체성 등의 형성에 기여할 수 있다는 점에 착안하여 일본, 미국, 독일 등에서는 주민의 쾌적한 생활환경을 형성할 수 있도록 경관정책을 수행하고 있다.

국립공원과 도립공원 및 군립공원 등의 자연공원에 대한 지정 · 보전 · 이용 및 관리에 관한 사항을 규정한 자연공원법 제2조에 의하면 "국립공원이라 함은 우리나라의 자연생태계나 자연 및 문화경관(이하 '경관' 이라 한다)을 대표할 만한 지역으로서 제4조 및 제4조의2의 규정에 의하여 지정된 공원을 말한다"고 규정하고 있다. 하지만 시행령이나 규칙에 '대표할 만한 자연 및 문화경관'에 대한 구체적인 평가기준이나 보호에 관한 내용을 담고 있지는 못하다.

뉴질랜드의 경우 경관에 대한 6가지 기준을 제시하고 있는데, 그 첫째는 자연과학적 요인으로 지질, 지형, 생태학적 또는 경관의 역동성이라는 측면을 강조한다. 둘째는 미적 가치로서 추억에 남을 만한가, 그리고 자연성이 얼마나 높은가를 강조한다. 셋째는 현재의 경관을 형성하기까지 과정이 얼마나 명확히 설명될 수 있는가 하는 것이고, 넷째는 동물이동에 관한 것으로 최소한 어떤 시기에 야생동물의 존재가 필요하며, 다섯째로 그 가치가 일반 국민에 의해 인식되고 공유되고 있어야 하며, 마지막으로는 역사적 연계성이 있어야 한다는 점이다. 또한 '빼어난'이라는 용어를 우수하고 비범하면서 이채롭고 탁월한 것이라 정의하고 있다(뉴질랜드 자연 자원 관리법).

2) 국립공원의 정의

(1) IUCN에서 내린 국립공원의 정의

세계자연보전연맹(IUCN, The World Conservation Union)이란 세계 최대의 자연보호단체의 하나로서 1948년 창설된 이래 140개국의 정부와 각종 단체가 참여하고 있다. 이 기관의 하위기관으로는 국립공원을 포함하는 보호 지역(Protected Area)에 관한 특별분과가 있는데 이 기관에서는 각국의 보호 구역을 6개의 카테고리로 구분하고 있다. 그 가운데 국립공원의 정의 (IUCN 카테고리 II)는 다음과 같다.

국립공원은 상대적으로 넓은 면적의 지역으로서

- 하나 또는 여러 개의 생태계가 인간의 자원추출활동이나 거주활동에 따라 물리적으로 변화되지 않아서 그 안의 동식물 종이나 지형이 특이한 곳 또는 서식지가 특별한 과학적, 교육적 그리고 휴양 가치를 지니고 있거나, 아주 빼어난 아름다움을 가진 자연경관을 포함한다.
- 또한 한 국가에서 가장 실효성 있는 기관에서 그 지역의 자원추출활동이나 거주가 일어나게 되면 이를 저지하거나 금지할 수 있는 조치를 취하면서 국립공원을 지정하도록 한 당시의 생태학적, 지형학적 그리고 미적 가치를 존중할 수 있도록 효과적으로 강제하는 기능을 가지고 있어야 한다.
- 국립공원은 영감을 얻거나, 교육, 문화 및 휴양 목적을 위해 특별한 경우에만 출입이 허

용되는 곳이다.

(2) 경관 보호 지구

우리나라의 20개에 달하는 국립공원 가운데 2007년 현재 설악산, 소백산, 오대산, 지리산, 월악산만이 카테고리 II에 속하는 국립공원이며 나머지는 육상 또는 해상경관 보호 지역에 속하여 있다. 나머지 국립공원의 경우 육상 또는 해상경관 보호 지역 즉 IUCN 카테고리 V등급에 속하고 있다. 카테고리 II에 속한 국립공원이 국내에 없었으나 지속적인 공원관리와 생태계 보전 노력의 결과 2005년 설악산을 필두로 진정한 의미의 국립공원으로 인정받게 되었다.

이 경관 보호 구역의 관리 목적은 인간과 자연의 조화로운 상호작용의 특징인 국가적으로 중요한 자연경관을 유지하면서, 그 지역들의 정상적인 생활양식과 경제활동의 범위 내에서 휴양과 관광을 통해 대중이 즐길 수 있는 기회를 부여하는 지역을 의미한다.

2. 국립공원의 경관

지리학적으로 국립공원의 경관을 이해하기 위해 먼저 한반도의 지질구조와 국립공원이 위치하고 있는 지역의 지질구조를 이해할 필요가 있다. 한국의 국립공원은 1967년 12월에 지정된 지리산국립공원을 제1호로 하여 전국에 20개가 지정되어 있으며, 이 가운데는 경주와 같은 사적 국립공원도 있고, 다도해해상, 한려해상, 태안해안, 변산반도 등 해안 또는 해상국립공원이 4개소가 있으며, 그 외는 산악공원이다. 이 가운데 대표적인 산악공원인 설악산과 지리산에 대해서 먼저 논하고 해안·해상국립공원에 대해서 논하고자 한다.

1) 국립공원 지역의 지질

한반도의 지질구조의 특징을 살펴보면 다음 몇 가지를 들 수 있다. 첫째, 서울-원산 간을 기준으로 그 북부와 남부는 지질분포상의 차이를 보여주는데, 상부 원생대층인 상원계는 북부에만 분포하는 데 비하여 옥천계 지층은 남부에만 분포한다. 특히 남한에 광범위하게 분포하는 육성층인 경상누층군은 북한에는 거의 없다. 또한 북부 지역에는 트라이아스기의 조산운동과 이와 관련된 화강암 관입이 있었으나, 남한 지역은 중생대 쥐라기의 조산작용과 이에 수반된 화강암이 광범위하게 분포한다. 또한 고생대의 석탄기와 페름기에 해성층이 협재하였으나 중생대층은 모두 육성층이다. 마지막으로 화산활동은 중생대 말엽에 경상분지에서 격렬하였고, 신생대에는 백두산, 울릉도, 포항 일대, 제주도에 화산을 형성하였으나 한반도에는 현재 활화산은 존재하지 않는다.

이 가운데 화강암은 풍화가 용이하고, 그 토양은 사질토가 많고 침식분지가 많으며 산 정상에 밝은색 암석이 나타나는 경관들이 많이 나타나고 있다. 또, 고생대 전반까지의 지층은 주로 해성층이고, 그 이후의 지층은 육성층에 속하는데, 해성층은 바다에서 퇴적 물질이 쌓여 형성된 지층으로 시생대의 평남, 옥천지향사, 원생대의 중 · 북부 지역으로 지층의 층리가 뚜렷하고 화석을 포함한다.

육성층은 하천, 호소, 바람, 빙하의 퇴적물에 의해 형성되는 것으로 중생대 말기의 경상계에 호소퇴적층이 나타난다. 이와 같이 우리나라의 지층은 고기층이 많고 제3기 이후의 지층은 그 분포가 극히 협소하다. 제3기층은 전 국토의 1.5% 지역을 차지하며, 함북해안을 비롯하여 경북의 영일만 일대, 황해도의 안주, 제주도의 서귀포 등에 분포한다.

〈표 1〉은 한반도의 지질구조를 염두에 두고 필자가 국립공원 지역에 대한 조사보고서에 발췌하여 국립공원 지역의 암석 분포와 이의 형성시기에 관한 자료를 모은 것이다.

2) 산악공원의 경관

(1) 화강암 지역의 경관

우선 설악산의 지형을 형성한 주요한 요인을 보면 그 하나는 지질 조건이다. 설악산은 일부를 제외하고는 그 대부분이 여러 종류의 화강암으로 되어 있음이 특징이다. 설악산의 경관을 지형학적으로 볼 때 설악산의 웅장한 모습과 다채로운 경관은 대규모의 화강암의 관입과 이에 수반되는 암석의 질과 구조상의 차이에 의한 차별 침식의 결과라고 볼 수 있다. 즉, 대규모의 화강암의 관입은 장대한 경치의 기본 틀을 형성하고 암석이나 절리에 따르는 차별 침식은 험준한 지형을 비롯하여 기암괴석으로 이루어진 경관을 만들었다.

암질의 차이로 인한 지형경관을 보면, 화강암의 산봉들은 울산바위에서 보듯 비교적 평활하고 둥글둥글한 지형을 나타내는 데 비해서 반암류는 굴곡이 심한 뾰쪽뾰쪽한 경관을 이루고 있다. 이와 같은 경관의 차는 암질의 차와 절리의 발달상황에 기인한 것으로 전자와 같이 둥근 지형은 박리 현상에 의한 것이고 후자의 뾰쪽뾰쪽한 지형은 절리에 의한 것이다. 즉 반암에는

표 1. 국립공원 지역의 지질과 생성연대

공원명	지질연대 (정밀조사 필요)	지질 · 암석	절대연대
경주	백악기 상부	불국사화강암	1억~8천만 년 전
속리산	백악기	고생대의 변성퇴적암을 관입한 화성암	144~66백만 년
한라산	제3기 말 이후	현무암	65백만 년 전~
내장산	중생대 백악기	산성화산암류	144~66백만 년
북한산	선캄브리아기~쥐라기	경기편마암과 대보화강암의 관입	5억 년 전~144백만 년
월출산	쥐라기	화강암	144~66백만 년
덕유산	선캄브리아기~쥐라기	변성암류와 화강암	5억 년 전~144백만 년
오대산	선캄브리아기~쥐라기	오대산~편마암 노인봉~화강암	5억 년 전~144백만 년
주왕산	선캄브리아기~백악기	경상누층군에 안산암 관입	5억 년 전~66백만 년
지리산	선캄브리아기	지리산편마암복합체	5억 년 전
계룡산	중생대	쥐라기~편상화강암 백악기~화성암류	208~66백만 년
설악산	선캄브리아기~쥐라기	반상변정편마암에 화강암 관입	5억 년 전~144백만 년
가야산	선캄브리아기~백악기	편마암과 화강암	5억 년 전~66백만 년
치악산	중생대 전	변성암류	144백만 년 전
소백산	선캄브리아기~백악기	소백산 변성암 복합체를 관입한 화강암류	5억 년 전~144백만 년
월악산	고생대~백악기	석회규산염암 불국사 화성암	5억 년~144백만 년
한려해상	중생대 백악기	해금강~퇴적암에 관입 남해군~퇴적암	144~66백만 년
태안해안	선캄브리아기	변성퇴적암류 중생대의 화성암 관입	5억 7천만 년 전
다도해상	선캄브리아기~중생대	규암과 화산암 등 다양	5억 년 전~144백만 년
변산	쥐라기~백악기	안산암, 유문암 등 화산암 및 퇴적암	208~66백만 년 전

절리 발달이 심한 까닭에 굴곡이 심하고 날카롭게 모가 난 경관을 나타내는 것이다. X, Y, Z 세 방향의 절리가 모두 잘 발달하면 화강암은 큰 주사위 꼴 모양의 덩어리를 형성하게 된다. 그러나 한 방향으로 절리의 발달이 현저하고 나머지 방향으로는 약하면 특이한 지형을 만들게 된다. 만일 수평에 가까운 절리가 발달하면 평평한 떡시루 같은 수평바위를 만들고 수직 방향의 절리가 발달하면 설악산의 천불동에서 나타나는 것과 같은 기암절벽을 이루게 된다.

① 주빙하 지형 경관

설악산, 지리산, 한라산 등의 아고산대의 경관과 생태계는 아고산지 특유의 국지 기후 조건과 낮은 식물생산성, 서릿발작용과 같은 주빙하 지형 발달 현상이 활발한 것이 특징이다. 아고산대 지역은 식생의 느린 회복력 때문에 일단 파괴되거나 훼손되면 복구가 거의 불가능하므로 이용과 관리에 매우 신중한 태도가 필요하다.

최근까지도 한국에서의 산지에 대한 지형학적인 연구는 평탄면이나 조산운동과 같은 대지형의 관점에서 주로 연구되어 왔고 소지형 혹은 미지형적인 관점에서는 소홀히 취급되어 온 것이 사실이다. 그러나 최근 산지의 소지형 혹은 미지형적인 연구가 검토되기 시작하였다. 이에 관한 국내 학자의 연구는 암설사면 지형, 토르(tor) 지형, 절리(joint) 지형, 풍화 미지형 등의 연구가 주를 이루고 있다.

설악산 일원에는 황철봉, 귀떼기청봉, 저항령 등에 암설사면이 대대적으로 펼쳐져 있다. 지금까지 연구되어 온 결과를 종합하여 설악산 아고산대에 풍부한 암설의 생성이론을 몇 가지로 구분하여 보면 첫째, 빙기의 한랭한 기후하에서 서릿발의 작용(frost action)에 의해서 형성되며 이러한 경우 암설은 주로 각력이 형성된다는 이론이 있으며 둘째, 제4기 이전의 아열대 습윤 기후 또는 제4기 동안의 간빙기 그리고 현재의 열대 · 온대 습윤 기후하에서 암석의 심층풍화로 원력 내지 아원력을 생성한다는 이론과 셋째, 주빙하환경과 제4기 이전의 아열대 기후 양자에서 모두 가능하다는 이론과 넷째, 건조 또는 반건조 기후하에서 암설 생성이 가능하다는 이론이 있으며, 마지막으로는 암설 생성은 특정 기후와 관련되어 생성되는 것이 아니고 암석학적인 측면이 고려되어야 한다는 이론이 있다. 특히 블록과 블록 지형의 형성은 기후 요소와 암석적 요소가 암설 생성에 결정적인 영향을 준다고 보는 견해가 다분하다. 현재까지 지질분야에 대한 현지조사 결과들을 종합하면 설악산에서 암설사면이 특히 발달한 사면은 화강섬록암 분포 지역과 분포가 상당부분 일치하고 있다.

이와 같이 생성된 암설의 이동은 주빙하적 과정의 하나인 암석포행에 의해 습윤 지역의 토양포행보다는 훨씬 빠른 속도로 형성된 것으로 설명하고 있다. 다른 견해로는 습윤 기후 지역에서는 하계의 집중호우에 의해서 암설이 이동된다고 보는 견해도 있고 양자를 결합하여 큰 홍수를 가정한 debris-flow 이론과 한랭한 기후하에서 주빙하적 과정에 의한 block-flow 이론 등 두 가지를 모두 인정하는 견해와 거력을 포함하는 대형 물질의 운반에는 기후 요인뿐만 아니라 암석학적 요인과 지진 등의 지각변동 요인 및 지형적인 요인 등에 의해서 그 양식이 달라질 수도 있다는 견해 등도 있다(전영권, 1993).

산악인들에게 너덜 지대로 널리 알려져 있는 암괴원은 설악산의 북쪽 황철봉과 귀떼기청봉에서 대청봉에 이르는 능선 상의 화강암류의 기반암에 분포하고 있다(박경, 2000, 2003). 설악산에 분포하는 암괴원의 경우 규모가 크고 암괴상에 풍화쇄설물을 갖고 있는 나마(gnamma)와 그루브(groove) 등 화학적 풍화의 산물인 미지형이 형성되어 있어 기후 변화와 지형형성 과정 간의 관계를 살피는 데 중요한 조사 지역이라 할 수 있다.

이러한 암괴원에 관한 국내의 연구들은 단편적으로 진행되어 왔다. 이러한 실정에서 아직까지 암괴원에 대한 형태적 측면과 성인론적 측면에서의 논의가 진행되지 않은 상태이다. 암괴원의 성인론적인 측면의 연구는 대표적인 주빙하 지형인 암괴원의 기후 지형학적인 의의를 밝히는 중요한 작업이 된다. 현재까지 주빙하론적인 차원에 치우쳐 암괴원의 성인을 연구하는 국내의 연구동향에 비추어 화학적 풍화와 관련한 연구의 관점과 현재 광범하게 분포하는 lichen, 즉 지의류에 의한 화학적 풍화와 풍화산물의 이동 프로세스에 관한 연구가 필요한 시점이다.

또한 지형형성에 대한 성인론적인 측면의 연구는 형태적 측면의 연구와 함께 암괴원과 암괴류의 구분에 관한 논의에 실마리를 제공할 수 있다. 이는 암설사면의 대표적인 구성 요소인 암괴류와 암괴원에 관한 보다 기본적인 문제라는 점에서 중요하다고 할 수 있다.

이와 유사한 지형으로 기반암에서 분리된 각진 암석들이 완만한 사면을 넓게 덮어 이루는 사면을 말하는 암해(岩海)라는 지형이 있다. 이것은 고위도 지방이나 수목선 위의 고산 지방에서 잘 나타난다. 5° 이상의 사면에 생긴 것을 암괴류, 그 이하의 것을 암해라고 구분했으나 암해와 암괴류를 구분하는 것은 기준이 모호하며 펭크가 말하는 Blockmeer는 암해나 암괴류를 모두 포함하는 개념이다. 이러한 암괴원은 주빙하 지형으로 알려져 있다. 빙기 때 주빙하 기후에 의해 절리 · 단열이 가고 여기에 서릿발 작용이 가해져 날카로운 모서리를 지닌 암괴를 이루게 된다. 이 암괴들은 솔리플럭션 작용에 의해 이동되며 후빙기 때 유수작용에 의해 미립 물질이 제거된다. 암괴의 흐름을 잘 살펴보면 일정한 흐름의 방향성을 알 수 있다. 그러나 암괴

그림 1. 설악산 황철봉 암괴에 나타나는 각상(殼狀) 지의류

자체의 수직 이동, 즉 포행이 심하게 일어날 경우 방향성을 상실하게 된다.

암괴원과 암괴류에 관한 논의에서 암괴원을 일반적으로 각진 암석이나 암괴로 덮인 넓고 상대적으로 저평한 지역을 지칭하는 용어로 쓰고 있다. 이러한 정의에 따르면 제자리에서 기반암의 풍화로 형성된 엄밀한 의미의 암괴원과 매스 무브먼트에 의해 암괴의 이동이 이루어진 암괴류 모두를 포함한다. 실제 암괴원과 암괴류는 다음과 같은 공통점을 갖고 있다.

- 교질 물질(matrix)이 제거되고 없다.
- 암설퇴적물의 두께가 10m 이하로 얇다.
- 암괴의 크기가 수센티미터에서 수미터로 다양하다.
- 구성암설의 암석 종류가 제한되지 않는다.
- 현재는 거의 화석화 내지 사지형(死地形)화 되었다.
- 지형의 장축 길이가 수미터에서 수킬로미터에 달한다.

일반적으로 타포니 혹은 나마와 같은 풍화 미지형은 지역적으로 열대 기후 및 아열대 기후의 반건조 지역에서 잘 발달하는 것으로 알려져 있으나, 현재 설악산에서 발견되는 암괴원의 암괴상에서는 풍화쇄설물이 관찰되므로 풍화 미지형의 형성은 현재에도 계속 진행되고 있다고 판단된다.

우리나라에서 관찰되는 암설사면의 경우, 암설사면을 구성하는 암괴의 형성시기에 관한 연구는 ^{10}Be(베릴륨) 같은 우주기원의 원소를 이용하는 편년적인 연구방법을 적용하여 기후환경의 변화를 추정하고 적용하는 것이 필요하다. 그리고 각 암설사면이 형성된 지역의 암석학적인 특성을 고려하는 연구가 병행되어야 한다.

② 화강암의 화학적 풍화에 의한 경관

국립공원 가운데 속리산, 북한산, 월출산, 설악산 등에는 암체나 거력의 상부표면 또는 측면에 움푹 파인 풍화 지형이 다수 발달해 있다. 대표적으로 암석의 측면에 발생하는 타포니(tafoni)와 평탄하거나 완경사의 암석체 상면에 원형에 가까운 형태로 발달하는 나마(gnamma)가 있다. 국립공원 내에서는 속리산의 문장대에 발달한 풍화혈과 월출산의 구정봉 정상에 발달한 풍화혈이 대표적으로 알려져 있으나, 설악산이나 북한산 등지에도 잘 발달하고 있다. 이를 풍화에 의한 지형이라는 의미에서 풍화혈로 칭하기도 하나 19세기 후반부터 서부 호주의 건조 지역에서 물이 항상 존재하는 곳으로 백인들에게 알려지면서, 그곳 원주민의 방언에 따라 나마가 학술용어화되었다. 월출산국립공원의 구정봉(九鼎峰)은 '가마솥바위' 라고 불리는 나마가 발달하여 붙여진 이름으로 알려져 있다. 형태는 유사하지만 하천의 바닥에 발달하는 포트홀(pothole)과는 성인과 형태 면에서 다르다는 점은 유의해야 할 것이다.

풍화혈의 기원에 대해서는 지상에서 풍화된다는 설과 지중풍화에 의한 것이라는 두 가지 기원설이 있는데, 현재로서는 두 가지 견해 모두 지원을 받고 있다. 암석표면에 유기물이 집적되어 유기산이 암석의 풍화를 촉진하여 홈을 만들고, 이곳에 더 많은 유기물이 집적되고 물이 고이게 되어 풍화가 더욱 가속화된다. 이러한 과정을 겪어 풍화혈이 만들어지고 확대된다는 것이 지상풍화설이다. 이에 대하여 암체가 지중에 있을 때 차별적 풍화로 인하여 홈이 생기고 이것이 지상으로 노출된 후 확대되어 풍화혈이 이루어졌다는 것이 지중풍화설이다. 현지답사를 통해 관찰한 바에 따르면 암체의 개석이 심하고 풍화산물이 내부에서 많이 관찰되는 등 현재에도 지상풍화에 의한 변화를 많이 받고 있는 것으로 판단된다.

풍화혈의 기원 및 주변의 노출의 시기에 대해서는, 과거의 지형임을 주장하는 학설이 있으며, 그 이론에 따르면 풍화혈은 약 12만 년 전에서 10만 년 전까지의 마지막 간빙기 혹은 그 이전 간빙기 때 기원했을 것으로 추정하고 있다. 하지만 최근의 연구에 의하면 남극대륙처럼 기온이 낮은 지역에서도 현생의 타포니가 형성됨이 보고되면서 타포니가 단순히 화석 지형임을 주장하던 이론이 많은 도전을 받고 있는 것도 또한 사실이다.

그림 2. 속리산 문장대의 나마와 기념품 상인

속리산국립공원 내 문장대의 나마는 상인들이 지형·문화적 가치를 인식하지 못한 채로 기념품 상인에 의해 점거된 상태로 있어 아쉬움이 남는다. 문장대는 조선왕조 개국과 관련된 설화가 전할 만큼 중요한 지형으로 경관 보호의 필요성이 매우 높다고 판단된다.

(2) 비화강암 지역의 경관

중생대의 백악기 말에 남부 지방은 화산활동이 격렬했던 것으로 알려져 있다(장재훈, 2002). 이 당시에 형성된 유천층군의 화산암은 영남 지방과 호남 지방에 널리 분포하고 있는데, 국립공원들 가운데는 경상북도 청송의 주왕산국립공원, 전라북도 정읍의 내장산과 변산반도의 봉우리들, 그리고 다도해의 많은 섬들이 이 시기에 형성된 화산암류로 이루어져 있다. 화산활동이 마지막으로 활발했던 시기는 신생대 제4기의 플라이스토세로 이 시기에도 많은 현무암이 분출하였다. 제주도의 한라산국립공원과 울릉도는 지질시대로 보면 가장 최근의 시대인 제4기 말에 형성된 화산암체이다.

전 국토의 50% 이상을 차지하는 편마암이나 편암으로 구성된 변성암은 일반적으로 화강암에 비해 침식에 대한 저항력이 커서 산지를 잘 형성하며, 화강암의 침식분지를 둘러싸고 있는 산지 중에는 변성암으로 이루어진 것들이 많은 것으로 알려져 있다. 변성암으로 이루어진 산

그림 3. 변산반도국립공원 적벽강의 주상절리

지는 대개 흙이 두꺼운 토산을 이루어 산세가 부드러운 것으로 표현되며, 삼림으로 덮인 것이 특징이다. 국립공원들 가운데 대표적인 변성암 산지로는 지리산, 소백산 및 오대산의 일부가 이에 해당된다.

변성암으로 형성된 대표적인 국립공원인 지리산 지역은 선캄브리아기 변성암류인 지리산편마암 복합체와 이를 관입한 반려암 및 반상화강암 그리고 염기성 암맥 등으로 이루어졌다. 선캄브리아기 변성암류들은 지리산 편마암 복합체를 이루고 있는 바 이들의 형성시기는 대체로 원생대 초기로 알려져 있다.

국립공원 지리산 지역의 산지사면은 대체로 급경사를 이루고 있으나, 토양이 잘 발달되어 있는 것이 특징이다. 따라서 능선부 일대와 돌출부 부근에만 암석이 노출되어 있고, 대부분의 사면은 토양과 식생으로 피복되어 있으며, 절벽으로 이루어진 암석돌출부의 하부와 하천에 이르는 부분의 사면에 암설이 나타나며, 지형으로는 애추와 암괴류 등의 사면 지형의 출현빈도가 낮은 편이다.

지리산국립공원 지역은 대체로 풍화작용에 의해 생성된 토양이 두껍게 발달해 있다. 그러나 능선과 정상부 일대, 그리고 사면 중간에 형성되어 있는 소규모 암봉 부근에는 토양의 발달이 미약할 뿐만 아니라 식생의 피복도 빈약하기 때문에, 기반암이 노출되어 있는 경우가 종종 있다. 노출된 기반암 표면에는 구상풍화와 같은 풍화에 의한 지형들이 다소 나타나기도 하며, 기반암이 노출되어 있는 암봉의 상부는 일부 토르가 형성되어 있다. 하지만 일반적인 화강암 산지에 비해서는 토어의 발달이나 풍화에 의한 지형을 찾아보기가 쉽지 않다.

(3) 경관 훼손 요인

① 집중호우와 개발행위에 의한 경관 변화

임도는 조림, 육림, 산불진화, 병해충방제 및 각종 임산물의 운반을 위한 임업 경영기반 시설로서뿐만 아니라, 지역 교통의 개선과 관광 자원 개발을 통한 농 · 산촌 지역 발전에 기여하는 다목적 교통수단으로 활용될 목적으로 건설되고 있다. 임도시설은 국유림의 경우 1968년부터 시설했으나 매년 적은 물량에 그쳤고, 사유림은 1984년 시작되어 2003년 말 통계로 임도시설 총연장은 15,510km로서 ha당 2.42m이며, 산림청에서는 임도망을 조기에 구축하고자 1990년 말에 임도시설 장기 기본 계획을 수립하여 경영 적정 수준인 ha당 10m를 조기에 달성한다는 현재 수준의 약 4 내지 5배에 달하는 임도의 건설을 목표로 세우고 있다.

국립공원 관리에 관련된 법으로 자연공원법이 있으나, 이 법은 국유림 관리에 대해서는 특별한 규정을 두고 있지 않다. 또한 자연공원법상에는 5개의 용도 지구가 있는데 이 가운데 공원자연 보존 지구를 제외하고는 원칙적으로 필요할 경우 임도를 건설할 수 있도록 규정되어 있다. 또한 국립공원 내에 위치한 국유림의 관리주체는 산림청으로 되어 있다. 즉, 국립공원 내 국유림의 경우 자연 보전을 위주로 하는 환경부나 국립공원 관리주체인 국립공원관리공단

그림 4. 강릉–주문진 간 고속도로 건설로 인한 절개지와 산불로 인한 산사태 지역 현황 (2003년 10월)

그림 5. 위성 영상을 이용한 훼손사례 분석의 예
(지리산국립공원 경계부의 댐 건설로 인한 피해 지역)

이 아닌 영림 목적의 산림청의 관할에 있는 것이다. 따라서 임도건설의 목표를 이해한다 해도, 절개지의 복원과 절개지에서 발생하는 암설 등의 부산물 처리에 대한 관심 부족으로 경관을 심하게 해치고 있다는 점은 문제로 남는다. 지표지질과 식생피복의 복원을 고려하지 않은 임도의 건설은 〈그림 4〉처럼 2002년의 태풍 루사, 2003년의 태풍 매미와 같은 대형 태풍의 내습 시에 동반되는 집중호우로 인해 산사태를 유발할 수도 있다. 또한 〈그림 5〉에 나타난 것처럼 상수원의 확보, 산간 지역 발전 등을 목적으로 개발되는 다목적 댐 등은 대규모 면적의 산지를 훼손하고 절개지를 만들고 있다.

② 도로 건설로 인한 암석 붕락

지리산국립공원 지역에는 남원에서 구례로 이어지는 2차선의 지방도로가 개설되어 있다. 이 도로변에는 많은 수의 절개지가 있으며, 고산지의 기후를 반영하여 해빙기에는 많은 수의 암석 붕락현상이 발견된다. 이러한 암반 사면 붕괴의 원인은 여러 가지가 복합적으로 작용한다.

하지만 도로를 개설하면서 암석을 인공적으로 잘라내게 되면 원지반의 형태와 상태도 바뀌게 된다. 사면을 절개하는 과정에서 발생되는 현상들은 발파 진동에 의한 변형, 응력의 해방에 따른 변형, 원지반이 노출됨에 따른 풍화작용의 가속화 및 지하수 또는 지표수의 침투를 들 수 있다.

사면이 일단 절개되거나 다른 암석이 떨어져 나가면, 사면상에 있는 원지반이 제거되기 때문에 이 절취된 원지반의 무게의 감소로 상당한 응력이 해방된다. 이 응력해방은 사면이 리바운드되는 현상뿐 아니라 원지반 내에 존재하는 절리, 층리, 편리 혹은 단층 등의 불연속면에 가해진 수직응력의 감소와 그것에 수반하는 전단 저항력의 저하 등을 초래하여 암석 붕락의 원인을 제공한다.

또한 새로운 암반사면이 절취되면 대기에 노출된 원래의 암석지반은 건습의 반복과 일사에 의한 팽창과 수축을 받아서 쪼개지게 된다. 또한 침투수의 영향에 따라 화학적으로 변질된다. 이러한 현상은 신생대 제3기층이나 응회암, 풍화된 화강암 등의 연암의 원지반에 발생되는 수가 많고 낙석이나 표층 활동 붕괴 등 비교적 소규모인 붕괴의 원인이 된다. 대부분의 절개면이 암석의 주절리 방향과 자유면과의 상관관계를 고려하지 않고 거의 수직으로 절취되면서 세월이 흐르는 동안 풍화가 가속화되고 절리가 확대되면서 심각한 낙석 현상을 유발하고 있다. 또한 낙석 방지용으로 설치된 펜스들이 무분별하게 만들어지면서 배후사면에서 낙하된 암설의 무게를 이기지 못하고 통째로 전도되면서 대형의 낙석사고를 유발할 가능성도 있다.

풍화는 사면의 표면 부근뿐 아니라 불연속면에서도 진행되고 한냉지에 있어서는 침투된 지표수나 지하수의 동결 융해의 반복에 의해서 발생하는 수가 많다. 동결 융해에 의한 파괴는 절리 등이 발달한 화강편마암 또는 편마암 등의 단단한 암석으로 된 지반에서 흔히 볼 수 있으며 낙석에서 버클링 붕괴까지 여러 가지 형태의 붕괴 원인이 된다.

지리산뿐만이 아니라 설악산의 한계령, 미시령 등 국립공원을 관통하는 주요 고개를 따라 설치된 낙석 방지시설물들은 일반 사면에서 볼 수 있는 것과 높이와 재질이 유사한 녹색의 철망으로 이루어져 있다. 이러한 구조물은 낙석이 많을 경우 전체가 무너질 위험성이 있을 뿐 아니라 경관을 크게 해치고 있다. 국립공원의 경관을 보호하면서 더불어 안전을 고려하는 시설물 설치가 필요하다고 판단된다.

3) 해안 · 해상국립공원의 경관

(1) 해안 지형의 특색

① 변화하는 지형

해안 지형 훼손의 문제는 산악공원에 비해서도 매우 심각하다. 비교적 육상공원보다 넓은 지역을 포함하면서, 주민 거주 지역인 섬과 해안선 및 해양을 포함한 국립공원 지역의 경우,

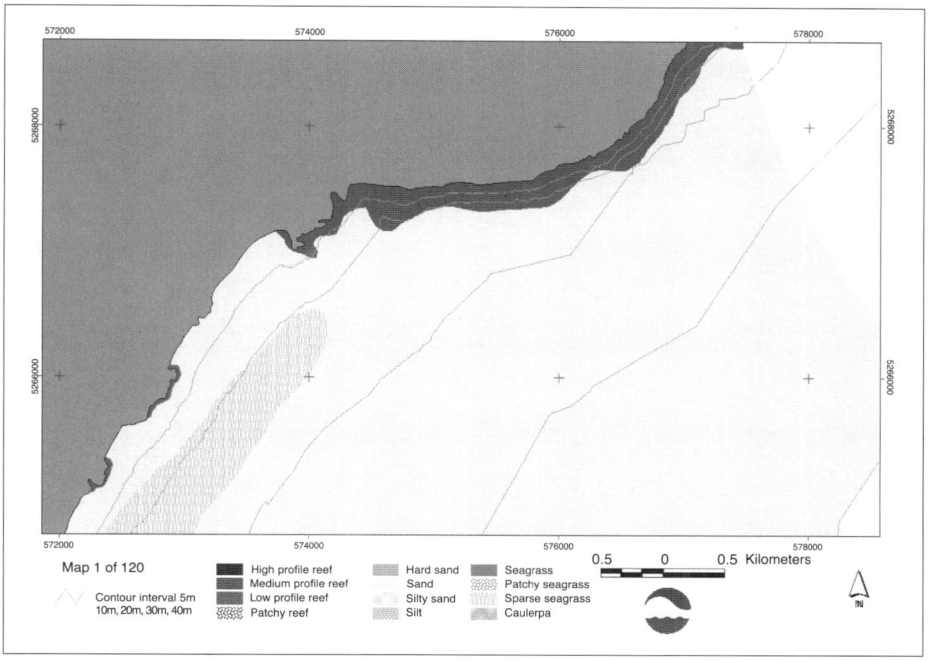

그림 6. 태즈메이니아주 브루니(Bruny) 지역의 연안지도화 작업

지역별 지구별로 해안선과 공원 구역에 포함되는 연안역에 대하여 갯벌, 사질, 역질, 또는 암반으로 분류하고 지도화하며 이를 데이터베이스화하는 작업은 매우 중요하다. 하지만 우리나라의 경우 전체적인 조사는 요원하며 아직도 사안이 발생할 때마다 현지조사에 의존하는 실정이다.

하지만 〈그림 6〉에 소개한 것처럼 호주 태즈메이니아주의 경우 해안선 관리의 중요성을 일찍 인식하여 전체 해안선에 대하여 약 200m 간격으로 고성능의 음파탐지기를 이용하여 해저지형을 조사한 후 이를 1:25,000 축척의 지형도에 표기하여 이를 웹상에 공개함으로서 개발 계획을 포함한 해안경관 또는 해양생태계의 변화를 유발할 수 있는 사업에 대하여 이해 당사자들과 주민들의 참여를 유도하고 있다.

또한 태즈메이니아주의 경우 육안으로 보이는 육상의 해안뿐만 아니라 해저 지역의 기질에 대한 조사도 같이 이루어지고 있다. 바다의 기질을 조사하여 산호초 군락지, 암반, 모래질 또는 뻘로 이루어진 갯벌 등을 구분하여, 경관 변화와 오염 물질의 배출로 유발되는 해양생태계에 미치는 영향을 최소화하고자 하는 것이다.

환경의 시대에 접어든 지금 지리학자들에게 요구되는 덕목 가운데 하나는 환경문제에 대한

표 2. 해상 · 해안 국립공원 면적 및 입장객 현황(국립공원 관리공단, 탐방객 및 용도 지구별 현황 2007년 기준)

공원명	면적(단위:㎢)	공원 자연보존 지구	공원 자연환경 지구	공원 자연마을 지구	공원 밀집마을 지구	공원 집단시설 지구	입장객 현황 (2006년)
전국	6,579.850	1,401.395	5,113.742	25.470	24.288	14.955	24,937,000
한려해상	545.627	9.540	525.226	4.511	5.812	0.538	3,015,000
태안해안	326.574	0.020	320.981	0.978	1.836	2.759	361,000
다도해해상	2,321.512	95.393	2,208.206	5.679	11.998	0.236	531,000
변산반도	154.715	22.234	129.898	2.166	0.000	0.417	1,092,000

적극적인 개입과 참여라 할 수 있다. 이 가운데 해안선의 환경조사와 이를 지도화하는 작업은 지형학을 포함한 자연지리학의 가장 중요한 참여분야로 지리학이라는 학문을 통해서 사회에 기여할 수 있는 수단이다.

특히 해안 · 해상국립공원은 바다와 섬, 기암절벽이 어우러져 절경을 이루고 갯벌과 사구 등 중요한 생태계와 어류, 연산호, 난대성 상록수림을 비롯한 중요한 생물 자원을 다수 보유하고 있어, 이들 자연 자원의 보전을 위한 적극적인 관리가 이루어져야 되나, 공원 지역의 상당 부분이 사유지이고, 공원 관리 방향에 따라 바다를 생계 터전으로 살아가는 주민의 생업에 직접적인 영향을 끼친다는 점과 이로 인해 많은 민원이 발생하는 등 생태계의 보전에 어려움이 있다.

〈표 2〉에 기술한 것처럼 한 해 수백만의 관광객이 여름철 해수욕 철에만 집중되는 관계로 이를 수용하기 위한 숙박시설과 음식점을 포함한 접객업소의 난립으로 우리나라 해안국립공원은 몸살을 앓고 있다.

〈그림 7〉은 태안해안국립공원의 만리포 지역에 대한 1967년의 항공사진과 1m해상도를 갖는 2001년의 IKONOS 인공위성 영상을 비교한 사진이다. 아직 해안 지역에 대한 관광수요가 충분하지 않던 시절의 모습을 보면 원형 그대로의 헤어핀 사구나 U자형 사구 등의 모습이 쉽게 관찰된다. 하지만 2001년 영상에서는 전체 해수욕장을 따라 해안과 상가시설물 보호를 위한 해안 옹벽과 도로 건설로 인해 사구를 비롯한 해안 지형의 원형이 많이 사라졌다.

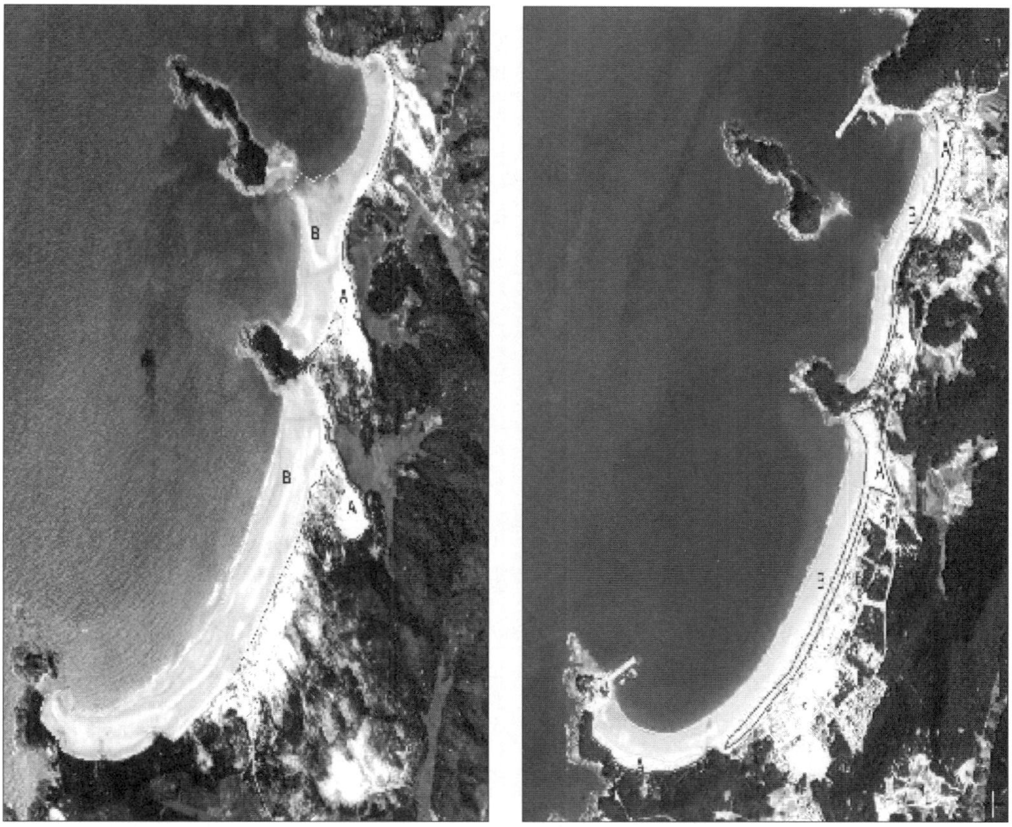

그림 7. 1967년(왼쪽)과 2001년(오른쪽) 만리포 지역의 변화

(2) 경관 훼손 요인

일본의 경우 경관 훼손 행위는 경관이 매우 뛰어난 국립공원에서도 일어나고 있는데, 예를 들면 시코츠-토야국립공원으로 지정된 요테이산에는 잘 정비된 댐들이 적정한 수량을 유지하도록 계단식으로 축조되어 있다. 하지만 산 아래에 위치한 도시 지역은 이 하천의 물을 필요로 하지 않으며, 하천이 본래의 유로를 따라 흐르더라도 홍수의 피해를 가져올 위험은 없어 보인다. 최근 이러한 지적에 대해 소위 '건설국가'로 불리던 일본에서도 문제의 심각성을 인식하고 2004년 예산이 의회를 통과하게 되면 전통취락의 유지를 위한 보전 지역 지정, 도시 지역의 녹지 확대, 유명한 9개의 해수욕장에서 테트라포트를 제거하고 원형을 회복하는 작업 및 전력선의 매설 등의 사업을 추진할 계획인 것으로 알려져 있다(*Newsweek*, 2003년 10월 27일자).

테트라포트의 설치로 인한 연안 지역의 침식문제와 경관 훼손의 문제는 더 이상 남의 문제가 아닌 우리의 현실로 다가오고 있다. 여행이나 답사를 즐기는 대부분의 사람이 경험하는 것이지만 동 · 서 · 남해안 어디를 가도 자그마한 어항이 있는 곳은 어디나 폭풍으로부터 어선 보호를 명분으로 테트라포트와 방파제를 설치하고 있는 모습을 쉽게 관찰할 수 있다.

일본의 경우에도 1886년 이후 근대화의 촉진을 위하여 하천개수를 비롯한 토목공사가 실시되어 국토의 자연환경이 급속히 변화되었다. 이러한 사업의 영향은 긴 세월에 걸쳐, 해안에 영향이 나타나게 된 것이 1945년 이후의 일이다. 그 전형적인 사례로는 하천으로부터 해빈으로 유하토사량이 급속하게 감소하고 그 밖의 요인과 결합하여 각지에서 해안 침식의 문제가 심각해지고 각지에서 1955년과 1965년 사이 연안역의 개발과 이용을 위해 대규모 해안 토목공사가 이루어지게 된다. 당시는 해안공학이 미성숙된 시대로서 해안환경은 급속히 악화되어 사회적인 문제로까지 발전하게 되었다(도루 사와라기, 김남형 역, 1996).

해빈 위에 구조물이 축조되면 구조물 주변뿐 아니라 매우 광범위한 지역의 해안에서의 유체운동과 표사의 상황이 변화하고, 그 영향이 해안 지형 형상에 나타나게 된다. 자연상태의 해안에서도 구조물 축조에 의한 것과 똑같이 연안표사의 차단 등에 의한 해안 지형의 변화 등을 관찰할 수 있다. 그러나 구조물 주변에서 국소적인 세굴과 같은 매우 국지성이 강한 해빈 지형을 발생시키는 파와 흐름의 공존 아래서의 표사의 메커니즘과 표사량의 연구는 그 중요성이 높음에도 불구하고 의외로 적고 충분한 정보량의 집적도 없는 상태이다. 〈그림 8〉에서 예시한 태안반도 백사장 지역은 해안 침식으로부터 해안선의 보호를 위하여 1990년대에 설치된 구조물로 해안 지역의 재산피해를 막고 침식의 진행을 막는 효과를 가져왔음에도 불구하고, 장기적으로는 대형 재난과 구조물 전면의 모래 유출과 같은 예상하지 못한 결과를 발생시키고 있다.

또한, 근본적으로는 국립공원 지역에 속한 해빈과 사구는 경관의 가치가 무엇보다도 우선함에도 불구하고 사빈-사구-배후지로 연결되는 경관이 인공경관으로 대체되는 문제를 일으키고 있음을 지적할 수 있다. 또한 남해안에 산재한 수많은 아름다운 포켓비치들이 테트라포트라는 거대한 콘크리트 구조물로 덮어버리게 되었다는 점이 가장 큰 문제이다.

최근에는 해안경관 유지와 관련하여서, 지자체에서 경쟁적으로 실시하고 있는 해안일주도로 건설의 경우도 너무 많은 구간이 바다와 인접하여 해안 전체의 경관을 해치는 사례가 많은 것으로 나타나고 있다. 절개면의 발생과 더불어 절개면에서 나온 폐석 등을 바다 쪽 사면으로 바로 방치하여 둠으로써 도로의 상하부 모두에 커다란 경관 훼손을 유발한다는 점이다. 해안식생의 보존을 위해 해안절벽에 바짝 붙여서 도로를 건설하는 경우를 예로 들면, 상록수림의 보호라는 목표하에 가장 중요한 자원인 해안절벽을 영구히 파손시키는 결과를 야기할 수 있음

그림 8. 옹벽설치로 인한 세굴 현상의 예로 지적되는 태안반도국립공원 백사장 해빈

을 고려해야 한다.

(3) 경관 훼손을 줄이기 위한 대책

해안 해상국립공원의 가장 중요한 자연 자원이 무엇인지에 대해서는 논란의 여지가 있을 수 있으나, 중요한 자원 가운데 하나인 해안선의 모습을 자연 그대로의 모습으로 유지하는 것은 경관 자원의 보호라는 측면에서 매우 중요하다. 계곡 또는 해안에 대한 선행연구들에 따르면 경관 가치 가운데 가장 중요한 요소의 하나는 자연성의 유지라고 볼 수 있다. 콘크리트로 직선화 · 단순화시킨 해안선이나 연안 침식을 방지하기 위해 설치한 테트라포트 등은 그 순기능에도 불구하고 경관을 크게 저해시키고 있다.

우선 학계와 관광회사 등에서 대표적인 풍광지로 꼽고 있는 일부 지역에 대해서는 고압선 철탑을 해체하고 이를 해저로 매설하는 작업도 고려할 만하다. 한려해상국립공원이나 다도해 해상국립공원의 여러 조망지점에서 바다를 바라보면 그림처럼 떠 있는 다도해의 절경에 감탄하곤 한다. 하지만 자세히 관찰하면 수십 미터 높이의 거대한 철제 전력선탑이 시선이 미치는 어느 곳에나 자리하고 있음을 볼 수 있다. 비록 공사비가 훨씬 더 많이 소용되고 기간이 더 걸린다 해도 신규로 설치하는 경우에는 가능한 해저로 전력선을 설치하는 것이 필요하다. 국립공원 지정 요건의 하나가 뛰어난 풍경지인 점을 고려하면, 자연공원법상에 규정된 법정신을

지킨다는 측면에서도 꼭 고려해야 할 것으로 판단된다. 앞서 일본의 사례에서도 유사한 프로젝트가 국토건설성에서 기획되고 있다.

또한 사유지 가운데 경작을 포기한 폐경지와 장기간 휴경지에 대해서는 기존의 자연식생에 대한 연구 자료와 현지조사 자료를 검토하여 본래의 지형을 포함한 식생을 원상태로 복원할 수 있는 체계적인 계획을 수립할 필요가 있다. 최근 산악공원에서 답압에 의해 훼손되거나 산사태 등으로 훼손된 지역의 식생을 복원하는 훼손지 복구공사 사업이 있다. 이농 · 이어에 따른 인구밀도의 감소로 대부분의 도서 지역에서도 많은 양의 폐경지가 발생하고 있는데, 이를 산악공원에서 이루어지는 훼손지 복원공사의 개념을 원용하여 식생과 경관을 복원할 필요가 있다.

해안일주도로에 대해서는 국립공원에서 제공하는 휴양기능을 제공하기 위해서 가능한 해안일주도로를 절벽에서 멀리 건설하게 하는 대신 경관 조망 지점을 개발하여 그러한 지점에 집중적으로 주차 및 편의를 위한 시설이 들어설 수 있도록 하는 것도 하나의 방안이 될 수 있을 것으로 판단된다. 한려해상국립공원에 속한 통영시의 달아공원 같은 경우는 좋은 사례가 될 것이다.

3. 국립공원의 경관 개선에 대한 논의

1) 공원구역제도상의 논의

국립공원 내에는 공원자연보존지구, 공원자연환경지구, 공원자연마을지구, 공원밀집마을지구, 공원집단시설지구의 5개로 용도 지역 구분이 이루어지고 있다. 각 용도 지구에 대한 자세한 설명은 자연공원법에 규정되어 있으며, 허용행위 등에 대해서도 자연공원법상에 규정되어 있다.

- 공원자연보존지구 : 다음에 해당하는 곳으로서 특별히 보호할 필요가 있는 지역
  가. 생물다양성이 특히 풍부한 곳
  나. 자연생태계가 원시성을 지니고 있는 곳
  다. 특별히 보호할 가치가 높은 야생 동 · 식물이 살고 있는 곳
  라. 경관이 특히 아름다운 곳

- 공원자연환경지구 : 자연보존지구의 완충공간(緩衝空間)으로 보전할 필요가 있는 지역
- 공원자연마을지구 : 취락의 밀집도가 비교적 낮은 지역으로서 주민의 취락생활을 유지하는 데 필요한 지역
- 공원밀집마을지구 : 취락의 밀집도가 비교적 높거나 지역생활의 중심 기능을 수행하는 지역으로서 주민의 일상생활을 유지하는 데 필요한 지역
- 공원집단시설지구 : 자연공원에 들어가는 자에 대한 편의제공 및 자연공원의 보전 · 관리를 위한 공원시설이 모여 있거나 모아 놓기에 알맞은 지역

공원 구역 밖으로도 공원 보호 구역을 지정하여 자연공원 관리를 위한 용도 지구를 지정하고 있다. 이 가운데 공원자연보존지구에는 '경관이 특히 아름다운 곳' 이라는 문구가 삽입되어 있으나 법이나 시행령, 시행규칙에도 경관에 대한 정의가 없을 뿐 아니라 '특별히 아름다운' 이라는 형용사구도 객관적인 척도를 가지고 있지 않다는 점에서 이에 대한 구체적인 내용이 시행령 또는 시행규칙에라도 들어가야 할 것으로 판단된다.

공원자연보존지구 내에서는 원칙적으로는 대부분의 행위가 금지되어 있으나 아래 행위 들은 예외적으로 허용되고 있다. 그 가운데 지형경관과 깊은 관련이 있는 것으로는 사방사업에 관련된 것이라 하겠다. 지형학자의 입장으로는 산사태 등은 자연적인 지형 발달 과정의 하나로 받아들이지만 공원관리자, 감독관청 또는 일반 탐방객 입장에서는 산사태에 의한 나지의 노출이 자연 훼손으로 여겨지고 있는 것이 현실이기 때문이다. 이에 대한 적절한 논의와 의견수렴 과정이 또한 필요하다고 여겨진다.

가. 학술연구, 자연 보호 또는 문화재의 보존 · 관리를 위하여 필요하다고 인정되는 최소한의 행위

나. 환경부령이 정하는 최소한의 공원시설의 설치 및 공원사업

다. 군사시설 · 통신시설 · 항로표지시설 · 수원(水源)보호시설 · 산불방지시설 등으로서 이 지역이 아니고는 설치할 수 없다고 인정되는 환경부령이 정하는 최소한의 시설

라. 대통령령이 정하는 고증절차를 거친 사찰의 복원과 사찰경내지(寺刹境內地)에서의 불사(佛事)를 위한 시설 및 그 부대시설의 설치.

마. 문화관광부장관이 종교법인으로 허가한 종교단체의 시설물 중 자연공원으로 지정되기 전의 기존 건축물에 대한 개축 · 재축, 대통령령이 정하는 고증절차를 거친 시설물의 복

원 및 환경부령이 정하는 규모 이내의 부대시설의 설치

바. 사방사업법에 의한 사방사업으로서 자연상태로 그냥 두면 심각한 자연의 훼손이 우려되는 경우에 이를 막기 위하여 실시되는 최소한의 사업

사. 자연환경지구에서 자연보존지구로 변경된 지역 중 환경부령이 정하는 대상 지역 · 허용 기준에 따라 공원관리청과 거주민(공원 구역 안에 거주하는 자로서 주민등록이 되어 있는 자를 말한다) 간에 자발적 협약을 체결하여 행하는 임산물의 채취행위

2) 환경영향평가제도 개선과 경관영향평가의 필요성

경관보전을 위한 보전대상과 이들을 보전해야 할 이유와 필요성 그리고 저해 요인과 해결방안들에 대해 지리학의 관점에서 논의해 보았다. 경관 보전을 위한 경관영향평가라는 제도는 아직은 확실하게 정립되지 않은 개념으로 환경영향평가에 의해 해결되지 않을 경관이 지닌 미적가치를 보전하는 것에 귀결된다. 환경영향평가가 개발로 인해 발생되는 제반환경문제를 방지하기 위한 것이라면 경관영향평가제도는 경관의 보전이 주요 목적이 되며, 이는 경관이라는 대상에 대한 가치와 의미의 보전이라 하겠다. 서두에서 논한 바대로 아직까지 경관의 지리학적 의미와 개념에 대한 소위 관련 이해집단의 의견 공유가 미흡한 실정에서 어떤 식의 접근이 필요한지에 대해 의견을 정리하면 다음과 같다.

경관영향평가란 개발사업에 의해 주변경관에 미치는 영향을 사전에 예측하고 경관에 대한 평가를 하여 경관에 미치는 시각적 영향을 최소화하는 방안을 마련하는 것을 말한다. 경관영향평가는 미국에서는 시각영향평가(Visual Impact Assessment)라 하고 일본에서는 경관예측평가 또는 경관평가라는 이름으로 사용하고 있다. 우리나라의 경우 해상국립공원 부분에서 언급한 것처럼 수려한 경관이 보이는 조망점이나 접근로를 차단하거나 심히 저해시키는 개발이 이루어져 왔음을 알고 있다. 대부분의 사람들은 바쁜 도시생활 속에 매몰되어 있어 자신의 주변을 둘러보는 것을 잊고 살아오고 있지만 일상생활에서 보이는 북한산국립공원의 아름다운 능선은 최소한 서울 북부 지역의 사람들에게는 커다란 마음의 안식을 주어왔음에 틀림이 없다. 예를 들어 고층 아파트의 건설로 인해 북한산국립공원의 능선을 더 이상 볼 수 없는 것은 천만의 서울 주민에게 큰 피해라고 본다.

따라서 지금부터라도 지형경관을 더 이상 훼손시키지 않도록 지형경관을 포함한 경관영향평가제도가 시행되어야 할 것이며, 지형 변화에 대한 정량적이고 충실한 평가가 이루어져야 할 것이다. 이와 더불어 지리학도의 한 사람으로 지적하고 싶은 것은 중요한 선례가 되고 있는

제주도의 경관영향평가제도를 볼 때 건축사와 조경 전문가 또는 도시 계획 전문가 등으로 대행자의 자격 요건을 정해 놓고 있다는 것이다. 이들만으로 지형경관의 역할을 제대로 평가하는 것은 한계가 있다고 판단되어 지형학을 전공으로 하는 지리학자들의 참여가 절실히 요구된다고 하겠다.

참고문헌

강영조, 1995, 「낚시전문가에 의한 해안 지형 경관의 분류와 그 형태에 관한 연구: 낚시 전문잡지의 기사 분석을 통하여」, 『한국조경학회지』, 23(3), pp.69-79.

고동희, 1994, 「제주도 경관영향평가제도의 현황과 과제」, 『한국조경학회지』, 22(1), pp.221-227.

고의장, 1984, 「제주도와 울릉도의 지형경관에 관한 비교 연구」, 『지리학연구』, 9, pp.481-506.

고의장, 2001, 「한려해상 국립공원의 자연경관에 대한 지형학적 특성」, 『지리학연구』, 35(2), pp.127-138.

고의장, 2002, 「국립공원 지리산 동부 지역의 자연경관에 대한 지형학적 특성」, 『지리학연구』, 36(2), pp.113-129.

권동희, 2000, 「덕유산 국립공원 일대의 지형경관 특성과 활용방안」, 『지리학연구』, 34(2), pp.73-85.

김세천, 1991b, 「국립공원 자연경관의 계량적 분석을 통한 경관관리 개선방안에 관한 연구」, 『한국임학회지』, 80(1), pp.32-41.

김세천, 2000, 「한려해상국립공원의 경관 자원 가치분석」, 『한국임학회지』, 89(2), pp.145-160.

김용기, 1982, 「하천경관에 관한 연구(논설)」, 『한국조경학회지』, 10(1), pp.33-38.

김창환, 1999, 「GIS기법을 이용한 동강 유역의 지형경관 분석」, 『한국지형학회지』, 6(1), pp.1-10.

김한배, 1991, 「한국 서남해 섬마을의 경관체계해석 : 진도군 조도군도, 신안군 비금, 도초, 우이도 및 흑산군도를 중심으로」, 『한국조경학회지』, 18(4), pp.45-71.

도루 사와라기, 김남형 역, 1996, 『표사와 연안침식』, 청문각.

박 경, 2000, 「Mountaintop Block Fields of the Seoraksan National Park in Kangwon Province, Korea」, 『대한지리학회지』, 35(4), pp.653-663.

박 경, 2003, 「설악산 국립공원 지역 아고산대의 암괴원의 기원과 연대에 관한 고찰」, 『대한지리학회지』, 38(6), pp.921-934.

산림청, 2004, 『간추린 임업통계』.

서주환 · 윤재남, 1999, 「GIS와 군집분석을 이용한 경관자원평가와 관리 : 제주도 경관을 대상으로」, 『한국조경학회지』, 27(3), pp.88-97.

안건용, 1987, 「자연경관의 해석기법에 관한 연구」, 『한국임학회지』, 76(2), pp.138-144.

안계복, 1982, 「미학이론에 기초한 경관평가에 관한 연구」, 『한국조경학회지』, 10(2), pp.53-60.

양병이, 1978, 「환경영향 분석을 위한 심미적 영향 평가방법 경관 요소를 중심으로」, 『한국조경학회지』, 12, pp.1-10.

오규식, 1994, 「경관영향평가 기법개발의 과제」, 『한국조경학회지』, 22(1), pp.228-232.

윤정섭, 1973, 「자연경관과 도시조경」, 『한국조경학회지』, 2, pp.35-43.

이용수, 1998, 「해양환경보전 : 바람직한 해양환경관리방안」, 『대한조선학회지』, 35(4), pp.7-8.

임승빈, 1994, 「경관영향평가 지표의 개발」, 『한국조경학회지』, 22(1), pp.206-208.

장재훈, 2002, 『한국의 화강암 침식 지형』, 성신여자대학교출판부.

정광중, 1998, 「제주도 해안 지역의 경관적 특성」, 『사진지리』, 7, pp.61-74.

정기호, 1990, 「풍수의 현대적 조명, 특히 경관해석적 역할과 기능을 생각해 보면서」, 『한국조경학회지』, 18(1), pp.100-101.

정찬용, 1994, 「경관 영향 평가 제도의 확립방안」, 『한국조경학회지』, 22(1), pp.212-215.

조동범, 1997, 「일본 지방자치단체의 경관정책의 발달과 특징에 관한 연구」, 『지방행정연구』, 12(2), pp.201-216.

홍성조, 1997, 「자연경관의 분류와 해석에 대한 고찰」, 『사진지리』, 6, pp.77-92.

Barrett, N., Sanderson, J.C., Lawler, M., Halley, V. and Jordan, A., 1991, *Mapping of Inshore Marine Habitats in South-eastern Tasmania for Marine Protected Area Planning and Marine Management*, Tasmanian Aquaculture and Fisheries Institute Technical Report Series No.7.

Briassoulis, H. and van der Straaten, J.(eds.), 2000, *Tourism and Environment–Regional Economic, Cultural and Pollicy Issues*, 2nd ed. Kluwer Academic Publishers, Dordrecht.

Canter, L.W., 1996, *Environmental Impact Assessment*, 2nd. ed. McGraw-Hill, Inc. New York.

Lucas, P.H.C., 1992, *Protected Landscapes: A guide for policy-makers and planners*, Chapman & Hall, London.

www.eds.org.nz/rma/keyissues/landscape.cfm

NewsWeek 10월 27일자 보도 'The Beauty Builders'

제7장

기후 요소

박병익(서울대학교)

1. 기온

대기의 온도인 기온(氣溫, air temperature)은 고도, 햇빛을 받는지 아닌지, 지표면의 특성에 따라 달라진다. 일반적으로 지상 기온은 초지 위의 고도 1.25~1.5m에서 바람이 잘 통하도록 고안된 흰 색의 상자(백엽상)에 온도계를 넣고 측정한 기온이다. 상자의 색이 흰 것은 태양복사의 영향을 가급적 줄이기 위한 것이다. 기온의 측정 고도가 1m 미만이거나 2m를 초과한다면 그 고도를 명시하여야 한다.

기온을 나타내는 방식은 3가지가 많이 쓰이는데, 이들은 ℃(섭씨), °F(화씨)와 K(절대온도)이다. 온도계는 16세기 말에 만들어졌으나 실용적인 수은온도계는 1724년 독일인 Fahrenheit에 의해 만들어졌다. 그는 음의 온도를 없애기 위해 당시 유럽에서 측정된 최저온도를 0°F, 인간의 체온을 100°F로 하는 온도눈금[1]을 만들었다고 한다. 우리나라에서 널리 사용되는 섭씨온도는 1742년 스웨덴 사람인 Celsius가 만들었다. 그는 물이 어는 온도를 0℃, 물이 끓는 온도를 100℃로 하는 눈금을 작성하였다. 절대온도는 물의 끓는점과 얼음의 녹는점 사이의 간격을 100도로 하고 얼음의 녹는점을 273.15도로 한 것으로 단위는 K를 사용한다. 따라서 *K=℃ +273.15*가 된다.

1) 평균기온의 분포

세계의 평균기온 분포도는 해수면 고도의 기온으로 계산(해면경정)한 것을 이용하여 작성되고 있으나 우리나라의 경우 대부분의 평균기온 분포도가 해면경정 없이 작성되고 있다. 남한의 관측소 중에서 해발고도가 가장 높은 대관령[2]의 자료가 포함되지 않았던 1980년까지의

1) 물, 얼음, 소금과 모래의 혼합물에서 얻어지는 가장 낮은 온도를 0°F, 얼음이 녹는점을 32°F, 입속의 체온을 96°F로 하는 눈금을 만들었다고도 한다(吉野 외, 1985).

2) 1971년 7월 창설되었으며 해발고도는 842.5m이다.

평균기온 분포도에서는 주변에 비해 기온이 크게 낮아 특이점을 형성하는 관측소가 나타나지 않았다. 그러나 1990년 이후 대관령의 자료가 포함되면서 대관령이 남한에서 가장 기온이 낮은 곳으로 되었고, 기온 분포도에서도 대관령 주변에 여러 개의 폐곡선이 나타나게 되었다. 대관령보다 기온이 낮은 곳으로 추정되는 곳이 많이 있으므로[3] 대관령이 남한에서 가장 추운 곳이라는 오해를 피하기 위해 해면경정이 필요하다.

해면경정을 할 경우 산지처럼 고도가 높은 경우 현지의 기온이 분포도에 나타나지 않으나 고도를 알면 개략적인 기온을 계산할 수 있으므로 큰 문제는 없다. 다만 고도에 따른 기온의 감소비율(기온감률)을 얼마로 할 것인가가 문제이다. 여기서는 계절에 상관없이 100m에 0.55℃의 기온감률[4]을 적용하기로 하고 해수면 고도에서의 평균기온을 구하여 그 분포도를 작성하기로 한다.

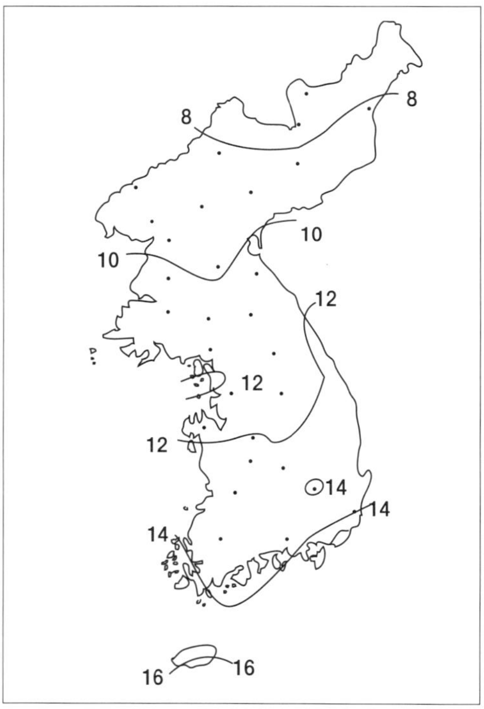

그림 1. 연평균기온의 분포(℃)

〈그림 1〉은 연평균기온의 분포도이다.[5] 연평균기온이 가장 높은 곳은 서귀포로 16.5℃이며 가장 낮은 곳은 선봉(구 웅기)으로 7.0℃이다. 우리나라에서 남북 간의 연평균기온 차이는 9.5℃에 불과하여 해면경정을 하지 않았을 때의 16℃[6]에 비하면 상당히 작아졌다. 등온선은 내륙에서 약간 저위도로 내려왔으나 대체로 위도에 평행하게 달리며, 평양–원산 이남에서는 동해안의 기온이 같은 위도의 서해안보다 높게 나타난다. 다만 서울–인천 부근과 대구 부근이 주변보다 기온이 높아 도시화의 영향이라고 판단된다.

〈그림 2〉는 1월 평균기온의 분포도이다. 기온이 가장 높은 곳은 서귀포로 6.9℃를 보

3) 구경아(2000)의 논문 53~57쪽에 게재된 기온 분포도 참조.
4) Yim and Kira(1975)는 이 값을 이용하였다.
5) 기후자료는 남한의 경우 기상청에서 발행한 1971~2000년의 『한국기후표』에서, 북한의 경우 역시 기상청에서 발행한 1973~1994년의 『북한기상 20년보』에서 구하였다. 남한의 경우 관측연수가 10년 이하인 기온자료는 제외하였다.
6) 삼지연(고도 1,386m)의 연평균기온은 0.2℃, 서귀포(고도 50.5m)의 연평균기온은 16.2℃이다.

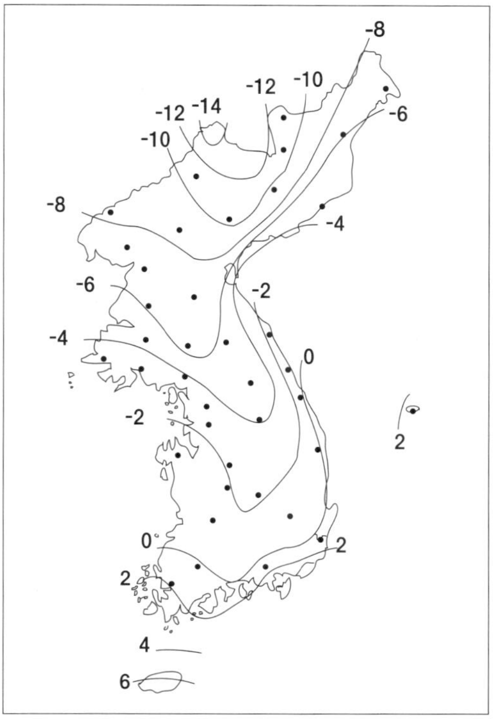

그림 2. 1월 평균기온의 분포도(℃)

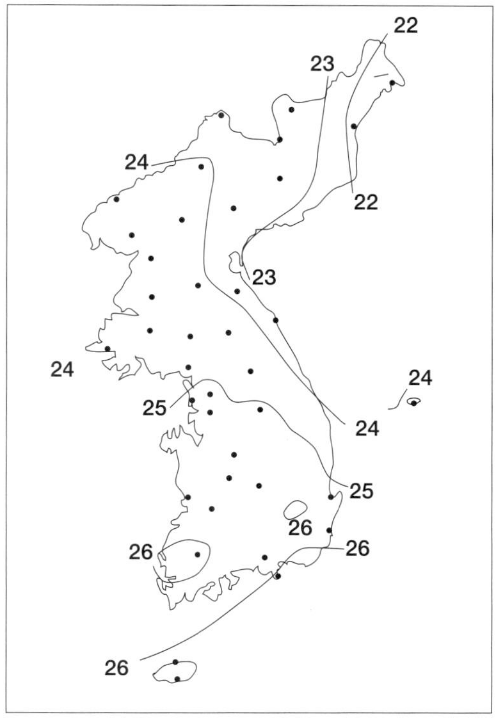

그림 3. 8월 평균기온의 분포도(℃)

이며 가장 낮은 곳은 중강으로 -14.5℃를 보여 그 차이가 21.4℃가 되었다.[7] 중강의 기온이 이렇게 낮은 것은 이 지역이 내륙에 위치하며 관측소가 분지에 입지하고 있기 때문으로 판단된다. 연평균기온의 등온선에 비해 1월 평균기온의 등온선은 내륙에서 남으로 크게 내려와 내륙이 해안 지역에 비해 저온임을 보여준다. 또한 동해안의 기온이 같은 위도의 서해안에 비해 뚜렷하게 높게 나타난다. 동해안의 기온이 서해안보다 높은 이유는 먼저 동해의 수온이 황해 수온보다 높고, 태백산맥이 북서계절풍을 막아 동해안과 동해 사이의 에너지 교환을 원활하게 해주는 국지순환이 발달할 수 있기 때문으로 판단된다. 여기에 동해안 지역에 태백산맥에 의한 푄 효과가 더해질 수 있다.[8]

〈그림 3〉은 8월 평균기온의 분포도이다. 기온이 가장 높은 곳은 서귀포로 26.9℃를 나타내며 가장 낮은 곳은 선봉으로 21.3℃의 기온이 나타나 남북의 온도 차이는 5.3℃에 불과하다.[9]

7) 해면경정 전의 남북 기온 차이는 24.3℃(삼지연의 -17.7℃와 서귀포의 6.6℃)에 이른다.

8) 건조한 북서계절풍이 불 경우에 태백산맥의 푄 효과는 대체로 미미할 것으로 판단되나 남풍계열의 바람이 태백산맥을 넘을 경우에 푄 효과는 상당할 것이다(5℃ 정도의 상승도 가능).

9) 해면경정 전의 남북 기온 차이는 10.8℃(서귀포의 26.6℃와 삼지연의 15.8℃)에 이른다.

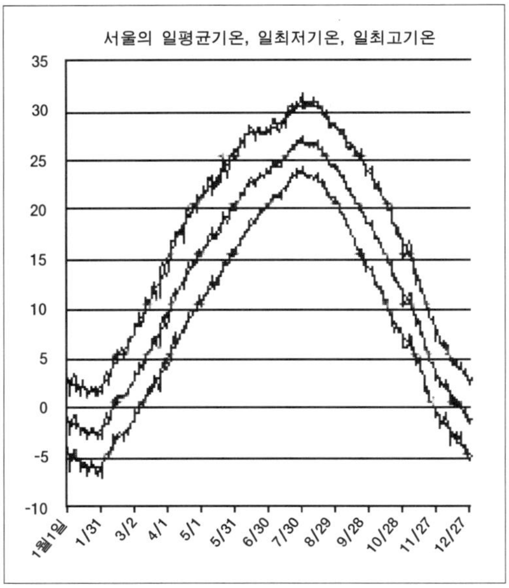

그림 4. 서울의 일평균 · 최고 · 최저 기온의 연변화
(1971~2000년 평균)

남한의 대부분의 지역에서 기온이 25℃ 이상이며, 1월 평균기온과 다르게 동해안의 기온이 같은 위도의 서해안보다 낮다. 또한 대구, 광주-목포 부근, 서울 부근 등의 기온이 주변 지역보다 높게 나타나는데, 이는 도시화의 영향으로 보인다.

기온이 가장 높은 달(최난월)과 가장 낮은 달(최한월)의 평균기온 차이를 기온연교차라고 하는데, 대륙성의 정도를 알려주는 기본적인 정보이다. 우리나라에서 연교차가 가장 큰 곳은 중강으로 그 값은 38.6℃에 이르며, 가장 작은 곳은 서귀포로 그 값은 20.0℃이다. 제주와 성산포의 연교차는 21℃ 내외이며 울릉도의 연교차는 22.1℃로서 상당히 작다. 남해안(22~25℃), 동해안(24~29℃)이 같은 위도의 서해안이나 내륙 지방에 비해 연교차가 작은 지역이며 개마고원(33~39℃), 평안도 지방(30~33℃)이 연교차가 비교적 큰 지역이다.

2) 기온 연변화의 특성

하루 동안의 기온 변화 양상을 일변화라고 하며 1년 동안의 변화를 연변화라고 한다. 월평균기온을 이용하여 기온의 연변화를 살피는 것이 보통이나 여기서는 서울의 일평균기온(1971~2000년)을 이용하여 연변화 특성을 살피기로 한다.

〈그림 4〉는 서울의 일평균 · 최고 · 최저기온의 연변화를 각각 나타낸 것이다. 봄과 가을에 기온이 급격하게 상승하거나 하강하고 있다. 6월 하순에서 7월 하순에 걸쳐 나타나는 장마철의 영향은 일최고기온에서 잘 나타나고 있다. 기온이 가장 낮은 시기가 1월 말에서 2월 초에 나타나며, 7월 27일에서 8월 13일 사이(평활곡선)에서 일최고기온이 30℃ 이상이 된다. 그런데 1941~1970년의 경우에 연중 최저기온이 1월 초순에 나타나(이병설, 1979), 기온이 가장 낮은 시기가 1월 초순에서 1월 말 부근으로 이동한 것으로 나타났다.[10]

10) '대한이 소한 집에 놀러갔다가 얼어 죽는다' 는 옛말이 있는데, 1941~1970년에 대한 그래프를 보면 이 말에 수긍이 가나 〈그림 4〉에 의하면 이제 이 말은 사실과 다른 것이 되어 가고 있다.

3) 기온특이일

〈그림 4〉에서 일평균기온과 이의 평활곡선과의 차이로서 〈그림 5〉와 같이 일평균기온의 편차를 구할 수 있으며, 이 편차가 현저하게 큰 날을 기온특이일(氣溫特異日, singularity)이라고 한다. 일평균기온이 평활곡선보다 큰 경우(양의 편차)가 난특이일(暖特異日, warm singularity), 작은 경우(음의 편차)가 한특이일(寒特異日, cold singularity)이다. 대체로 늦가을에서 초봄까지의 기간에 기온편차의 진폭이 크며 여름에 작다.

〈그림 5〉에서 가장 큰 음의 편차는 3월 24일이고 그 다음은 4월 2일이며, 가장 큰 양의 편차는 11월 7일이고 그 다음은 3월 29일이다. 이들 날짜와 1941~1970년에 대해 구한 기온편차

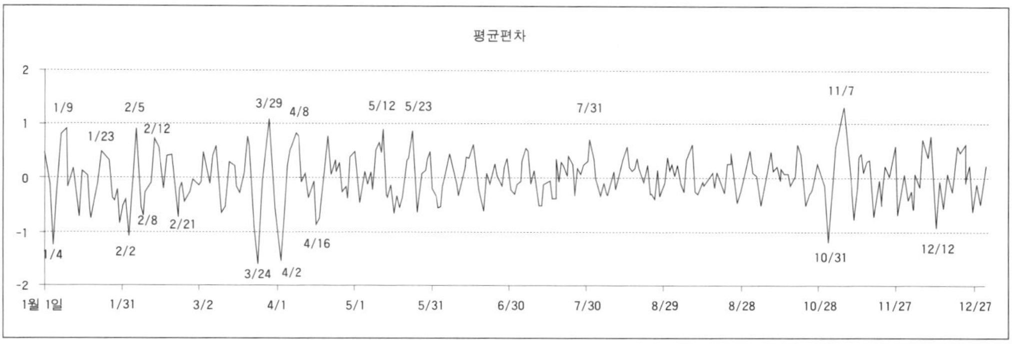

그림 5. 서울의 일평균기온과 평활곡선과의 편차(1971~2000년 평균)

표 1. 1971~2000년과 1941~1970년에 대해 구한 기온특이일

한특이일		난특이일	
1971~2000년	1941~1970년	1971~2000년	1941~1970년
1월 4일	1월 5일	1월 9일	1월 9일
1월 19일	1월 16일	1월 23일	1월 22일
2월 2일	2월 12일	2월 5일	2월 7일
2월 8일	3월 7일	2월 12일	3월 17일
2월 21일	3월 25일	3월 29일	4월 3일
3월 24일	4월 18일	4월 8일	5월 9일
4월 2일	9월 18일	5월 12일	11월 3일
4월 16일	10월 26일	5월 23일	11월 24일
10월 31일	11월 17일	11월 7일	12월 22일
12월 12일	12월 14일		
	12월 29일		

* 1941~1970년에 대한 기온특이일은 이병설(1979)의 자료임.

(이병설, 1979)를 비교하면 3월 24일은 동일한 음의 편차를 보이나 〈그림 5〉의 4월 2일은 한특이일이나 1941~1970년의 4월 3일은 난특이일로서 정반대의 편차를 보이고 있다. 〈그림 5〉와 1941~1970년에 대해 구한 기온특이일을 정리한 것이 〈표 1〉이다. 〈표 1〉을 보면 1월 4일(5일), 3월 24일(25일), 1월 9일, 1월 23일(22일) 등은 같은 날짜이거나 하루 전후에 나타난다. 그런가하면 2월 12일, 4월 2일(3일)은 두 시기에서 서로 반대의 기온특이일로 나타나는 경우이다. 기온특이일의 기후학적 해석은 그 날짜를 중심으로 1~2일을 포함하는 기간에 대해 수행하는 것이 타당하더라도(이병설, 1985) 이 두 시기에 서울의 기온특이일에 상당한 변화가 나타난 것은 확실하다.

한특이일은 겨울철에는 서고동저형의 기압배치에 의해, 봄과 가을에는 저기압이나 전선형 기압배치에 의해 주로 형성된다(이병설, 1979, 1985). 난특이일은 가을에서 봄까지 이동성고기압형 기압배치에 의해 주로 형성되며, 겨울철에는 이동성고기압이나 저기압 · 전선이 이동하여 계절풍이 약할 때 나타난다.

4) 여름철 기온

우리나라의 자연계절 구분에 의하면 한여름(盛夏, 성하)은 장마가 끝난 7월 하순부터 8월 하순까지이다. 한여름에는 일최고기온이 30℃ 이상이 되는 성하일(한여름날)과 일최저기온이 25℃ 이상이 되는 열대야가 많이 나타난다(이병설, 1979; 송호열, 1985).

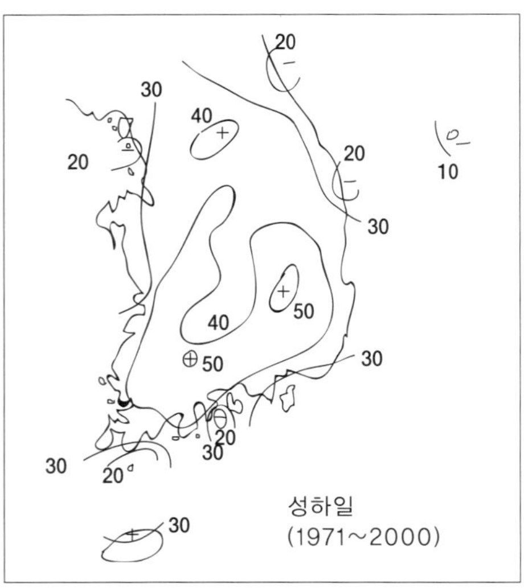

그림 6. 성하일의 출현빈도(일/년)

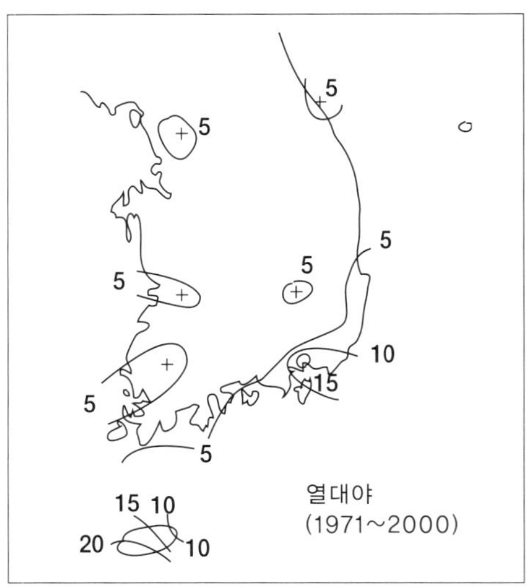

그림 7. 열대야의 출현빈도(일/년)

〈그림 6〉은 1971~2000년 사이의 성하일 출현빈도(일/연)의 분포를 나타낸 것이다. 성하일은 내륙 저지대에서 많이 나타나는데, 특히 대구(55.3일/연)와 남원(53.6일/연)에서 많다. 우리나라에서 성하일의 출현빈도가 가장 작은 지역은 울릉도로서 연평균 8.5일에 불과하다.[11] 해안 지역에서 성하일의 출현빈도가 작은데, 속초(14.3일/연), 울진(15.6일/연), 완도(16.5일/연) 등에서 특히 작다.

〈그림 7〉은 열대야의 출현빈도를 나타낸 것이다. 열대야는 제주도에서 가장 많이 나타나고 마산(15.6일/연)을 중심으로 하는 남해안에서 다음으로 많이 나타난다. 그 외에는 서울, 강릉, 전주와 군산, 대구, 광주와 목포 등의 도시에서 많이 나타난다. 열대야가 많이 나타난 지점에서 열대야가 시작한 날과 끝나는 날을 보면 7월 중 · 하순에 주로 시작하고 8월 중 · 하순에 끝난다.

성하일과 열대야의 출현빈도를 비교하면 제주, 부산, 강릉, 목포 등의 해안 지역에서는 성하일의 빈도에 비해 열대야의 빈도가 뚜렷하게 높으며 서울, 대구 등의 내륙 지방에서는 이 비율이 낮다. 대구는 성하일이 우리나라에서 가장 많이 나타나는 지역이나 열대야는 그의 1할 정도에 그친다. 이에 비해 부산의 경우 성하일은 연간 22.8일 정도 출현하는 데 비해 열대야가 연간 10.8일 나타나 그 비율이 50%에 가깝다. 성하일에 대한 열대야의 비율은 제주에서 더 높아져서 서귀포에서는 83%(20.5일/24.7일)에 이르며 제주에서도 54%에 달한다.

5) 도시의 기온

비도시 지역의 지표면에서 낮에 사용할 수 있는 에너지[12]는 직접 공기를 데우는 데 쓰이거나(느낌열의 형태로 대기로 전달됨) 지표면의 수분을 증발시키는 데 쓰이며 일부는 지표면에서 땅속으로 전달된다. 그런데 지표면이 아스팔트와 같은 불투수층으로 덮이면 가용 에너지 중에서 느낌열의 형태로 대기로 공급되는 에너지의 비율이 현저하게 증가하는데, 이는 곧 기온의 상승을 가져온다. 여기에 자동차의 배기가스와 냉 · 난방 시에 배출하는 에너지 등의 인공열이 더해져서 도시의 기온은 주변 지역보다 높아져 도시 열섬(urban heat island)을 형성하게 된다.

11) 대관령의 경우 성하일의 출현빈도는 연평균 1일 정도이다. 대관령의 해발고도가 842m이므로 대관령의 기온은 대략 강릉에 비해 약 4.6℃ 높다. 그러므로 대관령의 경우 일최고기온이 25℃ 이상인 경우의 출현빈도(26.8일/연)를 비교하는 것이 타당할 것이다. 이런 연유로 〈그림 6〉의 작성 과정에서 대관령을 제외하였다.

12) 태양 에너지(단파복사)와 대기에서 받는 복사 에너지(장파복사)의 합에서 지표면에서 방출하는 복사 에너지(장파복사)를 뺀 것으로서 순복사 에너지라고 한다.

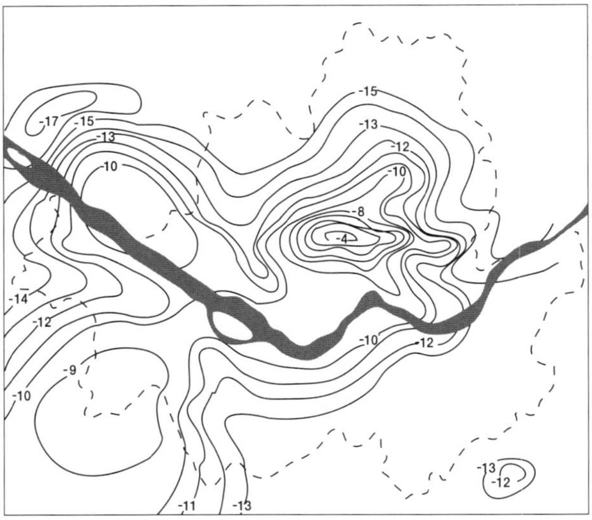

그림 8. 서울의 기온 분포(1983년 1월 22일 7:30) (이현영, 2000)

〈그림 8〉은 1983년 1월 22일 오전 7시 30분 서울의 50여 지점의 기온 관측 자료를 이용하여 작성한 것이다(이현영, 1985). 종로를 중심으로 하는 도심부의 기온이 주변 거주지역(우이동)에 비해 10℃ 정도 높게 나타나 열섬 현상을 잘 보여 준다. 최근의 자동기상관측장치(Automatic Weather Station; AWS)의 자료를 이용한 서울의 기온 분포도(그림 생략)를 보면 청량리, 송파, 영등포 등의 지역에 고온역이 분산되어 나타난다(부경온 · 오성남, 2000 등). 이는 서울의 토지이용이 크게 달라진 점에 의해 영향을 받았으며 또한 관측 지점의 분포에 의해서도 영향을 받았을 것으로 판단된다.

도시 기온의 시계열에서 도시화에 의한 기온 상승분을 제외하여야 지구 온난화에 의한 기온 상승분이 구해지고 결국 한반도에서의 기온 상승 상황을 알 수 있다. 도시의 기온에서 도시화에 의한 기온 상승분을 추정하기 위해서는 도시에서 가까운 비도시 지역의 기온이 필요한데, 우리나라의 경우 도시 지역에서 가까운 비도시 지역의 관측 지점이 거의 없는 편이다. 이에 따라 비도시 지역의 기온으로서 추풍령의 기온을 이용하여 도시화에 의한 기온 상승분을 추정한 연구가 몇몇 있다(이종범, 1978; 박병익, 1996 등).

2. 강수

강수(降水, precipitation)는 하늘에서 내리는 액체 및 동결 상태의 모든 물을 가리킨다. 여기에는 비(rain), 눈(snow), 우박(hail), 싸락눈(graupel), 진눈깨비(sleet), 이슬(dew) 등이 포함된다. 강수량(precipitation)은 비와 눈 등이 땅속으로 스미지 않고 또 지면을 흘러가거나 증발되지 않고 그 자리에 고였을 때의 깊이를 말하며 보통 mm 단위를 사용한다. 강우량(rainfall)은 내린 비의 양이며 단위는 mm이다. 강설량(snowfall)[13]은 내린 눈의 깊이를 측정

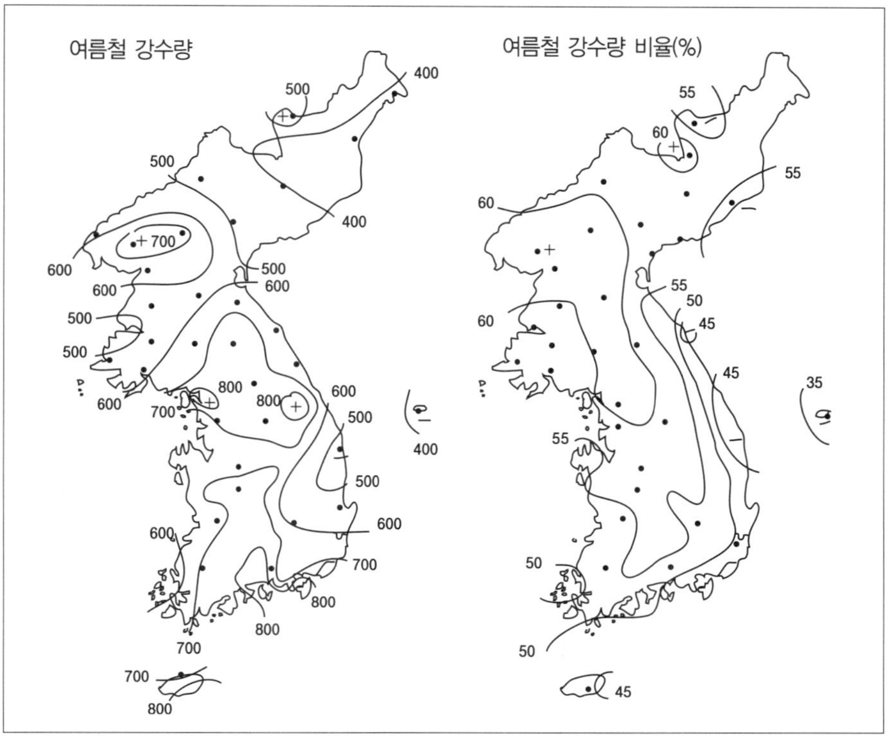

그림 9. 여름철(6~8월) 강수량(mm)과 연강수량에 대한 비율(%)

한 것으로 보통 단위는 cm를 사용한다. 강수량의 대부분은 비와 눈으로 이루어지며, 눈, 우박 등과 같은 경우에는 이들을 녹여서 잰 그 깊이를 사용하는데, 눈의 경우 보통 1/10로 줄어든다.

강수량이나 강우량 등은 측정시간이나 기간에 대한 값으로 나타낸다. 예를 들면 1시간 강수량, 일강수량, 월강수량, 연강수량과 같이 쓴다. 그런데 여기에서는 앞의 기온과 마찬가지로 월강수량, 연강수량 등의 장기간의 평균값(남한의 대부분의 관측소에서는 30년 평균, 북한의 경우에는 14년이나 22년 평균)을 사용한다.[14]

1) 연강수량과 계절 강수량의 분포

〈그림 9〉의 여름철(6~8월)의 강수량 분포를 보면 대체로 동쪽이 강수량이 적고 서쪽이 많다. 관북 지방, 대동강 하구 부근, 울진과 영덕을 중심으로 하는 경북 동해안 지역에서 강수량

13) 기상청에서는 신적설(depth of snowfall)이란 용어를 사용한다.

14) 원칙으로는 연평균강수량, 월평균강수량 등과 같이 표현하여야 하나 이하에서는 편의상 이들을 연강수량, 월강수량 등과 같이 나타내기로 한다.

이 500mm 이하로 적으며 특히 혜산, 청진, 김책(구 성진)과 선봉을 중심으로 하는 지역은 400mm 이하이다. 강수량이 많은 지역은 제주도, 남해안 지역에서 금강 중류 지방을 잇는 지역, 한강 유역, 청천강 중류 지역 등으로 700mm 이상이 나타난다. 특히 제주도 남부, 섬진강 유역과 남해 부근, 한강 하류, 대관령 부근에서 800mm 이상의 강수량이 나타난다.

여름철에 수증기는 주로 남서 방향에서 우리나라 부근으로 수송되고 있다(Kang *et al.*, 1991). 장마철의 경우에도 장마전선의 위치에 무관하게 수증기는 주로 남서 방향에서 우리나라로 수송되고 있으며(박병익, 2002), 우리나라에 강수가 있을 때에 850hPa 등압면에서 남서풍이 탁월풍으로 나타난다(이병설 · 김성삼, 1983). 그러므로 한라산의 남서사면, 섬진강 유역과 금강 중 · 상류 지역, 청천강 중류 지역, 한강 유역 등과 같이 공급되는 수증기를 많이 받을 수 있고 또 그 북동쪽에 산이나 산맥 등이 있어 수증기가 수렴될 수 있는 곳에서 강수량이 많다. 수증기의 공급이 적은 강릉에서 원산에 이르는 중부 동해안 지역은 태풍에 의한 강수량이 상당히 많다(탁송일, 1987). 특히 8월의 경우 태풍 강수량이 강릉, 속초, 대관령에서 100mm 이상이며 이 지역 8월 평균 강수량의 40% 이상을 차지한다.

여름철 강수량이 적은 관북 지역은 낭림산맥, 함경산맥과 마천령산맥 등에 의해 수증기가 잘 공급되지 않는 곳이다. 삼지연의 경우 해발고도가 높기 때문에 낭림산맥 등보다 높은 고도에서 수증기가 공급되지만 고도가 높아지면 수증기 수송량이 감소하므로 삼지연의 강수량이 개마고원보다는 많으나 청천강 유역보다는 적다. 소백산맥과 태백산맥에 의해 수증기 공급이 방해받고 남해안에서 먼 경북 동해안 지역은 강수량이 적다. 대동강 하구 부근과 목포 부근 지역은 수증기 공급은 많으나 강수량이 적은 것으로 보아 공급된 수증기를 대부분 동쪽으로 보내는 것으로 판단된다.[15]

〈그림 9〉를 보면 연강수량에 대해 여름철 강수량이 차지하는 비율은 장전 이남의 동해안 지역과 울릉도, 남해안 동부 지역, 제주도와 목포 부근에서 50% 이하를 보이며 개마고원의 혜산 부근, 청천강 유역에서 한강 중류 지역을 잇는 내륙 지방에서 60% 이상을 보인다. 이 비율이 특히 작은 곳은 울릉도로 30.9%에 불과하며 경북 동해안에서도 45% 이하인데, 이는 이들 지역에서 여름철 강수량이 적기 때문이다. 제주도는 여름철 강수량이 많음에도 불구하고 이 비

15) 강수에 대한 지형의 효과는 복잡하다. 산이나 산맥은 저기압 등의 진행 속도를 서쪽에서는 늦추고 동쪽에서는 가속시키므로 지형의 서사면 쪽에서 기류가 수렴하여 상승기류를 유발시키며 동사면 쪽에서는 반대로 기류가 발산하여 하강기류가 나타난다. 또한 사면 자체에 의한 기류의 강제 상승, 사면의 가열에 의해 나타나는 상승기류 등의 효과에 의해 산이나 산맥의 사사면 쪽에서 강수량이 증가하고 동사면 쪽에서 감소하게 된다. 목포 부근이나 대동강 하구 지역의 경우 지형효과가 크지 않아서 강수량이 적은 것으로 판단된다.

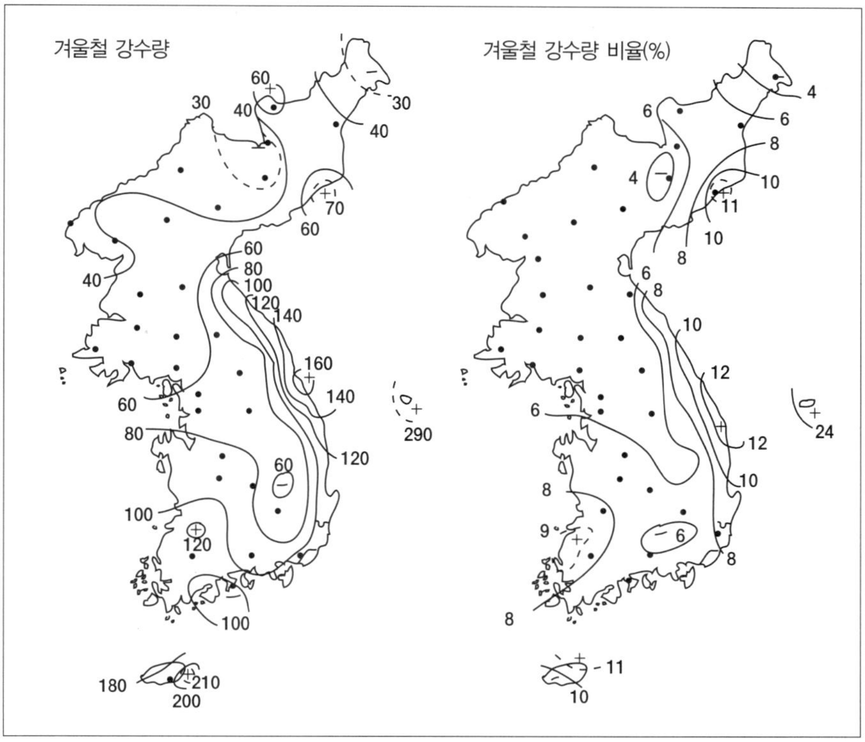

그림 10. 겨울철(12~2월) 강수량(mm)과 연강수량에 대한 비율(%)

율이 작은 것은 다른 계절에 강수량이 많기 때문이다.[16]

〈그림 10〉의 겨울철(12월, 1~2월) 강수량 분포를 보면 울릉도, 원산 이남의 동해안과 남해안 지역, 제주도, 호남 지방에서 강수량이 많고 개마고원, 두만강 하류 지역, 압록강 하류와 청천강 하류를 잇는 지역에서 강수량이 적다. 울릉도에서 290mm 이상, 제주도 남동부에서 210mm 이상의 강수량이 나타나 다른 지역보다 많다. 울릉도의 경우 강수량의 대부분이 눈으로 내리는 데 비해 제주도의 경우 대부분이 비로 내린다.

우리나라에서 눈이 가장 많은 지역은 울릉도이며 다음으로 영동 지방, 호남 지방 등이다. 특히 울릉도에서는 겨울철 강수량이 여름철 강수량보다 많다고 알려져 있었다. 그러나 1961~1990년과 1971~2000년의 30년 평균값에서는 여름철 강수량이 겨울철 강수량보다 더 많은 것으로 나타났다(〈표 2〉 참조). 〈표 2〉를 보면 여름철 강수량이 많이 증가했다기보다 겨

16) 봄철의 강수량이 서귀포와 성산포에서 500mm 이상이 되어 연강수량의 26~28%를 차지하며 가을철 강수량도 상당히 많아 성산포의 경우 300mm 이상이다(이승호, 1999).

표 2. 울릉도의 겨울철과 여름철 강수량의 비교 (단위 : mm)

시기 \ 구분	겨울철 강수량				여름철 강수량			
	12월	1월	2월	합계	6월	7월	8월	합계
1941~1970년 평균	143.6	163.6	93.5	400.7	117.7	149.9	106.6	374.2
1951~1980년 평균	126.0	152.6	98.1	376.7	102.0	143.3	123.6	368.9
1961~1990년 평균	101.0	126.2	83.4	310.6	100.0	123.0	133.3	356.3
1971~2000년 평균	101.4	110.5	84.2	296.1	108.2	125.6	148.0	381.8

울철 강수량이 감소하여 이런 결과가 나타났다. 이는 울릉도에서 적설량이 1980년대 이후에 감소하였기(이승호 · 최병철, 2001) 때문에 나타난 것으로 보인다.

겨울철 강수는 저기압과 전선의 통과에 의해서도 나타나지만 이들과 무관한 강수가 나타나는 경우가 많은데, 특히 울릉도, 영동 지방과 호남 지방에서 자주 나타난다. 북서계절풍이 강할 때 울릉도와 호남 지방에 많은 눈이 내린다(최진식, 1985; 전종갑 외, 1994; 이승호 · 천재호, 2003 등). 이처럼 계절풍이 탁월할 때 울릉도와 호남 지방에 많은 눈이 내리는 것은 차고 건조한 대륙의 공기가 황해나 동해에서 수증기와 열에너지를 받아 공기의 성질이 변질되어 대기 하층에서 불안정해져 구름이 생기기 때문이다. 다만 황해의 수온은 동해에 비해 낮으므로 계절풍이 황해를 이동하는 거리가 충분히 커야 구름을 형성할 수 있으므로(Park and Joung, 1984) 같은 계절풍이 불어도 경기도와 충청남도 해안보다는 호남 지방에서 눈이 자주 내리게 된다. 이때에 지형효과로 해안보다는 내륙의 고도가 높아지는 지역에서 평균적으로 강설량이 더 많다(이승호 · 천재호, 2003).

북동기류가 탁월할 때 대관령과 강릉을 포함하는 영동 지방에 많은 눈이 내린다(최진식, 1985; 이훈 · 이태영, 1994; 전종갑 외, 1994). 중국 동북 지방의 차고 건조한 공기가 동해를 지나면서 수증기와 열에너지를 받아 공기의 성질이 변하고, 이 공기가 영동 지방에 상륙하여 눈을 가져온다. 바람이 태백산맥에 수직으로 불어가고 또 남해에 저기압이 있어 바람이 강할 때 특히 많은 눈이 온다(이훈 · 이태영, 1994; 전종갑 외, 1994).

〈그림 10〉에서 연강수량에서 차지하는 겨울철 강수량의 비율을 보면 울릉도에서 가장 크고(24%) 선봉에서 가장 작다(3.2%). 울릉도를 제외하면 울진의 12.1%에서 선봉의 3.2%까지로 이 비율의 차이는 비교적 적다. 원산 이남의 동해안 지역, 김책 부근, 호남 서해안 지역과 제주도에서 크고(8% 이상), 개마고원과 두만강 하류 지방에서 4% 이하로 작다.

〈그림 11〉에서 가을철(9~11월) 강수량 분포를 보면 원산에서 울진까지의 동해안 지역과 울릉도, 남해와 거제 등 남해안의 일부 지역, 제주와 서귀포를 포함하는 제주도에서 강수량이

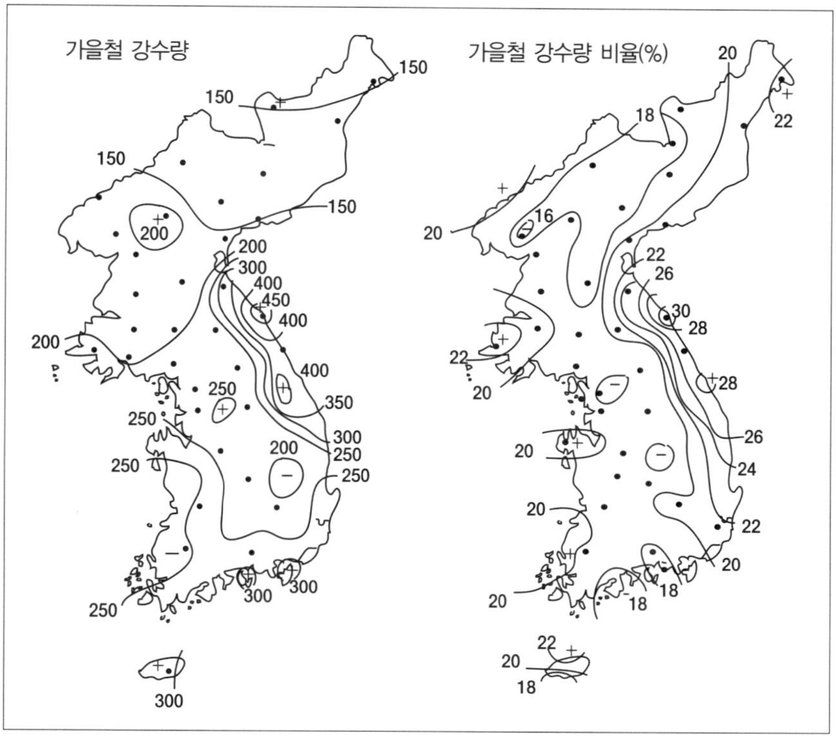

그림 11. 가을철 강수량(mm)과 연강수량에 대한 비율(%)

300mm 이상으로 많고 중강과 강계에서 청진과 김책을 잇는 지역에서 강수량이 150mm 이하로 적다. 강수량이 가장 많은 곳은 장전(482mm)과 대관령(436mm)이며 여기서 서쪽으로 가면서 강수량이 급격하게 감소하여 인제(208mm)에서는 절반 이하로 준다. 경북 내륙에서 강수량 200mm 이하의 지역이 나타나며 원산에서 개성을 잇는 선의 이북에서 대체로 강수량이 200mm 이하가 된다.

우리나라에 영향을 끼치는 태풍은 6월 중순에서 9월 중순까지 많이 나타나며 10월에도 가끔 출현한다(중앙기상대, 1984; 탁송일, 1987; 이은걸 · 이현영, 1998). 태풍이 동경 135도 서쪽에서 동해를 북상할 때, 부산과 쓰시마섬 사이의 대한해협(서수도)을 통과할 때, 그리고 동해안에 상륙할 때와 중국을 경유하여 서해안에 상륙할 때 영동 지방에 많은 비가 내린다(정성호, 1977; 탁송일, 1987 등). 80년간(1904~1983년) 우리나라에 영향을 준 태풍의 순별 진로를 보면(그림 생략) 9월 상순에서 하순까지는 중국경유 서해안 상륙 유형과 대한해협(서수도) 통과 유형이 많이 나타나며 동해 북상 유형도 출현한다(중앙기상대, 1984). 이 결과로 9월에 태풍에 의한 강수량은 영동 지방, 남해안의 서부 지역과 제주도 북부에서 많고 이는 월강수량의

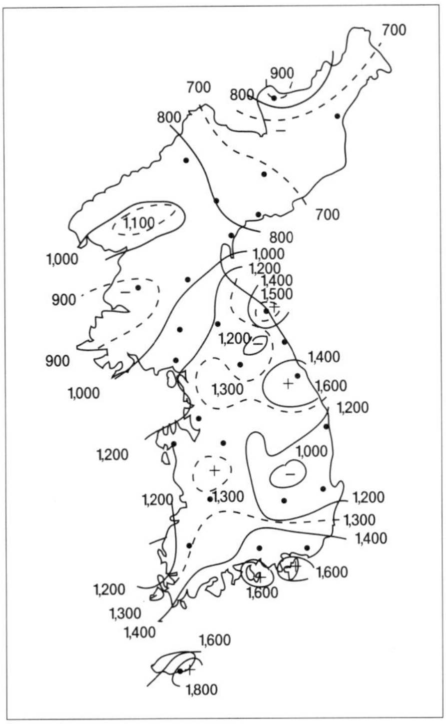

그림 12. 연강수량의 분포(mm)

30% 이상을 차지하는 양이다(탁송일, 1987).

〈그림 11〉에서 연강수량에 대한 가을철 강수량의 비율을 보면 영동 지방과 울릉도에서 크고 개마고원에서 내륙 지방을 따라 남해안 중부에 이르는 지역에서 작다. 이 결과로 원산에서 울진까지의 동해안에서 서쪽으로 등치선이 조밀하게 나타난다. 이 비율이 가장 큰 곳은 장전(31.7%)이고 가장 작은 곳은 청천강 하류의 구성(15.6%)이다.

봄철(3~5월)의 강수량 분포(그림 생략)를 보면 제주도 남부, 남해안의 거제와 남해에서 400mm 이상으로 가장 많고, 여기서부터 북으로 가면서 강수량이 대체로 감소한다. 남해안 부근에서 감수량이 큰 폭으로 감소하여 대체로 목포–광주–울산을 잇는 선의 북쪽에서는 대관령과 부여 등의 일부 지역을 제외하면 강수량이 250mm 이하가 된다. 강수량이 가장 적은 곳은 청진을 중심으로 하는 지역으로 강수량이 100mm 이하이다. 연강수량에서 차지하는 봄철 강수량의 비율을 보면(그림 생략) 제주도 남부와 남해안에서 25% 이상이 되며 제주도에서 제주시를 제외한 지역, 목포와 포항을 잇는 선의 이남 지역, 풍산과 장진을 포함하는 개마고원과 삼지연에서 20% 이상이 된다. 청천강 유역의 희천과 원산 부근에서 이 비율이 15% 이하이다.

〈그림 12〉에서 우리나라의 연강수량 분포를 보면 제주도와 남해안 일대, 대관령과 장전을 각각 중심으로 하는 지역에서 강수량이 1,400mm 이상이며 특히 서귀포와 성산포에서는 1,800mm 이상, 거제와 남해, 대관령에서는 1,700mm 이상의 강수량이 나타난다. 그 외에 대전 부근, 서울 부근에서 1,300mm 이상의 강수량이, 구성과 희천을 포함하는 청천강 중하류 지역에서 1,100mm 이상의 강수량이 나타난다.

〈그림 9〉에 나타나듯 제주도와 남해안에서 연강수량이 많은 것은 여름철에 남서기류에 의해 주로 수송되는 수증기가(이병설 · 김성삼, 1983; 박병익, 2002) 이 지역에 많이 공급될 수 있어 여름철 강수량이 매우 많고 또 봄철 강수량도 서귀포, 거제, 남해 등지에서 450mm 이상이 되는 등 상당히 많기 때문이다(이승호, 1999). 여름철에 남서기류에 의해 주로 공급되는 수

증기가 적절한 지형 조건과 만나 많은 강수를 가져오는 곳으로는 한강 중 · 하류 지역과 대관령 부근, 청천강 중 · 하류 지역, 금강 중류 지역과 섬진강 유역 지역 등이다(〈그림 9〉 참조). 〈그림 11〉을 보면 강원도의 장전 부근 지역은 여름철 강수량이 적지 않고 가을철 강수량이 매우 많으며 〈그림 10〉에 나타나듯 겨울철 강수량도 상당히 많아서 연강수량이 매우 많아졌다.

우리나라에서 연강수량이 가장 적은 곳은 관북 지방인데, 백두산 부근을 제외하면 연강수량이 800mm 이하이다. 특히 혜산(606mm)과 청진(615mm)을 잇는 지역에서는 연강수량이 650mm에도 미치지 못한다. 다음으로 강수량이 적은 곳은 평양에서 용연에 이르는 지역으로서 연강수량이 900mm 이하이다. 남한에서는 경상북도 내륙 지방에서 강수량이 1,000mm 이하로 가장 적으며 목포 부근에서도 강수량이 1,200mm 이하이다.

2) 장마

우리나라의 대부분의 지점에서 월평균강수량의 연변화를 보면 6~9월의 강수량이 다른 달의 강수량보다 월등히 많아 6~9월이 우기라고 주장할 수 있을 것으로 보이며, 실제로 그렇게 주장하는 학자들도 있다. 그런데 매년의 날씨를 보면 비가 오거나 흐린 악천후가 자주 나타나서 우계라고 인정할 수 있는 기간이 나타나는데, 이 기간을 장마라고 하며 평균적으로 6월 하순에서 7월 하순까지이다(Lee, 1974, 1976; 李炳卨, 1975; 이병설 · 김성삼, 1983). 장마 전에 봄철보다 강수량이 적은 건기가 거의 매년 존재하기에(변희룡 외, 1992) 장마의 악천후 지속과 강수량 증가가 뚜렷하게 대비된다.

우리나라에서 장마는 북서태평양고기압의 북서쪽 가장자리에 나타나는 정체전선이 북위 30도 이북으로 올라올 때 시작하며 한반도 이북으로 올라가거나 소멸할 때 끝난다. 이 정체전선을 우리나라에서는 장마(Changma)전선, 일본에서는 바이우[梅雨, Baiu]전선, 중국에서는 메이유[梅雨, Mei-yu]전선이라고 한다. 장마전선의 움직임은 북서태평양고기압의 동태와 밀접한 연관이 있어 이 고기압이 약하거나 평균보다 일찍 한반도 일대로 확장되면 장마전선의 활동은 약하거나 장마기간이 짧아진다(李炳卨, 1975; Lee, 1976).

8월 하순과 9월 초순을 중심으로 악천후가 자주 나타나는 기간이 있어 이를 가을장마라고 한다. 이 우계는 북서태평양고기압이 후퇴하는 시기에 나타나는 한랭전선에 의해 형성된다. 동경 140도를 중심으로 보면 우계는 매년 나타나며 기간도 평균 한 달 정도로 매우 긴 반면 동경 128도를 중심으로 하는 우리나라 부근에서는 기간도 짧고 나타나지 않는 해도 있다(Lee, 1974, 1976; 李炳卨, 1975).

북서태평양고기압이 한반도에서 후퇴하고 2일 이상 강수가 나타날 때를 가을장마가 시작한 날로 정의할 경우 가을장마는 평균적으로 8월 18~21일 사이에 시작하는 것으로 나타난다(이현영 · 이승호, 1993). 그리고 이것은 1970년대 말부터 가을장마의 시작이 1~2주일 빨라지고 있다는 보고(Ho *et al.*, 2003)와도 부합된다.

3. 바람

공기의 흐름을 바람이라고 한다. 흐름에는 어디에서 흘러오는지, 얼마나 빨리 흐르는지의 정보가 필요하다. 앞의 것을 풍향이라고 하고 뒤의 것을 풍속이라고 한다. 공기의 흐름은 짧은 시간에서도 매우 불규칙하기 때문에 보통 일정한 기간의 평균을 사용한다. 대개 10분 평균을 사용하지만 더 짧은 시간을 사용하기도 한다.

북쪽에서 불어오는 바람을 북풍이라고 하듯이 풍향은 불어오는 쪽의 방향을 말한다. 풍향은 보통 8방위, 16방위로 표시한다. 8방위의 경우 북(N), 북동(NE), 동(E) 등으로 표시하며, 16방위의 경우 북(N), 북북동(NNE), 북동(NE), 동북동(ENE), 동(E) 등으로 나타낸다. 다른 방식으로는 북쪽에서 시계방향으로 잰 각도로 풍향을 나타낼 수도 있다. 예를 들면 동풍이면 90도, 남풍이면 180도, 남서풍이면 225도로 표시하게 된다.

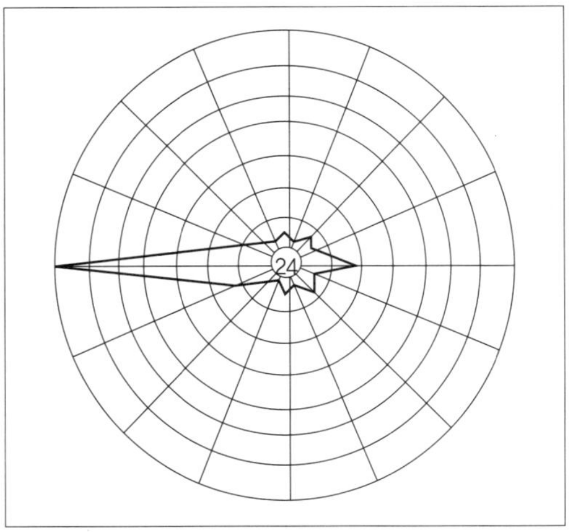

그림 13. 추풍령의 바람장미(김광식 외, 1973)
가운데 숫자는 고요 비율(%).

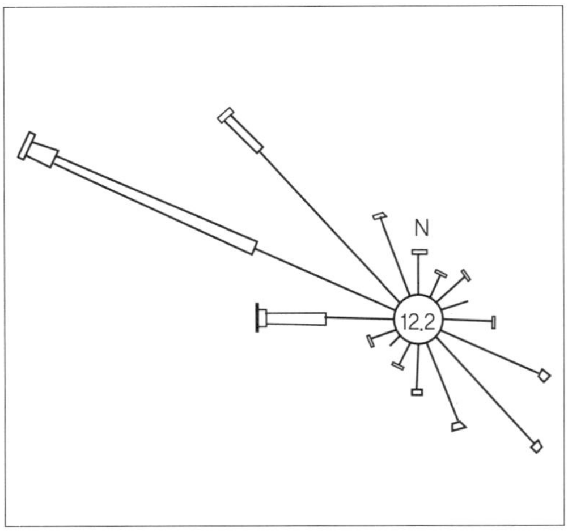

그림 14. 영주의 1998년 풍배도(1998년 기상연보)
가운데 숫자는 고요 비율(%)이며 풍속은 0.3~3.3ms-1, 3.4~7.9ms-1, 8.0~13.8ms-1, 13.9ms-1 이상으로 구분함.

풍속은 보통 초속 몇 m(ms^{-1})로 나타낸다. 또 많이 쓰는 것이 노트(knot)이다. 1노트는 1시간에 1해리(약 1,852m)의 거리를 가는 속도로 $0.51ms^{-1}$이 된다. 그러므로 14노트는 약 $7ms^{-1}$이다.

풍속은 지표면 부근에서는 고도에 따라 크게 달라진다. 건물과 같은 장애물이 있는 경우에 장애물과의 위치에 따라서 풍속의 변화가 매우 크므로 이들을 일반적인 풍속으로 간주하기 어렵다. 그러므로 보통 풍속은 건물 등과 같은 장애물이 없는 곳에서 상당한 높이(약 10m)에서 측정한 것을 이용한다.

한 지역에서 풍향의 출현빈도를 각 방위별로 나타낸 것을 바람장미(wind rose)라고 한다. 가장 일반적인 바람장미는 〈그림 15와 16〉과 같이 출현빈도의 백분율을 각 풍향에 대응하는 선분의 길이로 표시하거나 〈그림 13〉과 같이 그 끝점을 연결하여 나타내거나 한다. 이때 풍속이 매우 약한 경우(정온 혹은 고요, 풍속 $0.2ms^{-1}$ 이하)의 백분율을 그림의 한가운데 혹은 가장자리에 표시한다. 그런데 이런 바람장미에서 풍속은 완전히 무시하게 된다. 풍속을 고려한 바람장미를 작성할 수 있다. 이 경우에 풍속을 몇 계급으로 나눈 후 각 풍향의 출현빈도를 백분율로 고친 다음 백분율에 해당하는 길이의 선분을 각 방위에 대응하여 그린다. 이때에 풍속 계급에 대응하여 선분의 굵기를 달리한다. 풍속이 약한 계급은 가는 선, 강한 바람은 굵은 선으로 표시한다(〈그림 14〉 참조). 풍속 계급은 이용 목적에 따라 3계급 혹은 4계급으로 구분할 수 있다.

한 지역에서 어떤 기간(보통 1년 혹은 한 계절)에 출현빈도가 월등히 높게 나타나는 특정 바람을 탁월풍(卓越風, prevailing wind)이라고 한다. 탁월풍은 바람장미에서 잘 나타난다. 우리나라 겨울철의 북서풍, 인도 여름철의 남서풍, 아열대 해양의 무역풍(북반구의 북동무역풍, 남반구의 남동무역풍), 온대 해양의 편서풍 등이 탁월풍의 사례들이다.

1) 바람의 분포 특성

우리나라는 계절풍 기후에 속하여 겨울철에는 북서계절풍이 탁월하고 여름철에는 북서태평양고기압의 가장자리에 위치하여 남풍계의 바람이 많이 분다. 이와 같은 뚜렷한 계절풍은 기온과 강수의 분포에 큰 영향을 미친다. 봄과 가을에는 두 계절풍의 전환기에 해당하므로 뚜렷한 특징이 없으나 날씨가 맑은 때에는 대체로 서풍계열의 바람이 많이 분다.

〈그림 15〉에서 1월의 바람장미를 보면 북서풍이 많이 나타나는데, 특히 목포, 여수, 대구, 제주 등지에서 탁월하다. 반면 지형의 영향을 많이 받는 곳에서는 북서풍과는 다른 바람이 많

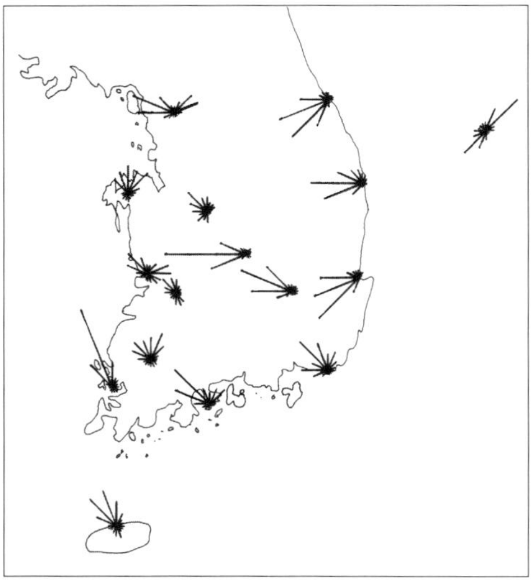

그림 15. 1월의 바람장미
정온 비율은 표시하지 않았음.

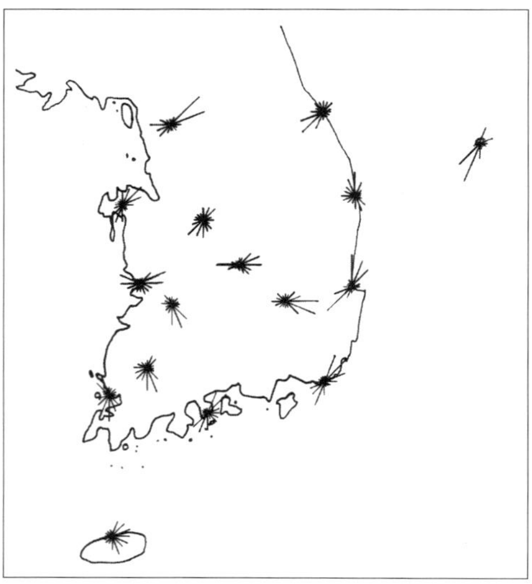

그림 16. 8월의 바람장미
정온 비율은 표시하지 않았음.

이 나타날 수 있다. 울릉도는 북동풍과 남서풍이 많이 나타나며 강릉, 울진, 포항에서는 서풍~남서풍이 많이 분다. 추풍령은 서풍이 탁월하다. 그리고 내륙에 위치한 청주와 전주에서는 북서풍이 더 많이 불기는 하나 다른 풍향의 바람도 상당히 많이 분다.

〈그림 16〉에서 8월의 바람장미를 보면 많은 지점에서 남서풍에서 남동풍까지의 남풍계의 바람이 우세하게 나타나지만 겨울철만큼 탁월하지는 않다. 1월과 마찬가지로 지형의 영향으로 남풍계가 아닌 바람이 우세하게 나타나는 경우가 있는데, 울릉도, 서울, 부산, 대구 등이 이런 사례들이다. 울릉도에서는 북동풍과 남서풍이 많이 나타나고 서울에서는 북동풍이 탁월하다. 대구에서는 동풍과 동남동풍이 많이 불며 추풍령에서는 서풍과 동북동풍의 출현빈도가 우세하다.

우리나라에서 여름철 계절풍이 남동풍이라고 일반적으로 알려지고 있다. 8월의 바람장미에서 남남동풍에서 동남동풍까지의 남동풍계의 바람이 가장 많이 부는 곳은 제주, 광주, 전주 등이고 남서풍계의 바람이 가장 많이 부는 곳은 강릉, 청주, 포항 등으로 남동풍과 남서풍은 유사한 출현빈도를 보인다고 할 수 있다. 그러나 비가 오는 때에는 남동풍이 탁월하다고 알려져 있다(이병설 · 김성삼, 1983).

2) 국지풍

특정 기압배치와 국지 지형의 영향으로 혹은 고기압의 영향으로 바람이 잔잔할 경우 열적 특성의 차이로 좁은 지역에서 독특한 바람이 나타나는데 이를 국지풍(局地風, local wind)이라고 한다. 우리나라에서는 전자의 예로 높새가, 후자의 예로서는 해륙풍과 산곡풍이 있다. 이하에서는 높새와 해륙풍에 대해 살펴보고자 한다.

(1) 높새

늦봄~초여름의 기간에 중국의 동북 지방에 고기압이 있거나 오호츠크해고기압이 동해로 확장하고 있는 등의 특정 기압배치하에서 기류가 태백산맥을 넘어 영서 지방으로 불어갈 때 영서지방과 영동 지방의 기온 차이가 두드러지는 경우가 많이 나타난다. 이때의 북동풍을 높새 혹은 높새바람이라고 한다. 높새가 강할 경우에 영서 지방은 물론이고 경기도, 충청남 · 북도, 황해도에서도 그 영향이 나타난다고 한다(최성식 외, 1997; 권혁재, 2003).

높새는 3월부터 8월 초순까지 연평균 16회 정도 나타나는데, 3월 하순~4월 중순, 5월 하순~6월 하순경에 많이 출현한다(이현영, 1994). 높새가 나타날 때 영동 지방과 영서 지방의 기온 차이는 4℃ 이하가 전체의 55%, 4~10℃인 경우가 39%, 10℃ 이상인 경우도 5% 정도를 차지한다(최성식 외, 1997).

높새가 나타날 때의 일기도의 유형은 여러 가지가 있다(이현영, 1994; 최성식 외, 1997). 시베리아고기압이 동진하여 중국의 둥베이 지방에 그 중심이 있을 때 나타나는 전형적인 북동기류가 3월에 자주 나타나며 이는 높새로 발전한다. 대상고기압의 중심이 우리나라의 북부 지방을 통과할 때 영동 지방에는 자주 북동기류가 나타난다. 또한 오호츠크해고기압이 강하게 발전하고 동해쪽으로 확장할 때 영동 지방에 북동기류가 탁월하게 나타난다. 발달한 저기압이 남해안을 통과할 때에도 영동 지방에 강한 북동풍이 나타난다.

높새는 일반적으로 푄(föhn) 현상으로 이해하고 있다. 기류가 산맥을 넘을 때 바람맞이(풍상) 사면에서 기온이 하강하고 바람그늘(풍하) 사면에서 기온이 상승한다. 포화된 공기가 아니라면 기온은 100m 상승할 때 1℃ 정도 하강하며 포화가 된 다음부터는 응결잠열의 방출로 기온의 하강비율(온도감률)이 줄어든다. 앞의 경우를 건조단열감률이라 하고 후자를 포화(혹은 습윤)단열감률이라고 한다. 후자의 값은 기온에 따라 달라지는데, 기온이 높으면 0.4℃/100m까지 작아질 수 있으며 기온이 낮으면 0.9℃/100m까지 커질 수 있다.

가상적인 상황으로 20℃의 기온을 갖는 기류가 3,000m 높이의 산맥을 넘는 경우를 생각해보자. 이 공기는 8℃에서 포화된다고 할 때 산맥을 넘은 후의 기온은 바람맞이 사면에서 고도 1,200m까지는 건조단열감률로 기온이 하강하여 8℃에 이르고 여기서부터는 포화단열감률로 기온이 하강한다. 산맥 정상까지의 구간에서 포화단열감률의 값은 변하지만 계산의 편의상 이 값을 평균 0.5℃/100m로 가정하면 산맥의 정상에서 기온은 −1℃가 된다. 물론 이 구간에서 구름이 형성되고 강수가 나타날 수도 있다. 산맥정상의 기류가 산록까지 불어 내려 간다면 기온은 건조단열감률로 상승하여 29℃가 될 것이다. 결국 산맥을 넘은 기류는 처음보다 기온이 9℃ 상승할 것이다. 또 바람맞이 사면에서 구름형성으로 다량의 수증기를 잃었으므로 상대습도는 현저하게 낮은 건조한 바람이 된다. 이렇게 기류가 산맥으로 넘을 때 기온이 상승하고 습도가 낮아지는 현상을 푄[17]이라고 한다.

푄 현상이 현저하게 나타나는 지역으로는 알프스산맥의 북사면(푄이라는 이름이 유래한 곳), 로키산맥의 동사면(치누크(chinook)라고 불리며 '눈 먹는 이(snow eater)' 라고도 불린다) 등이 잘 알려져 있다.

높새가 나타나는 날에 영동 지방과 영서 지방의 기온 차이를 보면 최대 15.4℃(1993년 5월 29일)에 이른다. 그런데 태백산맥의 고도를 감안하면 건조단열과정과 포화단열 과정에 의한 보통의 푄 현상으로 나타날 수 있는 기온 상승폭은 8℃를 넘지 못할 것으로 판단된다.[18] 따라서 영동 지방과 영서 지방의 기온 차이가 8℃를 넘는 경우는 열역학적 푄으로는 설명할 수 없다.

영동 지방의 국지적인 강풍이 불 때 영동 지방의 기온은 상승하고 습도는 낮아지는 푄이 나타난다(하현주, 1994). 이때에 풍상 지역의 하층에 역전층이 있고 태백산맥의 저지효과로 상층의 상대적으로 따듯한 공기가 영동 지방으로 불어 내려가면서 기온이 상승하고 상대습도는 낮아진다(하현주, 1994; 김용상 · 홍성길, 1996). 이와 같은 원리가 영서 지방에서도 나타날 수 있다. 즉, 높새가 나타나는 날 영동 지방의 대기하층에 역전층이 있고 하층의 찬 공기가 태백산맥을 넘지 못할 때 그 상층의 따듯한 공기가 태백산맥을 넘으면서 영서 지방까지 불어내리면 건조단열과정으로 기온은 상승할 것이다. 이럴 경우에 태백산맥의 고도는 큰 문제가 아니며 영동 지방과 영서 지방의 기온 차이는 10℃ 이상도 나타날 수 있다.[19]

초여름까지 오호츠크해의 기온은 상당히 낮은 상태로 유지되는데, 오호츠크해고기압이 발달하면 이 찬 공기가 남쪽으로 유출된다. 찬 공기가 대량으로 유출되면 일본의 도호쿠(東北) 지방과 우리나라 영동 지방으로 거의 동시에 찬 공기가 흘러오는데, 태백산맥이 찬 공기가 내

17) 열역학적(熱力學的, thermodynamic) 푄이라고 한다.

18) 태백산맥의 높이를 1,600m로 놓고, 동해의 해수면 고도에서 공기는 이미 포화되었으며 이의 포화단열감률을 0.5℃/100m로 하고 태백산맥을 넘은 기류가 황해까지 간다고 할 때 동해안 지역과 황해안 지역의 기온 차이는 8℃가 된다.

19) 이러한 현상을 역학적(力學的, dynamic) 푄이라고 한다.

표 3. 1993년 5월 29일의 영동 · 영서 지방의 기상 요소들

지점(고도) / 기상 요소	강릉 (26m)	대관령 (842m)	인제 (200m)	원주 (150m)	홍천 (141m)	춘천 (74m)	서울 (86m)
일최고기온(℃)	16.5	18.9	24.3	31.5	31.9	31.5	31.9
일최소상대습도(%)	75	40	50	23	21	27	22
운량(1/10)	10.0	8.0	1.5	3.3	4.3	2.8	4.5
강수량(mm)	0.0	0.2					

빈칸은 무강수일임(이현영, 1994).

륙으로 흘러드는 것을 막는다(김해동, 1997). 높새일에 강릉의 하층에서 동풍이 아니라 서풍이 우세하게 나타나는 사실(최성식 외, 1997)도 영동 지방의 하층공기가 태백산맥을 넘지 않는 경우가 많다는 것을 의미한다.

〈표 3〉에서 태백산맥 양쪽의 기온 차이가 현저한 1993년 5월 29일에 주요 지점의 기상 요소를 살펴보면 강릉의 기온보다 대관령의 기온이 높아 하층에 역전층이 형성되었음을 알 수 있다. 이날의 일기도를 보면(그림 생략) 남해상에 발달한 저기압이 있고 기압골이 황해 북부까지 나타나 영동 지방에는 동풍계 바람이 나타난다. 따라서 원주, 홍천 등지의 낮 기온은 영동 지방 상층의 공기가 하강하여 나타난 것으로 보인다.

(2) 해륙풍

봄철에서 가을철까지 날씨가 맑고 바람이 잔잔한 날 해안 지역에서는 낮에 바다에서 바람이 내륙으로 불고 밤에 내륙에서 바다로 바람이 부는 경우가 자주 나타난다. 바다에서 불어오는 바람을 해풍(海風, sea breeze), 바다로 불어 가는 바람을 육풍(陸風, land breeze)이라고 하며 이들을 함께 해륙풍이라고 한다.

날씨가 맑은 날 낮에 태양 복사 에너지에 의해 바다와 육지의 표면온도는 상승하는데, 태양 에너지에 대한 바다와 육지의 반응의 차이에 의해 지표면의 온도 차이가 나타나고 이 차이에 의해 해풍이 출현한다. 먼저 육지는 바다보다 열용량[20]이 작으므로 같은 에너지를 받아도 온도가 물에 비해 2~3배 더 상승한다. 그런데 바다에서는 태양 복사 에너지가 물속으로 상당한 깊이까지 들어가고 파도에 의해 바다의 최상층에 혼합층이 형성된다. 이 혼합층의 온

20) 단위 부피의 물질이 단위 온도 올리는 데 필요한 열량을 의미한다(단위는 $JK^{-1}m^{-3}$임). 토양의 열용량은 물의 열용량의 1/2~1/3에 불과하다.

도는 같이 상승하고 같이 하강하는 경향이 강하므로 바다의 수온은 육지에 비해 매우 느리게 변화한다. 따라서 해가 뜨면서 바다와 육지의 온도 차이는 점점 커진다.

하층공기는 낮에 지표면의 온도와 기온의 차이에 비례하는 느낌열(현열) 에너지를 받으므로 육지의 기온은 빨리 상승하고 바다의 기온은 천천히 상승한다. 상대적으로 기온이 높은 육지의 공기는 팽창하여 밀도가 작아질 것이고 바다의 공기는 상대적으로 밀도가 클 것이다. 이 경우에 하층에서는 밀도가 큰 바다의 공기가 육지로 흐르고 상층에서는 육지의 공기가 바다로 흘러 하나의 순환을 완성한다.

해풍은 저온의 바다에서 불어오므로 습윤한 반면, 육지의 공기는 상대적으로 고온이고 건조하다. 해풍의 첫머리에서는 성질이 다른 두 공기가 만나므로 이 경계면을 해풍전선(海風前線, sea breeze front)이라고 부른다. 해풍전선에서는 하층에 찬 공기가 있고 그 위에 따듯한 공기가 위치하여 역전층 혹은 안정층을 형성한다. 이 역전층은 오염 물질을 가두어 그 농도를 높일 수 있다(Lee and Han, 1992). 해풍전선을 따라 상승기류가 형성되므로 적운이 발달할 수 있다. 1999년 3월에서 6월까지 부산에서 해풍시작시의 기상 요소를 관측한 결과(이화운 외, 2000)에 의하면 해풍이 통과하는 시각에 풍향에서 뚜렷한 변화가 나타나며 기온은 약간 하강하거나 상승경향의 둔화로 나타난다.

야간에 복사냉각으로 육지와 바다의 표면 온도가 하강할 때 바다에서는 열용량이 크고 혼합층의 온도가 같이 변화하므로 바다 온도가 매우 천천히 내려가나 육지 표면의 온도는 빨리 하강한다. 이 결과 야간에는 육지의 기온이 낮고 바다의 기온이 높은 상태가 형성되어 하층에서는 육지에서 바다로 바람이 분다. 이 바람이 육풍이다.

바다와 육지의 기온 차이가 큰 낮에 부는 해풍이 기온 차이가 적은 밤에 부는 육풍보다 풍속이 빠르다. 해풍의 평균풍속은 4~7ms^{-1}인 데 비해 육풍은 보통 2ms^{-1}에 불과하다. 해륙풍은 대기 하층에서 나타나는 현상이므로 해풍과 육풍의 높이는 수백 미터 이하이다. 그러므로 해안 지역에 산지가 있으면 해풍이 내륙으로 깊숙이 침투하지 못한다. 실제로 해안 지역에서 모식도와 같은 해륙풍을 만나기는 어렵다. 이는 기압배치에 따른 바람(일반풍)이 불 경우 해륙풍은 이의 영향을 받아 변형되기 때문이다.

기상관측소의 자료를 이용해 해륙풍의 실태를 살펴본 결과(Lee *et al.*, 1989; 김민정 · 이동규, 1998)에 의하면 봄철부터 해륙풍이 나타나며 해풍에 비해 육풍은 풍속이 작아 대부분의 해안에서 뚜렷하게 보이지 않는다. 다만 영동 지방에서 해풍과 함께 육풍도 현저하게 나타난다. 영동 지방의 해륙풍이 잘 발달하는 것은 태백산맥에 의한 산곡풍[21]과 해안 지역의 해륙풍이 결합되어 나타났기 때문으로 보인다. 이는 많은 수치실험에서 밝혀지고 있다(김민정 · 이동규, 1998; 이화운 외, 1998).

4. 기타 기후 요소

1) 안개

대기중의 수증기가 응결되어 작은 물방울이나 얼음이 되면 구름이나 안개가 된다. 물방울이 하늘에 떠 있을 때 구름이라고 하고 지표면에 접해 있을 때 안개라고 한다. 그러므로 산 중턱에 발생한 안개는 평지에서 보면 구름이 된다. 작은 물방울이 지면 부근에 떠 있고 시정이 1km 이하일 경우에 안개(fog)라고 한다.

안개는 일반적으로 공기가 포화에 이르면 발생되지만 공기 중에 먼지가 많으면 불포화인 경우에도 나타날 수 있다. 공기가 냉각되어 이슬점에 도달하거나 공기에 수증기가 공급될 때 안개가 발생할 수 있다. 공기의 냉각으로 발생한 안개로는 복사안개(radiation fog), 이류안개(advection fog), 활승안개(upslope fog) 등이 있고 수증기의 공급으로 발생한 안개로는 증기안개(steam fog) 등이 있다.

날씨가 맑고 바람이 잔잔한 날 밤에는 복사냉각이 활발하게 이루어지는데, 이때 공기 중에 수증기가 많이 있다면 안개가 발생하기 쉽다. 이 안개를 복사안개라고 하는데, 가을과 겨울에 내륙의 분지에서 자주 발생한다. 복사안개는 일출 전후에 많이 나타나고 해가 뜬 후 2~3시간이 지나면 사라진다. 따듯한 공기가 찬 지표면 위로 불어갈 때(이류) 발생되는 안개를 이류안개라고 하는데, 바다에서 형성된 안개(해무)는 대부분 이류안개이다. 해무는 넓은 범위에 걸쳐 나타나며 오랫동안 지속된다. 습윤한 공기가 산의 경사면을 따라 상승할 때 단열냉각에 의해 안개가 형성되는데, 이를 활승안개라고 한다. 대체로 산의 사면에서 나타나므로 산안개라고도 한다. 그리고 찬 공기가 따듯한 수면 위로 이류할 때 수면에서의 수증기 공급으로 안개가 발생하는데, 이를 증기안개라고 한다. 수면에 의한 하층 공기의 가열은 동시에 대류를 활성화시켜 안개를 소산시키는 작용을 하므로 기온과 수온의 차이가 크고 또 하층에 역전층이 있어야 안

21) 우리나라에서 산곡풍에 관한 관측 연구는 매우 적다. 봄과 여름에 소백산 부근에서 산곡풍을 관측한 연구(조하만 외, 1989)와 겨울에 남양주시 조안면 진중리의 계곡에서 기온 분포를 연구하는 과정에서 풍속을 측정한 것(송호열, 2000) 등이 있다.

개가 잘 발생할 수 있다. 이런 조건은 늦가을에 호수나 강 부근에서 만족될 수 있다.

실제의 안개는 여러 조건이 함께 나타나서 발생하는 경우도 많다. 예를 들면 내륙의 분지에 큰 하천이나 호수가 있는 경우 가을에 복사냉각이 잘 이루어질 때 복사안개가 나타날 수 있으며 동시에 증기안개도 나타날 수 있다. 순천, 양평, 진주 등지는 이런 조건에 합당한 지역으로 안개가 많이 발생하는 지역들이다(허인혜 · 이승호, 1998). 해안 지역에서 낮에 해풍으로 습윤한 공기가 육지로 이동되었다가 밤의 복사냉각으로 안개가 발생할 수 있다.

안개는 다른 지역으로 이동될 수도 있다. 해무가 바람에 의해 육지로 이동되는 경우가 있으며 내륙의 분지에서 발생한 안개가 좁은 계곡을 따라 다른 지역으로 이동할 수 있다. 특히 댐에 의해 조성된 호수에서 발생한 안개가 낮은 지대를 따라 이동하는 모습은 여러 곳에서 관측할 수 있다. 다만 정규 기상관측소의 관측만으로는 이런 사항을 파악할 수가 없다.

우리나라에서 안개가 많이 발생하는 곳은 대관령(127.3일),[22] 순천(91.7일), 양평(83.9일), 진주(78.8일), 임실(75.1일) 등인데, 산안 지역인 대관령을 제외하면 대규모 호수에 인접한 내륙지역이라는 공통점을 가진다. 대관령에 동풍계열의 바람이 불 때 안개가 가장 많이 발생하였고 서풍계열의 바람이 불 때 가장 많이 소산되었다는 점에서 주로 활승안개로 보인다(전종갑 외, 1998). 연안개일수가 60일 이상인 지역으로는 위의 지역 외에 춘천, 충주, 안동, 부여, 장수, 함천 등지로 큰 호수 부근이거나 내륙의 분지지역이다. 충주댐, 안동댐 등의 댐 건설로 충주, 안동 등지의 안개일수가 크게 증가한 것은 잘 알려져 있다(이종범, 1981; 이승호, 1998). 반대로 안개가 적은 지역은 동해안과 남해안 지역, 경남의 내륙지역 등으로 연안개일수가 20일 이하인데, 특히 포항과 영덕 부근에서는 10일 이하이다.

2) 서리

공기 중의 수증기가 지면이나 물체의 표면에 응결하여 생긴 물방울을 이슬(dew)이라고 한다. 복사냉각 등으로 지면이나 물체의 온도가 내려가다가 공기의 이슬점온도[23](dew-point temperature)보다 낮아질 때, 그리고 따듯하고 습윤한 공기가 이슬점온도보다 저온의 지표면 위를 지날 때 이슬이 맺힌다. 이슬은 농작물에 피해를 주지 않기 때문에 기상 관측 대상에 포

22) 이하의 연안개일수는 1971~2000년 평균값이다.

23) 같은 기압하에서 기온이 내려갈 때 공기가 포화되는 온도. 엄밀히 말하면 공기의 수증기압(혹은 혼합비)이 물에 대한 포화수증기압(혹은 포화혼합비)과 같아지는 온도를 말한다. 공기의 수증기압이 얼음에 대한 포화수증기압과 같아지는 온도를 서릿점온도(frost point temperature)라고 할 때도 있다.

함되지 않는다.

기온이 어는점 아래로 내려가 공기 중의 수증기가 지면이나 물체에 얼음결정으로 부착될 때 이를 서리(frost)라고 한다. 서리가 생기면 식물의 잎에 있는 세포는 손상되므로 농작물이 피해를 입게 된다. 이런 연유로 서리는 기상 관측의 대상이 된다. 가을에 처음 내리는 서리를 첫서리 혹은 초상(初霜)이라고 하고 봄에 마지막서리 또는 종상(終霜)이 내린다. 봄의 마지막 서리와 가을의 첫서리 사이의 기간이 '서리 없는 기간' 즉, 무상기간(無霜期間)이다.

서리는 찬 공기의 흐름과 밀접한 관련이 있어 지형의 영향을 크게 받는다. 야간의 복사냉각으로 찬 공기가 형성되어 낮은 지대로 좁은 통로를 따라 흐를 경우 이 통로를 따라 길고 좁은 지대에 서리피해가 나타날 수 있는데, 이를 서릿길이라고 한다. 또한 찬 공기가 움푹 팬 땅(와지)에 고일 때 서리피해가 일어나기 쉬운데 이 땅을 서리 구덩이(frost hollow)라고 한다. 서리피해는 분지의 낮은 지대에서 잘 나타나지만 일반적인 사면 아랫부분에서도 나타날 수 있다.

우리나라에서 첫서리는 개마고원에서 가장 빨라 9월 초순에 내린다. 중부 내륙 지방에서는 10월 초순에, 남해안 지방은 11월 중순에, 제주도는 12월 초순에 첫서리가 내린다. 봄의 마지막서리는 남해안과 제주에서 3월 초순, 개마고원에서 5월 초순에 내린다. 무상기간은 개마고원에서 120일 정도이고 제주도가 270일 이상이며 남해안 지방은 240일 내외, 중부 내륙 지방은 180~200일 사이이다.

서리가 내린 일수는 대체로 해안 지역에서 적고 내륙 지방에서 많다. 서리일수가 가장 적은 곳은 서귀포, 제주 등지로 10일 이하이며 다음으로 속초, 강릉 부근의 동해안, 울릉도, 부산을 중심으로 한 남동해안, 여수-완도 부근의 남해안에서 서리일수가 적다. 서리일수가 큰 곳은 내륙의 분지 지역으로 연서리일수가 120일 이상인 곳은 원주, 양평, 홍천, 제천, 부여, 금산, 남원, 장수, 의성 등지이며 110일 이상인 곳도 춘천, 충주, 이천, 보은, 임실 등지이다. 대체로 이들 지역에서는 안개도 많이 끼는 경향이다.

참고문헌

구경아, 2000, 「한반도 상록활엽수의 지리적 분포와 기후요소와의 관계-내장산 굴거리나무를 중심으로-」, 경희대학교 대학원 석사학위논문.

권혁재, 2003, 『한국지리[총론]』, 제3판, 법문사.

기상청, 1995, 『북한기상20년보(1973~1994)』.

기상청, 2001, 『한국기후표(1971~2000)』.

김민정 · 이동규, 1998, 「한반도 남서 연안의 국지풍 순환과 지형성 강수에 관한 연구」, 『한국기상학회지』, 34, pp.128-146.

김용상 · 홍성길, 1996, 「늦봄 또는 초여름에 영동 지방에서 나타나는 '유사 푄' 현상에 관한 연구」, 『한국기상학회지』, 32, pp.593-600.

김해동, 1997, 「초여름 한반도 동해안의 해무 발생에 관한 수치실험」, 『한국기상학회지』, 33, pp.337-348.

박병익, 1996, 「한국의 기온 경년 변화와 이에 대한 도시화의 영향에 대하여」, 『지리 · 환경교육』, 4(1), pp.109-119.

박병익, 2002, 「동아시아에서 장마전선의 위치별 수증기수송의 특성」, 『충북지리』, 충북대학교 사대 지리교육과, 17, pp.1-18.

변희룡 · 이동규 · 정창희, 1992, 「장마전 건기의 대기순환에 관한 연구 제1부 : 존재와 특징」, 『한국기상학회지』, 28, pp.71-88.

부경온 · 오성남, 2000, 「1999년 서울 지역 기온의 시공간 분포 특성」,『한국기상학회지』, 36, pp.499-506.

송호열, 1985, 「우리나라 성하계의 기후학적 특성」, 『지리학』, 31, pp.42-67.

송호열, 2000, 『산간곡지의 동계 기온 분포 특성』, 한울.

이병설, 1979, 「우리나라의 자연 계절에 관한 연구」, 『지리학』, 20, pp.1-11.

이병설, 1985, 「삼한사온과 기온특이일에 관한 연구」, 『한국기상학회지』, 21(1), pp. 34-45.

이병설 · 김성삼, 1983, 「장마계의 종관적 특성」, 『한국기상학회지』, 19(1), pp.1-11.

이승호, 1998, 「충주호가 주변 지역의 안개 특성에 미친 영향-충주와 제천을 중심으로-」, 『대한지리학회지』, 33, pp.165-177.

이승호, 1999, 「제주도 지역의 강수 분포 특성」, 『대한지리학회지』, 34, pp.123-136.

이승호 · 천재호, 2003, 「시베리아 고기압 확장 시 호남 지방의 강설 분포-노령 산맥 서사면 지역을 중심으로-」, 『대한지리학회지』, 38, pp.173-183.

이승호 · 최병철, 2001, 「울릉도의 적설량 변화」, 『한국기상학회지』, 37, pp.317-328.

이은걸 · 이현영, 1998, 「한국의 태풍재해의 공간 분포와 발생 요인」, 『대한지리학회지』, 33, pp.179-190.

이종범, 1978, 「서울 지방의 기온 경년 변화와 그 요인에 관하여」, 『한국기상학회지』, 14(1), pp.29-35.

이종범, 1981, 「춘천 지방의 인공호에 이한 안개 및 운량의 변화」, 『한국기상학회지』, 17(1), pp.18-26.

이현영, 1985, 「서울의 도시기온에 관한 연구」, 이화여자대학교 박사학위논문.

이현영, 1994, 「영서 지방의 푄 현상」, 『대한지리학회지』, 29, pp.266-280.

이현영, 2000, 『한국의 기후』, 법문사.

이현영 · 이승호, 1993, 「장마 시작일 예측 모델」, 『지리학』, 28, pp.112-122.

이화운 · 김유근 · 정우식, 2000, 「복잡한 연안 지역에서 해풍시작시 지형의 영향에 대한 수치모의」, 『한국기상학회지』, 36, pp.561-572.

이화운 · 이동규 · 이태영 · 김유근 · 원경미 · 한한우, 1998, 「연안 도시 지역의 대기 흐름 시뮬레이션」, 『한국기상학회지』, 34, pp.75-86.

이훈 · 이태영, 1994, 「영동 지역의 폭설 요인」, 『한국기상학회지』, 30, pp.197-218.

전종갑 · 이동규 · 이현아, 1994, 「우리나라에서 발생한 대설에 관한 연구」, 『한국기상학회지』, 30, pp.97-117.

전종갑 · 이은정 · 류승아 · 유수현, 1998, 「우리나라 지역별 안개 발생 특성과 대기오염 물질 농도와의 관계」, 『한국기상학회지』, 34, pp.486-496.

정성호, 1977, 「태풍경로에 따른 한반도의 강수 분포 특성」, 『한국기상학회지』, 13(1), pp.31-37.

조하만 · 조천호 · 정귀원, 1989, 「소백산 부근의 춘하계에 대한 바람 분포 특성」, 『한국기상학회지』, 25, pp.129-137.

중앙기상대, 1984, 『한국 태풍 80년보(1904~1983)』.

최성식 · 문승의 · 하창환, 1997, 「높새풍의 기후학적 특성」, 『한국기상학회지』, 33, pp.349-361.

최진식, 1985, 「동해와 그 연해안 대설의 기후학적 연구」, 『지리학』, 31, pp.68-85.

탁송일, 1987, 「한국에서의 태풍강수의 지역적 분포에 관한 연구」, 『지리교육논집』, 서울대학교 사대 지리교육과, 18, pp.124-144.

하현주, 1994, 「영동 지방에서 발생하는 국지 강풍 특성과 푀엔 현상과의 관련성 연구」, 서울대학교 석사학위논문.

허인혜 · 이승호, 1998, 「한국의 안개 분포와 특성」, 『지리 · 환경교육』, 6(1), pp.71-85.

吉野正敏 外, 1985, 『氣候學氣象學辭典』, 二宮書店.

李炳卨, 1975, 「韓國における長霖と秋長霖の天候氣候學的研究—東アジアの暖候季と関聯して」, 『地理學評論』, 48, pp.459-484.

Ho, C.H., Lee J.Y., Ahn, M.H. and Lee, H.S., 2003, A Sudden Change in Summer Rainfall Characteristics in Korea During the Late-1970s, *Int. J. Climatol.*, 23, pp.117-128.

Kang, I.S., Lee, D.I. and Min, K.D., 1991, Seasonal Evolution of Summer Precipitation and Moisture Transport in Asian Monsoon Region Estimated from the ECMWF Data, *J. Kor. Met. Soc.*, 27, pp.241-255.

Lee, B.S., 1974, A synoptic study of the early summer and autumn rainy season in Korea and in East Asia, *Geogr. Rep. Tokyo Metrop. Univ.*, 9, pp.79-96.

Lee, B.S., 1976, Weather-climatological study of changma and Kaul Changma in Korea in relation to two rainy season of East Asia, *J. of the College of Education*, Seoul Nat. Univ., 14, pp.185-218.

Lee, D.I. and Han, Y.H., 1992, Vertical distribution of aerosol concentrations in the boundary layer observed by a tethered baloon Part Ⅱ: Distributions of aerosol concentrations in relation to the sea breeze front, *J. Kor. Met. Soc.*, 28, pp.497-507.

Lee, T.Y., Shin, D.B. and Park, Y.Y., 1989, Mean structure of surface winds for summertime in South Korea, *J. Kor. Met. Soc.*, 25, pp.30-42.

Park, S.U. and Joung, C.H., 1984, Air modification over the Yellow Sea during Cold-air outbreaks in winter, *J. Kor. Met. Soc.*, 20(2), pp.35-50.

Yim, Y.J. and Kira, T., 1975, Distribution of forest vegetation and climate in the Korean Peninsula. Ⅰ. Distribution of Some Indices of Thermal Climate, *Jap. J. Ecology*, 25, pp.77-88.

제8장

기후 인자

이승호(건국대학교)

우리나라의 기후 현상은 계절별로 다양할 뿐만 아니라 좁은 국토면적에 비하여 지역별로도 다양하다. 이와 같이 다양한 기후를 만드는 요인을 기후 인자라고 하며, 지리적 인자와 동기후적 인자로 구별된다. 지리적 기후 인자는 위도, 지리적 위치, 수륙 분포, 해발고도, 주변의 지형 등과 같이 거의 변하지 않는 것들이다. 순간순간 변하는 기상 현상은 주로 기단, 전선, 기압계 등 동기후적 기후 인자의 영향을 받는다.

우리나라에 나타나는 다양한 기후는 그것에 영향을 미치는 지리적 인자와 동기후적 인자가 종합적으로 반영되어 나타나는 것이다. 그러므로 우리나라의 기후 특성을 파악하기 위해서는 기후 인자에 대한 이해가 필수이다.

1. 지리적 인자

1) 중위도 지방에 위치

우리나라는 중위도 지방에 위치하고 있어서 비교적 온화하며 계절 변화가 뚜렷하다. 세계의 기온 분포를 보면, 위도에 따른 태양 복사 에너지의 수열량 차이가 크게 반영되어 대체로 저위도에서 고위도로 갈수록 기온이 낮아진다. 즉, 태양고도가 높은 저위도에서 일사량이 많고 태양고도가 낮은 고위도에서 상대적으로 적다. 남・북위 60° 지역에서는 적도 지방의 1/2만큼의 일사량만이 도달된다. 반면 지구 표면에서 대기로 방출하는 지구 복사 에너지는 위도에 따른 차이가 있기는 하나 그 정도가 태양 복사 에너지에 비하여 적다(〈그림 1〉 참조). 그러므로 저위도에서는 입사하는 태양 복사 에너지가 지구 복사 에너지보다 많고 고위도에서는 그 반대이다. 즉, 저위도 지역에서는 열과잉 현상이, 고위도 지역에서는 열부족 현상이 나타난다. 중위도의 태양 복사량선과 지구 복사량선이 만나는 지점에서는 열균형이 이루어지고 있다. 여기서 열균

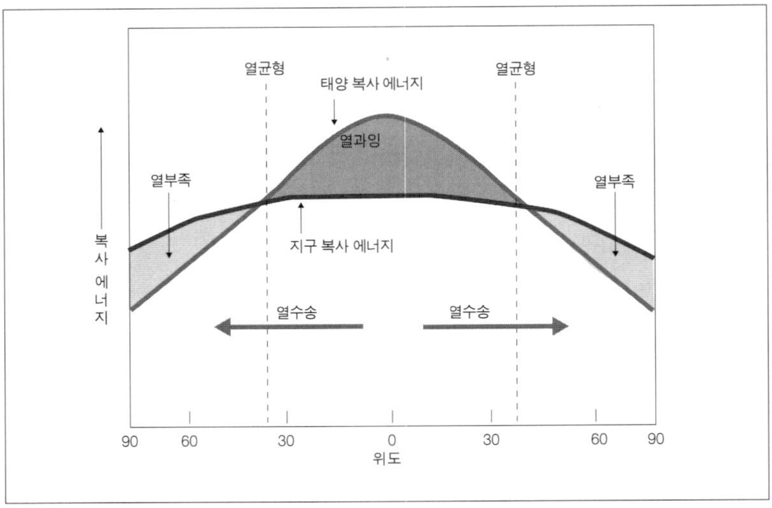

그림 1. 위도대별 열과잉과 열부족

열수지가 전 지구적으로는 균형을 유지하고 있으나, 위도대별로 보면 열과잉 지역과 열부족 지역 그리고 열균형 지역으로 구분된다. 우리나라는 거의 열균형을 이루어 열 수송로 역할을 하는 중위도 지방에 위치한다.

형이 이루어지는 지점은 항상 일정하지 않고 계절 변화에 따라서 남북으로 이동한다. 열수지의 상태에 따라 세계의 기후 지역을 열과잉의 저위도 기후 지역과 열부족의 고위도 기후 지역, 열균형이 나타나는 중위도 기후 지역으로 구별할 수 있다.

각 기후대마다 고유의 기후 특징을 갖는 것은 열수지와 관련 있다. 저위도 지역은 열과잉, 고위도 지역은 열부족, 중위도 지역은 열균형이 이루어진다. 그와 관련하여 저위도 지역과 고위도 지역은 고온과 한랭한 상태가 일정하게 유지되므로 비교적 단순한 대기 현상이 나타난다. 이에 반하여, 중위도 지역은 열의 부족, 과잉, 균형 상태가 번갈아 일어나므로 계절 구분이 뚜렷하고 대기 현상이 복잡하고 다양하다.

우리나라는 열교환이 활발한 중위도 지방에 위치하고 있어서 계절 변화가 명확하다. 태양고도가 높은 시기에는 열과잉 지역에 포함되어 여름이 되며, 태양고도가 낮을 때는 열부족 지역에 포함되어 겨울이 된다. 열과잉에서 열부족으로 혹은 열부족에서 열과잉으로 바뀌는 시기는 봄이나 가을에 해당한다. 무엇보다도 시베리아 기단의 영향을 받는 겨울철과 북태평양 기단의 영향을 받는 여름철의 기후 차이는 마치 다른 기후 지역을 방불케 할 정도의 혹한과 무더위가 나타나므로 계절의 차이를 더욱 부각시킨다.

계절마다 변하는 기후 특성은 다양한 국토의 모습을 만들었다. 우리의 선조는 각 계절의 특성에 적응하면서 고유의 문화를 발달시켰다. 우리 민족이 다채로운 세시 풍속을 지니게 된 것은 계절 변화가 뚜렷하기 때문이며, 이러한 기후는 우리의 활동에 리듬과 활력을 불어넣는다.

2) 유라시아 대륙의 동안에 위치

지리적인 위치도 위도 못지않게 기후의 차이에 미치는 영향이 크다. 지리적 위치에 의한 차이는 같은 대륙의 동안과 서안의 기후 차이에서 더욱 두드러지다. 북반구의 1월 등온선이 중위도의 대륙 서안에서는 극으로, 동안에서는 적도로 만곡되는 것은 지리적 위치와 관련이 있다. 즉, 편서풍의 영향이 강한 대륙의 서안은 그 전면에 위치하는 해양의 영향을 받는 반면, 동안은 대륙의 영향을 강하게 받기 때문에 기온 분포가 상이하다.

대륙의 서안과 동안은 하나의 대륙일지라도 지리적 위치가 다르기 때문에 탁월풍과 관련된 수륙 분포의 영향이 서로 다르다. 편서풍대에 속하는 지역인 경우 대륙의 서안에서는 전면에 장애물이 없기 때문에 편서풍의 영향이 강한 서안 기후가 나타나고, 대륙의 동안에서는 계절에 따라서 풍향이 바뀌는 동안 기후가 나타난다. 동안에서는 대륙에 의한 장애효과가 크기 때문에 편서풍이 약화되어, 같은 편서풍대에 속한 지역이지만 계절에 따라서 대륙과 해양의 영향이 번갈아 나타난다. 즉, 대륙이 냉각되어 기압이 높을 때는 대륙의 영향을 받고, 대륙이 가열되어 해양 쪽의 기압이 높을 때는 해양의 영향을 받아 계절에 따라서 풍향이 바뀌는 계절풍

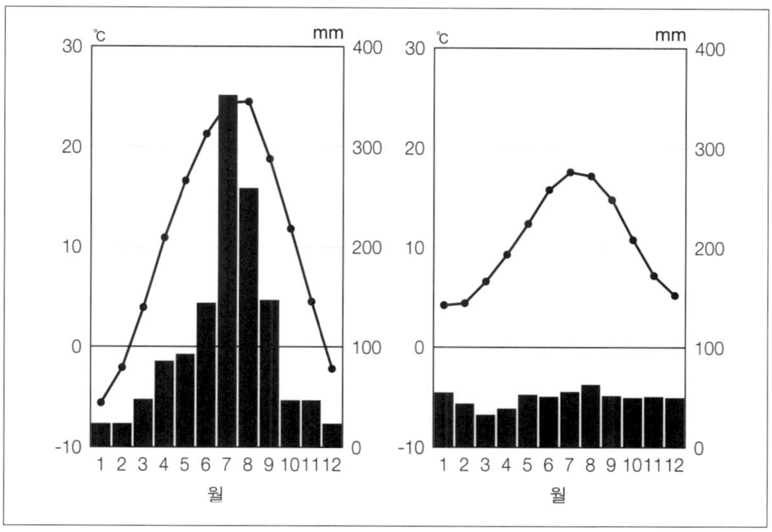

그림 2. 대륙 동안(양평 : 왼쪽)과 서안(런던 : 오른쪽)의 기후 비교
연중 편서풍의 영향을 받는 런던에서는 월별 강수량의 분포가 고르지만 양평은 월별 강수량 차이가 커서 건기와 우기가 뚜렷하게 구분된다. 연교차도 양평이 런던보다 크다.

기후가 발달하였다. 그러므로 동안 기후는 계절풍 기후라고 할 수 있다.

우리나라는 유라시아 대륙의 동안에 위치하고 있어서 계절 변화가 뚜렷하다. 유라시아 대륙의 시베리아 평원이 냉각되어 주변보다 기압이 높아지는 겨울철에는 대륙의 영향을 받아 북서 계절풍이 불어오며, 그와는 반대로 유라시아 대륙이 가열되어 북태평양상의 기압이 높아질 때는 해양의 영향을 받아 남서·남동 계절풍이 발달한다. 이와 같이 계절별로 바뀌는 풍향은 우리나라의 기후를 뚜렷한 건기와 우기로 나뉘게 하였다. 그러므로 겨울철과 여름철의 기후 차이가 더욱 커진다. 우리나라는 동안 기후의 특징이 잘 나타나서 겨울에 춥고 여름에 더울 뿐만 아니라 강수량의 계절 차이가 크다. 그러나 같은 편서풍대에 속하는 서부 유럽의 해안 지역은 연중 편서풍의 영향을 받아, 여름과 겨울의 온도와 강수량의 차이가 크지 않다(〈그림 2〉 참조).

3) 대륙과 해양의 중간에 위치

대륙에서 등온선의 간격이 조밀하고 해양에서 그 간격이 드문 것은 대륙과 해양이 온도 분포에 미치는 영향이 다르기 때문이다. 특히 대륙의 동안에 위치하는 지역에서 수륙 분포의 영향이 크다. 즉, 앞에 기술한 서부 유럽과 동부 아시아는 해양과 대륙의 경계 지역에 위치하지만 수륙 분포의 영향을 다르게 받는다. 서안 지역은 연중 편서풍이 강하여 대륙의 영향이 적은 해양성 기후가 나타나는 반면, 동안 지역은 편서풍의 영향을 받기는 하나 그 효과가 대륙 서안

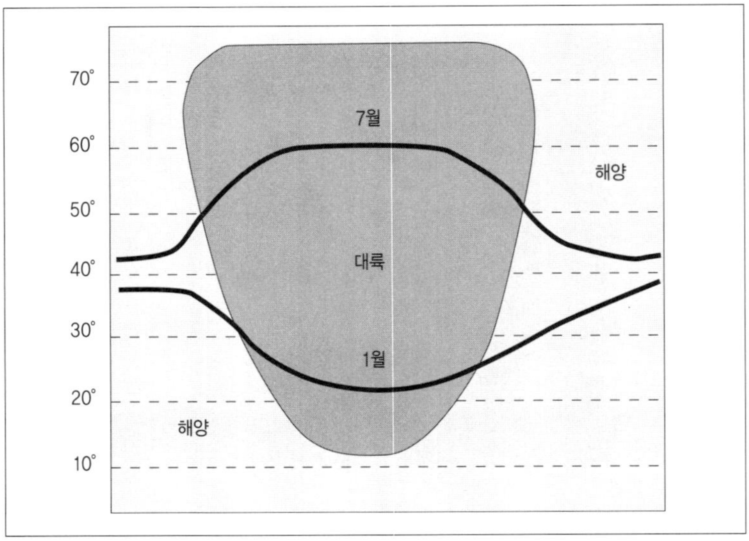

그림 3. 가상 대륙과 해양에서 1월과 7월의 대표 등온선

대륙과 해양은 비열이 다르기 때문에 계절적인 온도 변화가 다르다. 대륙은 빠르게 가열되고 냉각되기 때문에 해양보다 대륙에서 연교차가 크다.

보다 적기 때문에, 계절에 따라서 대륙과 해양의 영향을 고루 받는 계절풍 기후가 발달하였다.

대륙과 해양은 비열이 다르다. 대륙은 비열이 작아서 단위 온도를 상승시키는 데 적은 양의 열이 필요한 반면, 해양은 비열이 크기 때문에 같은 정도의 온도를 상승시키는 데 많은 열을 필요로 한다. 그러므로 같은 열량이 주어졌을 때 대륙의 온도가 많이 상승하고 해양의 온도가 적게 상승한다. 대륙은 쉽게 가열되고 냉각되며, 해양에서는 가열과 냉각이 느리다. 따라서 대륙의 경우는 연교차가 크고 해양에서는 작다(〈그림 3〉 참조). 이와 같이 연교차가 큰 기후를 대륙성 기후라고 하며 유라시아 대륙의 내부에서 가장 현저하게 나타난다. 그러므로 이 지역의 겨울은 극단적으로 한랭한 기후가 나타나기도 한다. 대륙성 기후와 대조적인 특징을 보이는 것이 해양성 기후이다. 해양성 기후는 연교차가 작고 최한월과 최난월의 출현시기가 늦다.

우리나라의 경우, 〈표 1〉에서 보듯이 6월과 12월에 하지와 동지가 있지만, 최난월은 7월이나 8월에 나타나며 최한월은 1월에 나타난다. 일반적으로 대륙성이 강한 지역에서 최난월은 7월, 최한월은 1월에 출현하고, 해양 지역에서는 그보다 약간 지연되어 각각 8월과 2월에 나타나기도 한다.

우리나라의 경우 최난월은 북부 지방의 삼지연, 중강진, 혜산진, 강계, 풍산, 수풍, 장진, 희천 등을 제외하면 대부분 8월에 나타나며 최한월은 모두 1월이다. 우리나라에서 최한월의 경우보다 최난월의 출현시기가 더 지연되는 것은 6월 하순경에 시작되어 7월 하순경에 끝나는 장마의 영향으로 7월의 일사량이 적어지기 때문이다. 또한 겨울철에는 대륙의 영향이 강한 데 반하여 여름철에는 해양의 영향을 강하게 받는 것도 그것에 영향을 미칠 것이다. 연중 가장 더운 시기는 대부분 장마가 끝나고 5~10일이 경과한 후인 8월 초순경이며, 가장 추운 시기는 지역에 따라 차이가 있어서 1월 하순에서 2월 초순에 걸쳐 출현한다. 대체로 남쪽으로 갈수록 그 시기가 늦어지는 경향을 보인다.

표 1. 최한월과 최난월 평균기온(℃)의 지체

지점	최한월		최난월	
	12월(동지 월)	최한월	6월(하지 월)	최난월(월)
중강진	-12.3	-16.3	18.9	22.3(7)
원산	0.6	-2.5	19.0	23.2(8)
해주	-0.6	-3.7	20.3	24.5(8)
서울	-0.4	-3.4	21.4	25.3(8)
강릉	2.8	-0.3	20.3	24.7(8)
제주	7.7	5.2	21.0	26.7(8)

또한 대륙과 해양은 포함하고 있는 수증기량이 다르다. 수증기량은 기온 변화와 강수량에 영향을 미치므로 대륙에서는 일교차가 크고 강수량이 적으며, 해양에서는 일교차가 작고 강수량이 많다. 세계적으로 강수량이 많은 지역은 대부분 해양에 가까운 곳에 분포한다. 대륙도를 이용하여 어느 지역이 대륙의 영향을 얼마나 받고 있는가를 나타낼 수 있는데, 대규모의 사막은 대륙도가 큰 곳에 발달한다. 대륙과 해양은 거칠기가 다르기 때문에 일반적으로 마찰력이 큰 대륙에서 풍속이 약하고 평탄한 해양에서 풍속이 강하다.

우리나라는 유라시아 대륙과 북태평양의 점이지대에 자리하고 있어서 대륙과 해양적인 특성이 잘 나타난다. 대체로 북쪽으로 갈수록 대륙의 특성이 강하고 남쪽으로 갈수록 해양의 특성이 강하다. 중강진(41°47′N)은 연교차가 38.6℃에 이르는 반면 서귀포(33°15′N)는 20℃에 불과하다. 또한 강수량도 대륙의 영향이 강한 북쪽으로 갈수록 적어지는 경향이어서, 중강진은 615.0mm에 불과하지만 남해안이나 제주도 등은 대부분 1,500mm를 넘는다.

4) 해양과 해류의 영향

대륙의 서안과 동안에서 등온선의 만곡 방향이 다른 것은 지리적 위치의 차이와 더불어 그 주변 해역을 지나는 해류의 영향을 받기 때문이다. 해류는 앞의 설명한 다른 기후 인자보다 비교적 좁은 지역의 기온과 강수량의 분포에 영향을 미친다. 고위도에서 저위도로 흐르는 해류가 한류이며, 캘리포니아해류, 벵겔라해류, 페루해류, 카나리아해류 등이 속한다. 그 반대로 저위도에서 고위도로 흐르는 것이 난류이며, 멕시코만류, 쿠로시오해류 등이 그 예이다.

난류가 흐르는 지역은 기온이 높고 강수량이 많은 반면, 한류가 통과하는 지역은 그 반대이다. 유라시아 대륙의 서안은 난류의 영향을 강하게 받는다. 이 지역은 멕시코만류와 편서풍의 영향으로 겨울철이 온난 습윤하다. 그러므로 대륙 서안의 북위 50° 지역이 대륙 동안의 북위 35° 지역과 비슷한 기온 분포를 나타낸다.[1] 서안 해양성 기후 지역의 강수량 분포가 연중 고른 것은 편서풍의 영향일 뿐만 아니라 주변 해역에 연중 멕시코만류가 흘러들기 때문이다.

우리나라는 삼면이 바다로 둘러싸여 있어서 바다와 대기 사이의 상호작용이 기후에 미치는 영향이 크다. 그러나 동해, 서해, 남해는 서로 다른 물리적 특성을 지니고 있어, 각 해양이 주변 기후에 미치는 영향이 다르다. 동해는 수심이 깊고 표면적이 넓어 주변의 기후에 미치는 영향이 서해와는 다르다. 서해의 평균수심은 44m, 최고수심 103m, 표면적 40만 km^2이며, 동해

1) 1월 평균 0℃ 등온선이 유라시아 대륙 동안에서는 우리나라의 남해안(약 35°N)을 지나지만, 서안에서는 노르웨이 서해안(약 60°N)까지 북상한다.

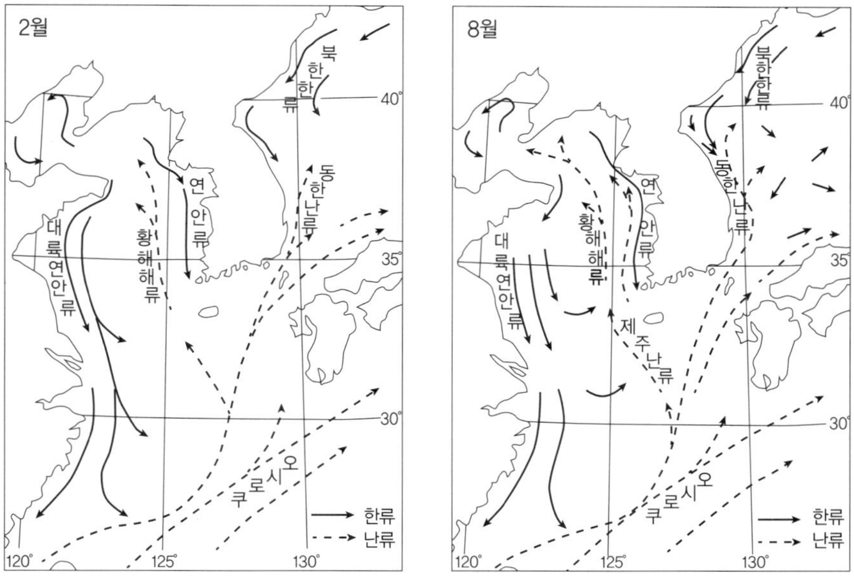

그림 4. 우리나라 주변의 해류(권혁재, 2003)

의 평균수심은 1,543m, 최고수심 4,049m, 표면적 130만 km²에 이른다. 또한 서해의 해수면 온도는 근해에서 여름철에 25℃ 이상 상승하지만 겨울철에는 5℃ 이하로 냉각되는 반면, 동해의 해수면 온도는 남부 해역의 경우 여름철에는 25℃ 정도이며 겨울에도 10℃ 이상을 유지하여 서해에 비하여 연교차가 작다. 그러므로 동해안이 서해안보다 따뜻한 것은 해양의 영향이 어느 정도 반영되기 때문이라고 알려져 있다.

울릉도는 위도상으로 중부 지방의 수원, 원주 등과 비슷하나 겨울철 기온이 비교적 온화한 것도 주변을 흐르는 난류인 동한해류의 영향을 받기 때문이다. 동한해류는 북서계절풍 및 지형과 관련되어 울릉도의 다설 현상에도 영향을 미친다. 영동 지방에 내리는 2월의 대설도 해류의 영향을 받은 것이다. 즉, 이것은 북동풍에 동반된 한랭한 공기가 난류가 흐르는 동해상을 지나면서, 차가운 공기와 따뜻한 바닷물 사이에 형성된 불연속선과 관련 있다. 이 불연속선에 형성된 구름이 태백산맥에 부딪혀 강제 상승하면서 더욱 발달하면 많은 눈이 내린다. 호남 지방과 제주도의 다설 현상도 해류의 영향을 받아 나타나는 것이다.

5) 복잡한 지형

고도가 증가함에 따라 공기 밀도가 낮아져 기압이 하강한다. 대류권 내에서는 고도의 증가에 따라서 기온이 하강한다. 대류권에서 기상 현상이 발생할 수 있는 기본인 대류작용은 고도의 증가에 따라서 기온이 낮아지기 때문에 가능한 것이다. 이와 같이 단순한 고도에 따른 기온체감이 기후의 특징에 중요한 결과를 가져온다. 또한 고도의 증가에 따라 수증기량이 감소하기 때문에 하층의 구름일수록 두껍고 상층으로 갈수록 구름이 얇다. 그래서 대부분의 강수는 하층운에서 내린다. 강수량은 고도의 증가에 따라서 증가하는 경향이나 하층운 고도를 넘어서면 오히려 감소하기도 한다. 고도가 증가하면 마찰력이 감소하므로 풍속은 증가한다. 고산 지대에는 공기 밀도가 낮아 산소가 부족하기 때문에 그런 지역을 자주 등반하는 사람들은 고산병을 앓기도 한다.

지형은 규모에 관계없이 지역 간의 기후 차이를 유발하는 요인이다. 지형이 만드는 장벽효과는 바람그늘 쪽 사면과 바람받이 쪽 사면의 기후 차이를 유발한다. 지형이 중요한 기후 인자로서 작용하는 예는 산지의 양사면에서 달리 나타나는 단열 과정을 들 수 있다. 양사면 사이의 단열과정 차이는 양쪽 사면 간의 기온과 강수량 차이를 가져온다. 로키산지의 서쪽 사면과 콜롬비아의 안데스산지 서쪽 사면 등은 지형 때문에 강수량이 많은 지역이다. 히말라야산맥의 남쪽 사면에 강수량이 많은 것도 여름철의 남서 몬순과 더불어 지형효과가 작용하기 때문이다. 반면 대규모 지형의 바람그늘 쪽 사면에는 강수 그늘(rain shadow)이 발생할 수 있다. 미국의 캐스케이드(Cascade)산맥 동쪽 사면과 안데스산지의 동쪽 사면은 바람그늘 쪽에 해당하여 강수량이 적은 지역이다.

우리나라의 강수량 분포도 지역 차이가 크며 지형효과에 기인하는 경우가 많다. 제주도 남부 지역의 강수량이 다른 지역보다 많은 것은 한라산과 관련이 있다. 해발고도가 높은 한라산은 공기를 상승시키는 효과가 크다. 그러므로 여름철 남쪽에서 다습한 공기가 이동하면서 한라산에 부딪혀 상승할 때 남쪽 사면에 많은 강수가 내린다. 겨울철 영동 지방의 강설량이 많은 것과 울릉도의 겨울철 강설량이 많은 것도 태백산맥과 성인봉에 의한 강제 상승 효과가 있기 때문이다. 안동, 대구, 의성 등의 영남 내륙 지방은 주변이 산지로 둘러싸여 있어서 강수 그늘에 해당하여 연평균강수량이 1,000mm를 밑돈다. 이 지역은 동쪽으로는 태백산맥으로 막혀 있고, 서쪽과 북쪽으로는 소백산맥이, 남쪽으로는 운문산(1,188m), 천황산(1,189m), 신불산(1,209m) 등 소위 '영남의 알프스' 라고 불리는 산지로 둘러싸여 있다.

2. 기단과 전선

물리적 성질이 같은 공기 덩어리를 기단이라고 한다. 공기 덩어리가 한곳에 장기간 정체하고 있으면 지표면의 성질이 그 위를 덮고 있는 공기 덩어리로 전달된다. 기단은 이와 같이 공기가 장기간에 걸쳐서 한 지역에 정체하면서 지표면의 성질이 반영된 공기 덩어리를 말한다. 그러나 모든 공기 덩어리를 기단이라고 하는 것은 아니며, 수직적으로 3~10km이며 수평적으로 1,000km가 넘는 대규모인 것을 말한다.

물리적 성질에는 온도, 수증기량, 기온체감률 등이 포함된다. 동일 기단 내에서는 온도와 수증기의 분포가 대체로 비슷하고 기온의 수직 분포도 일정하다. 이 중에서 기온체감률은 기단의 성질을 결정짓는 데 중요하다. 대기가 안정한 기단인지, 불안정한 기단인지는 대기의 수직적인 구조 즉, 기온체감률에 의해서 결정된다. 이와 같은 기단의 성질은 영향을 미치는 지역의 날씨를 결정짓는다. 한 지역에서 보면 시기에 따라서 영향을 미치는 기단이 다르고 기단의 성질에 따라 기후 특성이 결정된다.

기단이 만들어지기 위해서는 우선 공기 덩어리가 한곳에 장기간 정체하여야 한다. 공기가 정체하여 기단이 만들어질 수 있는 지역은 고위도와 저위도 지역이며, 중위도 지역은 한랭한 공기와 따뜻한 공기가 만나 상층의 강한 풍속대인 제트기류가 발달한 곳으로 기단이 발달하기 어려운 곳이다.

고기압 구역에서는 중심으로 갈수록 기압 경도력이 작아지기 때문에 중심으로 갈수록 풍속이 약하다. 이에 반하여 저기압 구역에서는 그 반대이므로 중심으로 갈수록 풍속이 강하다. 그러므로 대부분의 기단은 고기압 구역에서 만들어지며, 저기압 구역에서는 기단이 형성되기 어렵다. 적도저압대는 주변보다 기압이 낮지만 대상으로 발달하여 공기의 흐름이 느린 곳이다. 또한 남・북반구의 대양상에 발달한 성질이 비슷한 아열대고압대에서 이동해 오는 공기가 만나는 곳으로 광범위한 지역에 걸쳐서 지표면의 성질이 같아서 기단이 발원할 수 있는 지역이다.

기단이 형성되기 위해서는 공기 덩어리가 덮고 있는 지표의 성질이 일정해야 한다. 이와 같이 공기가 장기간 정체하고 지표면이 일정한 성질을 갖추고 있는 지역에서는 기단이 만들어지며, 그런 지역을 기단의 발원지(source region)라고 한다.

기단 발원지의 지리적 특징은 기단의 성질에 크게 영향을 미친다. 즉, 고위도 지역에서 발원한 기단은 기온이 낮고, 저위도 지역에서 발원한 기단은 고온의 성질을 갖는다. 또한 대륙에서

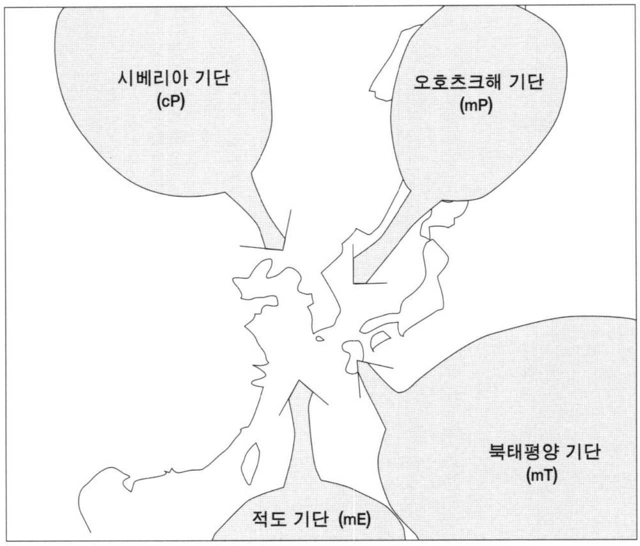

그림 5. 우리나라에 영향을 미치는 기단
우리나라에 영향을 미치는 기단은 시베리아 기단, 오호츠크해 기단, 북태평양 기단, 적도 기단이 있다.

발원한 기단은 건조한 대륙의 특성을 가지며, 해양에서 발원한 기단은 습윤한 특성을 갖는다. 우리나라보다 고위도의 시베리아평원과 저위도의 북태평양은 우리나라에 영향을 미치는 대표적인 기단의 발원지이다. 이 지역에서 형성된 기단은 각 지역의 지리적 특징을 잘 반영한다.

우리나라는 열교환이 활발한 중위도 지역에 위치하고 있어서 기단의 발원지로서는 적합하지 않다. 그러므로 우리나라의 기후 현상은 계절에 따라서 고위도와 저위도 지역에서 발원한 다양한 기단의 영향을 받는다. 우리나라의 기후에 크게 영향을 미치는 기단은 시베리아 기단과 북태평양 기단, 오호츠크해 기단이다(〈그림 5〉 참조). 적도 기단이 영향을 미치는 경우는 흔치 않지만 적도 기단에서 형성된 태풍이 영향을 미칠 때는 큰 피해를 입히기도 한다.

1) 시베리아 기단

시베리아 기단은 우리나라의 기후에 가장 오랜 기간 동안 영향을 미친다. 대체로 늦장마가 끝나는 시기부터 오호츠크해 기단이 영향을 미치기 전까지의 기간 동안에 그 힘을 발휘한다. 그러나 시베리아 기단의 원래의 성격인 한랭 건조한 상태로 영향을 미치는 기간은 12월에서 3월 초 사이이며 1월에 집중적이다.

〈그림 6〉에서와 같이 시베리아 기단이 영향을 미칠 때 서고동저의 기압배치가 나타나며, 이

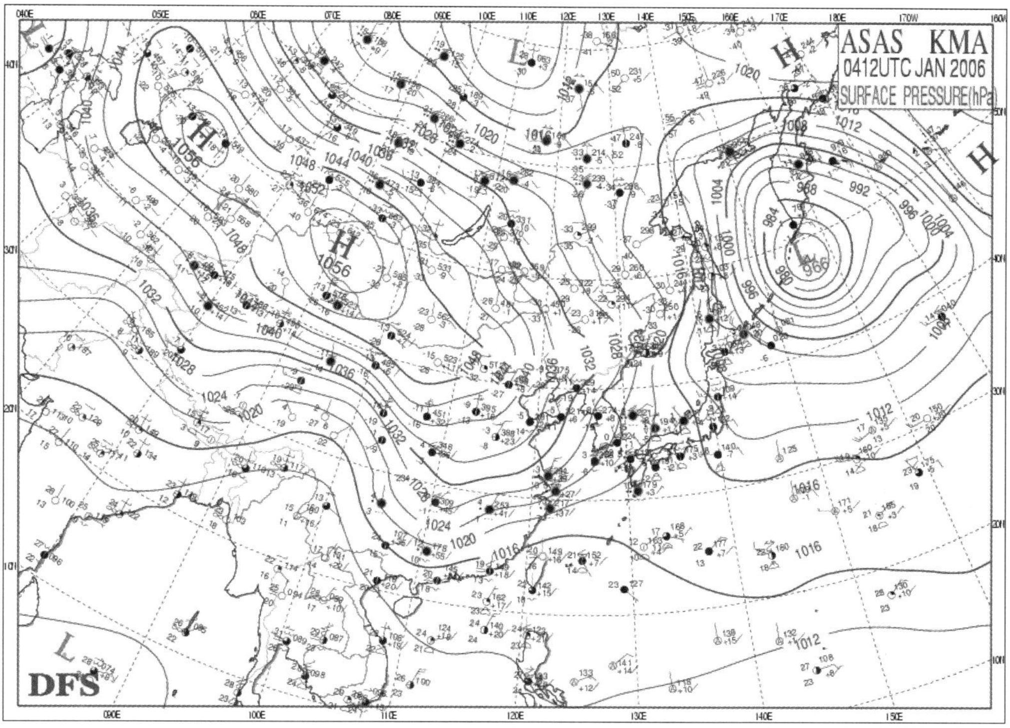

그림 6. 시베리아 기단 영향하의 일기도(2006년 1월 4일 21시)
시베리아 기단 영향하에서 우리나라 주변의 기압배치는 서고동저형이 나타나며, 이때는 북서계절풍이 탁월하다.

때 겨울 계절풍인 북서풍이 부는 것이 특징적이다. 북서풍은 우리나라에 혹독한 한파를 가져오며 호남 황해안과 도서 지역에서는 많은 눈을 내리게 한다. 이는 황해해류가 흐르는 황해 상에서 형성된 구름에 의해서 발생하기 때문에 소위 '바다효과'라 부르기도 한다. 이때의 구름은 한랭한 대륙성 기단이 상대적으로 온난한 해양을 지날 때 공기와 해양의 온도 차이에 의하여 형성된 것이다. 이 구름은 층상으로 발달하지만 해양과 공기의 온도 차이가 크면 대류작용이 활발하기 때문에 적운형 구름으로 발달할 수도 있다. 겨울철의 위성 영상을 보면 시베리아 기단이 영향을 미칠 때는 그 세력이 미치는 범위까지 구름이 분포하는 것을 볼 수 있다. 이 구름이 육지로 이동하면서 해안 지역에 눈을 내리고, 산지를 만나서 강제 상승하면서 더욱 많은 눈을 내린다. 제주도 한라산의 북쪽 사면과 울릉도의 눈은 두 가지의 기구가 모두 관련되어 있다. 즉, 바다효과에 의해서 형성된 구름이 한라산이나 성인봉에 부딪혀 강제 상승하면서 강설을 발달시킨다. 눈이 많은 노령산맥의 서쪽 사면과 일부 도서 지방에서는 대설에 적응하는 경관이 발달하였다.

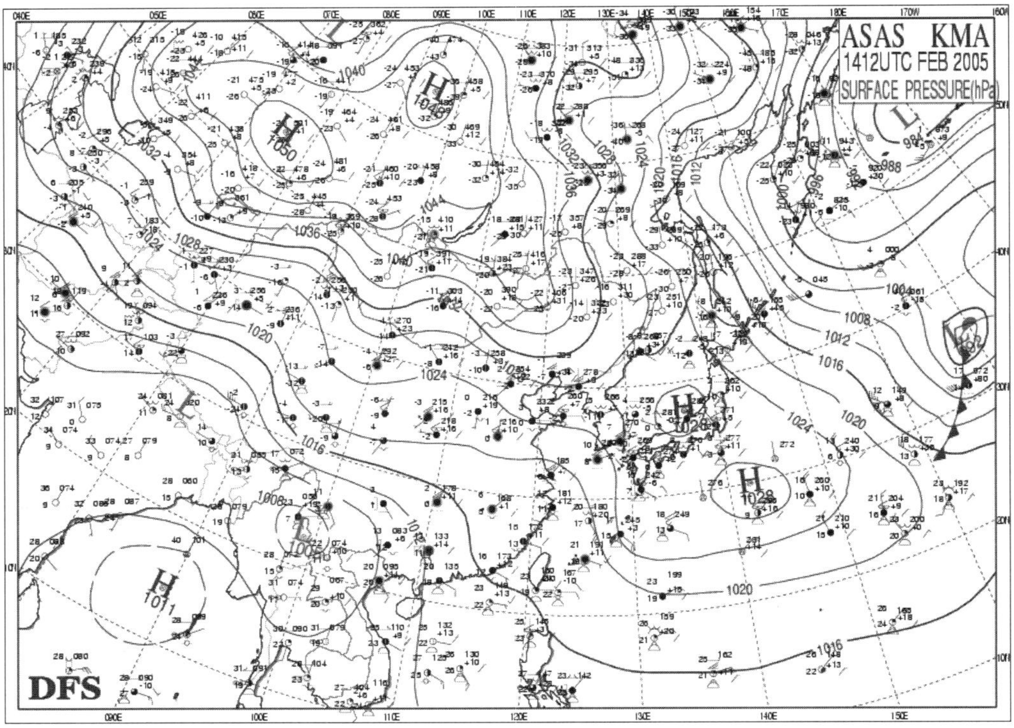

그림 7. 변질된 시베리아 기단 영향하의 일기도(2005년 2월 14일 21시)
변질된 시베리아 기단이 우리나라에 영향을 미칠 때는 겨울이라 하여도 포근한 봄과 같은 날씨가 나타난다.

시베리아 기단이 발원해서 2~3일 경과하면 서서히 그 세력이 약화하면서 원래의 성질이 변질되어 온난 건조한 상태(cPw)가 된다. 이때 일기도상에서는 대륙성 고기압에서 분리된 이동성 고기압이 우리나라 주변에 위치한다(〈그림 7〉 참조). 이때는 비록 겨울이라 하여도 이른 봄과 같이 포근한 날씨가 나타난다. 이 공기는 원래 성격의 시베리아 기단과 온도 차이가 크기 때문에 그 사이에 불연속선이 형성되어 전선을 발달시키며 중위도저기압을 동반한다. 이 불연속선이 우리나라에 영향을 미칠 때는 강설이 있을 수 있고 포근하다.

삼한사온은 겨울철에 시베리아 기단 세력의 확장과 약화의 주기에 의해서 나타나는 동부 아시아의 특징적인 기후 현상이다. 즉, 시베리아 기단이 강하게 영향을 미치는 3일 정도는 한랭하고, 변질된 시베리아 기단이나 그 사이의 불연속선이 영향을 미치는 4일 정도는 비교적 온난하다.

봄과 가을철에는 주로 시베리아 기단이 변질된 상태에서 영향을 미친다. 이때는 시베리아 평원이 상당히 가열된 상태이므로 그 힘이 강력하지 못하다. 따라서 대체로 선선한 날씨이나,

그림 8. 겨울철 북서계절풍에 대비한 경관(제주 애월, 1999년 1월)
제주도의 북쪽 해안의 민가에서는 겨울철의 강한 북서계절풍을 막기 위하여 풍채를 가옥의 전면에 설치한 경우가 많다. 또한 지붕을 줄로 엮어 놓았으며 지붕의 모양이 유선형이다.

그때의 풍향이 기온 분포에 영향을 미친다. 즉, 북풍계의 바람이 불 때는 선선하지만 초가을에 남풍계 바람이 불 때는 마치 여름으로 되돌아간 느낌이 들기도 한다. 초봄에 시베리아 기단이 일시적으로 강화되면 한겨울을 연상하게 하는 추위가 닥치기도 한다. 이런 날씨를 '꽃샘추위'라고 하며 4월에 출현하기도 한다. 내륙 지방에는 가을에 접어들면서 안개의 빈도가 증가하는데, 변질된 시베리아 기단의 영향으로 대기가 안정되어 있고 우기를 지나서 대기 중에 수증기량이 많기 때문이다.

한겨울의 시베리아 기단은 우리나라의 문화에 많은 영향을 미쳤다. 우리나라의 가옥구조는 대체로 남부 지방에서 북부 지방으로 갈수록 폐쇄적이다. 또한 제주도를 포함한 도서 지방과 해안 지방에서는 같은 위도대에 비해서 폐쇄적인 가옥구조를 취하고 있다(〈그림 8〉 참조). 이는 겨울철의 강한 북서 계절풍과 그로 인한 추위에 대비하기 위한 것이 대부분이다. 관북 지방의 민가에서 정주간이 설치된 것도 겨울의 추위와 관련이 있으며, 영동 북부 지방에서도 그와 비슷한 가옥구조를 볼 수 있다.

2) 북태평양 기단

북태평양 기단(mT)은 주로 한여름 우리나라의 기후에 영향을 미친다. 북태평양 기단이 영향을 미치는 기간은 상대적으로 짧아서 대체로 장마가 끝난 후부터 늦장마가 시작되기 전까지

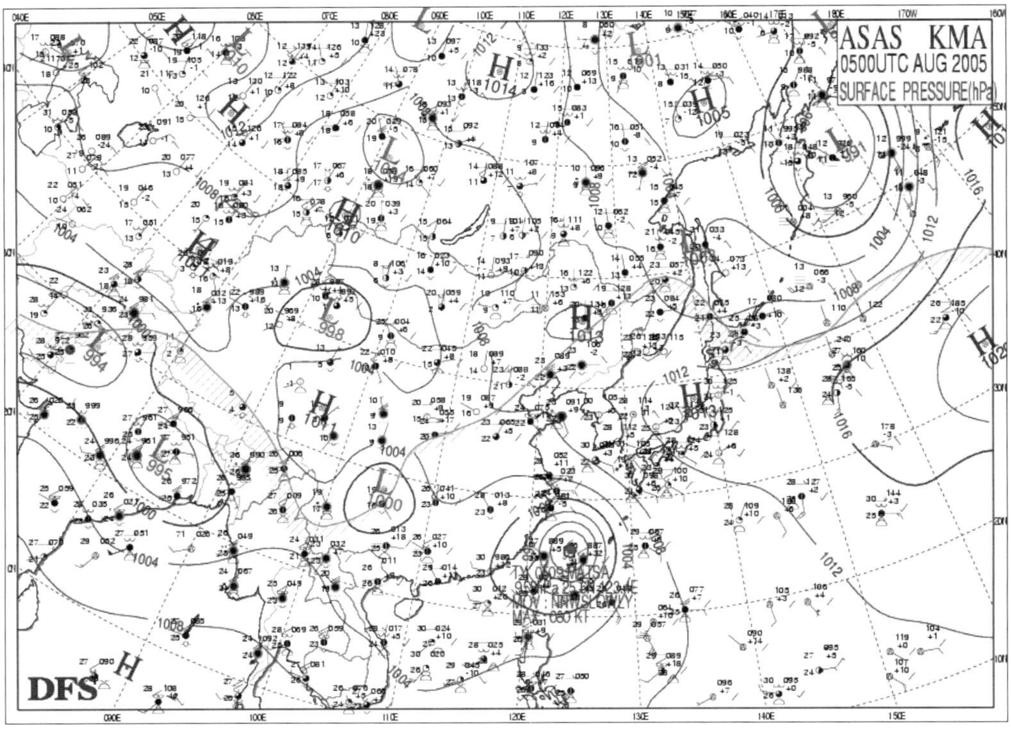

그림 9. 북태평양 기단 영향하의 일기도(2005년 8월 5일 9시)
북태평양 기단이 우리나라에 영향을 미치고 있을 때는 남고북저 형태의 기압배치를 보인다.

의 시기에 영향을 미친다. 전형적으로 북태평양 기단이 우리나라에 영향을 미치고 있을 때는 남고북저 형태의 기압배치를 취한다(〈그림 9〉 참조).

북태평양 기단은 아열대의 해양 상에서 발원하기 때문에 매우 고온 다습하여 그 영향하에 있을 때는 마치 열대 기후를 연상하게 할 정도로 무덥다. 종종 열대야가 지속되는 경우를 경험한다. 이는 대기 중에 수증기가 많아서 야간에도 대기가 많은 열을 저장하고 있기 때문에 나타나는 현상으로 이때 불쾌지수가 높다. 열대야는 북태평양 기단의 영향을 받을 때 나타나는 대표적인 기후 현상이다.

북태평양 기단은 매우 안정적인 기단이다. 이 기단이 우리나라로 이동하면서 쿠로시오 난류 위를 지나는데, 이때 하층에서 가열될 뿐만 아니라 많은 수증기를 흡수하게 되어 대기층이 불안정하게 된다. 그래서 이때 우리나라의 대기층은 연중 가장 불안정한 상태이고 지표면이 가열되면 오후에 적운이 발생하여 그것이 더욱 발달하면서 소나기와 뇌우를 발생시킨다. 대류성 강수인 소나기는 우리나라의 대표적인 여름철 기후 현상이다.

북태평양 기단의 영향을 받고 있을 때 우리나라에는 대부분 남서계절풍이 분다. 우리나라의 대부분의 산맥은 태백산맥에서 남서 방향으로 뻗어 있으며 그 사이에는 보통 큰 하천을 끼고 있다. 따라서 남서기류가 유입되면 산맥과 산맥 사이는 그 통로가 되며, 북동 방향으로 이동하면서 고도가 상승하므로 강제적인 상승기류가 만들어진다. 우리나라로 이동해 온 남서기류는 불안정한 상태이기 때문에 상승기류가 더욱 발달하며, 원래의 다습한 상태에 하천에서 공급되는 수증기가 더하여져 많은 강수를 유발할 수 있다. 그러므로 우리나라의 다우 지역은 이러한 지형 조건과 관련 있는 곳이다.

북태평양 기단은 우리나라에 영향을 미치는 기간이 짧지만 주민생활에 미치는 영향은 크다. 우리나라에서 벼농사가 가능한 것은 여름철에 북태평양 기단의 영향을 받기 때문이다. 즉, 우리나라에 벼농사 문화권을 형성하게 했다는 점에서 북태평양 기단의 영향이 중요하다. 우리나라에서 남부 지방으로 갈수록 마루가 넓어지면서 점차 개방적인 가옥 구조를 취하는 것도 북태평양 기단에 의한 무더위와 관련이 있다. 여름철의 무더위를 극복하기 위하여 염장식품도 발달하였다.

3) 오호츠크해 기단

오호츠크해 기단(mP)은 장마가 시작되기 이전의 우리나라 기후에 영향을 미치며, 장마 전에 장기간 나타나는 건기의 원인이 된다. 발원지인 오호츠크해가 그리 넓지 않기 때문에 오랜 기간 영향을 미치지는 못한다. 그러나 오호츠크해 기단이 강화되어 장기간 영향을 미칠 때는 영동 지방에서 냉해를 입을 수 있으며, 영서 지방에서는 한발(旱魃) 피해를 겪는다. 논에 물을 댈 수 없어서 모내기가 늦어지기도 한다.

〈그림 10〉은 오호츠크해 기단이 우리나라에 영향을 미치고 있을 때의 일기도를 나타낸 것이다. 이때는 북동풍이 불어오므로 영동 지방에서는 한랭 습윤하여 음산한 날씨가 나타나지만 영서 지방은 푄 현상의 일종인 높새 현상이 나타나면서 고온 건조하여 영동과 영서 지방의 기온 차이가 10℃를 넘기도 한다. 높새 현상이 나타날 때 영서 지방의 최고기온은 30℃를 훨씬 넘기도 한다. 햇살이 따가우나 그늘에서는 기온에 비하여 선선함을 느낄 수 있다. 대기 중에 수증기량이 적기 때문에, 대기 중에 열이 저장되어 있지 않아 아침 기온은 낮아서 일교차가 크게 벌어진다. 이때 시정이 좋아서 서울에서도 멀리 개성의 송악산을 볼 수도 있다. 이와 같은 날씨는 매년 장마가 시작되기 전에 며칠씩 나타나기도 한다.

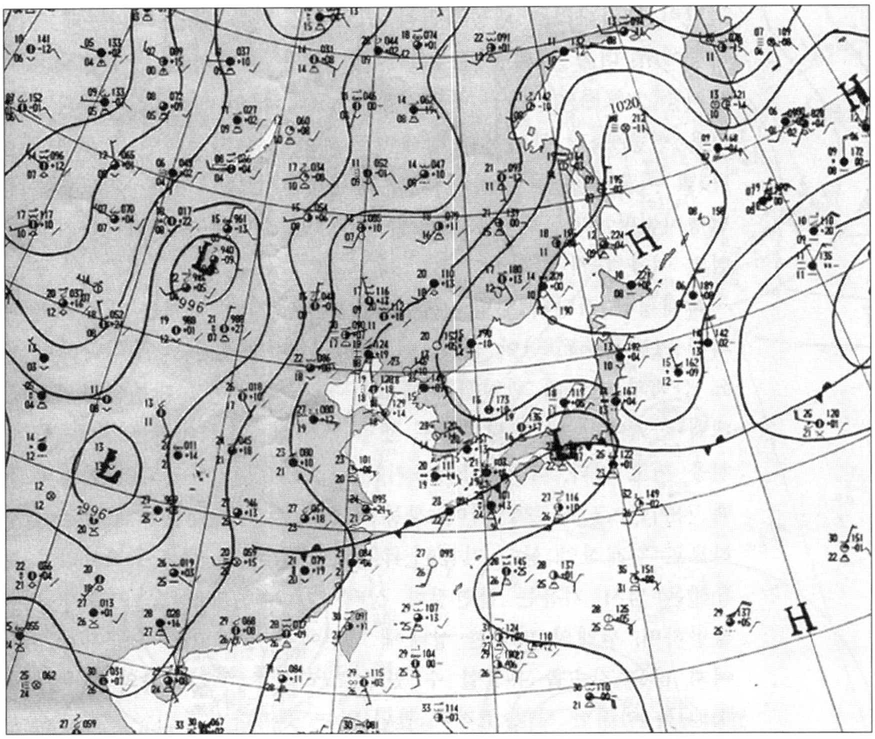

그림 10. 오호츠크해 기단 영향하의 일기도(1998년 6월 22일 9시)
오호츠크해 기단이 우리나라에 영향을 미칠 때는 일반적으로 북동풍이 분다.

4) 적도 기단

적도 기단(mE)은 늦여름과 초가을 사이에 일시적으로 우리나라까지 영향을 미친다. 태풍은 적도 부근의 북태평양 상에서 발생한 것으로 적도 기단이 우리나라에 영향을 미치는 경우이다. 그래서 북태평양 기단이 강하게 영향을 미치는 한여름에는 태풍이 우리나라에 직접적인 영향을 미치지 않는다. 태풍이 몰고 오는 많은 비와 강한 바람은 때로는 더위를 식혀주기도 하며, 가을이 다가오고 있음을 알려주는 '가을의 전령사' 구실을 한다.

5) 전선과 전선대

전선은 온대성 저기압과 더불어 중위도 지방의 특징적인 대기 현상으로서, 그 개념을 온대성 저기압과 구분하여 설명하기는 어렵다. 전선은 성질이 서로 다른 두 기단 사이에서 밀도 차이에 의해서 형성되는 것이며, 주변에 비하여 기압이 낮기 때문에 저기압의 발생지가 되는 것이 일반적이다. 서로 다른 기단이 만나면 그 경계선에 불연속이 발생한다. 기단의 특성 중 온도의 차이 즉, 밀도 차이는 전선의 발달에 크게 영향을 미친다. 그러므로 수증기량의 차이가 큰 기단보다 온도차가 큰 기단이 만났을 때 더욱 강한 전선이 형성된다.

전선이 자주 발생하는 지역을 전선대라고 하며, 위도대별로 3개의 전선대가 있다. 극전선대는 극기단과 한대기단의 경계에 위치하며, 대서양 북극전선대가 대표적이다. 이 전선대는 두 기단의 기온 차이가 작아서 다른 전선대에 비하여 발생빈도가 낮다. 적도수렴대는 열대수렴대라고도 하며, 북동 무역풍과 남동 무역풍이 수렴하는 구역에 위치한다. 수렴하는 두 공기가 거의 같은 성질을 갖고 있어서 전선이 형성되는 것은 아니다.

한대 기단과 아열대 기단이 만나는 구역에는 한대전선대가 형성된다. 이 전선대는 극동풍과 편서풍의 경계이기도 하다. 중위도 지방에서 주로 발생하며, 이 구역에서 온대성 저기압이 발생한다. 유라시아 한대전선대는 대륙성 한대기단과 해양성 열대기단 및 대륙성 열대기단 사이에 있으며, 태평양 전선대는 해양성 한대기단과 해양성 열대기단 사이에 있다. 그리고 인도 열대전선대는 대륙성 열대기단과 적도기단 사이에 있고, 대만 수렴대는 해양성 열대기단과 적도

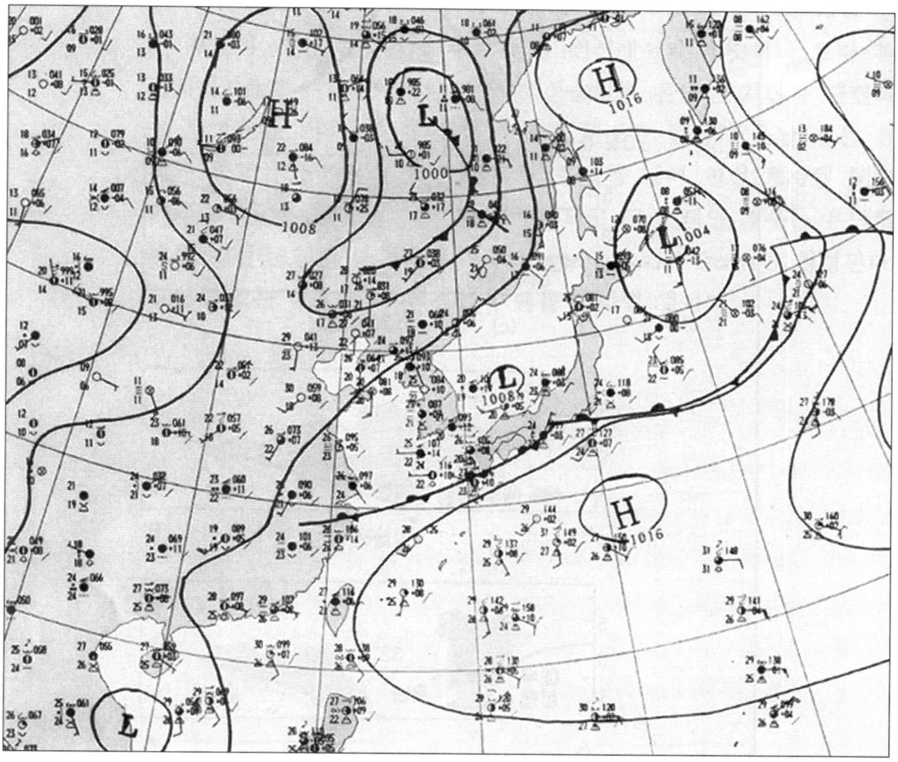

그림 11. 장마전선 영향하의 일기도(1997년 7월 13일 9시)
장마전선은 6월 하순에서 7월 하순까지 약 한 달간 우리나라에 영향을 미친다.

기단 사이에 위치한다. 각 전선대는 지표면의 가열 상태와 관련하여 계절에 따라서 그 위치가 변한다. 대체로 여름철에는 고위도로 이동하고 겨울철에는 저위도로 이동하는 경향이다.

한대전선대가 한반도의 남쪽에 위치할 때는 우리나라는 북쪽에 자리하는 기단의 영향을 받으며, 계절적으로 가을부터 봄에 해당한다. 반면 그것이 한반도의 북쪽에 위치할 때는 우리나라 남쪽에 자리한 기단의 영향을 받아 남서 · 남동계절풍이 불어오며 이런 시기는 길지 않다. 이때가 계절적으로 한여름에 해당한다. 한대전선대가 우리나라를 지날 때는 장마철에 해당한다. 그것이 남쪽에서 북쪽으로 이동하는 시기는 '장마'에 해당하며, 한여름이 지나고 북쪽에서 남쪽으로 이동할 때 찾아오는 우기는 '늦장마'라 한다.

한대전선대가 한반도를 지날 때 우리나라는 정체전선의 영향을 받으며, 정체전선 상에 형성되는 파동은 그 시기의 강수 발달에 중요하다. 장마철의 강수는 대부분 정체전선 상에서 발달한 파동 즉, 온대성 저기압에 의한 것이다. 우리나라는 6월 하순부터 7월 하순경까지 정체전선의 영향을 받으며, 이것을 장마전선이라 부르기도 한다(〈그림 11〉 참조). 이때는 흐린 날씨가 탁월하게 나타나며, 전선 상에 저기압이 발달하면 집중호우가 내리기도 한다.

6) 전선의 종류

우리나라의 봄과 가을, 겨울철에는 온대성 저기압에 동반된 온난전선과 한랭전선의 영향을 받기도 한다. 봄과 가을철에는 우리나라를 통과하는 이동성 고기압과 이동성 고기압 사이에 온대성 저기압이 형성되며, 그에 동반된 전선의 영향을 받는다. 겨울철에는 이동성 고기압과 시베리아 고기압 사이의 온대성 저기압에 형성되는 전선의 영향을 받는다.

하나의 기단이 다른 기단으로 이동할 때 전선면에서 혼합이 일어나지만 대부분의 경우 그 기단은 다른 기단의 위로 옮겨가면서 원래의 속성을 유지한다. 전선은 기단이 이동하는 방향에 따라 온난전선, 한랭전선, 정체전선, 폐색전선으로 구분한다.

온난한 기단이 한랭한 기단으로 이동하여 온난한 기단이 한랭 기단 위로 활승하면서 불연속면을 이루게 되는데, 이 면과 지표면이 만나는 선을 온난전선이라고 한다. 일기도상에서 온난전선의 위치는 한랭한 기단으로 향한 반원 모양의 선으로 표시된다. 온난전선이 접근하면 〈그림 12〉와 같이 상층운부터 끼기 시작하며, 권운(Ci), 권층운(Cs), 고적운(Ac), 고층운(As), 난층운(Ns), 층적운(Sc), 층운(St) 순으로 접근한다.

전선의 전면 300km 정도부터 난층운과 두꺼운 층적운, 층운 등이 분포하여 강수 구역이 넓다. 따라서 온난전선의 영향하에서 강수는 지속적이다. 전선의 기울기가 완만하기 때문에 두

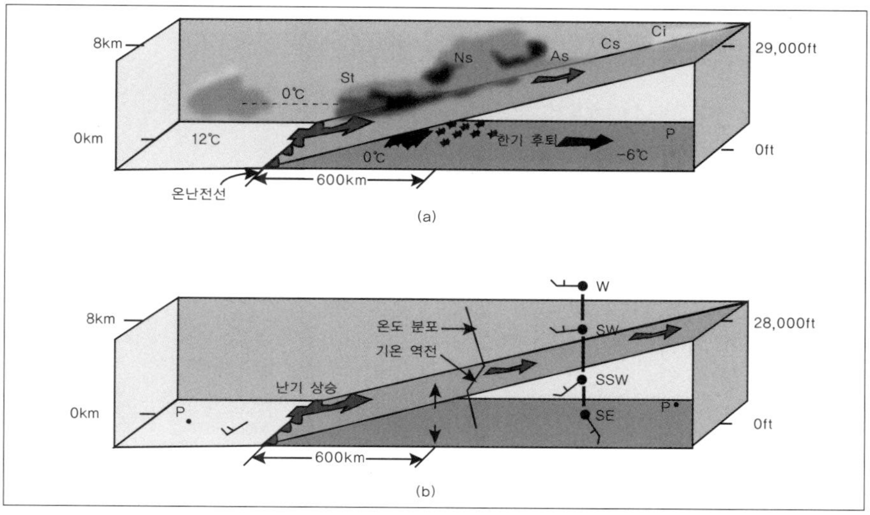

그림 12. 온난전선의 구조((a) 구름과 강수 분포, (b) 온도와 바람 분포)
온난전선은 한랭한 기단이 있는 곳으로 온난한 기단이 이동할 때에 형성되는 것으로, 기울기가 완만하여 층상으로 넓게 구름이 발달하여 강수 구역이 넓다(Ahrens, 2003).

꺼운 구름이 발달하지 않아 강수의 강도가 그리 강하지 않다. 온난전선이 통과하면 기온은 상승한다. 지상의 풍향은 온난전선 통과 전에는 대체로 남동풍이었다가 통과 후에는 남서풍으로 바뀐다.

한랭한 기단이 온난한 기단이 덮고 있는 지역으로 이동할 때 형성되는 불연속선을 한랭전선이라고 한다. 온난전선과 같이 전선의 지표면 부근이 그 상층에 비하여 마찰력의 영향을 더 강하게 받기 때문에 이동이 느리다. 그러므로 일단 전선이 형성되고 이동하면 점차 기울기가 급해진다. 기울기가 급하기 때문에 한랭전선 상의 구름은 대부분 적운과 적난운이며, 강수도 소낙성으로 강도가 강하다. 대기가 불안정할 때는 뇌우를 동반하기도 한다. 한랭전선이 온난전선보다 빠르게 이동하므로, 시간이 지나면서 한랭전선이 온난전선을 따라 붙어 폐색된다. 온난전선에 비하여 한랭전선에서의 기상이 더욱 격렬한 것은 주로 기울기가 급하고 이동 속도가 빠르기 때문이다. 또한 온난전선에 비하여 일기 회복이 빠른 것도 같은 이유이다.

한랭전선이 통과하면 기온이 급격히 하강하는데, 겨울철에는 한랭전선이 통과한 후에 곧바로 매서운 한파가 시작되기도 한다. 수직적인 기온 분포는 전선면까지는 하강하나, 그 상층에는 온난한 기단이 있어서 기온이 갑자기 상승한다(〈그림 13〉 참조). 전선 부근에서는 온도 변화가 클 뿐만 아니라 온도 차이가 커서 바람이 강하다. 전선이 접근하면 기압은 하강하다가 통과 후에는 급격히 상승한다. 풍향은 수평적으로는 남서에서 통과 후에는 북서로 바뀌며 온난

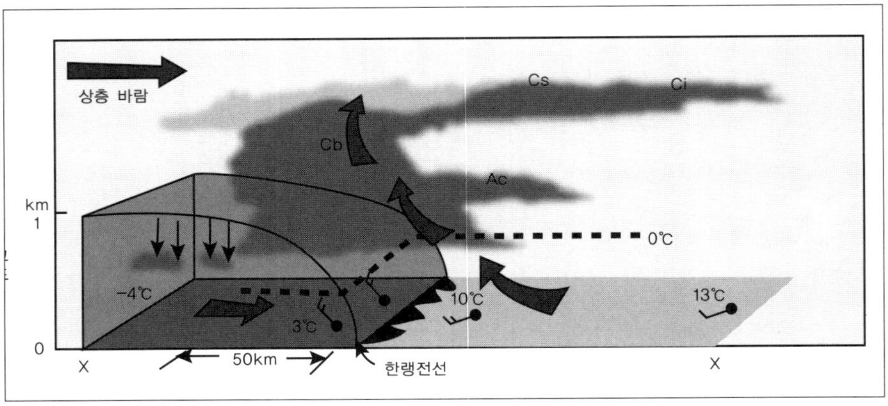

그림 13. 한랭전선의 구조
한랭전선은 온난한 기단이 있는 곳으로 한랭한 기단이 이동할 때 형성되며, 온난전선보다 기울기가 급하고 이동 속도가 빠르다(Ahrens, 2003).

전선에 비하여 풍향의 변화가 뚜렷하다.

7) 저기압의 발달

전선상에서 발생하는 저기압의 발달과 쇠약의 과정은 〈그림 14〉와 같이 설명할 수 있다. 즉, 〈그림 14〉의 a단계와 같이 전선을 경계로 한랭한 기단과 온난한 기단이 대치하는데, 이때 두 기단의 이동 속도의 차이 등에 의하여 전선에 직각의 운동 성분이 발생한다. 이는 작은 파동을 이루며, 일단 파동이 형성되면 점차 발달한다(〈그림 14〉의 b단계 참조). 저기압은 보통 전선의 굴곡이 있는 구역에서 발생한다. 우리나라에 영향을 미치는 저기압은 화북 지방이나 화중 지방에 그 중심을 두고 있을 때가 파동 형성 단계에 해당한다.

파동이 형성되면 한랭기단이 온난기단이 있는 곳으로 혀 모양으로 파고들면서 저기압이 더욱 발달하여 저기압 발달기에 들어선다(〈그림 14〉의 c단계 참조). 우리나라에 영향을 미치는 중위도 저기압은 일반적으로 그 중심이 황해 상에 있을 때부터 우리나라를 완전히 통과할 때까지 발달기에 해당한다. 이때 한랭한 기단은 대체로 남쪽으로 파고들고, 온난한 기단은 북쪽으로 파고드는 모양을 취하는데, 지표상의 남·북 간 기온 차이의 균형을 이루려는 자연의 법칙이라 할 수 있다. 온난전선을 따라서 온난한 공기가 상승하기 때문에 한랭전선보다 이동이 느리다. 그래서 점차 난역이 좁아지고 파동의 진폭도 더욱 커진다.

시간이 더 많이 경과하면 한랭전선이 온난전선을 추월하여 폐색이 시작된다(〈그림 14〉의 d단계 참조). 우리나라를 통과한 저기압이 동해 상으로 진출하면 보통 폐색이 시작된다. 〈그림

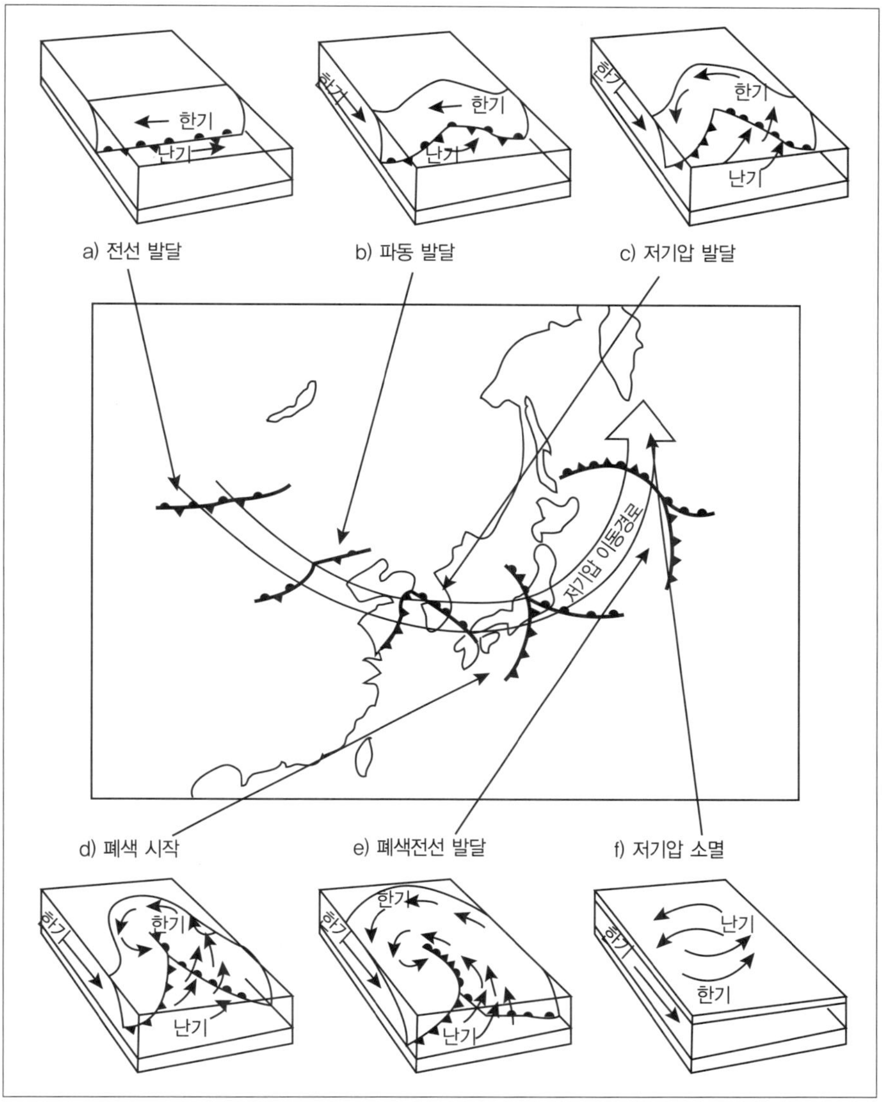

그림 14. 저기압의 일생
저기압은 전선 상에서 파동이 형성되어 소멸할 때까지 크게 다섯 단계를 거치면서 발달하고 쇠약한다.

14〉의 e단계와 같이 완전히 폐색되면 온난기단은 저기압의 중심과 분리된다. 따라서 온난한 공기가 공급되지 않기 때문에 저기압 주변에는 한랭한 공기만이 주위를 회전하며, 중심에서는 점차 밀도 차이가 적어지면서 풍속도 약해지고, 저기압이 소멸한다(〈그림 14〉의 f단계 참조). 우리나라를 통과한 저기압은 일반적으로 알류샨 열도 부근에서 소멸하므로 이곳을 '저기압의 무덤'이라 부르기도 한다.

참고문헌

권혁재, 2003, 『한국지리(제3판)』, 법문사.

이승호, 2007, 『기후학』, 푸른길.

Ahrens, C.D., 2003, *Meteorology Today, An Introduction to Weather, Climate, and the Environment*, West Publishing Company.

Lutgens, F.K. and Tarbuck, E.J., 1998, *The Atmosphere*, Prentice-Hall.

McKinght, T.L. and Hess, D., 2002, *Physical Geography, A Landscape Appreciation*, Prentice-Hall.

www.kma.go.kr

제9장

한반도의 기후 변화

최영은(건국대학교)

2007년 발간된 IPCC 4차 보고서에 따르면 최근 100년(1906~2005년) 동안 지구의 지표 기온이 지구 온난화로 인하여 0.56~0.92℃ 상승했다(IPCC, 2007). 기온 상승 폭은 지역에 따라 차이가 있어서 남반구보다 북반구에서 크고, 동아시아 지역의 상승 폭이 지구 평균보다 크다(Hulme *et al*., 1994). 유라시아의 동단에 위치한 우리나라에서도 지구 온난화로 인한 지역 기후 변화가 나타나게 될 것이라는 것은 쉽게 예측할 수 있다.

1904년부터 축적되어 온 기상 자료를 분석해 보면 우리나라에서도 기온이나 강수량의 지속적인 변동성이 존재한다. 기후 변화와 변동성의 특성을 살펴볼 때 중요하게 다루어져야 할 기후 요소는 기온과 강수이다. 평균기온, 최고기온, 최저기온, 기온과 관련된 극단 기후 사상(extreme climate event)의 변화 특성을 먼저 제시하고, 강수량, 강수일수, 강수강도, 강수와 관련된 극단 기후 사상 및 강설의 변화 특성을 서술하였다. 한반도의 기후 변화 특성을 제시하기 전에 기후 변화의 정의 및 원인 등 기후 변화 과학에 대해서 간략하게 제시하였다.

장기간의 기후 변화를 고려할 때 가장 중요한 것은 분석에 필요한 자료의 축적기간이다. 〈표 1〉에 제시된 바와 같이 우리나라에서 30년 이상의 관측기간을 보유하고 있는 지점은 61개이다. 이 중에 8개 지점이 80년 이상의 관측 기록을 보유하고 있다.

1. 기후 변화 과학

기후 변화는 지속적인 가뭄을 일으키거나 열파, 한파의 원인이 되어서 사람들의 삶에 영향을 미친다. 변화 폭이 작더라도 그것이 장기간 축적되면 커다란 영향을 미칠 수 있기 때문에 기후 변화는 현재 인류가 직면하고 있는 가장 심각한 문제 중의 하나이다.

일반적으로 기후 변화는 대기권, 수권(해양, 하천, 호수), 설빙권(눈, 빙하), 암석권(암석, 토양), 생물권(식물, 인류를 포함한 동물) 등으로 구성되는 기후 시스템의 변화를 의미한다. 이

표 1. 장기간의 기상 자료를 보유하고 있는 관측 지점

관측 시작	관측 지점의 수	관측 지점
1930년 이전	8	강릉, 서울, 인천, 대구, 전주, 부산, 목포, 제주
1930년대	3	울릉도, 울산, 광주
1940년대	3	추풍령, 포항, 여수
1950년대	0	해당 없음
1960년대	10	속초, 춘천, 수원, 서산, 청주, 대전, 군산, 통영, 서귀포, 진주
1970년대	37	대관령, 원주, 충주, 울진, 완도, 강화, 양평, 이천, 인제, 홍천, 제천, 보은, 천안, 보령, 부여, 금산, 부안, 임실, 정읍, 남원, 순천, 장흥, 해남, 고흥, 성산포, 영주, 문경, 영덕, 의성, 구미, 영천, 거창, 합천, 밀양, 산청, 거제, 남해
1980년대	7	철원, 안동, 창원, 고산, 태백, 장수, 봉화
1990년대	4	동두천, 동해, 영월, 흑산도
2000년대	1	백령도

중에 하나라도 변화가 일어나면 기후 변화의 원인으로 작용하게 된다(〈그림 1〉 참조).

그러나 기후 변화를 정의하는 것은 쉽지 않다. 〈그림 2〉는 세계기상기구(World Meteorological Organization, WMO)가 규모별 기후 변화의 개념을 정의한 것이다. 기후가 변하는 모든 형태를 기후 변화(Climate Change)라 하고 이것은 3가지로 세분할 수 있다. 특정기간 동안 기온이 상승하거나 하강하는 장기간의 변화를 보여 주는 것을 장기 경향(trend)이라 하는 반면에, 지금까지의 평균 상태와 다른 평균 상태가 지속되면 불연속 변화(discontinuity)라고 한다. 지구 온난화가 대표적인 장기 경향에 해당된다. 장기 경향과 불연속 변화를 제외한 나머지, 규칙적이거나 불규칙적으로 반복되어 나타나는 것은 변동성(variation)이라고 한다. 엘니뇨가 대표적인 변동성에 해당된다. 변동성은 다시 극대와 극소 사이를 서서히 변화하는 진동(oscillation)과 급격하고 복잡하게 변하는 흔들림(vacillation)으로 구분할 수 있다. 주기성(periodicity)은 리듬(rhythm)보다 일정한 간격으로 발생한다.

지구의 기후가 어떻게 변화하는지는 잘 이해되지 않는 부분이 많다. 기후 변화를 설명하기 위한 많은 이론들이 제시되었지만, 어느 하나도 기후의 변동을 완전하게 설명하지는 못한다. 기후 변화 또는 변동의 이해를 어렵게 하는 것은 기후 시스템 간의 상호 연관성 때문이라고 할 수 있다. 예를 들어, 기온이 변하면 강수와 바람과 같은 다른 기후 요소들도 변화한다. 대기, 해양, 빙하의 상호작용은 매우 복잡해서 연결되어 설명하기 어렵다.

기후를 변하게 하는 요인은 자연적인 것과 인위적인 것으로 구분할 수 있다. 자연적인 것에

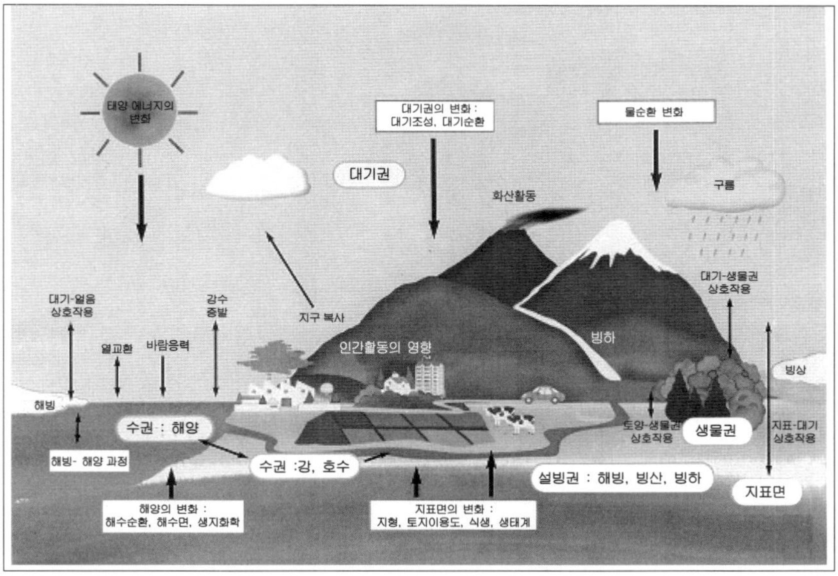

그림 1. 기후 시스템의 구성 및 작용(www.climate.go.kr)

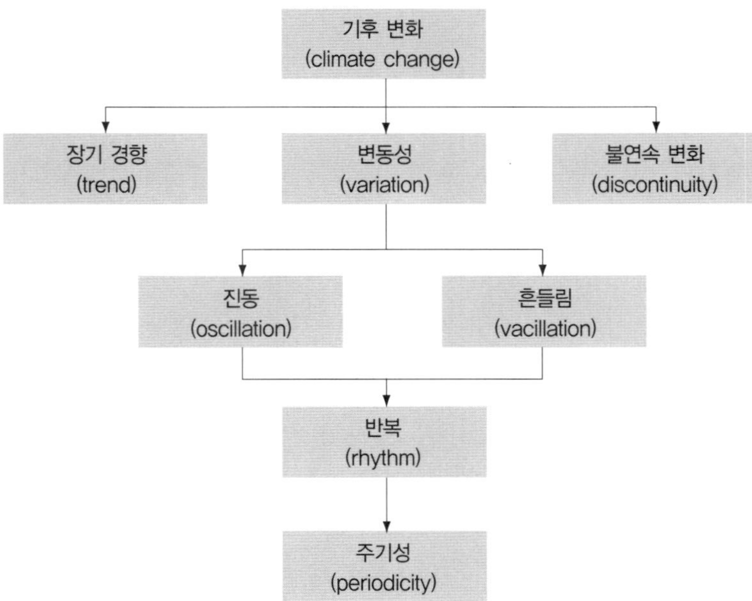

그림 2. 기후 변화의 정의(이현영, 2000)

해당하는 것은 태양 흑점 변화, 지구 공전 및 자전 궤도의 변화(밀랑코비치 이론), 화산 분화 및 엘니뇨와 라니냐가 대표적이다. 인위적인 것에는 온실 기체의 증가와 지표면의 변화 등이 있다.

2. 기온의 변화

1) 평균기온

20세기 초반은 세계적으로 온난한 시기에 해당하지만, 1900년대 이전의 관측 자료가 존재하지 않는 우리나라의 경우는 20세기 초반을 온난한 시기라고 단정하기 어렵다. 다만 우리나라의 경우에도 소빙기가 존재하였으므로(김연옥, 1998), 1800년대에 비해 1900년대 초가 비교적 온난했음을 추정하고 있다. 20세기 후반에 들어서 세계적인 추세와 마찬가지로 한반도의 평균기온은 뚜렷한 상승 추세가 나타난다. 하지만, 한반도에서 기온이 상승하고 있다는 것은 분명하지만, 분석에 포함된 관측 지점의 수, 관측 기간, 분석 방법에 따라 증가율에는 차이가 있다.

80년 이상의 관측 자료를 보유하고 있는 7개 지점(강릉, 서울, 인천, 대구, 전주, 부산, 목포)을 이용하여 구축한 한반도의 연평균기온의 경년 변화는 〈그림 3〉과 같다. 연평균기온은 1930년경까지 12℃를 중심으로, 1940~1950년대에는 12~13℃ 사이에서 상승과 하강을 반복한다. 그 후, 1950~1960년대에는 상승하였다가 1970년대에는 약간 하강하고, 1980년대에 들어서면서 다시 상승하는 경향을 보이고 있다. 1980년대 후반부터는 한반도 연평균기온이 13℃를 넘어섰다. 이러한 특성은 연평균기온의 아노말리(anomaly)를 살펴보면 더욱 뚜렷하게 나타나서 1980년 이후에는 양의 아노말리가 규모가 커지고 있다(〈그림 4〉 참조). 1930년대 이전에는 예년치보다 0.5℃ 정도 낮았다가 그 후 50년대 중반까지 예년치와 비슷한 기온을 보였으며 1960년대에는 0.5℃ 정도 상승하고, 다시 1970년대에는 하강한다. 다시 1970년대 말부터 완만한 상승을 하고 1980년대에는 점차 상승하여 아노말리 폭이 커지는 경향을 보인다. 1990년 이후에는 아노말리 폭이 최대를 보인다. 연평균기온은 변동성이 존재하기는 하지만, 뚜렷하게 증가하는 경향이 나타난다.

전술한 바와 같이 한반도의 기온 증가율은 분석기간, 선택된 관측 지점, 산출 방법에 따라 달라지지만, 20세기 초반보다는 후반에 증가율이 더 커진다. 〈표 2〉는 다양한 관측기간별로 추정된 기온 증가율을 보여주고 있다. 7개 지점을 이용해서 산출된 지난 90년간(1921~2010년) 기온 상승률은 1.85℃, 20개 지점을 산술 평균하여 추정한 지난 32년간(1969~2000년) 한반도 기온 상승률은 1.25℃이었고, 지난 47년간(1954~2000년)을 이용해서 산출한 평균 기온 상승률은 1.06℃이었다. 과거 100년간 우리나라 연평균기온의 증가율은 1℃ 이상으로 세계적인 경향을 웃돌고 있는 것을 알 수 있다.

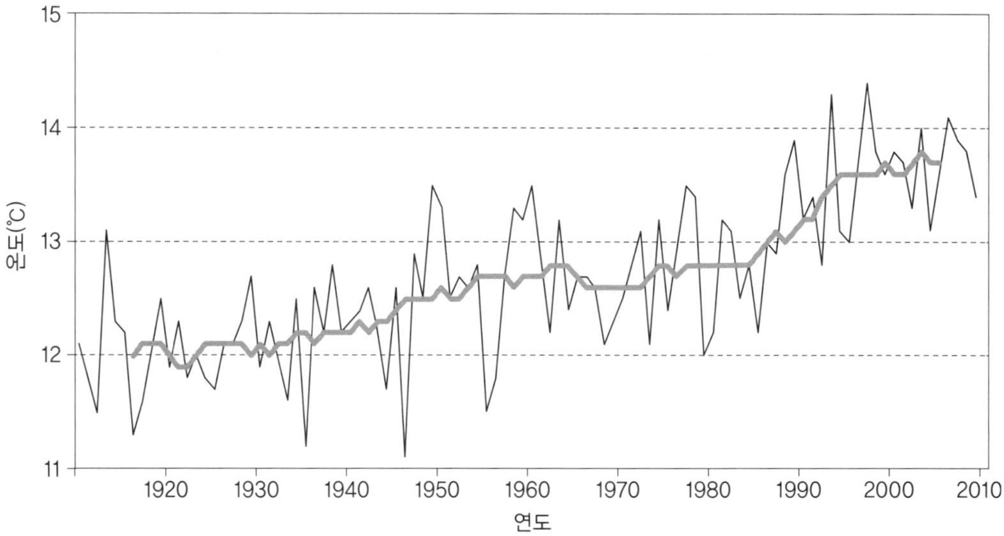

그림 3. 한반도 연평균기온의 변화, 1911~2010
(굵은 선 : 11년 이동 평균)

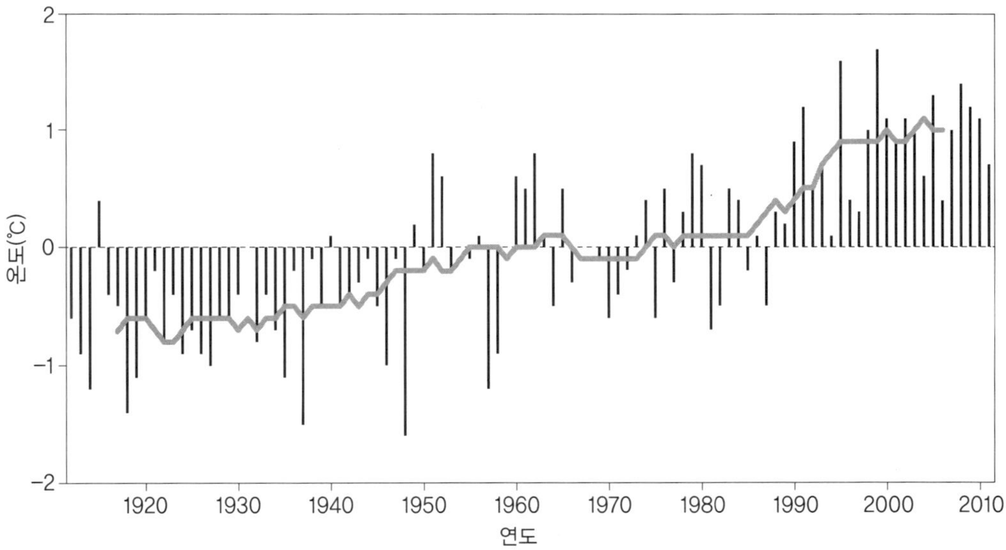

그림 4. 한반도 연평균기온의 아노말리 변화, 1911~2010
(굵은 선 : 11년 이동 평균)

주요 관측 지점인 서울, 부산, 대구, 전주의 연평균기온 경년 변화를 보면, 한반도 시계열과 마찬가지로 뚜렷하게 상승하고 있다(〈그림 5〉 참조). 1930년대에 비해 1950년대에 모든 지점에서 기온이 상승하고 있고, 1980년대 이후 현저한 고온화가 나타난다. 하지만 관측된 기온의

표 2. 기간별, 지점별 기온 상승률(℃)(김맹기 외, 1999)

	1969~2000(℃/32년)	1954~2000(℃/47년)	1921~2010(℃/90년)*
부산	1.41	1.22	1.62
목포	0.96	0.52	0.90
서울	1.63	1.65	2.34
대구	1.66	1.74	2.52
강릉	1.38	1.22	1.89
전주	0.86	0.71	1.89
인천	1.57	1.22	1.80
제주	1.18	0.99	-
광주	1.25	0.94	-
여수	1.09	0.75	-
울산	1.34	1.22	-
울릉도	1.09	0.71	-
추풍령	0.64	0.33	-
포항	1.82	1.65	-
수원	2.18	-	-
춘천	0.90	-	-
청주	1.76	-	-
속초	0.67	-	-
서산	0.70	-	-
통영	0.77	-	-
군산	0.99	-	-
서귀포	1.31	-	-
대전	1.54	-	-
평균	1.25	1.06	1.85

* 동일방법으로 저자 산출

증가 경향에는 지구 온난화와 동반되어 나타나는 한반도의 온난화 경향과 함께 각 관측 지점의 도시화로 인한 국지적인 상승 경향이 포함되어 있다. 도시화는 온실 기체의 증가로 인한 지구 온난화 신호(Signal)와 마찬가지로 기온의 상승을 가져오기 때문에 정량적으로 제거하기가 어렵다. 이명인 · 강인식(1997)에 따르면 한반도 기온의 지역별 변화 형태는 1960년대를 전후로 변화하는 모습을 나타냈다. 1960년대 이전에는 자연적인 변동인 반면에, 1960년대 이후에는 산업화와 도시화 등으로 인해 지역별 기온 상승 경향이 자연적인 변동을 넘어 뚜렷하게 나타났다. 1960년대 이후에는 인구가 많은 대도시에서 관측된 기온의 상승 경향이 1960년대 이전과 비교하여 가속화되었으며, 대도시 관측 자료에 도시화로 인한 기온 상승 효과가 포함

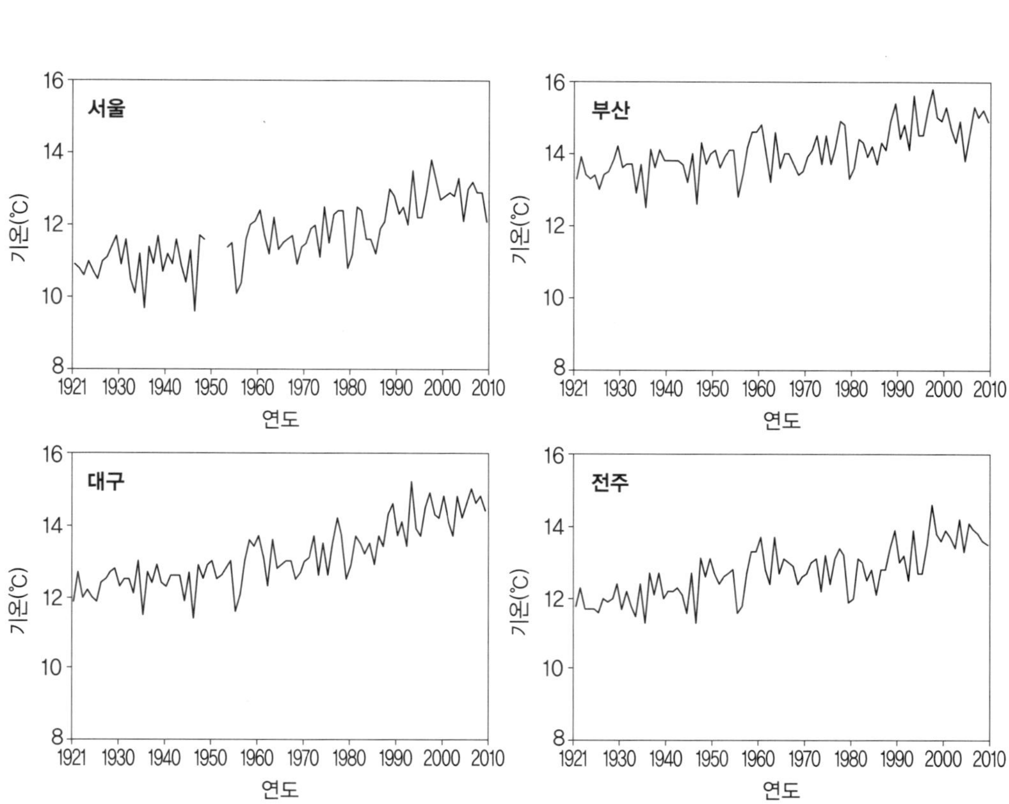

그림 5. 주요 도시의 연평균기온의 경년 변화, 1921~2010

되어 있음을 알 수 있다. 〈표 3〉에 제시된 바와 같이 도시화가 제거된 후에도 한반도의 온난화는 존재하고, 지난 90년간 0.5~0.7℃의 기온 상승이 추정되었으며, 20세기 후반을 고려했을 때는 0.76℃이다. 이는 지난 세기 100년간 0.5~0.6℃ 정도 상승한 것으로 추정되는 지구 평균기온 상승률보다 큰 값이다.

기온의 변동을 계절별로 보면 최저기온의 상승이 나타나는 겨울철에 기온 상승 경향이 더욱 탁월하게 나타난다. 여름철(6~8월) 평균기온의 변화를 보면 〈그림 6〉과 같다. 전국적으로 기온 상승의 경향은 뚜렷하지 않으나 1920년대, 1940년대, 1960년대에는 상승하였고, 1930년대, 1950년대, 1970년대에는 하강하였지만, 1980년대 이후에는 기온 상승이 나타나고 있다. 지점별로 8월 평균기온의 경년 변화를 살펴보면 남한 15개 지점 중 1931~1960년(A)에 비해 1961~1990년(B)의 30년 평균치가 뚜렷이 상승한 지점은 강릉, 대구, 전주, 울산, 부산, 제주 등이고, 경년 변화가 거의 없는 지점은 서울, 울릉도, 광주 등이며 인천은 오히려 기온이 하강하고 있다. 연평균기온의 경년 변화와 같이 여름철 기온은 해마다 상승과 하강을 반복하지만,

표 3. 도시화의 영향을 제거하기 전과 후의 한반도 기온 상승 경향(℃), 1968~1999(Choi *et al.*, 2003)

도시화 영향	봄	여름	가을	겨울	연
제거 전	1.09	0.78	1.09	1.99	1.17
제거 후	0.71	0.44	0.68	1.43	0.76

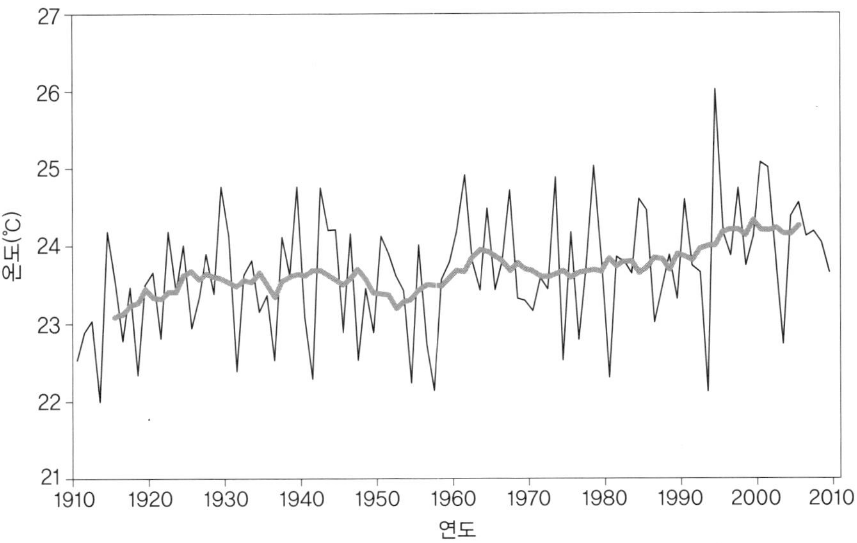

그림 6. 한반도 여름철 기온의 변화, 1910~2010(굵은 선 : 11년 이동 평균)

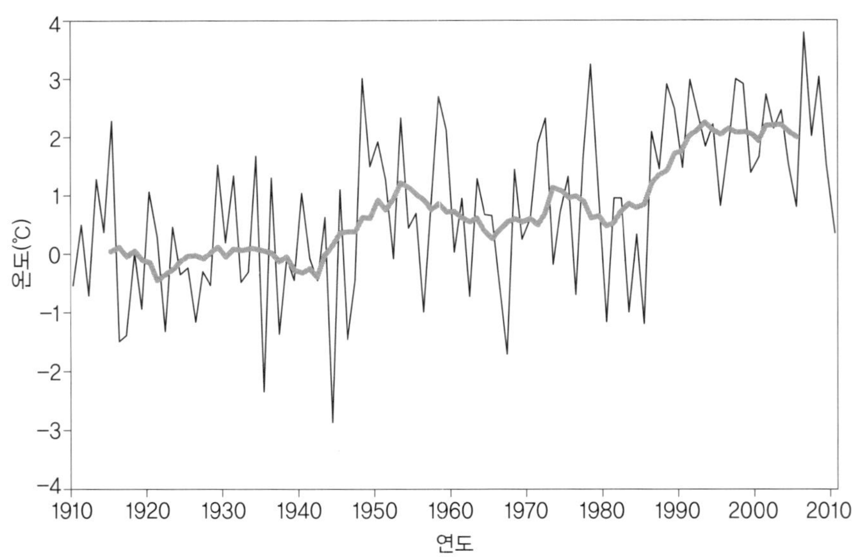

그림 7. 한반도 겨울철 기온의 변화, 1910~2010(굵은 선 : 11년 이동 평균)

표 4. 주요 지점의 8월 평균기온의 변화(℃)(김연옥, 1998)

	A (1931~1960)	B (1961~1990)	C* (1981~2010)	B-A	C-B	C-A
강릉	24.3	24.6	24.6	+0.3	0.0	+0.3
서울	25.4	25.4	25.7	0.0	+0.3	+0.3
인천	25.1	24.9	25.2	-0.2	+0.3	+0.1
울릉도	23.9	23.8	23.6	-0.1	-0.2	-0.3
대구	25.9	26.3	26.4	+0.4	+0.1	+0.5
울산	25.1	25.9	25.9	+0.8	0.0	+0.8
부산	25.4	25.9	25.9	+0.5	0.0	+0.5
전주	25.9	26.3	26.2	+0.4	-0.1	+0.3
광주	26.1	26.2	26.2	+0.1	0.0	+0.1
목포	26.1	26.2	26.1	+0.1	-0.1	0.0
제주	25.8	26.6	26.8	+0.8	+0.2	+1.0

* 기상청, 2011

표 5. 주요 지점의 1월 평균기온의 변화(℃)(김연옥, 1998)

	A (1931~1960)	B (1961~1990)	C* (1981~2010)	B-A	C-B	C-A
강릉	-1.0	-0.4	0.4	+0.3	+0.8	+1.4
서울	-4.9	-3.4	-2.4	+0.3	+1.0	+2.5
인천	-4.0	-3.1	-2.1	+0.2	+1.0	+1.9
울릉도	0.6	0.7	1.4	-0.9	+0.7	+0.8
대구	-1.6	0.7	0.6	+2.3	-0.1	+2.2
울산	0.4	0.9	2.0	+0.5	+1.1	+1.6
부산	1.8	2.2	3.2	+0.4	+1.0	+1.4
전주	-1.7	-1.2	-0.5	+0.5	+0.7	+1.2
광주	-0.6	-0.2	0.6	+0.4	+0.8	+1.2
목포	1.0	1.3	1.7	+0.3	+0.4	+0.7
제주	4.8	5.2	5.7	+0.4	+0.5	+0.9

* 기상청, 2011

그 경향성은 덜 탁월하다(〈표 4〉 참조).

겨울철(12~2월) 평균기온의 변화 경향을 보면 〈그림 7〉과 같다. 평균기온은 1920년대와 1940년대 중반, 1960년대 말에서 1970년대 초 그리고 1980년대 초에 하강하였다가 그 후 상승하고 있다. 1월 평균기온 변화를 시기별로 보면 〈표 5〉와 같다. A기간과 B기간을 비교하면 1월 평균기온은 B기간에 여름철과 달리 거의 대부분의 지점에서 상승하고 있으며, C기간은 B

표 6. 주요 지점의 최고기온, 최저기온, 일교차의 장기간의 변화 추세(0.1℃/10년), 1954~1999(Jung *et al.*, 2002)

지점	최고기온	최저기온	일교차
강릉	0.22*	0.24*	-0.02
서울	0.24*	0.40*	-0.16*
인천	0.28*	0.23*	0.05
추풍령	0.21*	-0.05	0.26*
포항	0.37*	0.33*	0.04
대구	0.36*	0.39*	-0.03
전주	0.19*	0.11	0.08
울산	0.20*	0.27*	-0.07
광주	0.24*	0.20*	0.03
부산	0.33*	0.21*	0.12*
목포	0.23*	0.02	0.02*
여수	0.27*	0.12*	0.05*

* 95% 신뢰도에서 유의

기간보다 상승 경향이 두드러지고, 결국 A기간과 C기간 사이의 상승 폭은 매우 커서 대구는 2.2℃, 서울은 2.5℃ 등 대부분의 지점에서 1℃ 이상 평균기온이 상승하고 있다. 여름철보다 겨울철 평균기온의 변화가 더욱 큰 것을 알 수 있다.

하지만 여름철과 겨울철의 기온 변화에도 도시화의 영향은 존재한다. 〈표 3〉에 나타난 바와 같이 겨울철에 도시화 영향이 여름철보다 큰 것으로 나타났다. 여름철의 기온 변화는 도시화를 제거하고 0.44℃ 정도 증가 경향을 보여 주고 있는데, 겨울철에는 그 증가 폭이 1.43℃에 이른다.

2) 최고기온, 최저기온, 일교차

〈표 6〉은 12개 관측 지점별 최고기온, 최저기온, 일교차의 변화 경향을 보여 주고 있다. 지역별로는 대도시가 위치한 지점에서 상승경향이 크고, 최고기온과 최저기온 모두 서울에서 가장 큰 것으로 알려져 있다(Jung *et al.*, 2002). 일교차는 최저기온의 상승 때문에 감소하는 것으로 알려져 있지만, 우리나라에서는 증가와 감소가 혼재하여 나타난다.

3) 기온 극단 사상(temperature extremes)

서리일(frost day)은 일 최저기온이 0℃보다 낮은 날로 정의되는데, 서리일의 발생빈도는 농업, 원예, 레저 등 많은 산업에서 중요하다. 중위도에서 지구 온난화로 인한 서리일의 발생

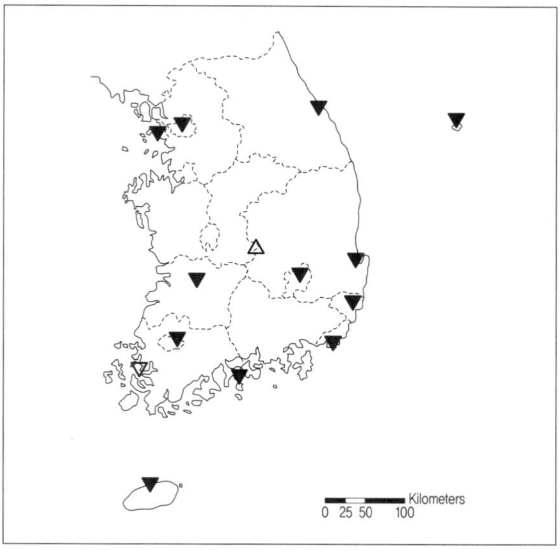

그림 8. 서리일수의 경년 변동, 1954~2010(Choi, 2004)
(▲: 유의한 증가, ▼: 유의한 감소, △: 유의하지 않은 증가,
▽: 유의하지 않은 감소)

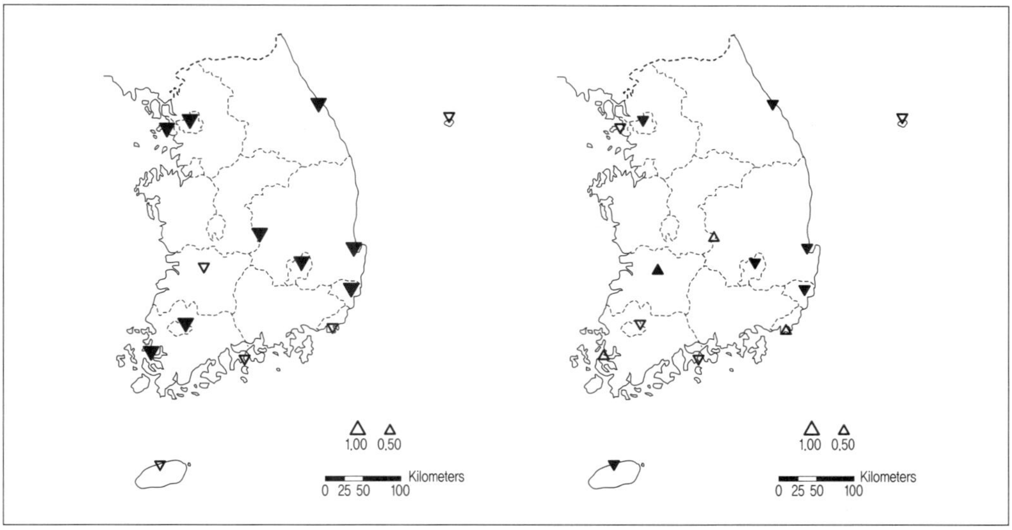

그림 9. 연 극한 일 기온차(왼쪽)와 일교차(오른쪽)의 경년 변동, 1954~2010(Choi, 2004)

빈도는 감소하게 될 것이라고 기대된다(Houghton *et al*., 2001). 〈그림 8〉은 20세기 후반에 한반도에서 서리일수가 현저하게 감소하는 것을 보여 준다.

연 극한 일 기온차(extreme temperature range)는 1년 중 기온이 가장 낮은 날과 높은 날

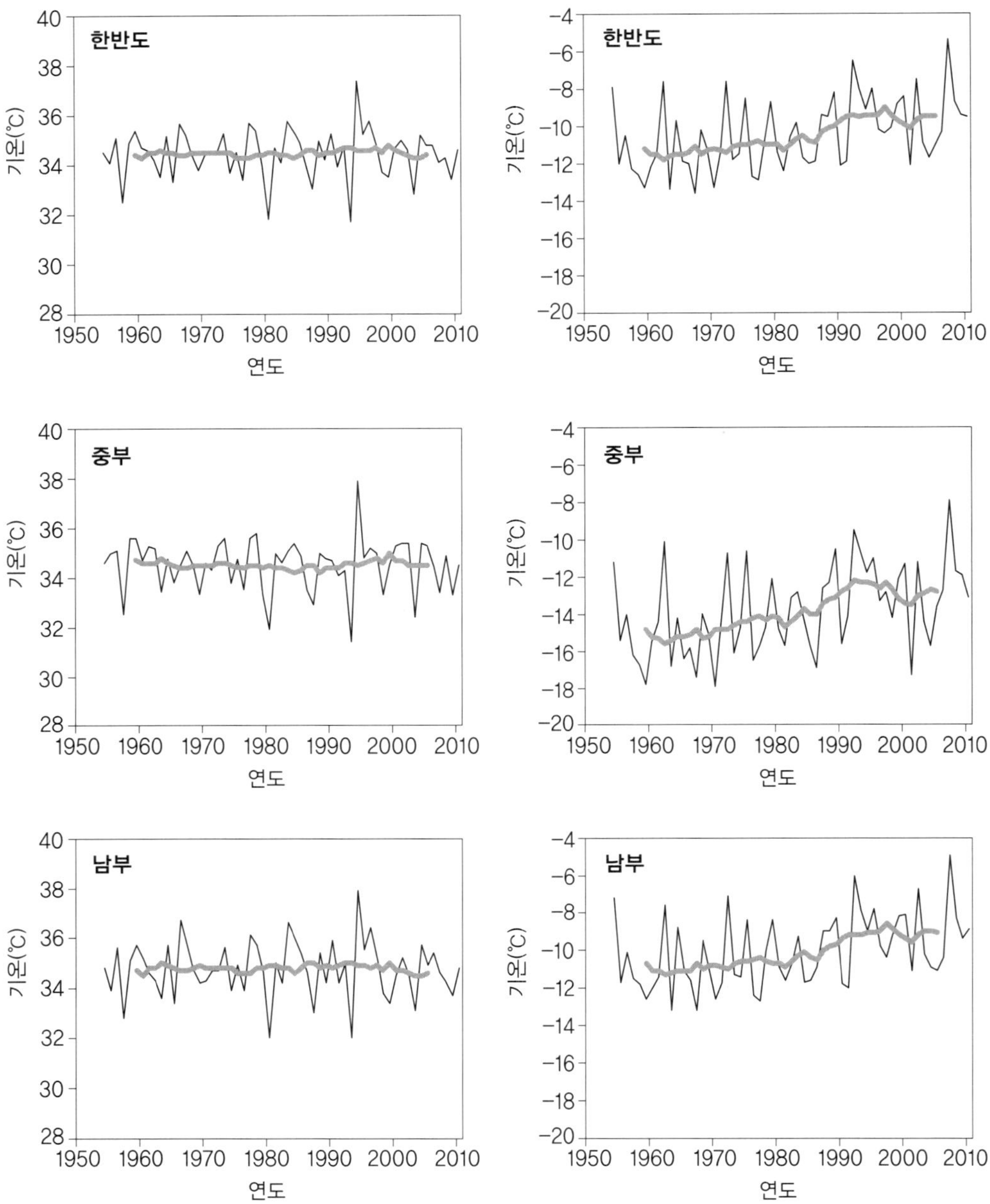

그림 10. 지역별 연 일 최고기온(왼쪽)과 연 일 최저기온의 변화(오른쪽)
(굵은 선 : 11년 이동 평균), 1954~2010(Choi, 2004)

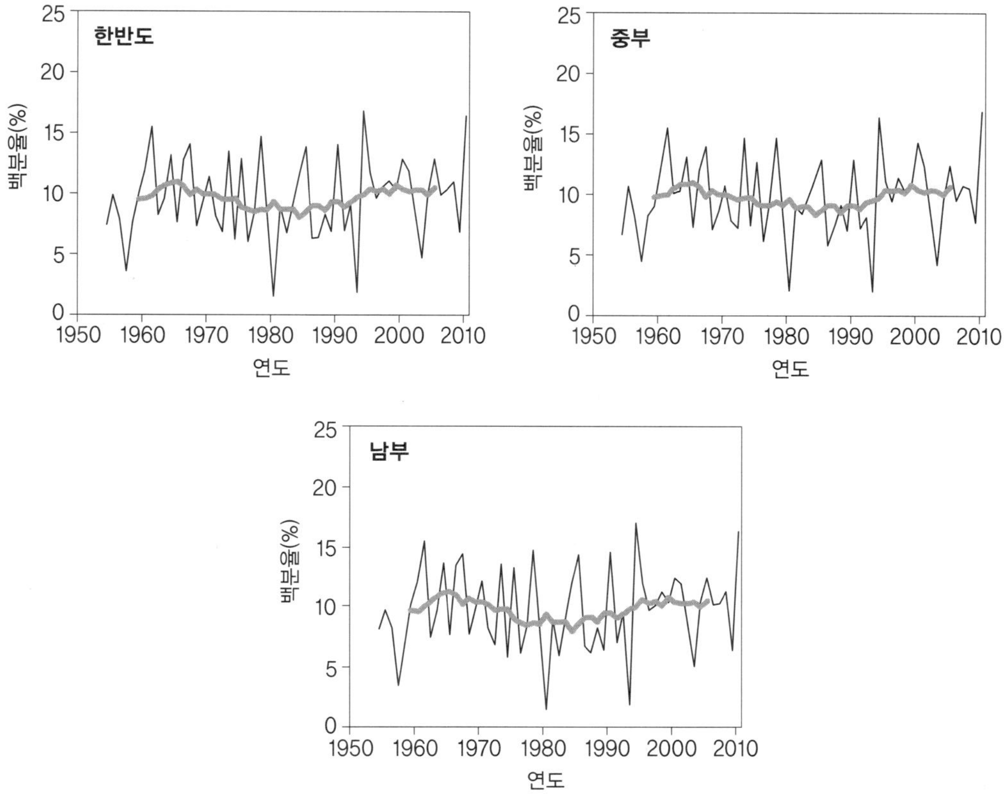

그림 11. 온난야율의 경년 변동, 1954~2010(굵은 선 : 11년 이동 평균)(Choi, 2004)

의 기온차로, 야간의 기온 상승과 권운 증가로 인해 태양 복사의 입사량이 줄어들기 때문에 감소가 기대된다. 한반도에서 연 극한 일 기온차는 전체적으로 감소하고 있다. 한반도의 일교차의 변화 경향이 지역적으로 일관성이 없는 반면에 연 극한 일 기온차는 보다 일관성 있는 경향을 보여 준다(〈그림 9〉 참조). 〈그림 10〉은 연 일 최저기온과 연 일 최고기온의 변화 경향을 보여 주고 있는데, 한반도 연 극한 일 기온차의 감소는 최저기온의 증가로 나타나는 것을 알 수 있다.

열파 지속 기간(heat wave duration)은 30년(1961~1990년) 평년 최고기온보다 일 최고기온이 5℃ 이상 높은 날이 5일 이상 연속적으로 나타나는 기간으로 정의되는데, 사망률과 밀접한 관계가 있다고 추정된다. 열파 지속 기간은 고온화로 인하여 토양 수분의 양이 감소함에 따라 길어지고, 극심해질 것으로 기대된다. 한반도 전체에 걸쳐서 증가 경향이 나타나고 있지만, 통계적으로 유의한 곳은 서울, 인천, 부산을 포함하는 대도시 세 개 지점이다. 이는 열파 지속 기간의 증가에 지구 온난화와 함께 도시가 기여하고 있다는 것을 뒷받침하고 있다. 성장 계절(growing season length)은 최저기온이 5℃ 이상인 날이 5일 이상 지속되는 시기부터 5℃ 이하의 최저기온이 5일 이상 지속되는 시기까지의 기간으로 정의되며, 기온이 상승함에 따라 증가가 기대된다. 북반구의 대부분의 지역에서 나타난 바와 같이 한반도에서도 성장 계절의 기간은 증가하고 있다.

최저기온을 크기 순으로 나열하였을 때 작은 쪽에서 90%에 해당하는 값(제90백분위수)보다 큰 최저기온의 출현빈도를 백분율로 표현한 것이 온난야율이다. 이는 온난야(warm night)의 변화 경향을 직접 측정할 수 있는데, 야간 냉각이 약해짐에 따라 생기는 영향을 반영한다. 지구 온난화는 주로 야간 온난화로 발생하는데, 이것은 맑은 하늘의 복사 효과와 야간 응결로 인한 운량의 증가에서 초래된다. 〈그림 11〉과 같이 야간 온난화의 변화는 한반도에서 전반적으로 증가 경향이 나타나고 있는데, 이것은 세계적으로 나타나는 현상이다. 최저기온의 상승이 탁월하여 저온과 관련된 극단 사상의 빈도는 감소하고, 고온과 관련된 극단 사상의 빈도는 증가하거나 변화가 없다(Frich *et al.*, 2002).

3. 강수의 변화

1) 연강수량

강수량은 기온에 비하여 해마다 변동이 크다. 연강수량은 한반도에서 증가하는 경향이 있다. 7대 관측 지점의 강수량 자료를 이용하여 구축된 한반도 강수량의 경년 변화를 보면 〈그림 12〉와 같다. 1910년대와 1940년대는 소우, 1950년대와 1960년대 전반에 걸쳐서는 다우의 형태를 보이면서 연강수량은 1,000~1,400mm 사이로 해에 따라 변한다. 이것을 지점별로 시기적으로 보면 1904~1934년에 비해 1931~1960년은 약간의 감소가 있었고, 1961~1990년은 1931~1960년 기간보다 강수량이 현저히 증가하고 있어, 강수량은 증가 추세를 나타내는 것을 알 수 있다.

하지만 강수는 기압이나 기온 등의 다른 기상 요소와는 달리 시간과 공간의 차이가 상당히 크며, 특히 산악, 해양 등의 지형적인 영향을 많이 받는다. 기온의 뚜렷한 증가 경향에 대해서는 일치되는 결과를 보이는 반면 강수량의 변화와 변동성에 관해서는 많은 논란이 있다.

우리나라는 여름철에 연강수량의 반 이상이 내리는 여름철 집중 형태를 나타낸다. 여름에 많이 발생하는 호우는 불규칙하게 발생하여 일상생활이나 산업활동에 커다란 피해를 끼치기도 한다. 여름철 우리나라 강수량의 변화를 보면 500~1,000mm 사이를 오르내리고 있다. 여름

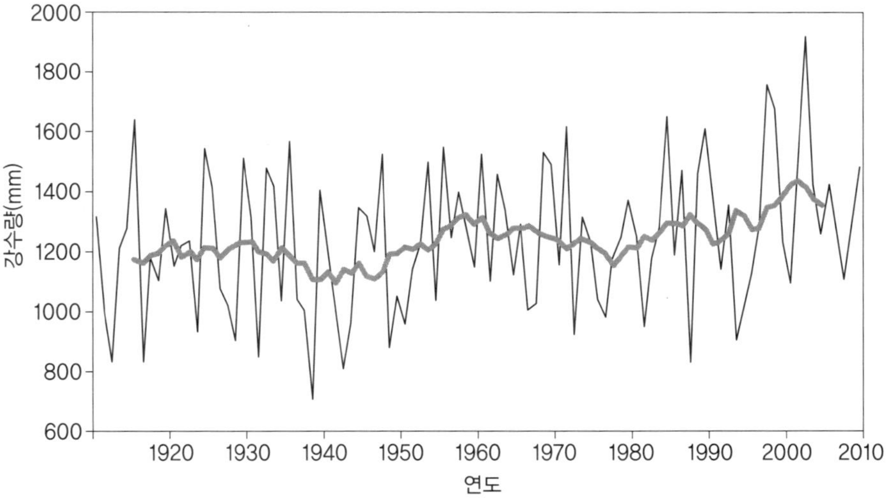

그림 12. 한반도 연강수량의 변화, 1911~2010(굵은 선 : 11년 이동 평균)

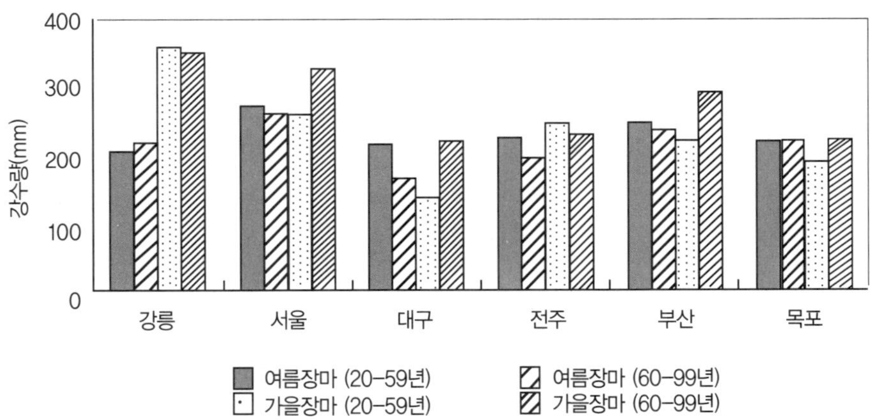

그림 13. 여름 장마와 가을 장마 기간 동안 25년 재현 주기의 호우의 규모, 1920~1959년과 1960~1999년(Choi, 2002b)

철 강수량의 변화는 중위도 저기압의 통과, 장마의 지속시간, 태풍의 유무에 의해서 영향을 받는다. 〈그림 13〉은 여름철 강수량을 여름 장마(6~7월)와 가을 장마(8~9월)로 구분하여, 25년 재현 주기의 호우 규모를 1920~1959년, 1960~1999년으로 구분하여 비교한 것이다. 대부분의 지점에서 6~7월의 강수 사상의 규모는 20세기 후반으로 오면 감소하고, 8~9월의 강수 사상의 규모는 증가하는 것을 알 수 있다.

2) 강수일수와 강수강도

강수량뿐만 아니라 강수일수와 강수강도도 강수 특성의 변화를 파악하는 데 중요하다. 〈그림 14〉에서 나타나는 바와 같이 최근 80년간 남부 지방의 연강수일수는 뚜렷한 감소 현상이 나타나는 반면 연강수량은 약간 증가하여 강수강도가 현저하게 증가한다. 이 모든 경향은 통계적으로 유의한 수준의 변화였다. 계절별로는 여름철의 강수강도는 강수량이 증가하여 현저하게 나타나고, 가을에는 강수량에는 변화가 없지만, 강수일수는 감소하여 강수강도가 증가한다.

3) 강수 극단 사상(precipitation extremes)

강수 극값은 주로 호우의 형태로 나타나는데, 우리나라에서 호우는 여름철에 집중되고, 남해안과 제주도에서 그 빈도가 가장 많다. 평균적으로 1963~1985년의 23년 자료를 사용했을 때 연중 일강수량이 50mm를 넘는 횟수가 5~9회, 100mm를 넘는 횟수가 1~2회 정도였다(허창회 · 강인식, 1988). 한반도에서 강수 현상은 주간보다는 야간에 탁월하게 나타나기 때문에(Jung *et al.*, 2001), 단일의 호우 시스템이 분리되어 관측되기도 한다. 2일 누적 강수량을 이용하여 호우의 발생빈도를 분석하면, 1년 재현기간을 가지는 2일 누적 강수량의 규모는 80~100mm 정도이다.

강수와 관련된 또 다른 극단 현상은 가뭄이다. 강수 현상이 나타나지 않았던 무강수일수를 이용해서 산출한 연도별 최대 무강수일수(maximum consecutive dry days)의 변화 경향을 보면 〈그림 15〉와 같다. 남부 지방에서는 최대 무강수일수가 증가하는 경향이 나타나서 가뭄에 민감해지고, 중부 지방은 감소하는 경향이 나타난다.

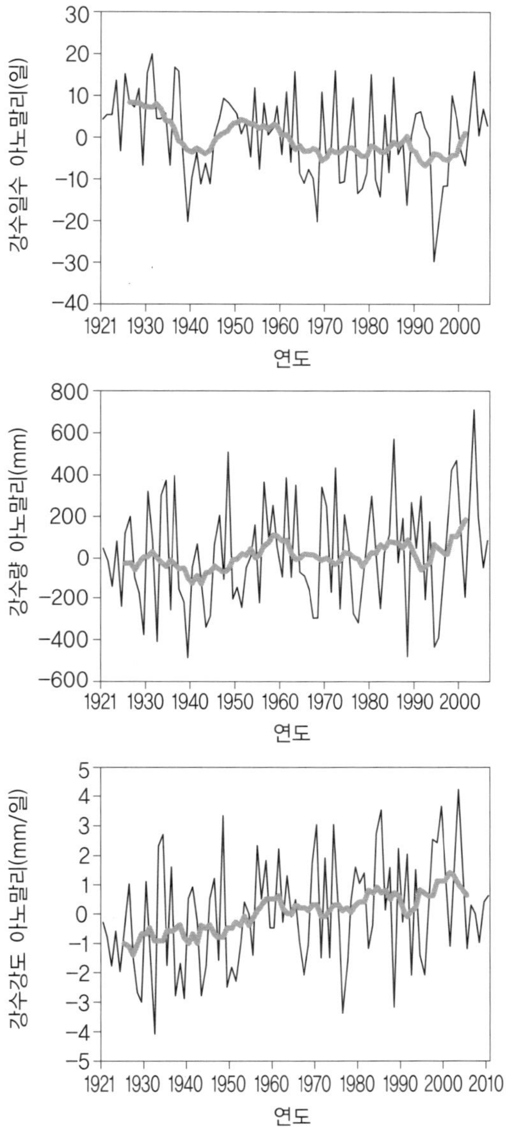

그림 14. 남부 지방의 연강수일수, 강수량, 강수강도 편차 변화, 1921~2010
(굵은 선 : 11년 이동 평균)(Choi, 2002a)

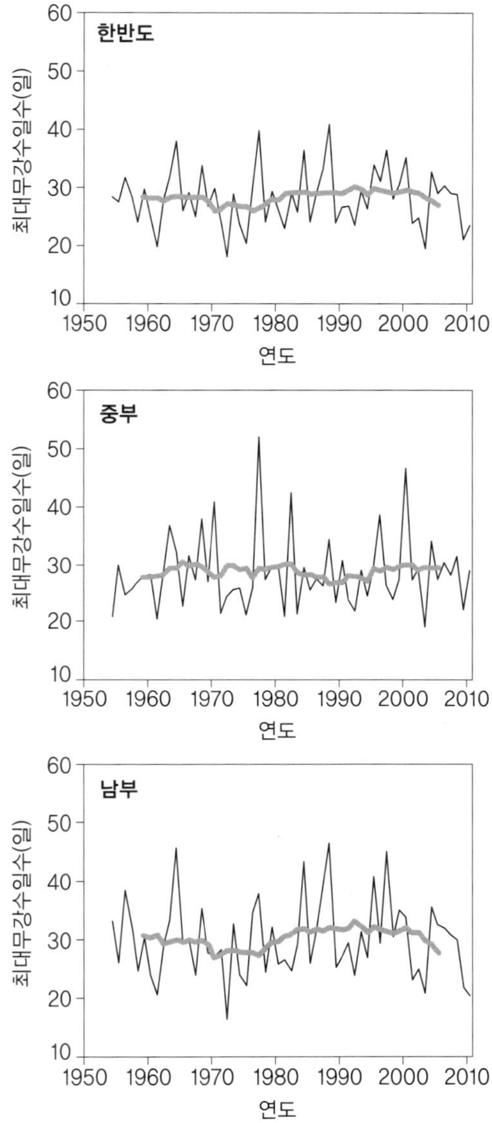

그림 15. 최대 무강수일수(maximum consecutive dry days)의 지역별 변화, 1954~2010
(굵은 선 : 11년 이동 평균)(Choi, 2004)

4) 강설

지구 온난화로 인하여 지역에 따라 차이가 있지만, 기온 상승으로 적설면적의 감소가 예상된다. 변동성이 존재하지만, 1950년대 이후 서울, 강릉, 군산, 대구 등 주요 지점에서 적설량의

표 7. 30년 기간별 월평균 적설량(cm)(이승호 · 류상범, 2003)

	서울				강릉				군산				대구			
	12월	1월	2월	전년	12월	1월	2월	전년	12월	1월	2월	전년	12월	1월	2월	전년
1941~1970	7.0	16.8	9.0	38.4	5.5	28.2	39.3	94.0	No data				2.1	7.3	3.4	14.5
1951~1980	9.1	15.6	9.8	39.7	9.1	30.8	43.8	104.4	19.6	25.7	10.2	69.2	1.7	8.2	3.3	15.9
1961~1990	9.3	14.5	9.4	40.0	12.0	32.3	35.9	99.1	20.9	24.4	9.8	65.1	1.7	6.2	2.5	11.8
1971~2000	8.0	11.7	7.4	31.7	9.6	33.8	30.1	85.4	18.8	20.5	8.4	55.7	1.7	5.4	3.1	11.4

표 8. 30년 기간별 월평균 강설일수(이승호 · 류상범, 2003)

	서울				강릉				군산				대구			
	12월	1월	2월	전년	12월	1월	2월	전년	12월	1월	2월	전년	12월	1월	2월	전년
1941~1970	4.7	6.9	4.0	14.1	1.4	3.7	5.1	10.2	No data				1.1	2.7	1.6	5.4
1951~1980	4.6	6.8	4.3	15.7	1.6	4.3	5.3	11.2	5.0	7.9	5.9	18.9	1.0	2.9	1.7	5.6
1961~1990	5.1	6.2	4.3	15.6	1.7	4.2	5.0	10.9	5.7	7.9	5.0	18.7	1.2	2.2	1.5	4.9
1971~2000	4.2	5.5	3.7	13.4	1.4	4.3	4.0	9.8	5.2	7.4	4.5	17.1	1.3	2.3	1.4	4.9

감소가 나타나고 있다. 특히 서울은 1980년대 이후 감소가 더 뚜렷하게 나타나고 있다(이승호 · 류상범, 2003). 강설량의 30년 평균값을 비교하여도 최근 30년에 모든 지점에서 최소가 나타난다. 강설일수의 변화경향도 적설량의 변화경향과 거의 비슷하게 나타난다(〈표 7과 8〉 참조).

참고문헌

기상청, 2001, 「한국의 기후표」.

김맹기 · 강인식 · 곽종흠, 1999, 「최근 40년간 한반도 도시화에 따른 기온 증가율의 추정」, 『한국기상학회지』, 35, pp.118-126.

김연옥, 1998, 『기후변화 : 한국을 중심으로』, 민음사, p.408.

이명인 · 강인식, 1997, 「한반도 기온 변동성과 온난화」, 『한국기상학회지』, 33, pp.429-443.

이승호 · 류상범, 2003, 「전구 기온 상승이 한국의 적설량 변화에 미치는 영향」, 『한국기상학회지』, 38, pp.463-477.

이현영, 2000, 『한국의 기후』, 법문사, p.237.

허창회 · 강인식, 1988, 「한국 지역 강수의 변동성에 관한 연구」, 『한국기상학회지』, 24, pp.38-48.

Choi, Y., 2002a, Trends in daily precipitation events and their extremes in the southern region of Korea, *Journal of Environmental Impact Assessment*, 11, pp.189-203.

Choi, Y., 2002b, Changes on frequency and magnitude of heavy rainfall events in Korea, *Journal of the Korean Data Analysis Society,* 4, pp.269-282.

Choi, Y., 2004, Trends on temperature and precipitation extreme events in Korea, *Journal of Korean Geographical Society,* 39, pp.711-721.

Choi, Y., Jung, H.S., Nam, K.Y. and Kwon, W.T., 2003, Adjusting urban bias in the regional mean surface temperature series of South Korea, 1968~99, *International Journal of Climatology,* 23, pp.577-591.

Frich, P., Alexander, L.V., Della-Marta, P., Bleason, B., Haylock, M., Klein Tank, A.M.G. and Peterson, T., 2002, Observed coherent changes in climatic extremes during the second half of the twentieth century, *Climate Research,* 19, pp.193-212.

Houghton, J.T., Ding, Y., Griggs, D.J., Noguer, M., van der Linden, P.J., Dal, X., Maskell, K. and Johnson, C.A., 2001, *Climate Change 2001, The Science basis,* Cambridge University Press, p.881.

Hulme, M.Z., Zhao, Z.C. and Jiang, T., 1994, Recent and future climate change in East Asia, *International Journal of Climatology,* 14, pp.637-658.

IPCC, 2007, *Climate Change 2007, The Physical Science Basis,* Cambridge University Press, Cambridge, p.996.

Jung, H.S., Choi, Y., Oh, J.H. and Lim, G.H., 2002, Recent trends in temperature and precipitation over South Korea, *International Journal of Climatology,* 22, pp.1327-1337.

제10장

기후와 생활문화

강철성(충북대학교)

1. 기후와 의복생활

1) 인체와 의복 간의 열평형(熱平衡)식

(1) 의복 착용에 따른 열평형식

의복은 주거와 마찬가지로 기온이 높을 때는 외부로부터 들어오는 열복사를 차단하여 통풍을 유지하고, 기온이 낮을 때는 피부로부터 열방출을 차단시켜 주는 것이 주된 기능이다. 그러나 의복의 경우에는 특히 고려해야 할 불감증산이나 땀에 의한 의복 내의 습도 상승이 문제가 된다. 높은 습도 환경하에서는 의복 소재가 습기를 흡수하여 의복의 열차단과 보온능력이 감소되는 경우가 많다.

인간이 나체로 지낼 수 있는 환경은 무풍의 경우에 27~32℃일 때로 국한된다. 이때에는 열 생산을 증가시키지 않아도 체열평형을 유지할 수가 있다.

피부에서 발생한 열은 의복을 통해서 방출되는데, 이때 방출되는 양은 피복의 재료나 천의 성질, 착용방법에 따라 달라진다. 특히 의복 자체를 온도차에 의해서 생기는 열 흐름에 대한 저항이라고 생각하면 의복의 역할을 종합적인 열차단능력, 즉 인체보온지수(clo)라고 한다.

1clo라는 단위는 온도 21℃, 습도 50% 정도, 기류 0.1m/s인 환경에서 가만히 앉아 있는 사람이 덥거나 춥지 않은 쾌적한 상태인 평균 피부온도 33℃를 유지하는 데 필요한 열 보온력, 즉 인체보온지수이다. 이때의 열 생산을 1mets라 한다. 1mets는 50kcal/m^2h에 해당한다. 이러한 인체보온지수는 의복층을 형성하는 데 매우 필요하다. 예를 들면 쾌적한 상태에서 남자의 경우는 겨울에는 1.14clo 정도, 여름에는 0.6~0.78clo이며, 여성의 경우에는 겨울에 0.95clo 정도, 여름에는 0.53~0.75clo 정도로 알려지고 있다(일본건축학회, 1991).

강철성(1998)은 남한의 겨울과 여름의 인체보온지수를 계산하여 분포도를 작성하였다(〈그

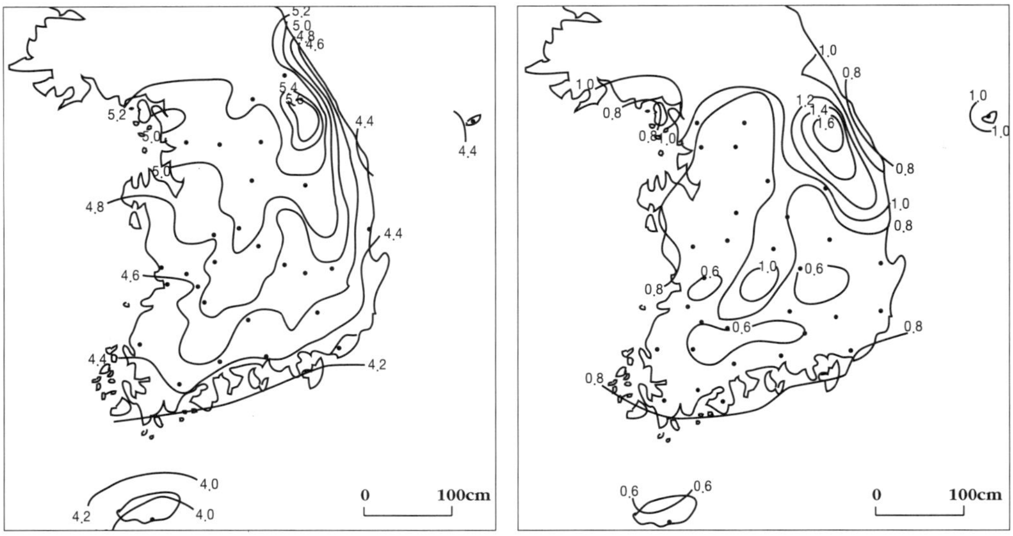

그림 1. 1월 상순과 8월 상순의 인체보온지수 등치선(대사량 : 1mets)

림 1〉 참조). 1월 중순은 1월 상순과 하순보다 인체보온지수값이 높게 나타나는데, 이는 시베리아 고기압의 강화현상이 1월 중순경에 집중되는 경향이 높아 최저기온과 풍속이 강하기 때문에 나타나는 현상으로 볼 수 있다. 대체로 3.8~3.9clo 범위의 의복을 걸치는 것이 인체의 쾌적 상태를 유지할 수 있다. 성하기인 8월 상순은 대관령 지역을 중심으로 남서 내륙 지방으로 등치선이 만곡한다. 그 밖의 지역은 0.6~0.8clo의 낮은 분포를 보이고 있다. 특히 해안 지역보다 내륙 지역이 0.1clo정도 낮게 나타나는데, 이는 해안 지역이 해륙풍의 영향을 많이 받는 반면에 내륙 지역은 장마 이후의 고온 다습한 북태평양 고기압의 영향을 받고, 강한 일사를 받아 지면 복사열을 방출하기 때문에 인체보온지수값이 낮게 나타나는 것으로 사료된다.

2) 계절에 따른 한복

(1) 한국 기후의 특성과 한복

한반도는 중위도 냉·온대 기후 지역에 속한다. 또한 유라시아 동쪽에 위치하고 있으므로 동안 기후의 특색을 보이며 유라시아 대륙과 태평양의 영향을 동시에 받고 있으므로 계절풍 기후의 특색이 강하게 나타난다.

겨울철에는 대륙의 영향을 강하게 받는다. 즉, 대륙 내부인 시베리아로부터 한랭 건조한 북서 계절풍이 불어와, 우리나라는 같은 위도의 서안보다 춥다. 이와는 반대로 여름철에는 태평양으로부터 고온 다습한 남서 내지 남동풍이 불어와 무더위가 지속되는 경우가 많다. 한여름이 시작되기 전에는 6월 하순에서 7월 중순까지 장마가 있어 연강수량의 절반 이상이 이 시기에 내린다.

이러한 기후 특성으로 우리 민족의 옷인 한복은 활동하기에 편리하고 추위에 견딜 수 있도록 상의와 하의가 분리된 저고리와 바지가 기본이 되었다. 특히 겨울철의 한랭한 기후와 여름의 고온 다습한 기후로 인하여 의복 역시 이러한 기후 특성에 맞게 발달해 왔다. 여름철에는 시원한 삼베옷과 모시옷을 해 입었으며, 겨울철에는 따뜻한 솜을 넣은 무명옷을 입었다. 그 외에 계절에 맞는 장신구나 생활 용품을 한복과 어울리게 갖춤으로써 어려운 기후 조건을 이겨내고자 하였다.

(2) 더위와 한복

삼복더위를 이겨내기 위한 한국의 여름 의료는 베와 모시이다. 모시는 통풍이 잘되는 더운 여름에 적합한 옷감으로 현대 화학 섬유에 비할 수 없이 우수하다. 한복의 가장 한복다운 특징은 양복처럼 꼭 몸에 맞게 만들지 않고 몸과 옷 사이에 통풍 공간을 두는 여유 있는 구조이다. 털이나 비단 같은 동물성 섬유가 피부에 잘 붙는 데 비해, 면이나 삼베, 모시 등의 식물성 섬유는 몸에 붙지 않고 까슬까슬하기 때문에 한층 통풍 공간을 만들어 신선한 옷감이 된다. 이러한 여유 확보에서 해양성 고기압이 지배하는 그 지루하고 습기 낀 무더운 여름을 지내기 위한 현명한 의복 구조를 볼 수 있다. 그 여유 공간에 대류를 일으켜 살갗의 땀을 증발시키고 바람을 일으키는 자연풍을 의복 과학적으로 보장했다고 보아야 할 것이다. 또 통풍을 위해 지금은 사라지고 없지만 일제강점기까지도 여름에 등걸이를 사용하였고, 겨울에 솜 토수 대신에 여름에는 등 토수 또는 마미 토수로 저고리 소매 속에 끼워 소매 속으로 들어갈 바람 통로를 마련하기도 하였다.

또 한여름에는 바람이 잘 통하는 대나무로 만든 죽부인이나 죽노(竹奴)를 만들어 한여름 밤의 무더위를 식혔다. 여름 생활한복의 대부분은 옷감 자체가 천연 소재로 되어 있어 바람이 잘 통하고, 품이 헐렁해 어지간한 더위는 잊고 지낼 수 있었다 한다.

여름철 노동복으로 비올 때 입었던 도롱이가 있었으며, 일사가 강할 때는 대오리나 갈대로 만든 삿갓(방갓)을 썼고, 비가 오거나 눈이 올 때 갓이 젖지 않도록 기름종이로 만든 갈모라는 일종의 모자를 썼다.

(3) 추위와 한복

수렵 생활 시기의 방한의로서 대개 모피가 사용되었다. 그러나 농경생활로 들어가면서 이러한 모피는 특별한 지역이나 높은 지위에 있는 사람이 아니면 갖추기 힘든 값비싼 의복 재료였다. 더구나 한국은 온돌이라는 특수한 난방 시설을 갖추고 있었기 때문에 어느 정도 추위를 이겨낼 수 있어, 이 온돌이 우리 의복에 큰 영향을 주었다. 즉 온돌은 다리를 접고 앉는 생활을 가능하게 했으므로 이에 맞게 바지통이 넓어졌다. 그리고 내복을 입지 않은 것도 온돌의 영향이다.

우리나라의 방한복으로는 북쪽 지방의 갓옷을 비롯하여 갓두루마기, 갓저고리 등이 있었다. 그 후 온돌 생활을 하면서 조바위, 목도리, 토수 등과 같은 방한구를 이용하여 추위를 막았고, 장옷이나, 쓰게 치마 등의 여성 외출복도 겨울철의 방한복의 기능을 하였다. 또 솜을 넣어 솜두루마기, 솜저고리, 솜바지 등을 만들어 입었고 누비옷도 발달하였다. 방한용 상의로 남녀 모두 저고리 위에 배자를 지어 입었다.

2. 기후와 식생활 문화

한국의 음식은 주로 채소를 많이 사용하는데, 그 이유는 한국에는 산나물과 들나물이 많고 한국인 식성이 채소를 좋아하기 때문에 나물반찬이 사시사철 빠지지 않는다. 또한 한국 음식은 담백한 것이 특징인데 그것은 마늘, 생강, 된장, 고추 등을 사용하여 음식을 조리하기 때문이다. 옛날부터 가을이면 각 가정은 김장과 함께 된장, 젓갈을 담그어 그해의 겨울을 지내면서 새해 봄까지 먹는다. 된장 맛이 좋아야 그 집이 부자가 될 수 있다는 옛말이 있듯이 된장은 모든 한국 주부가 맛있게 만들려고 최선을 다하는 음식이며 참으로 한국인의 맛이라 할 수 있다. 그러나 최근에 이르러 한국인의 식생활 변화로 기초 대사량이 변하고 있다.

기초 대사라는 것은 깨어 있을 때 정상적인 건강한 사람의 몸을 유지해 가는 데 필요한 최소한의 신진 대사량이다. 이것은 에너지양으로 표시하는데 덥지도 춥지도 않은 상태에서의 앉아 있을 때의 소비하는 에너지양이다.

열 생리학의 입장에서 보면 대사량은 몸의 단위 표면적으로 표현한다(kcal/m²h). 20대의 기초 대사량은 남자는 약 36.9kcal/m²h, 여자는 약 33.5kcal/m²h이다. 또한 대사량은 육체 활동의 정도에 따라 달라진다. 예를 들면 앉아서 하는 작업은 기초 대사의 1.4배, 시속 1.4km로

걸어갈 때는 기초 대사의 4배이고, 조깅할 때는 기초 대사의 약 10배에 해당된다. 기초 대사는 겨울에는 높고 여름에는 낮아 계절 변동을 한다.

우리나라에서도 이와 같이 기초 대사가 겨울에 높고 여름에 낮은 계절 변동을 나타내고 있는 것으로 보이지만, 식생활 습관 등의 변화로 그 변동 폭이 작아지고 있다.

1) 기후와 농업 양식

식물 성장기인 여름기간이 짧은 것은 농업에 큰 제약을 주나 여름기간의 고온 다우는 열대성 작물인 벼, 쌀보리, 고구마, 목화 등의 재배를 가능케 하였으며, 기후 관계로 벼의 2기작은 불가능하고 논의 그루갈이는 중부 이남 지역에, 가을보리는 멸악산맥 이남 지역으로 한정되어 있다. 또한 대체로 밭작물의 경우 남부 지방에서는 1년2작, 관서 지방에서는 2년3작, 관북 지방에서는 1년1작의 토지 이용이 행해지고 있다.

각종 작물의 수확기인 가을이 건조하여 농작물의 품종과 결실을 양호하게 하나, 파종기인 봄철에 건조하여 파종과 발아에 불리하고 경우에 따라서는 논에 심는 작물의 파종기와 이앙기를 놓치는 경우가 많다. 파종의 건조를 극복하기 위해 관서 지방에서는 일찍이 진압이라는 건조 농법이 발달하였다. 이는 파종한 후 발로 밟아 모세관 현상을 유발시켜 토양의 수분을 최대한 이용하여 발아를 촉진시키는 방법이다.

가을에 겨울 작물의 밭작물을 심은 밭고랑은 대체로 동서 방향인데, 이는 겨울 기간의 한랭한 북서풍을 막기 위한 방법이다. 또 농작물은 두둑과 두둑 사이의 낮은 고랑 안에 파종하는데, 이는 높은 두둑이 방풍 역할을 함과 동시에 가을, 겨울, 봄 기간의 건조에 견딜 수 있도록 고안된 경작법이다. 습기가 많은 일본에서는 우리나라와는 달리 낮은 고랑을 피하여 높은 두둑 위에 파종하는데, 이는 많은 습기로 인한 어린 묘의 피해를 막고 그 성장을 촉진시키기 위한 것이다.

밭을 갈 때는 북한 지방에서는 두 마리의 소가 끌고, 남한에서는 한 마리가 끄는데, 이는 북한 지방이 봄, 가을을 불문하고 남한보다 건조 현상이 심하므로 심경(深耕)을 하기 위한 것이다.

2) 숟가락의 발달

우리 식생활상의 특징 중의 하나로 숟가락과 식기의 발달이 두드러지는 것은 매우 특이한 일이다. 중국, 일본에도 옛날부터 숟가락이 없었던 것은 아니나 오히려 지금까지도 숟가락 사용은 거의 하지 않는 편이다. 조선 후기의 실학파의 대가인 박지원은 『열하일기』에서 중국에 숟가락이 없는 점에 놀랐다고 기술하고 있다. 숟가락의 발달은 죽, 국 등 마시는 식품의 발달에 기인한 것으로 추정하고 있다. 옛날에는 훌륭한 집안의 며느리가 되려면 스무 가지 죽을 끓이는 법을 알아야 했다고 하니, 죽은 옛날부터 오늘에 이르기까지 우리 식생활에서 중요한 위치를 차지한다고 볼 수 있다. 우리나라가 이처럼 마시는 식사법이 발달한 것도 비교적 여름보다 겨울이 긴 것과 관계가 깊다. 즉 뜨거운 국물로써 추위를 이겨 내고자 한 것으로 볼 수 있다.

3) 김치의 발달과 김장

김치, 장아찌 등 장기간 보존하는 저장법이 발달한 것은 1년의 반이나 계속되는 추위와 관계가 깊다. 김치에 대한 것으로는 이미 고려 후기 이규보의 시에 무, 김치에 대한 기록이 보이지만, 지금과 같은 매운 김치를 먹게 된 것은 역시 고추가 전래되기 시작하는 조선 중기 이후부터이다. 고추는 긴 겨울 동안 채소를 먹기 위해 가공하여 저장하는 김장법의 발달을 가져왔다. 원(元)대 『거가필용』(居家必用) 속에 실려 있는 김치를 보면 소금에다 마늘을 또는 소금에다 생강을 섞은 김치였으며, 고려시대의 김치는 소금을 뿌린 채소에다 마늘 같은 향신료를 섞어서 재움으로서 채소의 수분이 빠져나오고 채소 자체는 소금물에 침지되는 김치였다고 여겨진다.

김장의 남북 현상이라고 할 수 있는 특징적 구분은 고춧가루의 많고 적음, 젓갈 사용의 종류 등으로 나눌 수 있다. 일반적으로 북쪽 추운 지방에서는 고춧가루를 적게 사용하며, 백김치, 보쌈김치, 동치미 등이 유명하며, 전라도 지방의 매운 김치, 경상도 지방의 짠 김치도 지역의 기후를 반영한 결과이다.

김치를 담글 때는 우리나라 거의 전역이 젓갈을 사용하는 것으로 나타난다. 젓갈은 주로 수산 동물을 소금에 절여 삭힌 발효성 가공 식품이다. 젓갈이란 젓과 식해를 통틀어 일컫는 말이다(이영식, 1992). 우리나라는 3면이 바다로 되어 있어 많은 수산 동물을 얻을 수 있고, 오래전부터 젓갈을 담그어 왔는데, 젓갈을 담그는 지역은 해안 지방이 현저하고 내륙은 그렇지 않은 것으로 나타난다. 식해는 생선에다 소금과 밥 등의 전분을 함께 섞어 절여 고춧가루, 엿기름, 무채 등을 넣어 자연 발효로 생긴 유산에 의해 부패를 방지하는 저장 식품의 하나이다(서해경, 1987). 특히 태백산맥 동쪽의 동해안을 따라 분포되어 있는 것이 특이하다.

4) 기후에 따른 술의 특색

우리 민족은 기원전부터 발효법을 익혔고, 술을 담가 마시는 방법을 알았는데 그중에서도 곡식으로 만든 소주가 크게 발달하였다.

『부녀필지』(婦女必知)에 소개된 '음식총론'에 의하면 음식과 술과의 관계에 대하여 "밥 먹기는 봄같이 하고, 국 먹기는 여름같이 하며, 장(醬)먹기는 가을같이 하고, 술 먹기는 겨울같이 하라"고 한다. 이것은 대체로 음식의 4계절과 그 특색을 말한 것으로 밥은 따뜻한 것이 좋고, 국은 뜨거운 것이 좋으며, 장은 서늘한 것, 술은 찬 것이 좋다는 것을 가리킨 말이다.

우리나라 내에서도 기후 풍토에 따라 남북이 그 기호가 달랐다. 북쪽 추운 지방은 소주류의 화주를 즐겨 마시고 남쪽에서는 막걸리가 더욱 애용되었다.

5) 곡물의 저장

『고려도경』(高麗圖經)에 의하면 "흙으로 몇 척 정도 높이의 바닥을 만들고 가마니에 쌀 1천 석씩을 넣어서 여기에 쌓아 올려 그 위를 풀로 덮어 풍우(風雨)를 막았는데 전체의 높이가 수 척에 이른다"고 기록되어 있다. 일반적으로 쌓아 올린 쌀에 공기가 통하지 않으면 썩는데 고려의 것은 몇 해를 지나도 햅쌀과 같다고 한다. 이처럼 곡물 저장도 자연적인 통풍이 잘 이루어지도록 쌀가마니를 잘 쌓아 올렸고, 그 지역의 환경을 고려한 저장법이 널리 발달하였다고 볼 수 있다(노무지, 1998).

6) 계절음식의 특색

우리나라는 봄, 여름, 가을, 겨울의 4계절이 명확하고 비가 알맞게 오며, 비교적 날씨가 따뜻하여 낟알, 나물, 과일 등을 비롯한 음식재료가 잘 자라고 잘 익는다. 따라서 민족의 식생활에 일련의 계절적 특성을 가지게 되었다. 그것은 모든 음식물이 제철에 나는 것이어야, 가장 맛이 좋고 영양가도 높으며 입맛을 당기게 하고 건강에도 이롭기 때문이다.

계절의 변화를 알고 질서 있게 생활을 이어나가기 위해서는 책력이 필요하다. 우리 민족의 본래 책력은 태음력으로 기준으로 하였지만, 음력의 날짜를 보고 4계절의 변화를 정확하게 인식하기는 어렵다. 왜냐하면 음력은 어디까지나 달의 삭망주기에 의해서 정해진 역으로 태양의 위치와는 무관하기 때문이다. 태양의 천구상의 위치를 나타낼 수 있는 방법을 고안해서 음력의 날짜에 표시를 하면 그때마다 계절의 변화를 정확하게 알 수 있다. 소위 24절기는 이러한 필요성 때문에 만들어진 것이다. 우리 민족은 이 절기에 따른 계절의 변화에 맞추어 농업, 어업, 사냥, 채집, 가정생활 등의 여러 가지 풍습이 주기적으로 이루어진다. 이것은 세시, 월령, 시령으로 불린다. 그리하여 절기와 생활이 결부되어 여러 명절이 정해지고, 그날은 맛있는 음식으로 조상에게 제사를 올리고 가족과 이웃이 서로 나누어 먹으니 이를 절식(節食)이라 하며, 계절에 따라 산출되는 식품으로 요리한 음식을 시식(時食)이라 한다.

추운 겨울이 가고 새싹이 움트고 꽃피는 봄이 오면 사람들은 입맛을 당기게 하고 기력을 돋우는 음식이 요구된다. 따라서 사람들은 산뜻한 맛과 싱그러운 향기, 아름다운 색깔로 잘 조화를 이룬 음식을 만들어 먹기 위해 노력한다. 이와 같은 욕구를 반영하여 이른 봄에 심어 가꾸는 나물들이 나기 전에 산과 들에 자라는 쑥, 냉이, 달래 등과 같은 나물을 즐겨 먹는다. 예를 들면 쑥버무리 떡, 쑥 절편, 쑥 밥, 애탕국, 진달래 꽃전 등이 봄에 먹는 음식이다.

여름에는 땀을 많이 흘리고 더위 때문에 쉽게 피로하며 영양분도 많이 소모되고 입맛이 떨어진다. 따라서 시원한 음식, 기력을 돋우는 음식이 요구된다. 녹두묵, 청포묵, 콩국수, 닭국물에 애호박, 닭고기 칼국수, 영계백숙 등으로 원기를 북돋는다.

오곡백과가 무르익고 한 해 농사를 마무리하는 가을에는 햇곡식으로 송편, 무시루떡, 인절미 등을 만들어 먹으며 토란국이 별미다. 햅쌀로 술을 빚으며, 햇채소로 화양전을 부치고 메밀만두, 밀가루 만두를 많이 먹는다.

겨울이 되면 김장을 하고 그 뒷마무리를 하면서 시루떡을 해 먹는다. 신선로, 설농탕 등이 겨울철 음식이다.

또 우리나라에서는 정월 설날, 입춘, 정월 보름, 2월 삭일, 3월 3일, 한식, 4월 8일, 5월 단오, 6월 유두, 삼복, 7월 칠석, 8월 추석, 9월 9일 등에는 각기 특별 요리를 하여 먹으면서 그날을 일컫는 풍속인 절식(節食)이 있다.

3. 기후와 주거생활 문화

1) 우리나라의 가옥구조의 특성

우리나라의 전통 가옥은 지형적인 특성과 기후 특성을 잘 반영하고 있다. 배산임수는 추운 겨울철에 북서 계절풍을 막아주고, 연료를 쉽게 구할 수 있으며, 물이 흐르고 있어 식수 및 농업용수의 해결이 용이하였다. 한반도는 대륙성 기후와 해양성 기후의 특성을 모두 공유하고 있으므로 이러한 기후에 적합한 주거 형태가 발달하였다.

북쪽 지방은 대륙성 기후의 영향으로 겨울철 추위가 심하므로 방한과 방온을 위해 방이 두 줄로 배열되는 겹집 구조를 나타낸다.

남쪽 지방은 평야가 넓고, 여름이 길고 무더운 기후 특성으로, 여름을 시원하게 지내기 위해 넓은 대청마루와 바람이 잘 통하는 가옥구조이다. 따라서 주거 공간을 여러 건물로 분산시키는 형태의 가옥이 발달하였고, 살림채는 비교적 규모가 작고 방이 한 줄로 배열되어 통풍에 유리한 구조가 발달하였다.

우리나라의 전통적 가옥은 기와집과 초가집으로 구분할 수 있는데 현재 초가집은 거의 없어졌지만 기와집은 많은 사람이 사용하고 있다. 한국의 기와집은 중국과 일본과 달리 곡선형으로, 남향으로 집을 짓고 소나무 기둥에다 기와로 지붕을 장식한다. 보통 안방, 사랑방, 건너방, 마루, 부엌이 있고 화장실은 마당 한편에 있다. 집마당 주위로 담을 쌓고 대문이 있으며 집이 전체적으로 낮은 편인데 겨울의 추위를 피하기 위한 것이다. 방안의 구조는 온돌방으로 되어 있는데 온돌방은 편편한 돌을 깔아 진흙으로 다졌으며 부엌에 달린 아궁이에서 불을 때면 온돌방 전체가 데워지도록 되었다.

2) 전통 가옥 내의 기후 조절 설비

(1) 온돌

한옥의 가장 큰 특징은 온돌과 마루라 할 수 있다. 온돌은 춥고 찬 바람이 부는 긴 겨울을 지내기 위한 시설이다. 즉 온돌은 열의 전도, 대류, 복사 작용을 이용한 우리나라 고유의 열 시스템인데, 추운 날에 아궁이에 불을 때서 방바닥 밑의 구들장을 데워 방안을 따뜻하게 하였다. 아궁이에 불을 때면 그 열기로 인해서 음식이 조리되며 경사진 부넘기를 넘은 열과 연기는 개자리에서 머물다가 굴뚝을 통해 빠져나가므로 구들은 오랫동안 따뜻한 열기를 유지할 수가 있다.

같은 온돌이라도 지역에 따라 그 구조를 달리한다. 우선 굴뚝을 내는 방향이 지방마다 다른 것을 볼 수 있다. 굴뚝은 온도가 높은 남쪽에 설치하는 것이 유리하며, 굴뚝이 높을수록 이상적이다. 그 이유는 아궁이 쪽의 기압이 굴뚝보다 높아야 하기 때문이다. 즉 아궁이는 온도가 낮은 북쪽에 설치하고, 굴뚝은 온도가 높은 남쪽에 설치한다.

(2) 마루

습기가 많고 더운 지방에서 발달한 개방형의 오두막집 형태로부터 비롯된 것이 바로 마루이다. 대청마루는 중부와 남부 지방의 무더운 여름을 지내기 위한 구조이다. 마루에도 앞뒤가 트인 통풍구조로 되어 있는 것이 특징이다. 마루의 판마루는 사이를 두고 만들어졌는데, 그 이유는 마루 아래쪽으로 흐르는 바람이 판마루 사이를 통해 위로 올라와 그 위의 공간을 시원하게 만들 수 있는 구조로 되어 있다. 또한 앞뒤 문을 열어 놓으면 공간과 공간이 탁 트여 있어 맞바람을 이용하여 통풍이 잘 되도록 만들어져 있다.

마루는 기온 조절뿐만 아니라 습도 조절에도 매우 기능적인 구조를 가지고 있다. 다습한 지역의 가옥일수록 마루의 높이가 높아짐을 알 수 있다. 마루와 지면과의 간격은 땅의 습기를 차단하는 역할을 한다.

누마루 역시 여름에는 자연 경관을 즐기는 공간으로 이용했으며, 겨울에는 문을 닫아 차가운 공기를 막았던 선비들의 레저 공간이었다.

(3) 흙벽

흙은 외부의 열을 차단하는 효과가 있어 더운 여름철 땡볕을 막아 그 실내 공간이 서늘하게 유지시켜 준다. 또 장마철에는 습기를 흡수하고, 겨울철의 건조기에는 품었던 습기를 방출하는 기능을 할 수 있다. 이런 이유로 서민의 전통적인 토담집에는 모두 흙벽으로 되어 있었다. 토담집은 비바람에 약하기 때문에 빗물로부터 벽을 보호하기 위해 처마가 깊어지기도 하였다. 계절에 따라 자동적으로 온도 및 습도 조절까지 담당했던 온돌, 마루, 흙벽 등의 시설은 우리 조상들의 과학적 지식의 결과라 간주되었다.

(4) 처마

한옥은 처마가 깊다. 기둥 위에 있는 도리에 의지하고 서까래가 길게 뻗어져 나와 있어 지붕에서 흘러내리는 빗물이 기둥 밖으로 떨어지게 만들어져 있다. 이런 구조를 깊은 처마라 하는데, 이는 기둥의 높이에 비해 몇 퍼센트나 돌출하였는가에 따라 계산한다. 처마 깊이가 기둥 높이의 50% 이상이 되면 깊은 처마라 한다. 처마는 차양 기능을 하므로 햇빛이 직접 입사되지 못하고 그늘을 만들어 준다. 또한 이러한 직사광선이 차단된 실내에 빛이 생기게 되는데, 처마로 인한 간접 조명이 실내를 밝히게 한다.

겨울철에는 해가 낮게 떠서 볕을 처마 밑으로 해서 방 안 깊숙하게 보낸다. 볕이 닿은 자리는 그 열기로 따뜻해진다. 더워진 열은 대류작용으로 찬 공기와 자리바꿈을 한다. 즉 찬 공기는 밑에 내려앉고, 더운 공기는 위로 올라가는데 빠져나갈 자리에 깊숙한 처마가 있어 열의 방출을 막아 준다. 이처럼 처마가 이루는 작은 공간에서의 공기의 소용돌이를 이용한 것이 바로 '처마의 미학' 인 것이다.

참고문헌

강철성, 1998, 「남한의 동 · 하계 인체보온지수의 분포」, 『지리 · 환경교육학회지』, 6(1), pp.87-100.

강철성 · 최광용, 2002, 「남한의 겨울철 주 · 야간 체감온도의 공간적 분포 특성」, 『대한지리학회지』, 37(3), pp.237-246.

강철성, 2003, 『기후와 인간생활』, 다락방.

강철성, 2004, 「북한의 1월 · 8월 인체보온지수 분포의 특성」, 『한국지역지리학회지』, 10(1), pp.151-157.

김연옥, 1989, 『한국의 기후와 문화』, 이화여자대학교출판부.

노무지, 1998, 『우리 문화의 이해』, 영문사.

서해경, 1987, 「우리나라 젓갈의 지역성 연구」, 중앙대학교 박사학위논문.

이영식, 1992, 「전통음식의 조리재료를 지표로 한 지역구분 시론」, 공주대학교 석사학위논문.

일본건축학회, 1988, 『建築環境工學用教材(環境編)』, 일본건축학회.

한국기상학회, 1999, 『대기과학개론』, 시그마프레스.

홍성길, 1991, 『기상과 건강』, 교학연구사.

제11장

토양

박희두(서원대학교)

1. 토양의 개념

1) 토양

토양이란 암석이 물리 · 화학적, 그리고 생물학적인 작용을 받아 부스러지고 분해된 물질로서 지각의 가장 바깥을 덮고 있는 쇄설성 물질을 총칭한다. 그러나 토양은 단순히 암석이 풍화만을 받아 이루어진 것이 아니고 식물이 성장하는 데 필요한 영양소와 수분을 포함하고 있다. 아울러 토양 내에서는 각종 작용이 끊임없이 일어나며 이로 인해 토양은 환경과 평형 상태를 이룰 때까지 계속 변화하고 발달한다. 따라서 토양의 특성은 기후 · 지형 · 식생 등에 의해 결정된다.

토양이란 장기간에 걸쳐서 토양형성작용을 받아 형성된 뚜렷한 토층을 보여주는 지표의 물질을 가리키는 것이므로 토양은 그 밑의 기반암이나 단순한 풍화산물과 구별되며 모든 토양은 물리적 · 화학적 · 생물학적 특성을 갖추고 있다.

토양은 기반암의 풍화산물인 무기물과 유기물이 합쳐져서 이루어졌다. 무기물은 자갈에서 모래를 거쳐 콜로이드(colloid)에 이르기까지 그 크기가 다양하고 유기물은 동식물과 이것들이 남긴 유체에 이르기까지 그 종류가 다양하다. 또한 유기물이 분해될 때 만들어지는 콜로이드인 부식(腐植, humus)은 광물성 콜로이드와 함께 토양의 화학작용에서 중요한 기능을 분담한다.

토양에 포함되어 있는 수분은 토양 내에서의 각종 화학작용과 식물의 생장을 도울 뿐 아니라 토립 사이를 메우고 있는 공기는 토양 내에서 진행되는 각종 생물학적 · 화학적 작용이 잘 이루어지도록 돕는다.

2) 토양의 물리적 특성

(1) 토성

토양은 다양한 크기의 입자로 구성된다. 토성(土性, soil texture)은 다양한 입자의 상대적인 양에 의하여 정해진다. 〈그림 1〉은 토성삼각도로 토성분류를 위해 만든 것으로 각 입자의 중량 백분율에 따라 토양을 분류한다. 토성은 모재의 특성을 반영하고 물을 얼마나 빨리 통과시키는가 또는 정체시킬 수 있는가를 판단하는 데 중요하다. 토양을 구성하는 이들 입자는 크기에 따라서 자갈, 모래, 실트, 점토로 구분되며, 광물학적으로는 석영, 장석, 운모 등이 대부분을 차지한다.

토양의 보수력과 통기성은 대체로 토성에 의해 결정된다. 모래로 이루어진 사토(沙土)는 통기성은 좋지만 보수력은 떨어지는 반면 점토를 많이 포함하는 식토(埴土)는 보수력은 뛰어나지만 통기성은 나쁘다. 토양 내에서 근간을 이루는 것은 모래나 실트 같은 조립질 입자이나 화학적 작용에 주도적인 역할을 하는 것은 점토(粘土)이다.

점토 계급에 속하는 입자 크기 0.1~0.001mm을 콜로이드라고 하는데 이는 모래나 점토에 비하여 일정한 양에 대한 전체 입자의 표면적이 매우 넓고 전기가 부하되는 성질이 있어서 화

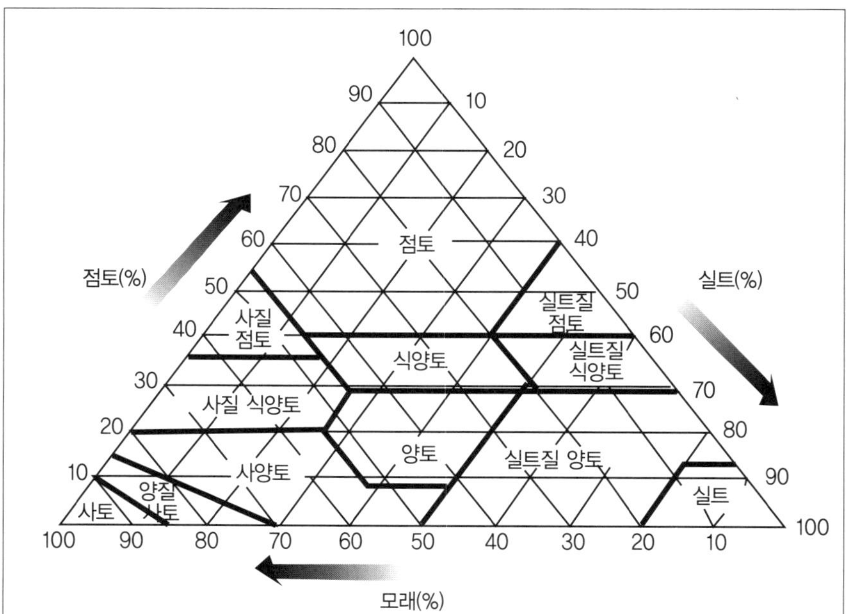

그림 1. 삼각 다이어그램상에 표시한 토성 구분

학적으로 중요한 역할을 한다. 염기(鹽基, base)인 Ca, Mg, K 등의 이온을 흡인하고 보유하며 그것을 영양소로서 식물에 제공하는 역할을 한다.

(2) 토양구조

개별 토양입자들이 서로 결합하여 보여 주는 입단의 상태를 토양구조(土壤構造, soil structure)라고 한다. 자연상태의 토양 입자가 모인 것을 페드(ped)라 하고 페드의 형상은 토양구조를 나타낸다. 페드는 형상에 따라 〈그림 2〉에서처럼 판상(platy), 주상(prismatic), 괴상(blocky) 등으로 나뉜다.

토양구조는 토양의 공극과 투수성을 결정하는 데 중요한 역할을 한다. 공극이 높다는 것은 물과 공기를 함유하고 보유할 수 있는 능력이 크다는 것이고, 공극이 많은 토양이 반드시 투수성이 양호한 것은 아니다.

(3) 점성

점성(粘性, consistence)은 토양의 밀착정도를 말하는 것으로 이는 토성과 토양구조에 의하

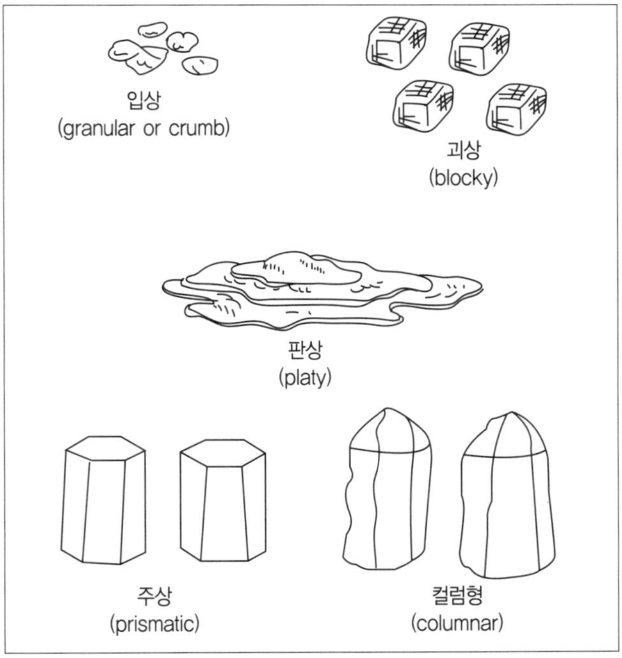

그림 2. 토양구조(자연 환경과 인간에서 전제)

여 결정된다. 토양이 포화수분 이상일 때는 유동성(流動性)과 점성이 나타나고 수분이 감소함에 따라 소성(塑性)이 나타난다. 그러나 일단 소성을 잃으면 부스러지기 쉬우나 더욱 건조하게 되면 토양 입자들이 응집하여 단단하고 딱딱하게 된다.

결지성은 엄지와 검지 상이에 토양을 놓고 문지를 때 손가락에 붙는 점착력(粘着力), 토양 입자 상호 간의 견결성(堅結性), 토양 입자 상호 간의 견인력 및 연결력을 뜻하는 응집력, 입단의 파괴력에 대한 저항력 등의 측정을 나타내는 것이 있다.

(4) 토양색

토양은 고유의 색을 갖고 있는데 이는 토양의 발달 과정과 유기물이 분해되어 미세하게 쪼개진 부식의 양에 따라 다양하게 나타난다. 프레리나 스텝의 토양이 흑색을 띠는 것은 부식이 많기 때문이고, 사막의 토양은 부식이 결핍되어 있으며 염류가 많이 집적되어 있어 회백색을 띤다.

열대 습윤 지역의 토양이 적색을 띠는 것은 암석에 포함되어 있는 철분이나 알루미늄이 산화에 의하여 붉어진 것이며 이는 기후가 고온 다습하고 배수가 양호한 환경에서 발달한다. 습윤 기후 지역의 범람원 토양은 환원작용의 영향으로 회색 내지 청색 계통의 색을 띠게 되며 미성숙토는 모재 또는 기반암의 색을 반영한다.

(5) 토양수

토양수는 여러 가지 화학적 · 물리적 작용을 촉진하고 영양소의 용매역할을 한다. 토양수는 흡습수(吸濕水, hygroscopic water), 중력수(重力水), 모세관수(毛細管水)의 세 형태로 존재한다.

흡습수는 토양 입자의 표면에 얇은 막으로 흡착되어 있는 수분을 말하며 중력수는 중력작용에 의하여 지표에서 지하로 침투하는 물을 가리킨다. 모세관수는 토양 입자를 둘러싼 수막이 엷어지면 모세관 현상에 의해 밑에서 올라오는 수분을 가리킨다.

3) 토양의 화학적 특성

토양 화학은 미세 입자와 전자를 가진 원자나 이온으로 불리는 원자의 그룹 주변에서 일어나는 화학반응을 말한다.

토양 콜로이드는 입경이 0.1마이크론보다 작은 입자를 말하며 무기질 콜로이드는 화학적 변형에 의해서 만들어진 것이며 유기질 콜로이드는 분해된 유기물로 부식의 형태이다. 콜로이드는 스펀지와 같은 역할을 하기 때문에 이는 토양의 수분함유 용량의 중요한 결정인자가 된다. 점토와 콜로이드는 음이온을 띠게 된다.

무기질 콜로이드는 화학적으로 실트나 모래 입자보다 활동이 활발하지만 유기질 콜로이드보다는 덜 활발하다. 콜로이드는 그들의 표면과 토양용액 사이에 양이온을 교환할 수 있다. 이를 양이온치환용량(Cation Exchange Capacity : CEC)이라 한다. CEC가 높다는 것은 토양용액으로부터 많은 양이온을 저장하거나 교환할 수 있는 것을 의미하는 것으로 토양이 비옥하다는 것을 나타낸다.

토양용액은 수소이온을 상당히 포함할 수 있으며 이는 산의 형성을 간접적으로 자극하여 용해된 이온은 Ca, Mg, Na 등과 같은 중요한 염기성 양이온으로 바꿀 수 있다. 결국 수소이온이 많으면 산성 토양이 되는 반면 토양에 양이온이 많으면 알칼리성 토양이 된다.

2. 토양형성인자와 토양형성작용

1) 토양형성인자

토양은 그 주위 환경의 영향을 받아 지속적으로 변화되는 동적인 자연체이다. 토양모재가 주위 환경의 영향을 오랫동안 받으면 그 환경에 맞추어 안정되고 일정한 토양 단면이 형성된다. 이와 같이 일정한 형태를 갖는 토양이 생성될 때에는 여러 가지 토양형성인자가 작용한다. 토양 형성에 관여하는 인자로는 모재 · 기후 · 식생 · 지형 · 시간 등이 중요하다. 이것들은 각기 독립성을 띠지만 모두 함께 작용하며, 이 중 어느 것이나 토양의 발달에 지대한 영향을 미칠 수 있다.

(1) 모재

토양 모재는 기반암이나 물 · 빙하 · 바람에 의해 운반된 물질로 토양 형성의 모태가 되는 물질을 말한다. 모재의 특성은 토양의 특성에 영향을 미친다. 특히 토양 발달의 초기에는 모재의 특성이 다른 요인보다 크다. 또한 모재의 화학적 성분은 생성된 토양에 반영되며, 모재의 물리적 특성도 토성이나 토양구조에 반영된다. 시간이 경과되면서 모재의 중요성은 감소하고 다른 토양 형성 요인이 중요해진다.

(2) 기후

토양형성에 가장 많이 영향을 미치는 기후적 요인은 기온과 수분이다. 고온 다습한 환경에서는 토양에서의 화학적 · 생물학적 작용이 활발하며, 한랭 건조한 환경하에서는 그렇지 못하다. 기후 조건과 토양의 유형은 관련이 깊으며 수분 · 증발 · 온도 등이 유기물의 활동, 토양의 세탈률, 화학적 반응 등을 지배한다.

토양 내의 수분 중에서도 특히 흐르는 물은 토양의 화학적, 물리적인 요소를 재배치하며 토양 영양분의 유무와 다양성을 지배한다. 온도는 화학반응 및 박테리아의 활동과 밀접한 관련을 갖는다. 온도가 높으면 화학 반응이 빠르고 박테리아의 활동이 빨라진다.

(3) 지형

경사와 토양 발달면의 방향은 토양의 특성에 영향을 미치는 중요한 지형적 특성이다. 토양이 발달할 때는 수직으로 발달하며 이는 매우 느리게 변화한다. 경사가 급한 지역에서는 중력과 표토의 침식작용에 의해 물질이 사면을 따라 계속 운반되기 때문에 토층 발달이 이루어지기 어렵다. 또한 남사면은 일사량이 많아서 온도가 높고 건조하며 북사면은 증발이 적고 눈이 서서히 녹아서 식물에 보다 많은 수분을 제공하고 온도가 낮은 편이라 토양 발달에 남사면과 북사면은 차별적으로 작용한다.

토양층이 두꺼운 토양은 대개 평평한 지역에서 발견되고 경사가 비교적 급하면 표층 침식이 토양의 수직적 발달보다 빨라서 토양층이 얇다.

(4) 생물

생물은 유기물의 공급을 통해 토양의 발달에 영향을 미친다. 즉, 토양에 공급되는 유기물의 양과 질이 식생의 유형과 밀접한 관계를 보인다. 또한 식물은 토양에 부식을 공급한다. 유기물이 분해되어 부식이 만들어질 때는 유기산이 나와 토양이 산성을 띠게 된다. 이처럼 만들어진 산성 토양수는 칼슘 같은 염기를 제거하게 되어 침엽수만 잘 자라게 된다.

식생 이외의 박테리아도 토양 발달에 큰 영향을 미친다. 박테리아의 번식이 느려지면 유기물이 많이 집적되고 번식이 빨라지면 부식이 결핍되게 된다. 또한 식물이 이용할 수 있도록 질소를 공급해 주는 박테리아도 있다. 토양에 사는 각종 토양 생물도 토양구조와 토양의 투수성에 변화를 일으켜 토양의 발달을 돕는다.

(5) 시간

토양 발달에는 상당한 시간이 필요하다. 어떤 지역에서는 수천 년이 걸려 겨우 30cm 정도의 토층이 형성될 정도로 토양형성과정은 매우 느려서 인간의 눈으로 관찰되지 않는다. 그러나 토양의 질이 저하되는 것은 수년 내에도 가능하다.

새로운 모재로부터 성숙토가 발달하는 데는 그 기간이 일정하지가 않아 배수가 잘되는 습윤 지역에서는 100~200년 동안에 완전한 단면이 형성될 수도 있고 라테라이트토처럼 생성되는 데 대단히 긴 기간이 필요한 것도 있다.

2) 토양형성작용

(1) 포드졸화작용(podzolization)

포드졸 토양은 중위도와 고위도 냉량 습윤 기후 지역의 침엽수림 지대인 타이가 지대에 잘 발달하는 것으로 이곳은 토양수는 풍부하지만 미생물의 활동이 미약하여 유기물의 분해가 극히 느리게 진행되어 형성되는 토양이다. 이곳은 미생물의 활동이 적어 분해작용이 느리지만 토양위층의 용탈이 활발하다. 따라서 A층은 세탈이 활발하여 잿빛으로 변하며, B층은 산화철과 산화알루미늄, 점토광물이 집적되어 검은색 또는 오렌지색을 띠어 용탈층과 집적층이 뚜렷하게 구분된다.

(2) 라테라이트화작용(laterization)

라테라이트화작용은 열대 습윤 지역의 고온 다습한 기후에서 일어나는 토층의 발달이 불분명한 토양생성작용을 말한다. 이곳은 식물이 매우 잘 자라고 미생물의 활동이 왕성하여 부식질의 분해가 빠르기 때문에 규산은 가용성으로 용탈되고 Fe와 Al은 수산화물이나 산화물이 되어 집적된다. 따라서 규반비와 규철반비가 낮은 적색토양이 생성되는 과정이다.

안정된 풍화산물인 Fe와 Al의 2 · 3산화물이 석영과 함께 집적되어 집적층은 짙은 적색이 된다. 이 집적층은 표토가 제거되고 탈수 현상이 일어나면 단단한 각(殼, duricrust)으로 된다. 라테라이트라고 하는 이 각의 아래에는 반점을 갖는 점토층이 나타나며 석영 입자도 포함되어 있다.

(3) 석회화작용(石灰化作用, calcification)

수분의 증발산량이 강수량보다 많은 토층의 발달이 미약한 건조 또는 반건조 지역에서 토양층 중에 탄산칼슘을 주로 하는 각종 염류가 집적되는 토양생성작용을 석회화작용이라 한다. Ca, K, Mg, Na 등의 염기를 용탈할 만큼 강수량이 많지 않기 때문에 이러한 염기들이 토양층 중에 남아 있게 된다.

기후가 건조한 사막 지역에서는 토층의 발달이 매우 불완전하고 탄산칼슘이 지표까지 올라와서 입자 사이에 집적되어 표토가 바위처럼 단단하게 굳는다. 이것을 석회각(caliche, lime crust)이라고 한다. 이 토양은 중성부식과 무기질의 토양으로 매우 비옥하며 대표적인 것으로는 체르노젬(chernozem)이 있다.

(4) 염류화작용(鹽類化作用, salinization)

건조 지역에서 NaCl, $NaNO_3$, $CaSO_4$, $CaCl_2$ 등의 가용성 염류가 토양의 표면에 집적되는 현상을 염류화작용이라고 한다. 가용성 염류가 표층에 집적되어 딱딱한 각을 형성하게 되면 이것을 솔론착(solonchak)이라 한다.

염류화작용은 건조 지역의 농업에 큰 장애 요인으로 작용한다. 따라서 적절한 배수를 고려하지 않고 농경지에 관개용수를 끌어들이면 토양의 염도가 높아져 농경지가 불모지로 변한다..

(5) 글라이화작용(gleization)

한랭 습윤 지역에서 지하수위가 높은 저습지나 배수가 불량한 곳에서의 토양생성작용을 글라이화작용이라 한다. 글라이층은 청회색의 치밀한 점토로 이루어져 있는 것이 보통인데 이는 철분의 산화가 일어나지 않은 것을 뜻하는 것으로 환원작용이 일어난 것을 나타낸다.

(6) 점토화작용(siallitization)

비교적 규산의 함량이 많은 점토광물을 포함하는 풍화물을 시알리트(siallit)라고 하며 2차적인 점토광물의 생성작용인 토양 물질의 점토화를 점토화작용이라 한다. 이에는 충분한 수분과 적어도 물이 얼지 않을 정도의 온도가 필요하다.

(7) 용탈 · 세탈 · 집적작용

침투하는 토양수에 의하여 가용성 물질인 Al, FeO, Fe_2O_3, 점토 등이 제거되는 현상을 용탈(溶脫, leaching)이라 하고, A층으로부터 토양수에 의해서 점토, 부식 등의 미립 물질이 아래층으로 이동하는 현상을 세탈(洗脫, eluviation)이라 한다. 용탈이나 세탈에 의해서 A층 및 상부층에서 제거된 각종 물질이 B층에 쌓여 집적되는 현상은 집적(集積, illuviation)작용이라 한다.

3. 토양의 유형과 분류

1) 토양의 유형

토양의 특성은 한곳에서 다른 곳으로 감에 따라 갑자기 변화하는 것이 아니라 서서히 변화한다. 토양의 발달에 영향을 미치는 여러 인자가 복합적으로 어떻게 작용하느냐에 따라 많은 유형의 토양이 생성될 수 있다.

토양의 분류에서 토양생성인자가 중요한 지표이며 세계의 토양은 성대토양, 비성대토양, 간대토양으로 나뉜다. 성대토양(成帶土壤, zonal soil)은 기후와 식생에 의해 특성이 결정되는 토양을 말하는 것으로 기복이 완만하고 배수가 양호한 지역에 발달한다. 비성대토양(非成帶土壤, azonal soil)은 급경사의 사면이나 근래에 쌓인 충적층에서와 같이 모재 자체와 거의 다름없는 토양으로서 토양단면의 발달이 불완전한 미성숙토를 가리킨다. 간대토양(間帶土壤, intrazonal soil)은 모재나 지형과 같이 기후대와 관계없는 인자의 영향을 반영하는 토양이다(〈표 1〉 참조).

2) 미국의 토양분류

미국의 토양 분류 체계는 야외조사에서 수집한 자료에 따라 변경 가능한 체계이며 관찰 가능한 토양 속에 기초한 분류체계이다. 목(order)-아목(suborder)-대군(great group)-아군(subgroup)-계(family)-통(series) 등 6단계의 계층으로 구성되었으며 인간과 토양의 상호작용과 인간이 의도적으로 가한 변화를 고려하고 기후 지역에 따른 특정 토양형성작용을 고려한 것이 특이하다. 미국은 〈표 2〉와 같이 토양을 10대목으로 분류한다.

표 1. 토양의 분류

목(目)	아목(亞目)	대토양군(大土壤群)
성대토양	한대-온대 습윤 삼림 지역의 포드졸성토양	포드졸(podzols) 회갈색포드졸토(gray-brown podzolic soils) 적황색포드졸토(red-yellow podzolic soils)
	열대 · 아열대 습윤 지역의 라테라이트성토양	라테라이트토(latosols) 적갈색라테라이트토(reddish-brown lateritic soils) 열대성 흑토 및 암회색토(black & dark gray tropical soils)
	삼림-초지 간의 점이적 토양	퇴위체르노젬(degraded chernozem)
	반건조-습윤 초지의 토양	프레리토(prairie soils) 체르노젬(chernozem) 율색토(chestnut soils) 적률색 및 적갈색토(reddish-chestnut & reddish-brown soils)
	건조 지역의 토양	갈색토(brown soils) 회색사막토(gray desert soils) 적색사막토(red desert soils)
	극지방의 토양	툰드라토(tundra soils)
간대토양	습지토양	소택토(bog soils) 습초지토(meadow soils) 고산습초지토(alpine meadow soils)
	배수불량한 건조 지역 및 해안 지방의 염류토양	솔론챠크(solonchak) 솔로네츠(solonetz)
	탄산염토양	렌지나(rendzina)
비성대토양		암석토(lithosols)
		암설토(regosols)

표 2. 토양 분류의 목과 특성

목(order)	특성
Entisol	토양층이 형성되지 못한 미숙토, 농업 부적당
Inceptisol	집적층이 없고 습윤 지역의 용탈이 활발한 지역
Vertisol	팽창과 수축성 점토 풍부, 건계에 대균열이 발달
Aridisol	건조지 토양, 색이 옅고 다양한 지중층 발견
Mollisol	고염기 부식층이 두껍다. 습윤과 건조의 중간
Alfisol	삼림토양, 염기성 양이온을 갖는 비옥토
Ultisol	세탈증가로 광물질 변화되어 염기 빠지면 비옥도 감소
Oxisol	풍화진전, 적색의 철과 Al산화물이 남는다. 비옥도 낮다.
Spodosol	Fe · Al · 부식 집적 B층을 갖는 토양, 포드졸 토양
Histosol	배수불량의 유기질 토양

4. 토양단면

1) 토양단면의 정의

깊이에 따라서 달라지는 토양의 특성을 발견할 수 있는 것을 토양단면이라 하고 그 단면은 지표로부터 토양 모재에 이른다. 일반적으로 토양 깊이에 따라 색 · 조직 · 구조 등이 서로 다른 몇 개의 토층(土層, soil horizon)으로 이루어졌다. 토양의 단면이 몇 개의 토층으로 나뉘는 까닭은 풍화작용과 토양 내에서 일어나는 여러 현상 때문이다. 토양의 표면에서는 풍화작용이 가장 활발하고 밑으로 갈수록 둔화된다. 토양 내에서 토양수의 흐름에 따라 물질이 아래위로 오르내리면서 지표면과 평행한 일련의 토층이 형성된다. 토층은 중위도~고위도의 습윤 기후 지역의 토양에서 가장 모식적으로 발달하는데, 주요 토층에 대한 명명은 사람에 따라 약간씩 다르나 보통 A층, B층, C층으로 구분된다.

2) 토양층위

층위명을 세분하면 유기질층을 O1, O2층으로 나누고 A층은 A1, A2, A3 등으로 나누며 B층은 B1, B2, B3으로 나눈다. 그 아래에는 C층과 기반암이 있다. 버클랜드 같은 사람은 표층에서부터 아래로 O층, A층, E층, B층, K층, C층, R층으로 나누며 또 다른 명명은 L층, F1층, F2층, H1층, H2층, A1층, A2층, B1층, B2층, C층 등으로 나누는 방법이 있다.

O1층은 유기물이 신선하거나 일부 변질된 상태이고 원조직이 육안으로 식별 가능한 층이다. 따라서 L층이라고도 한다. O2층은 원조직을 육안으로 식별할 수 없으며 F층과 H층으로 나누어진다. 전자는 유기물이 부분적으로 분해되었거나, 활발하게 분해가 진행 중인 층이며 후자는 유기물의 분해가 잘되어 있는 층이다.

A층은 성토층(solum)의 가장 윗부분에 있는 층이고 부식화된 유기물질의 집적이 광물질과 혼합되어 있으나 광물질이 우세하다. 기후와 식생 등의 영향을 받아 가용성염기류, 점토, 부식 등이 아래로 이동하므로 용탈층이라고도 한다. E층은 유기질이 적고 Fe나 Al의 화합물 같은 2 · 3산화물이 적은 것이 특징이며 그 아래층보다 점토가 더 적은 것이 특징이다.

B층은 퇴적물 고유의 성격이나 암석 구조의 증거가 거의 없으며 A층에서 제거된 물질이 쌓이는 현상으로 집적층이라 한다. K층은 탄산염으로 채워진 지하층으로 그 형태가 탄산염에 의하여 결정된다. C층은 풍화작용에 의해 생성된 암설로만 이루어진 층으로서 이의 구성 물질을 모재라고 한다. R층은 토양 아래에 있는 고결된 기반암으로 D층이라고도 한다.

표 3. 특징적인 토양층

구분	종류	특성
표층토 (epipe-dons)	Mollic(A)	진한 흑색, 부식이 풍부한 염기성 양이온이 풍부
	Anthropic(A)	인간에 의해 변형된 토양, 장기간 경작이나 물의 첨가로 변형된 층
	Umbric(A)	염기성 양이온이 부족하고 부식이 없어도 어두운 색을 보이는 층
	Histic(A)	습윤지의 토탄층으로 1년에 연속 30일 이상 물에 잠겨 있는 층
	Plaggan(A)	장기간 인간에 의해 비료가 공급된 층으로 50cm 이상 두껍다.
	Ochric(A)	색깔이 옅으며 부식이 적고 건조 시에 딱딱한 층
지중층 (sub-surface horizons)	argillic	점토 집적층
	agric	경작지 밑의 집적층
	natric	나트륨의 함량이 높은 집적층
	spodic	유기물, 철, 알루미늄의 집적층
	cambic	물리적 이동과 화학적 변화를 받은 층
	oxic	고도로 풍화된 30cm 이상의 철, 알루미늄 산화물층
	durifan	SiO_2로 굳어진 딱딱한 층
	fragipan	약하게 굳어져 깨지기 쉬운 층
	albic	철, 알루미늄,점토가 부족하고 색깔이 옅은 층
	calcic	탄산칼슘과 탄산마그네슘의 집적층
	gypsic	석고의 집적층
	salic	2% 이상의 용해된 염 축척층
	plinthite	유기물이 적은 층, 건조와 습윤의 반복으로 돌처럼 굳은 층

〈표 3〉의 명명은 토양에 대한 주요 층의 이름이고, 〈표 4〉와 같이 다양한 토양층에서 발견될 수 있는 특징을 나타내는 기호가 사용된다.

주요 층은 소문자와 아라비아 숫자를 사용하여 세분한다. 소문자는 대문자 뒤에 붙여 사용되고, 하나 이상의 소문자가 사용될 때는 소문자 순서에 대한 규칙이 있다. 즉, 어떤 층이 매몰되어 있으면 b를 마지막(BtKb)에 쓰지만 어떤 토양의 특징이 매몰 후에 생겼다면 그 특징을 나타내는 기호가 b 뒤에 놓인다(BtbK).

이 밖에 많이 사용되고 있는 것으로는 매우 많이 분해된 유기물질을 나타내는 a, 중간 정도 분해된 유기물질은 e, 유기물질의 집적은 h, 유기물질이 조금 분해된 것은 i, 2 · 3산화물의 잔류 집적은 o, 경작이나 다른 파괴는 p, Si의 집적은 q 또는 si, 2 · 3 산화물의 집적은 s 또는 ir, 점토의 집적은 t, 비고결의 풍화되지 않은 것은 u, 풍화된 것은 ox 등으로 표시한다.

기호를 사용한 토양단면의 표시 방법은 〈그림 3〉과 같다.

표 4. 토양층의 기호와 특징

기호	특징
b	매몰 토양층
c	Fe, Al, Mg, Ti 등에 의하여 고결된 결핵체 또는 단괴(cn으로도 표시)
f	영구적인 얼음에 의하여 고결된 층, 얼음이 없는 층은 제외
g	글라이가 지배적인 층
j	어떤 특징의 초기 발달을 나타냄
k	탄산칼슘 같은 알카리토의 집적(ca로도 표시)
m	고결이 90% 이상인 층
n	치환성 염기의 집적(sa로도 표시)
v	건조 시 굳는 철분이 풍부하고 부식이 적은 적색 물질의 층, plinthite층
x	fragipan층으로 견결성 크고 부서지기 쉬우나 건조 시 고결되기 쉽다
y	석고의 집적층(cs로도 표시)
z	석고보다 녹기 쉬운 소금의 집적(sa로도 표시)

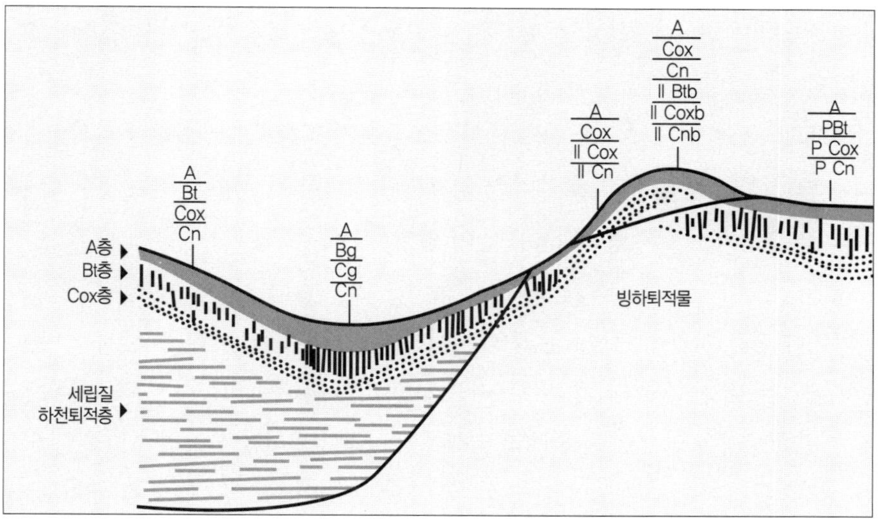

그림 3. 토양단면의 측방 변화와 표현 방법

5. 우리나라의 토양

우리나라는 온난 습윤한 기후 조건과 토양모재는 산성암인 화강암 및 화강편마암이 전 국토 면적의 2/3를 차지하여 토양 종류가 많지 않을 것으로 생각되지만 지형이 복잡하므로 토양 종류가 비교적 많은 편이다.

대토양군으로 보면 충적토를 비롯하여 회색토, 적황색토, 암쇄토, 유사반층토, 갈색삼림토, 염류토, 유기질토, 퇴적토, 화산회토, 적갈색토, 갈색토, 산성갈색삼림토, 화산회성암쇄토, 회갈색토 및 부식질암쇄토 등 16개의 대토양군이 있다.

1) 간대토양

토양의 특성 중에서 가장 중요한 것의 하나는 광물질의 입경조성이다. 토양은 암석이 풍화작용을 받아 부서져서 생성되는 것이기 때문에 암석과 토성 간에는 밀접한 관계가 있다. 우리나라의 간대토양은 편마암, 석회암, 화산암 등 철분을 많이 함유한 염기성 암석이 오랜 기간 동안 풍화되어 형성되었다.

우리나라에는 화강암이 넓게 분포한다. 화강암은 조정질 암석으로 화강암 지역의 토양은 석영 모래가 많이 섞인 사질토양으로 배수는 양호하나 척박하고 산성을 띤다. 또한 화강암 지역에 악산이 잘 형성되는 것은 풍화작용을 받아 떨어져 나오는 모래가 빗물에 잘 유실되기 때문이다.

편마암이나 편암 지역에는 점토질 토양이 형성되는 경향이 있다. 이들 암석은 미정질 암석으로 산지에서는 토양이 제자리에 머무르지 못하고 사면 아래로 이동하기 때문에 암편이 많이 섞인다. 이러한 토양을 암쇄토(岩碎土)라고 하는데 이는 우리나라 산지의 토양을 대표한다.

삼척 · 단양 등의 조선계 석회암 지역에는 적색토가 발달되어 있으나 이를 테라로사라고 해야 하느냐에 대한 논란이 있다. 테라로사는 석회암의 불순물이 잔류하여 이루어진 점토질토양으로서 철분이 산화되어 적색을 띤다. 적색토라고 하면 성대토양의 적색토와 혼동되고 지중해성 기후 지역의 석회암 지대에 발달하는 적색토에 대한 고유 명사인 테라로사를 사용하는 것도 문제가 있다.

제주도와 울릉도의 토양은 화산회를 모재로 하여 형성된 화산회토로 이루어졌으며 일반적으로 토양층이 얇다. 이는 울릉도의 성인봉을 중심으로 분포된 일부 지역을 제외하고는 대부분이 제주도에 분포하고 있다. 이들 토양은 짙은 암갈색 혹은 흑색이며 염기의 세탈이 쉽게 일어나는 특성을 갖고 있다.

2) 성대토양

성대토양은 구릉지와 같이 기복이 완만하고 배수가 양호한 곳에 발달하며 그 특색은 A층, B층, C층 등으로 구분되는 토양단면에 의해 결정된다. 여름 기온이 높고 강수량이 풍부한 중부 지방과 남부 지방의 토양은 갈색삼림토이고 개마고원을 중심으로 한 북부 지방의 토양은 포드졸토이다.

지리산이나 한라산 지역에는 삼림토가 발달한다. 갈색삼림토는 활엽수림 아래에 분포하며 이는 산성 내지는 강산성이고 유기질은 풍부하지만 염기는 부족하다. 갈색삼림토는 태백산지와 소백산지, 경기도의 광릉 등지에도 발달한다. 높은 산지나 고원 지대에 분포하며 혼합림 지대나 야생초지로 피복된 토양이다.

포드졸토양은 개마고원의 침엽수림 지대에 발달한다. 이는 기온이 낮아 유기물이 지표에 많이 집적되는 환경에서 발달한다. 포드졸토양은 유기산에 의해 염기, 부식, 점토 등이 표토에서 씻겨 내려 회백색의 토층이 형성되고 용탈된 물질은 B층에 집적되어 있는 것이 특색이다. 따라서 이들 지역에서는 산성에 대한 저항력이 큰 감자, 귀리, 아마, 홉 등이 재배된다.

3) 적색토

남한 전체를 통해서 대체로 해발 150m 이하의 경사가 완만한 구릉지에는 적색토가 광범위하게 분포한다. 적색토는 기반암의 두꺼운 풍화층 위에 발달되어 있다. 화강편마암에 발달하는 적색토에 대한 강영복의 연구에 의하면 표토 A층을 제외하면 토층의 구분이 명확하지 않고 유기물과 염기의 함량이 극히 적어 토질이 아주 척박할 뿐 아니라 규산, 산화철, 산화알루미늄이 풍부하여 아열대 습윤 지역의 성대토양인 라테라이트성토양과 유사하다. 이는 지금보다 고온 다습했던 과거의 기후와 관련이 있는 고토양으로 보는 견해가 우세하지만 현재 우리나라 여름의 고온 다습한 기후에서도 적색토가 형성될 수 있다는 견해도 있다.

4) 충적토

충적토는 하천에 의하여 운반·퇴적된 모래, 실트, 점토 등이 쌓여서 이루어진 미성숙토로 범람원이나 하상지, 곡간지, 선상지 상에 분포하고 산지와 인접한 소계곡지에도 국부적으로 분포하고 있다. 충적토의 토성은 장소에 따라 다르다. 대하천 하류 범람원 상의 자연제방 토양은 점토, 실트, 모래가 비교적 고르게 섞인 양토, 배후습지는 주로 점토로 이루어진 식토로 되어 있는 반면에 하천 중상류의 범람원에서는 전체가 식토로 되어 있거나 자갈과 모래가 많이 섞일 수도 있다.

하성충적토는 선상지, 하천이나 강가에 분포하는 토양으로 선상지에 분포하는 토양은 하천변에 분포하는 토양에 비해 운반거리가 짧고 경사도 비교적 있는 편으로 급류에 의하여 퇴적되므로 각력, 점토 및 실트가 혼재된 토양이 생성되는 반면 하천변에 분포된 토양은 완만한 하천의 흐름에 의해 퇴적되고 운반거리가 길어 거친 모래보다는 세사 및 실트 함량이 많다.

5) 염류토

염류토는 서해안과 남해안의 간척지에 발달하는 토양이고 큰 하천의 하구 및 감조 구간과 간척지 등에 분포한다. 또한 함염지하수위가 높고 각 층위의 함염량이 많은 곳에 발달한다. 간척 사업을 한 후에 보통 5~10년이 걸려 염분이 빠져 나가면 농경이 가능한데 이 토양은 영양염류가 많아 비옥하고 쉽게 산성화되지 않아 농경에 매우 유리하다.

6) 회색토

회색토는 우리나라 전역의 평지 및 곡간지의 저지에 분포하며 지하수 혹은 장기 침수에 의한 물의 영향을 받아 생성된 토양이다. 그러나 물의 영향을 받아 생성된 유기질토양은 회색토에서 제외된다.

보통 글라이토 또는 g층으로 표시되며 산화철이 환원작용을 받아 회색을 띠는 것을 말하며 반점을 가진 토양도 포함된다. 토양 조건은 습한 상태에서 발달된 토양으로 표토는 얇고 유기물 함량은 중간 정도이다.

7) 적황색토

낮은 구릉지, 산록 및 하안단구에 분포하는 토양은 대부분 적황색토이며 이들 토양의 특성은 표토는 유기물이 약간 함유되어 토색은 암황갈색, 암갈색, 또는 갈색을 띤다. 대부분의 토양이 점토의 기계적인 작용으로 표토보다 심토가 세립질이고 토성의 범위도 넓어 사양토에서 식토까지 나타난다. 이들 토양의 유기질 함량이 낮은 이유는 식생이 빈약하고 유기질이 씻겨

나가는 등의 침식에 기인한다.

적황색토는 토양생성인자 중 모재와 지형보다는 기후와 식생의 영향을 크게 받아 생성된 토양이다.

8) 산악토

일명 암쇄토라고 하는 것으로 경사가 급하고 험준한 산악지에 분포하는 것으로 토심이 깊지 않고 발달 정도가 약한 표토와 기반암으로 된 토양을 말한다. 이들 토양은 식생이 약하고 침식이 심하여 표토는 담색을 띠며 표토하부에 견고한 기반암층이 나타나거나 때로는 발달 정도가 약한 캄빅 B층도 포함된다. 고산지나 고원 지역에 분포하는 토양으로 부식의 영향을 받아 농암갈색인 산악토도 소규모로 있다.

9) 유사반층토

유사반층토(類似盤層土)는 우리나라 서부와 남부의 구릉 및 산악의 하부에 주로 분포하고 이는 표토로부터 15~30cm 아래에서 경반층이 나타나거나 50cm 아래에서 나타나기도 한다. 표토의 토색은 갈색, 암갈색 또는 암황갈색이며 표토 밑의 토층은 황갈색, 진한 갈색에 담갈회색, 회갈색 및 담갈색반문이 있는데 경반으로 인하여 수직 배수가 잘 되지 않아 물로 포화되기 때문이다.

반층토(planosol)는 건조 시 단단하고 습할 때 부서지기 쉬운 미사나 모래로 된 반층(fragifan), 규산이나 산화철, 탄산칼슘으로 인하여 입자가 경화된 경반층, 토양용액 중 석회 및 2차탄산염의 침전에 의한 경화된 반층, 점토반 등 여러 가지로 구분되나 우리나라의 반층토는 점토의 집적으로 인한 점토반층이 많다.

반층토는 투수가 매우 느리고 표토보다 하부층 및 기반층에 점토함량이 많으나 우리나라의 경우는 배수 조건이 비교적 양호하여 회색토와 구분하고 있다.

10) 유기질토양

유기질 함량에 따라 광물질토양과 유기질토양 등으로 토양을 구분하는데 광물질토양은 소량의 유기물을 함유하는 반면 20~30%의 높은 유기물을 함유한 토양을 유기질토라 하며 유기질토는 분해 정도에 따라 이탄토와 흑니토로 구분된다.

유기질이 약하게 또는 분해하지 않고 퇴적된 것으로 식물유체를 식별할 수 있는 것을 이탄토라 하며 완전히 분해되어 식별할 수 없는 것을 흑니토라 한다. 우리나라에서는 바다에 의한 충적토와 하천에 의한 충적토의 경계가 되는 부근에서 때때로 이탄토층이 발견되나 이는 표토로부터 100cm 이하에 있거나 엷은 층으로 표토 하부층에 삽입되어 있으므로 회색토로 간주하였으며 유기질토는 제주도와 강원도의 동해안에서 일부 발견된다.

참고문헌

강영희 · 신영오, 1988, 『토양 · 식물영양 · 비료학』, 집현사.

곽판주 · 노신규, 1986, 『토양학원론』, 정음사.

권동희 · 박희두, 2007, 『토양지리학』, 한울.

김주환 · 권동희, 1990, 『지구환경』, 신라출판사.

문화재관리국문화재연구소, 1983, 『전곡리 유적발굴조사보고서』.

박동원 · 손명원, 1989, 『환경지리학』, 서울대학교출판부.

손일 · 최권정 역, 1987, 『인간과 자연환경』, 명보문화사.

손치무 · 윤석규, 1987, 『광물학개론』, 박영사.

임선욱, 1991, 『토양학원론』, 문운당.

정용 외, 1988, 『환경생태학』, 개문사.

조성진 외, 1990, 『토양학』, 향문사.

홍순형, 1986, 『현대생태학』, 광림사.

Dajoz, 1987, 『생태학』, 노영재 · 임경택 공역, 동화기술교역.

Steila, D., 1983, 『토양지리학』, 고의장 · 박노식 공역, 교학연구사.

デュショフル, 1986, 永塚鎭男 · 小野有五 共譯, 『世界土壤生態圖鑑』.

ペトロジスト 懇談會 編, 1985, 『土壤調査 ハンドブック』, 博友社.

久馬一剛 外, 1989, 『新土壤學』, 朝倉書店.

久馬一剛 · 八木久義, 1989, 『土壤薄片記載 ハンドブック』, 博友社.

國際食糧農業協會, 1984, 『土壤退化防止の ガイドライン』, 國際食糧農業協會.

吉野正敏, 1984, 『氣候學』, 大明堂.

農林水産技術會議事務局, 1979, 『英中日土壤學用語集』, 丸善株式會社.

農林水産省農林水産技術會議 事務局, 1990, 『新版 標準土色帖』.

林一六, 1988, 『植生地理學』, 大明當.

尾留川正平, 1970, 『自然地理調査法』, 朝倉書店.

福井英一郎, 1970, 『自然地理學』, 朝倉書店.

松井健, 1988, 『土壤地理學序說』, 築地書館.

地學團體研究會, 1976, 『地形と土壤』, 東海大學出版社.

淺海重夫, 1990, 『土壤地理學』, 古今書院.

土の世界編集 グループ, 1990, 『土の世界』, 朝倉書店.

土壤調查法編集委員會, 1984, 『土壤調查法』, 博友社.

Bennett, R.H. and Hulbert, M.H., 1986, *Clay Microstructure*, Boston: International Human Resources Development Corporation.

Birkeland, P.W., 1984, *Soil and Geomorphology*, Oxford University Press, Inc.

Boardman, J., 1985, *Soils and Quaternary Landscape Evolution*, Toronto: John Wiley & Sons.

Brookield, M.F. and Ahlbrandt, 1983, *Eolian Sediments and Processes*, New York: Elsevier.

Carver, R.F., 1971, *Procedures in Sedimentary Petrology*, New York: Wiley-Interscience.

Fagan, J.J., 1974, *The Earth Environment*, New Jersey: Prentice-Hall

Fanning, D. and Fanning, M.C.D., 1989, *Soil Morphology, Genesis and Classification*, New York: John Wiley & Sons.

Faure, G., 1977, *Principle of Isotope Geology*, New York: John Wiley & Sons.

Finkl, C. Jr., 1982, *Soil Classification*, Stroudsburg: Hutchinson Ross Publishing Company.

Fitzpatrick, E.A., 1971, *Pedology*, Edinburgh: Olier & Boyd.

Foth, H.D. and Schafer, J.W., 1980, *Soil Geography and Land Use*, New York: John Wiley & Sons.

Foth, H.D. and Turk, L.M., 1972, *Fundamentals of Soil Science*, New York: John Wiley & Sons. Inc.

Foth, H.D., 1984, *Fundamentals of Soil Science*, New York: Wiley & Sons.

Gerasimov, I.P., Translated by Gourevich, A., 1965, *Fundamentals of Soil Science and Soil Geography*, Jerusalem.

Hoefs, J., 1973, *Stable Isotope Geochemistry*, New York: Springer-Verlag.

Jackson, M.L., 1973, *Soils Chemical Analysis*, New Delhi: Prentice Hall.

King, C.A.M., 1976, *Periglacial Processes*, Pennsylvania: Dowden Hutchinson & Ross. Inc.

Kirkby, M.J. and Mongan, R.P.C., 1980, *Soil Erosion*, New York: John Wiley & Sons.

Kittrick, J.K., 1986, *Soil Mineral Weathering*, New York: Van Nostrand Reinhold Company.

Kubata-Pendias, A., Pendias, H. and Kabata-Pendias, A., 1984, *Trace Element in Soils and Plants*, Florida: CRC Press Inc.

Miller, R.W. and Donahue, R.I., 1990, *Soil, An Introduction to Soils and Plant Growth*, Prentice-Hall International. Inc.

Millot, G., Translated by Farrand, W.R. and Paquet, H., 1970, *Geology of Clays*, New York: Springer-Verlag.

Morrison, R.B. and Wright, H.E., 1980, *Quaternary Soils*, University of Nevada: International Association for Quaternary Research.

Ollier, C., 1984, *Weathering*, New York: Longman.

Piry, A.F., 1979, *Geography and Soil Properties*, London: Methuen & Co, Ltd.

Rieger, S., 1983, *The Genesis and Classification of Cold Soil*, Paris: Academic Press.

Smalley, J.J., 1975, *Loess lithology and Genesis*, Stroudsburg: Dowden. Hutchingson & Ross. Inc.

Zachar, D., 1982, *Soil Erosion*, New York: Elsevier Scientific Publishing Company.

제12장

생물지리*

공우석(경희대학교)

1. 식물상과 식생

1) 식물상

식물상(植物相, flora)은 어떤 지역에 분포, 생육하는 식물의 종류이다. 현재까지 조사된 우리나라의 생물종은 동물 18,029종, 식물 8,271종, 미생물 등 기타 생물이 3,528종으로 모두 29,828종으로 알려졌다. 이 가운데 관다발식물은 모두 4,200여 종으로 이는 전 세계 관다발식물의 약 2%에 이른다.

한반도의 식물상은 여러 종류로 이루어졌다. 극지요소(極地要素)는 과거 빙하기에 북쪽의 추위를 피해 우리나라로 이동했다가 살아남은 유존종(遺存種)으로 월귤, 가솔송, 돌매화나무, 시로미, 두메아편꽃 등이 지금은 고산대에 분포한다. 동아시아요소(東아시아要素)는 우리나라, 중국 동북부, 러시아 연해주 지역의 공통종으로 분비나무, 잣나무, 가문비나무, 이깔나무, 신갈나무, 떡갈나무 등이 있다. 온대남부요소(溫帶南部要素)는 한반도 남부, 중국 남부, 일본과 공통종으로 서나무, 느티나무, 호도나무, 감나무 등이 있다. 아열대요소(亞熱帶要素)는 아열대에 기원을 둔 것으로 가시나무, 소귀나무, 동백나무 등 난대성 상록활엽수이 주를 이룬다. 특산요소(特産要素)는 지구상에서 한반도에만 자라는 특산종 혹은 고유종(endemic species)으로 부전바디, 섬바디, 운봉금매화, 매미꽃, 검산초롱꽃, 참나래새, 콩제비란 등 642여 종으로 알려져 있다.

한반도에만 자라는 특산 관다발식물 속은 금강인가목, 개느삼, 미선나무, 금강초롱꽃, 모데미풀 등이 있으며, 특히 미선나무속은 세계에서 1속 1종밖에 없는 한국의 특산식물이다. 특산식물이 분포하는 중심지는 높은 산이 섬처럼 격리되어 나타나는 북부 및 남부의 고산대 및 아

* 이 내용은 공우석(2004, 2007)의 발표 내용을 바탕으로 재작성되었음.

고산대, 남과 북의 식물이 서로 만나는 금강산에서 설악산에 이르는 중부 산악 지대, 주된 산줄기로부터 떨어져 있는 서해안의 산지, 식물 종자의 산포와 교류에 제한이 많은 멀리 떨어진 섬들이다.

한반도에 생육하는 식물상은 식물종이 다양하고, 특산종의 비중이 높은데, 그 이유는 국토가 복잡하고 다양한 자연 환경을 가졌다는 것을 뜻한다. 한반도는 첫째, 유라시아 대륙의 동쪽 끝에 돌출된 반도로서 42° 2′N에서 33° 4′N까지 남북으로 길게 펼쳐져 있어 다양한 생물을 아우를 수 있는 지리적 여건을 가지고 있다.

둘째, 국토의 약 65%를 차지하는 산지와 남북으로 달리는 주된 산줄기와 가지 산줄기들의 이어짐, 서남부에 발달한 넓은 평야 그리고 서·남해안에 발달한 약 3,400여 개의 크고 작은 섬들과 습지 환경 등의 지형적 다양성을 가지고 있다.

셋째, 폭넓은 기후대(남해안의 연평균기온 14℃, 북부 산악지 5℃), 큰 기온의 연교차(백두산의 동계 최저기온에 대비한 대구의 하계 최고기온), 큰 지역별 강수량의 차이(남해안 4,000~1,400mm/년, 북부 지방 400mm/년), 다양한 기후대(남해안과 인근 도서-난대성 기후; 남부·중부, 북부 지방-온대성 기후; 고산지-한대성 기후) 등의 기후적 다양성이 있다.

넷째, 지진이나 화산활동이 정지되었거나 심하지 않았고, 신생대 제4기 동안 대규모 빙하 발달이 없었고, 다양한 기반암과 지층 발달로 토양층이 다양하고 안정된 지질 환경을 가지고 있다.

다섯째, 과거 환경 변화로 지금보다 기후가 한랭했을 때 한반도는 유라시아 대륙과 일본열도를 연결하는 이동통로(corridor)와 피난처(refugia)로 이용되었으며, 현재의 한반도는 당시에는 동북아시아의 가장 동쪽에 위치한 해안 지역으로 생물들이 악조건을 극복할 수 있는 피난처인 서식처와 적절한 환경 조건을 제공하는 등 과거 환경 조건도 식물종의 다양성을 있게 하였다.

2) 식생의 분포

식생(植生, vegetation)은 어떤 장소에 자라고 있는 식물 집단을 일컫는 말로 식피(植被), 식의(植衣), 식군(植群)이라고도 한다. 한 지역의 식생은 기후, 토양, 지형, 생물, 인위적 요인 등에 의해 결정된다.

식생은 인위적인 영향의 정도에 따라 자연식생과 대상식생으로 나누어진다. 자연식생(自然植生)은 이론적으로는 인위적인 영향을 전혀 받지 않는 식생을 가리키지만 일반적으로 고산식생 외에 아고산대의 침엽수림도 자연식생으로 취급된다. 대상식생(代償植生)은 자연식생이 인간의 영향으로 인위식생으로 바뀐 것으로 마을 주변의 소나무숲, 길가의 질경이군락, 바랭이가 많은 밭의 잡초군락 등을 들 수 있다. 또한 식생은 시간 요소에 의해 인간의 영향이 미치기 이전의 자연식생인 원식생(原植生), 지금 자라고 있는 현존식생(現存植生), 그리고 현재의 인위적인 영향이 없어질 때 그 입지가 가진 잠재적인 능력을 자연식생으로 나타낸 잠재자연식생(潛在自然植生)으로 나뉘며, 식생의 공간적인 분포를 지도 위에 표현한 것이 식생도(植生圖 vegetation map)이다(〈그림 1〉 참조).

식생의 분포에 가장 중요한 기후 요소인 기온은 위도와 고도 등에 따라 변화하므로 한반도의 식생도 기온구배에 따라 띠모양으로 바뀐다. 식생대는 위도의 변화에 따라 나타나는 수평적 식생대와 산지의 해발고도에 따른 수직적 식생대가 있다. 태백산맥을 중심으로 겨울에 눈이 많은 영동 지방과 서해안 지방의 건조한 기후의 차이도 식물의 분포에 영향을 미친다.

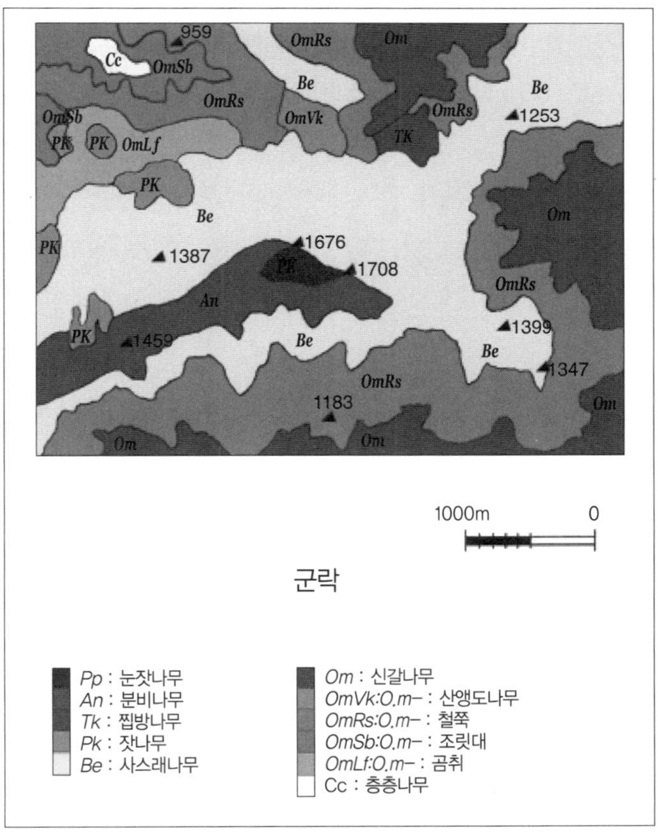

그림 1. 설악산 대청봉 일대의 현존식생도(공우석, 2000)

(1) 수평적 식생대

① 상록활엽수대

상록활엽수대는 내륙에서는 35°N이고, 해안에서는 35° 30′N 이남으로 연평균기온이 14℃ 이상인 남부해안 및 도서 지역의 식생이다. 기후적으로는 난대에 속하며 주요 수종은 녹나무, 동백나무, 후박나무, 사철나무 등이다. 상록활엽수대에서는 높은 교목층에 구실잣밤나무, 후박나무, 북가시나무 등, 중간의 아교목층에 동백나무, 감탕나무, 참식나무 등, 낮은 관목층에 그늘을 견디는 수종인 식나무, 사스레피나무 등, 초본층에 보춘화, 맥문동, 마삭줄, 송악, 남오미자 등이 여러 층을 이루며 자라며 층위가 많을수록 건강한 식생으로 볼 수 있다.

우리나라의 난대성 상록활엽수림은 전라남도 강진군 까막섬, 완도군 주도, 보길면 예송리, 소안면 맹선리과 미라리, 진도군 의신면, 제주도 북제주군 애월읍 납읍리, 남제주군 안덕면 감산리, 서귀포시 중문동, 서귀동 등에 분포한다. 서해안에서는 충청남도 보령시 외연도리에 상록활엽수림이 있다. 상록활엽수 분포의 북한계선으로는 함평 붉가시나무 자생북한지, 정읍 내장산 굴거리나무 군락지, 부안 변산반도의 후박나무 자생북한지, 옹진 대청도 동백나무 자생북한지가 대표적이다.

제주도 서귀포 상록활엽수대에는 담팔수, 구실잣밤나무, 까마귀쪽나무, 후박나무, 동백나무, 조록나무, 참식나무, 가시나무, 감탕나무, 새덕이, 산유자나무, 바람등칡, 남오미자, 왕모람, 자금우, 돈나무, 백량금, 사스레피나무 등이 자란다. 남부 지방 상록활엽수대의 대부분 천연림은 지나친 이용, 개발, 산불로 파괴되어 지금은 낙엽활엽수림, 혼효림 혹은 소나무숲으로 바뀌었다.

② 낙엽활엽수대

낙엽활엽수대는 35~43°N 사이에 있는 고산 지대를 제외한 지역으로 연평균기온은 5~ 14℃ 이며 기후적으로는 온대에 속하며 지리적 위치와 식생 구성에 따라 남부, 중부, 북부로 나뉜다.

낙엽활엽수대 남부는 35°~36°N 사이, 동해안에서는 38°N, 서해안에서는 37° 30′N 까지로 주요 수종은 개서나무, 보얀목, 나도밤나무, 윤노리나무, 산초나무, 단풍나무, 사람주나무, 굴피나무, 팽나무, 백동백나무 등 낙엽활엽수와 함께 사철나무, 줄사철나무, 굴거리나무 등 상록활엽수, 왕대, 솜대 등 대나무류, 소나무, 개비자나무, 곰솔 등 상록침엽수가 섞여 자란다. 현재에는 소나무, 곰솔의 단순림과 서어나무, 단풍나무, 굴피나무 등의 혼효림이 많다.

낙엽활엽수대 중부는 동해안에서는 40°N, 서해안에서는 39°N, 내륙에서는 38° 30′N 이남까지로 대표 수종은 느티나무, 때죽나무, 신갈나무, 졸참나무, 갈참나무, 갈졸참나무, 백동백나무, 생강나무, 물박달나무 등 낙엽활엽수, 향나무, 전나무, 소나무 등 상록침엽수가 같이 자란다. 현재에는 소나무순림과 신갈나무, 때죽나무 등의 혼효림이 많다.

낙활엽수대 북부는 낙엽활엽수대 중부 이북에서 국경까지로 주요 수종은 달피나무, 웅기피나무, 개버찌나무, 산겨릅나무, 시닥나무, 부게꽃나무, 산괴불나무, 참피나무, 박달나무, 신갈나무, 개암나무, 거제수나무, 정향나무 등 낙엽활엽수, 전나무, 잣나무 등 상록침엽수와 낙엽침엽수인 이깔나무가 섞여 자란다. 지금은 피나무, 박달나무, 신갈나무, 잣나무, 전나무 혼효림과 소나무순림이 많다.

③ 상록침엽수대

상록침엽수대는 함경도와 평안도 고원 및 고산 지대로 연평균기온이 5℃ 이하이고 1월 평균기온이 -12℃인 곳까지로 기후적으로 한대에 속한다. 주요 수종은 추운 겨울과 짧은 생육기간에 적응한 전나무, 가문비나무, 분비나무, 종비나무, 잣나무, 〈그림 2〉의 눈잣나무, 찝방나무, 주목 등 상록침엽수와 함께 낙엽침엽수인 이깔나무, 만주이깔나무, 그리고 낙엽활엽수인 거제수나무, 만주자작나무 등이 함께 자란다.

지금은 지나친 개발과 산불 등으로 고유한 침엽수림이 파괴되고 자작나무, 사시나무, 황철

그림 2. 상록침엽수대의 설악산 아고산대 눈잣나무

나무, 느릅나무 등 낙엽활엽수 또는 침엽수와 활엽수가 섞여 자라는 혼효림이나 이깔나무 순림을 이루기도 한다.

(2) 수직적 식생대

일반적으로 같은 위도에서 고도가 높아지면 식생대는 해안과 평야의 상록활엽수대-산록의 낙엽활엽수대-혼합림대-아고산의 상록침엽수대-고산의 관목림대-초본대-지의식물대-만년설 순으로 수직적으로 변화한다.

① 해안과 평야의 상록활엽수대

해안과 평야의 상록활엽수대는 〈그림 3〉과 같이 북위 35° 이남의 지역인 남해안과 제주도의 해발고도 약 600m 이하의 해안 산기슭 및 남해에 있는 섬에 나타나며, 연평균기온 약 14℃ 이상으로 기후적으로 난대에 속한다. 자라는 주요 수종은 북가시나무, 녹나무 등 상록활엽수이고 구실잣밤나무, 모밀잣밤나무, 가시나무, 생달나무, 후박나무, 참식나무, 흰새덕이, 동백나무 등이다. 숲 아래에는 보리장나무, 죽절초, 백량금, 식나무, 털마삭줄, 담팔수, 굴거리나무, 덜꿩나무, 모람, 줄사철나무, 멀꿀, 남오미자 등의 관목 또는 덩굴식물이 자란다.

그림 3. 전남 여수시 거문도의 상록활엽수림

② 산록의 낙엽활엽수대

산록의 낙엽활엽수대는 남해안 지역과 아고산대 및 고산대를 제외한 한반도 대부분 지역으로 연평균기온이 5~14℃로서 기후적으로 온대에 속하며 신갈나무로 대표되는 낙엽활엽수림을 이룬다.

낙엽활엽수림은 다시 세 구역으로 나뉘어 연평균기온 12~14℃인 낮은 산록에는 상록침엽수인 소나무, 곰솔과 낙엽활엽수인 단풍나무, 서어나무, 물참나무, 굴피나무, 피나무, 팽나무 등이 자라며 그 아래에 조록싸리, 해변싸리, 진달래 등의 관목과 꽃며느리밥풀, 김의털 등의 초본이 자란다. 연평균기온 9~12℃인 산록 중간에는 서어나무, 졸참나무, 박달나무를 비롯하여 전나무, 소나무, 잣나무 등 상록침엽수가 섞여 자라고, 그 아래에는 관중, 십자고사리, 노루귀, 주름조개풀, 큰애기나리, 단풍취, 머루 등이 분포한다. 연평균기온 6~9℃인 높은 산록에는 전나무, 잣나무 등 상록침엽수와 느릅나무, 물푸레나무, 박달나무, 피나무, 자작나무, 거제수나무 등 낙엽활엽수가 자생하고, 숲 아래에는 대사초, 둥굴레, 그늘돌쩌귀 등 초본류가 자란다.

③ 아고산침엽수대

아고산침엽수대는 연평균기온 5℃ 이하의 산악지로서 기후적으로 한대에 속하고, 북부 백두산을 중심으로 해발 약 600m 이상의 고지대와 중부 약 1,000m 이상의 금강산, 설악산 그리고 남부 1,300m 이상의 지리산과 제주도 1,500m 이상의 한라산 지역 등이 이에 속한다. 주요 수종은 분비나무, 가문비나무, 주목, 구상나무 등 상록침엽수이며, 눈잣나무, 눈측백, 이깔나무, 전나무, 잣나무, 눈향나무 등도 자생하며 일부 낙엽활엽수도 자란다.

④ 고산관목대

아고산식물대의 상록침엽수가 자라는 곳보다 높은 고산관목대에는 큰키나무는 더 이상 자라지 못하고 여러 종류의 낙엽관목과 함께 상록활엽성 관목인 담자리꽃나무, 돌매화나무, 시로미, 진퍼리꽃나무, 산백산차, 가는잎백산차, 애기월귤, 넌출월귤, 가솔송, 황산차, 월귤, 린네풀 등 극지고산식물이 분포한다. 또한 각시석남, 화태석남, 산백산차, 왕백산차, 긴잎백산차, 털백산차, 노랑만병초, 만병초, 큰잎월귤나무 등 상록활엽성 고산식물도 자란다. 이들 상록활엽성 관목들은 땅위를 기는 키가 작은 관목으로 잎은 늘 푸르며 좁고 두껍고 털이 많으며 추울 때는 잎이 말리는 등 고산의 혹독한 기후에 적응하는 생태를 지녔다.

우리나라에서 식생의 수직적 분포가 가장 잘 나타나는 산은 제주도 한라산(1,950m)으로 대

그림 4. 한라산 고산대의 돌매화나무

체로 남사면 600m, 북사면 400m 이하의 상록활엽수대에는 녹나무, 후박나무, 가시나무, 동백나무 등이 자란다. 중간 높이의 낙엽활엽수대에는 졸참나무, 개서나무, 서나무, 단풍나무, 붉가시나무, 구실잣밤나무, 종가시나무, 굴거리나무 등이 섞여 자란다. 해발고도 1,500m 이상의 아고산대에는 상록침엽수인 구상나무, 주목과 낙엽활엽수인 사스래나무 등이 자란다. 특히 1,800m 이상의 고산대에는 키가 작은 주목, 사스래나무 등의 교목과 더불어 〈그림 4〉의 돌매화나무, 들쭉나무, 시로미, 눈향나무, 털진달래 등의 관목과 구름송이풀, 구름떡쑥, 구름체꽃, 솜다리 등 초본류가 함께 자란다.

3) 식생의 발달사

현재 한반도에 자라고 있는 식생은 기본적으로 현재 환경 조건에 영향을 받지만 과거에 있었던 환경 변화의 산물이다. 우리나라의 지질시대별로 침엽수인 송백류와 활엽수인 쌍자엽식물이 어떤 비율로 자랐고 사라졌는지는 〈표 1〉에 나타나 있다.

표 1. 지질시대별 식생 구성과 멸종률 (Kong, 2000)

대(Eras)	시기(Periods)	송백류 종수(비율)	쌍자엽 식물 종수(비율)	멸종률(송:쌍)
신생대	홀로세	3(9%)	30(91%)	6%(0:2)
	플라이스토세 후기	14(22%)	50(78%)	16%(3:7)
	중기	5(50%)	5(50%)	0%(0:0)
	초기	6(19%)	25(81%)	16%(1:4)
	마이오세 후기	11(19%)	46(81%)	35%(5:15)
	중기	22(31%)	48(69%)	44%(16:15)
	초기	23(35%)	42(65%)	32%(14:7)
	올리고세	0(0%)	12(100%)	17%(0:2)
중생대	백악기	10(38%)	16(62%)	62%(8:8)
	삼첩기 및 쥐라기	6(100%)	0(0%)	100%(6:0)
고생대	페름기	3(100%)	0(0%)	100%(3:0)

(1) 고생대와 중생대 식생사

고생대 페름기와 중생대 삼첩기 혹은 트라이아스기와 쥐라기에 한반도에 살았던 송백류는 모두 멸종했다. 중생대 백악기에 분포했던 나무는 브라치필럼, 세콰이아, 소나무, 전나무 등 침엽수와 버즘나무, 분꽃나무, 사시나무 등 활엽수이다. 그 가운데 브라치필럼, 피치오필럼, 시파리시디윰, 체카노브스키아, 세콰이아, 제노실론, 프레놀렙시스 등 침엽수와 은행나무 그리고 버즘나무, 포플로필럼, 타베이니디윰, 필라이츠, 자미오필럼, 닐룸비, 메니스페르마이트, 람라이트 등 16종류(62%)는 멸종하였다.

(2) 신생대 식생사

신생대 올리고세는 쌍자엽식물이 우점하였으며 주요 수종은 사시나무, 소귀나무, 천선과나무, 송악, 버즘나무 등이다. 그 가운데 크레드너리아와 버즘나무 등 2종(17%)은 멸종했다.

마이오세 초기의 식생은 소나무, 가문비나무, 메타세콰이아 등 침엽수와 참나무, 너도밤나무, 단풍나무 등 활엽수로 구성되며, 65종류의 나무 가운데 32%인 21종류가 현재는 멸종됐다. 사라진 침엽수는 글립토스트로부스, 메타세콰이아, 슈도쑤가, 케텔러리아, 수도라릭스, 히말라야시다, 아라우카리아, 포도카푸스, 삼나무, 금송, 세콰이아, 낙우송, 큐프레수스, 리보세드루스 등 14종류이다. 멸종한 쌍자엽식물은 노도파구스, 튜립나무, 나도호두, 칠엽수, 헤미트라파, 풍향, 날개호두 등 7종류이다.

마이오세 중기의 식생은 70종류로 이루어지며 대표 수종은 소나무, 가문비나무, 메타세콰이아 등 침엽수, 너도밤나무, 단풍나무, 서나무 등 활엽수이다. 그 가운데 31종류(44%)가 현재는 자라지 않는다. 멸종한 침엽수는 글립토스트로부스, 메타세콰이아, 세콰이아, 낙우송, 금송, 히말라야시다, 케털러리아, 슈도쑤가, 아라우카리아, 포도카푸스, 다크리디움, 큐프레수스, 리보세드루스, 수도라릭스, 칼로세드루스, 튜좁시스 등 16종류이다. 멸종한 활엽수는 콤프토니아, 날개호두, 계수나무, 헤미트라파, 버즘나무, 엥겔하르디티아, 하마멜리스, 가죽나무, 참죽나무, 튜립나무, 포라나, 사사프라스, 페로티아, 박태기꽃나무, 칠엽수 등 15종류이다.

마이오세 후기의 식생은 57종류가 있으며, 대표적인 종류는 소나무, 전나무, 메타세콰이아 등 침엽수와 참나무, 너도밤나무, 서나무 등 활엽수이다. 멸종한 20종류(35%)는 메타세콰이아, 히말라야시다, 수도라릭스, 케털러리아, 포도카푸스 등 침엽수와 노도파구스, 나도호두, 에리카, 풍향, 코마림, 날개호두, 파사니아, 크립토카리아, 포에브, 버즘나무, 페로티아, 엔타다, 헤미트라파, 카파이츠, 트로초덴드론 등 활엽수이다.

플라이스토세 초기 식생은 31종류이며 대표적인 나무는 소나무, 이깔나무, 편백과 등 침엽수와 사시나무, 오리나무, 감탕나무 등 활엽수이다. 그 가운데 침엽수인 금송, 활엽수인 날개호두, 나도호두, 엥겔하르디티아, 풍향 등 5종류(16%)는 멸종했다.

플라이스토세 중기에 살았던 나무 10종류는 지금도 모두 살아있으며, 대표적인 수종은 침엽수인 소나무, 편백과, 가문비나무와 활엽수인 호도나무, 참나무, 밤나무 등이다.

플라이스토세 후기의 식생은 64종류로 구성되며, 대표적인 종류는 소나무, 가문비나무, 이깔나무 등 침엽수와 참나무, 자작나무, 오리나무 등 활엽수이다. 사라진 10종류(16%)는 삼나무, 메타세콰이아, 슈도쑤가 등 침엽수와 날개호두, 나도호두, 라피데피스, 싸피움, 석류나무, 능소화, 풍향 등 활엽수이다. 이들은 플라이스토세 후기의 빙하기 동안의 추위 때문에 사라진 것으로 보인다.

홀로세의 식생은 33종류로 구성되는데 대표적인 수종은 침엽수인 소나무, 전나무, 가문비나무와 활엽수인 참나무, 서나무, 오리나무 등이다. 멸종한 종류는 2종류(6%)로 활엽수인 나도호두, 레스피도발라누스 등이다.

지질시대 동안 한반도의 식생 변화를 살펴보면 고생대 페름기부터 중생대 쥐라기 동안에는 송백류가 우점(100%)하였으며, 침엽수가 62% 정도로 주로 자라는 경향은 중생대 백악기까지 계속되었다. 신생대에 들어서 식생의 큰 변화가 있어 송백류 중심의 식생에서 쌍자엽식물로 주요 수종이 바뀌었다. 특히 올리고세 동안에는 쌍자엽식물이 우점(100%)하였고, 마이오세에도 쌍자엽식물이 65~81%까지 번성하였다. 플라이스토세에도 쌍자엽식물이 우점하는(50~81%) 경향을 보였고, 홀로세에도 쌍자엽식물이 91%까지 우점하는 경향은 계속되었다. 쌍자엽식물은 신생대 올리고세부터 홀로세까지 한반도에서 우점하는 식생이다.

한반도에 과거에 분포했거나 아직도 자라는 목본식물 가운데 송백류는 고생대 페름기부터 본격적으로 나타났다. 특히 소나무, 전나무, 노간주나무처럼 화석의 출현시기가 빠른 종류일수록 오늘날 넓은 분포역을 차지하고 다양한 종으로 발달하였다(〈그림 5〉 참조).

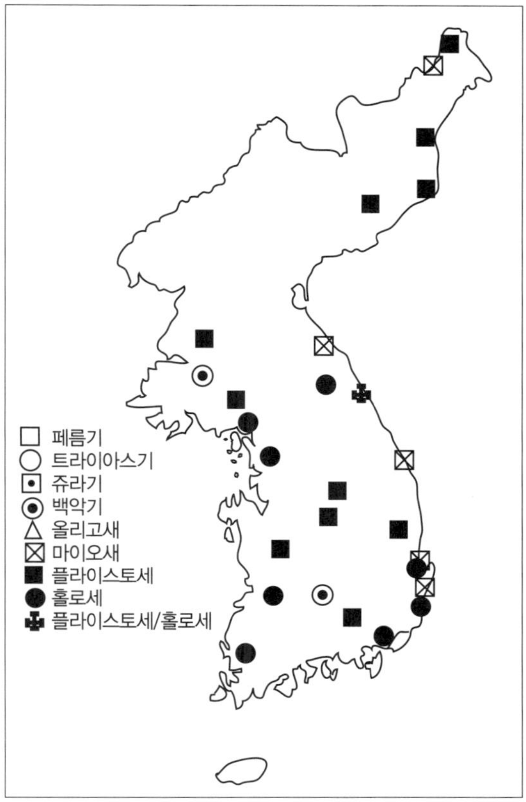

그림 5. 지질시대 소나무속 분포도(공우석, 2003)

쌍자엽식물은 중생대 백악기부터 지속적으로 출현하였으며, 분포역과 종다양성은 송백류처럼 출현시기가 빠를수록 분포역이 넓고 다양한 종으로 진화한 것으로 나타났다. 그러나 상록활엽수와 같이 특이한 생태적 조건을 필요로 하는 종류는 기후 변화에 따라 지금은 일부 지역에만 분포한다.

전체적으로 송백류와 쌍자엽식물의 멸종률은 올리고세(17%), 마이오세(32~44%), 플라이스토세(16%까지), 홀로세(6%)에 급격히 감소하였다. 이는 한반도에서 대부분의 송백류와 쌍자엽식물은 과거에 환경 변화에 따라 분포역에 많은 변화가 있었으나, 대규모 멸종에 이를 정도의 환경적 격변을 겪지 않고 오늘날의 식생으로 발달했다.

식생의 분포는 현재 환경 조건과의 관련성과 함께 해당 식물들의 출현시기와 형성 과정과 같은 자연식생 변천사와 함께 이해되어야 한다. 한반도 흩어져 있는 다양한 서식 환경과 공간은 오늘날의 식물상과 식생이 살아남고 분포하는 데 영향을 미쳤다.

4) 한국의 산림

20세기 말 현재 한국의 산림면적은 약 644만ha로서 국토의 약 65%를 차지하고 있다. 그 가운데 나무가 자라는 곳은 산림면적의 97%인 626만 3,518ha로서 침엽수림 43%, 활엽수림 26%, 혼효림 29%이고 기타는 2%이다. 임목축적은 ha당 56m³로서 임업선진국에 비해 낮은 수준이고 30년생 이하의 어린 나무가 전체 산림면적의 80%를 차지하며 국내 원목 수요의 93%를 외국에서 수입하고 있다.

산림면적의 약 21%는 국유림이며 1996년 말 국유림의 ha당 평균축적은 77m³로 사유림의 42m³보다는 높다. 지방자치단체 및 공공단체가 소유하는 공유림은 산림면적의 7%, 임목축적의 7%를 차지해 국유림과 비교하면 임목축적이 낮은 편이다. 개인, 국민단체, 문중 등이 소유한 사유림은 전체 산림면적의 71%를 차지하고 사유림의 산주 수는 약 200만 명에 이르며 산주의 약 97%가 10ha 미만의 산림을 가지고 있다.

산림은 임산물을 생산하는 경제적 기능, 국토 보전, 수원 함양, 재해 방지, 산림 휴양, 야생동물 보호, 산소 공급 및 대기 정화기능 등의 공익적 기능이 있다. 최근에는 급속한 산업화, 도시화로 각종 환경문제가 발생함에 따라 깨끗한 물, 맑은 공기, 아름다운 경관 등의 산림의 공익기능에 대한 요구가 커지고 있다.

1996년 1년간의 기상위성 NOAA-14의 위성자료를 기초로 녹색식물의 상대적인 활력도를 나타내는 지수인 식생지수가 발표되었다. 이에 따르면 우리나라에서 녹지자연도 6등급 이상의 산림 지역은 54.6%, 과수원이나 갈대밭 등 녹지가 비교적 많이 분포하나 산림으로 볼 수 없는 녹지자연도 3~5등급인 완충 지역은 18.1%, 녹지자연도 2등급 이상의 농경 지역은 25.5%, 녹지식물이 거의 없는 지역으로 녹지자연도 1등급인 도시 지역이 1.8%로 나타났다.

산림 지역 가운데 원시림 또는 자연식생에 가까운 지역으로 녹지자연도 8등급인 곳이 16.3%, 여러 층의 식물 사회를 형성하는 자연림으로 녹지자연도 9등급인 곳이 0.4%, 식물 생육이 가장 활발한 극상림 지역으로 녹지자연도 10등급인 면적이 0.01%에 불과하였다. 전체적으로 식생의 질은 아직도 선진국 수준에 이르지 못함을 보여준다. 과거에는 산림의 물질 자원적인 측면이 강조되었으나 이제는 환경 자원으로서의 가치가 날로 커지고 있어 숲을 적극적으로 보전 관리해야 한다.

5) 동물지리구

한국의 동물상(動物相)은 위도와 해발고도 및 해황에 따라 크게 달라진다. 육상동물에서는 동물지리구상 주로 포유류의 분포를 기준으로 하면 한국 북동소구(北東小區)와 한국 남서소구(南西小區)로 나뉜다.

한국 북동소구는 함남, 함북의 고지대를 포함하며 구북구(舊北區)의 시베리아아구에 속하고 여기에 서식하는 대표적인 동물은 모두 북방형이며, 이 지구의 특산종 또는 중국 북동부와 시베리아 동쪽에 서식하는 종, 아종 또는 근연종은 같은 시베리아아구에 속하는 일본 홋카이도, 러시아의 사할린과 관계가 깊다. 대표적인 종은 식충목(食蟲目)의 희시무르고슴도치, 우수리땃쥐, 야마시나땃쥐, 만포땃쥐, 뒤쥐, 쇠뒤쥐, 토끼목의 우는토끼, 박쥐목의 아무르박쥐, 긴꼬리수염박쥐, 북방애기박쥐, 검은토끼박쥐, 북방뿔박쥐, 쇠뿔박쥐, 식육목(食肉目)의 대륙목도리담비, 검은담비, 무산쇠족제비(흰족제비), 소목의 대륙멧돼지, 백두산사슴, 우수리사슴이다.

한국 남서소구는 북동소구를 제외한 한국 전역이며 구북구의 중국아구에 속한다. 남서소구에 서식하는 대표종은 모두 남방형이며 특산종 또는 아종도 중국의 동북 남부, 중국 화북, 중부와 일본에 서식하는 것과 같은 종, 같은 아종이거나 매우 비슷한 종류들이다. 남서소구의 대표종은 식충목의 고슴도치, 토마스땃쥐, 제주땃쥐, 울도땃쥐, 두더지, 토끼목의 멧토끼, 쥐목의 쇠갈밭쥐, 날다람쥐, 박쥐목의 붉은박쥐, 고바야시박쥐, 문둥이박쥐, 멧박쥐, 긴가락박쥐, 제주관박쥐, 식육목의 너구리, 산달, 노란목도리담비, 소목의 멧돼지, 대륙사슴, 노루, 고라니 등이다.

포유류뿐만 아니라 다른 무리의 동물도 북동소구와 남서소구로 나뉘며, 조류도 북방형인 북꿩, 들꿩, 멧닭, 세가락딱따구리, 백두산오색딱따구리, 개미잡이 등이 있고, 파충류의 북살무사, 까치살무사, 양서류의 북방산개구리 등이 북동소구에 분포한다. 이 중 까치살무사는 설악산, 오대산, 덕유산, 지리산의 비교적 높은 지대에도 서식한다.

한국 남서소구에 분포하는 특색 있는 육상 척추동물로는 북동소구에 없는 파충류인 남생이, 도마뱀붙이, 살무사, 양서류인 맹꽁이, 조선산개구리, 금개구리 등이다. 민물고기의 분포는 압록강 상류인 개마고원 지역에는 아무르계통 어류가 많고 북동부(함남, 함북, 강원 북부)의 해안 지역의 어류는 우수리 지방과 관련이 깊다. 그래서 개마공원 지역을 시베리아아구의 아무르소구에 넣고, 북동부 해안 지역은 같은 시베리아아구의 해안소구에 넣는다. 한국 남서부는 중국 동북 남부와 공통성이 커서 중국아구의 한국소구로 구분하기도 한다.

전체적으로는 한국의 육상동물 및 담수어류는 아시아 대륙과 공통인 종류가 많고 한국 특산종은 비교적 적다. 남서소구의 조류상은 중국과 공통된 종이 약 90%나 되고 울도방울새, 뿔종다리, 붉은배동고비, 울도오색딱따구리, 제주오색딱따구리, 긴부리쇠딱따구리, 크낙새, 참수리, 들꿩 등 소수의 아종만이 한국 특산종이다.

2. 경관과 생태계

한반도에서 볼 수 있는 다양한 경관과 생태계는 지질, 지형, 기후, 생물, 과거 환경 그리고 인간이 어우러져 만들어낸 결과이다. 유라시아 대륙의 동쪽 끝에 돌출된 우리나라는 북위 42°에서 33°까지 남북으로 길게 펼쳐진 반도로 지역에 따라 다양한 경관과 생태계가 발달한다. 지질은 안정되고 여러 종류의 기반암과 지층이 발달하여 토양층이 다양하며 대규모 화산폭발이나 대륙빙하와 같이 생태계에 큰 피해를 주는 활동이 많지 않았다.

지형적으로는 남북으로 달리는 함경산맥과 태백산맥 또는 백두대간과 같은 산줄기와 주변 산줄기들은 서로 연결되는 네트워크를 이루고 있다. 산지는 국토의 약 65%를 차지하는데, 북부 지방에는 높이 2,000m 이상의 산이 79개, 남한, 북한에 높이 1,500~2,000m 산이 264개, 1,000~1,500m 산지가 788개에 이른다. 우리나라는 국토의 평균 고도가 482m에 이를 정도로 산지가 많아 다양한 경관과 생태계가 발달하였다. 동해, 서해, 남해에 있는 약 3,400여 개의 크고 작은 섬들과 서남부에 발달한 넓은 평야도 경관과 생태계의 다양성을 더했다.

기후적으로 한반도는 연평균기온 14℃의 남부 지방부터 5℃의 북부 산지까지 폭 넓은 기후대를 가지고 있으며, -40℃ 전후의 백두산 겨울 최저기온과 35℃를 넘나드는 대구의 여름 최고기온의 차이도 매우 크다. 강수량도 제주도나 남해안의 연 강수량 3,500mm 전후부터 북부지방 400mm까지 차이가 크다. 기후적 다양성도 여러 경관과 생태계를 가져온 요인이다.

1) 산지의 경관과 생태계

산지에서는 고도가 높아짐에 따라 기후 조건의 차이를 가져와 식생경관이 달라진다. 저산대인 구릉 지대에는 원래 가시나무, 개가시나무, 참가시나무 등의 자연식생을 이루었다. 그러나 지금은 과수원이나 목장 등 인위적으로 개발되었고, 상수리나무, 졸참나무의 2차림이 형성된 곳이 많다. 대체로 구릉 지대는 식생이 빈약하여 비가 많이 내리면 많은 토사를 유출한다.

산지대에는 구릉에서 아고산대에 이르는 곳으로 환경 조건에 따라 다양한 수종이 발달한다. 햇빛에 따라 매우 그늘진 곳에는 주목, 개비자나무, 나한백, 사철나무, 회양목, 굴거리나무 등이 자란다. 약간 그늘진 곳에는 음수인 전나무, 가문비나무, 솔송나무, 너도밤나무, 서어나무류, 함박꽃나무, 녹나무, 단풍나무류 등이 생육한다. 중간 정도의 햇빛이 있으면 잣나무류, 편백, 느릅나무류, 참나무류, 은단풍, 목련류, 동백나무, 물푸레나무, 산초나무, 층층나무, 철쭉, 피나무, 팽나무, 굴피나무, 벚나무류 등이 자란다. 햇빛이 많은 곳에는 양수인 은행나무, 소나무류, 측백나무, 향나무, 낙우송, 밤나무, 오리나무, 버즘나무 등이 많다. 햇빛이 많은 곳에는 극양수인 방크스소나무, 이깔나무, 연필향나무, 버드나무, 자작나무, 포플러 등이 번성한다.

수분이 적당하면 후박나무, 가시나무, 너도밤나무, 고로쇠나무, 느릅나무, 참식나무, 식나무, 맥문동 등 중생식물이 자란다. 또한 토양의 산도(pH)에 따라 강산성 토양에는 곰솔, 소나무, 가문비나무, 분비나무, 전나무, 잣나무, 밤나무, 상수리나무, 싸리 등이 자라며, 약산성 또는 중성토양에는 이깔나무, 참나무류, 느티나무 등이 생육하고, 염기성토양에는 측백나무, 느릅나무류, 팽나무류, 회양목 등이 분포한다.

아고산대와 고산대의 경계는 삼림의 유무가 지표가 되며, 그 경계로 용재한계선이나 교목한계선을 기준으로 할 수 있다. 삼림한계선(森林限界線, forest limit) 또는 용재한계선(用材限界線, timber line)은 상업적인 목재 생산이 가능한 선이며 이보다 높은 곳에는 환경이 나빠져 교목한계선이 나타난다. 교목한계선(喬木限界線, tree line 또는 tree limit) 큰키나무가 자라지 못하는 선으로 나무의 키가 낮아지거나 기형으로 변한다. 즉 강한 바람에 의하여 기울어 자라는 편형수(扁形樹) 혹은 깃발형의 나무와 고산의 자연환경에 적응하여 지면에 붙어 자라거나,

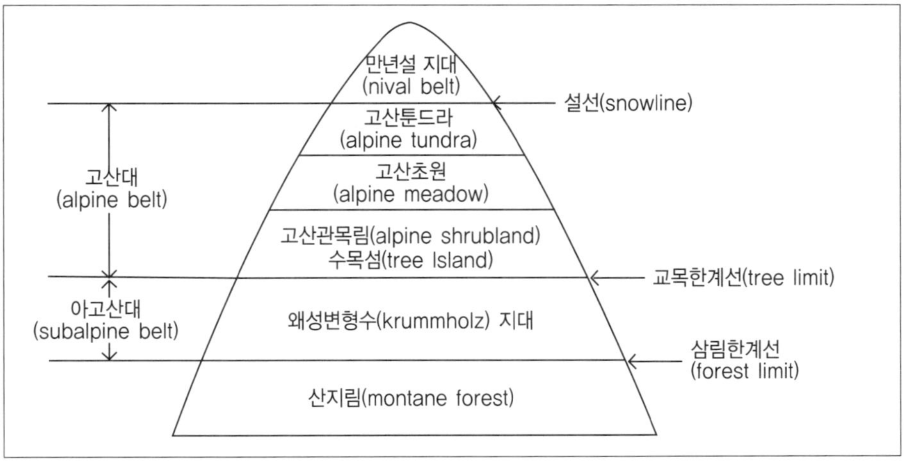

그림 6. 산악경관의 수직적 분포(공우석, 2002)

기형적으로 자라는 왜성변형수(矮性變形樹, krummholz), 그리고 나무가 연속적으로 자라지 못하고 드문드문 모여 자라는 수목섬(tree island)이 나타나는 생태적 점이지대(ecotone)가 나타난다.

아고산대는 용재한계선에서 교목한계선에 이르는 지대로 사스래나무 등의 낙엽활엽수와 분비나무, 구상나무, 가문비나무, 이깔나무 등의 침엽수림대가 분포한다. 고산대는 교목한계선에서 설선(雪線, snow line)까지의 지역이다(〈그림 6〉 참조). 고산대는 해발고도가 높아지면서 환경이 변화하여 고산관목림, 고산초원, 고산툰드라, 고산황원, 만년설 지대로 바뀐다.

교목한계선보다 높은 고산대에 주로 자라는 고산식물은 키가 작고, 줄기와 가지 등 지상부에 비하여 뿌리 등의 지하부가 깊고 길게 뻗으며, 관목 상태로 지표면을 기어서 자라며 잔가지가 많다. 잎은 두껍고 빛나는 가죽모양의 혁질(革質)이고, 식물체 표면에 털을 많고 착상조직이 잘 발달되어 광합성을 쉽게 한다. 고산식물은 크고 화려한 꽃을 피우나, 꽃을 피우는 가지는 적다.

2) 백두대간의 자연과 경관

백두산에서 지리산에 이르는 백두대간의 길이는 약 1,400km이며, 남한에서는 향로봉에서 지리산 천왕봉까지 약 680km에 이르고, 그 능선은 6개 도, 12개 시, 20개 군에 걸쳐 있다. 백두대간 내에 국·도립공원 및 천연보호림 등 법적으로 보호되는 면적은 3,035km^2이고, 소유별로는 국유지 63.4%, 공유지 1.9%, 사유지 34.7%이다.

백두대간의 지형은 한반도를 동서로 가르면서 북에서 남으로 산줄기가 뻗어 있으며 동해 쪽은 경사가 급하고 서해 쪽은 완만하다. 지질적으로 화강암류, 변성암류, 석회암 등 다양한 기반암으로 구성되며, 백두대간 능선의 해발고도는 약 200m부터 1,900m까지 고루 분포한다. 식생의 분포에 직접적인 영향을 미치는 토양은 대개 사양토, 식양토 및 사토로 구성되고 토질은 비교적 양호하다.

남북으로 길게 발달한 백두대간을 중심으로 동쪽사면은 비교적 경사가 심하고 해양성 기후의 영향을 받고 있으며, 서쪽사면은 비교적 경사가 완만하고 대륙성 기후의 영향을 많이 받는다. 기후적으로 백두대간 일대는 식물의 생장에 필요한 온도인 일평균기온 5℃ 이상이 누적된 온량지수 범위가 55~85℃로 주변 지역과 비교하여 기온이 낮으며 산지의 고도가 높아지면서 강수량은 증가하는 경향이다.

백두대간의 자연식생은 비교적 상태가 양호한 산림으로 구성되어 있는데, 활엽수림이 60%,

그림 7. 강원도 평창군 고루포기산 고랭지채소밭

활엽수와 침엽수가 섞여 자라는 혼효림이 30% 정도로 산림의 대부분이 자연림이다. 식생의 수평적 분포를 보면 남한 쪽 백두대간 산림의 경우 남부에는 소나무숲이 많고 중부에는 신갈나무 등 낙엽활엽수림이 주로 자란다. 고도에 따라 식생의 수직적 분포가 달라져서 낮은 곳은 대부분 낙엽활엽수림대로 단순하지만 높은 곳에는 상록침엽수가 많은 아고산대 식생대가 발달한다. 고도가 보다 높은 고산대에는 많은 고산식물들이 자란다. 백두대간 능선을 포함한 그 주변은 산림이 발달하지만 일부 공간은 사람의 이용과 개발에 따라 다양한 토지이용을 보인다.

백두대간은 인공 댐, 골프장, 스키장, 택지, 관광 휴양 레저 시설, 발전소, 광산, 골재 및 채석장 개발, 묘지, 지하수 개발, 〈그림 7〉과 같은 고랭지 채소밭과 함께 고속도로, 고속철도, 일반철도, 산악도로, 임도, 군사작전도로, 등산로 개설 등의 각종 개발행위로 산자락과 계곡 그리고 능선이 훼손되고 파괴되고 있다. 특히 백두대간의 아고산대는 산의 탐방객 가운데 많은 수가 특정 등산로에 집중되면서 등산객의 발에 밟혀서 식생과 토양이 파괴되는 답압(trampling) 피해가 발생하고 있다. 아고산대에서는 등산객에 의한 지표 식생 파괴–표토 유실–심층 토양 유실–기반암 노출–식생 및 토양 침식이 확대되는 악순환이 계속되고 있다.

백두대간 아고산대의 보전과 회복을 위해서는 첫째, 주요 산지의 정상 일대에 대하여 자연휴식년제를 도입하여 자연생태계가 회복될 때까지 한시적으로 정상부를 전면적 혹은 계절적으로 통제하여야 한다. 둘째, 단기적으로 정상 통제가 여의치 않을 경우에는 정상을 돌아 주요 등산로를 연결하는 우회로를 만들어 정상 일대의 추가적인 식생 파괴와 토양 침식을 막아야 한다. 셋째, 기존의 등산로를 계속 사용해야 할 경우에는 아고산대의 관목 및 초본류의 회복과 보전을 위하여 등산로의 폭을 최소로 줄이는 동시에 등산객이 지면과 식생을 직접 밟지 않게 하는 시설을 설치하여 답압의 피해를 줄이고 자연 식생과 토양을 회복하는 대책을 도입해야 한다.

3) 하천과 호소의 경관과 생태계

하천의 수질에 따라 생물의 분포는 달라져 유기물이 아주 적고 산소가 풍부한 물속에는 부착조류의 종류가 많고 수생 곤충의 종류도 다양하다. 유기물이 조금 많아지면 이것이 분해되어 무기물도 많아져, 부착조류, 수생곤충, 어류 등 생물량이 풍부해진다. 유기물이 많아지면 세균이 증식하고 물속에 녹아 있는 산소가 적어져 생물 종류도 줄어들고 원생동물이나 실지렁이, 거머리, 병주우렁이 외에 메기, 잉어, 붕어, 피라미 등 일부 물고기만 산다. 유기물이 아주 많아지면 물속의 산소가 적어 주로 세균과 일부 원생동물만이 살 뿐 일반 동식물은 살지 못한다.

따라서 지표동물을 이용해 수질오염을 측정하는데 버들치, 열목어, 금강모치 등이 살고, 강바닥 자갈 사이에 하루살이류 애벌레가 많으면 수질은 1급수이다. 물이 비교적 맑으며 냄새가 없고 피라미, 갈겨니가 살면 2급수, 물이 황갈색을 띠고 붕어, 미꾸라지, 메기, 뱀장어 등이 살면 3급수, 실지렁이만 겨우 살 수 있고 악취까지 풍기는 썩은 물은 4급수로 본다.

호소에서는 연안 0.2~1m 깊이의 물의 움직임이 적은 정수식물대에는 갈대, 줄, 애기부들, 큰고랭이, 조름나물 등이 군락을 이룬다. 수심 1~3m의 부엽식물대에는 물에 떠 자라는 노랑어리연꽃, 어리연꽃, 마름, 자라풀, 수련 등이 산다. 깊이 1~5m의 침수식물대에서는 물속에 자라는 검정말, 물수세미, 가래, 대가래, 톱풀 등을 볼 수 있다. 수심이 10m 이상 되면 햇빛이 적어져 수생식물을 거의 볼 수 없다.

4) 해안의 경관과 생태계

염분이 섞인 바닷바람의 영향을 직접 받고 있는 한국 남부의 해안 지방에는 동백나무, 사스레피나무, 섬쥐똥나무, 사철나무, 후박나무, 굴거리나무, 북가시나무, 육박나무, 돈나무, 센달나무, 참식나무 등의 상록활엽수와 곰솔과 같은 상록침엽수가 분포한다.

그림 8. 제주도 우도 해안의 편형수

해변의 모래밭, 벼랑 등에는 대체로 염분과 건조에 잘 견디는 식물이 자란다. 모래땅에는 건조와 소금기를 잘 견디는 선인장, 패랭이꽃, 갯쑥, 보리사초, 갯메꽃, 갯완두, 갯씀바귀 등이 자란다. 바닷가 벼랑에는 갯국화, 어미갯고들빼기, 갯머위, 갯기름나물, 둥근잎다정큼나무 등의 풀과 관목이 생육한다. 서해안의 염소지에는 퉁퉁마디, 해홍나물, 미꾸리꽝이, 나문재, 갯질경이, 갯봄맞이꽃 등이 분포한다. 해안에 자라는 나무들은 강한 바람의 영향으로 바람 부는 반대쪽으로 자라는 편형수를 나타낸다(〈그림 8〉 참조).

해안의 안정된 장소에 발달하는 숲의 나무는 잎에 큐티클층이 발달하여 광택이 있고, 소금의 피해에 강한 형태를 지닌다. 또한 줄기나 가지는 탁월풍에 의하여 내륙 쪽으로 구부러진 편형수가 많다. 특히 나무의 위쪽에 나 있는 잎이나 가지는 인위적으로 자른 것같이 편평하게 되어 있다. 해변식물의 지하부는 모래 속이나 바위 틈 깊이 발달하고, 지상부는 보리사초, 좀보리사초, 갯쇠보리 등처럼 단단하게 되거나, 수송나물, 해홍나물, 퉁퉁마디, 갯금불초 등처럼 잎이 두꺼운 다육질이 많다.

5) 연안의 경관과 생태계

한국의 연안은 해조류 분포에 따라 5개 지역으로 나뉜다. 동해안 북부 지역은 영흥만 이북으로 북방계 29%, 온대계 52%, 남방계 2%, 범세계종 17%로 한국 연안 가운데 한류의 영향으로 북방계가 가장 많다. 영흥만에서 영일만까지의 동해안 중남부는 북방계 10%, 온대계 70%, 남방계 4%, 범세계종 16%으로 온대계가 많다. 남해안과 울릉도는 북방계 6%, 온대계 76%, 남방계 5%, 범세계종 13%로서 구성된다. 울릉도는 위도상으로 동해안의 강원도 죽변과 같은 위도에 있으나 표면 수온은 남해안과 같다. 서해안은 해안선이 간석지여서 해조류가 매우 빈약하여 북방계가 6%, 온대계 71%, 남방계 4%, 범세계종 19%로 구성되어 있다. 제주도는 서해의 낮은 수온이 영향을 받으나 한국 연안에서 가장 수온이 높은 곳으로 북방계 2%, 온대계 74%, 남방계 10%, 범세계종 14%로 난류의 영향으로 남방계의 비율이 높다.

6) 섬의 경관과 생태계

한국의 육상동물 및 담수어류는 아시아 대륙과 공통인 종류가 많고 한국 특산종은 비교적 적다. 해양동물상은 리만한류의 영향을 받는 동해 북부 해역에서는 한류성인 북방계 동물이 많고, 쿠로시오난류의 영향을 받는 동해 남부, 남해 및 서해 남부 해역에는 남방계 동물이 비교적 많으나 전체적으로는 한국 연해에는 온대성 동물종들이 가장 흔하다.

섬에 자생하는 동 · 식물의 종은 인접한 대륙으로부터 바다, 하천 등의 수역을 통하여 이동한 것이거나 날아온 것들이다. 섬의 식물과 동물은 지리적으로 유사한 대륙 지역보다 종수가 적고, 형태나 생태에서 본토의 것과는 다른 여러 가지 특징이 보인다. 섬의 생물은 지리적 변이가 일어나기 쉬우며, 생물지리적으로 볼 때 본토에서는 이미 절멸된 종이 오랫동안 보존되어 남아 있는 경우도 있으며 신종이 발생하는 경우도 있다. 제주도와 울릉도는 생물다양성이 풍부하고 유존종의 비율이 높으며 고유종도 많이 분포한다.

7) 생물 자원의 유출

21세기의 가장 중요한 자원인 생물종이 우리가 의식하지 못한 사이에 이미 외국으로 유출되었거나 아직도 유출되고 있다. 일제강점기에 우리의 생물종 자원은 아무런 제약 없이 일본 등지로 유출되었다.

해방 이후 1980년대까지 미국을 비롯한 선진국의 학자들에 의해 우리 생물종 조사 연구가 대대적으로 실시되어 900여 종 유출되었는데, 이들의 조사를 미국의 세계적 다국적 제약회사인 듀폰, 머크 등이 후원하였다. 근래에는 일본 학자들이 우리나라의 재래시장을 답사하여 재래종 작물 종자를 대대적으로 수집하여 일본으로 유출한 예가 있다. 또한 핀란드 학자들은 우리나라 산악지대를 답사하여 조림과 육종용 수목 종자를 대량으로 채취하여 본국으로 가져간 일도 있다.

1990년대에 들어서야 우리나라도 국제적 조약인 생물다양성 협약에 가입하여 우리 생물종 보존에 관심을 보이고 있으나 아직도 생물종이 유출되고 있다. 한편 북한에서는 외화벌이를 위하여 동식물을 무차별 남획하고 있어 상황은 최악으로 알려져 있어 대책이 절실하다.

8) 귀화생물

귀화생물은 '우리나라에 살지 않던 생물이 인위적 또는 자연적인 방법으로 들어와 야생상태에서 스스로 번식하여 생존할 수 있는 종'이다. 외국에서 들여와 재배되고 있는 종과 의도적으로 도입되지는 않았으나 우리나라에 들어와 아직 우리의 자연생태계에 정착하지 못한 종은 도입종 혹은 외래종이라 한다.

우리나라에 귀화생물이 도입된 시기는 개항을 전후하여 1921년까지 주로 중국을 통하여 도입된 제1기, 태평양전쟁과 한국동란을 전후한 1963년까지 전쟁물자 등을 통하여 북미, 일본 등을 통하여 도입된 제2기, 그리고 1964년부터 현재까지로 산업의 발달과 빈번한 외국과의 교류에 의하여 각국으로부터 인위적으로 도입된 제3기로 나뉜다.

그림 9. 귀화식물 아까시나무(서울 강남구, 대모산)

우리나라의 귀화식물은 1996년 말 현재 225종으로 추정되며, 전국적으로 분포하는 종은 〈그림 9〉의 아까시나무, 서양민들레, 망초, 토끼풀 등 97종이며, 남부 지방에만 분포하는 종은 울산도깨비바늘, 양미역취 등 22종이고, 제주도에만 자라는 종은 털물참새피, 가시비름 등 13종이다. 귀화식물은 황폐지나 묵밭, 나지 등 주로 인위적인 간섭 받은 곳에 분포하지만 서양등골나물, 붉은서나물 등은 산림 속의 반음지에서도 자란다.

귀화어류는 1963년부터 양식과 낚시를 위해 도입하여 23종에 이르며 우리 수계에 적응하여 서식하는 종류는 블루길, 베스, 무지개송어, 초어, 백련어, 이스라엘잉어, 떡붕어, 찬넬메기 등이다. 특히 블루길, 베스 및 황소개구리 등은 고유어종을 포식하여 생태계에 문제가 된다.

귀화생물은 식용, 약용, 관상용 등으로 이용되어 경제적으로 이익을 주고, 황폐지, 절개지, 방치한 공터 등의 토양을 안정화하며, 오래전에 귀화한 종은 우리나라의 생물 다양성 증진에 도움을 주는 등 긍정적인 영향도 있다. 그러나 다른 종과 서식 공간과 먹이를 두고 경쟁하며, 고유종을 먹이로 이용하고, 다른 생물의 서식지를 파괴하거나 훼손하며, 병원체 등을 전파하는 등 부정적인 영향을 미친다.

3. 한반도의 생물지리

한반도 식물상은 식물종이 다양하고, 고유종의 비중이 높은데, 그 이유는 한반도가 가진 지형, 기후, 토양, 지리적 위치와 과거환경 등 다양하면서 독특한 자연환경 특성을 반영한다. 식생대는 위도의 변화에 따라 남쪽으로부터 상록활엽수대, 낙엽활엽수대(남부, 중부, 북부), 상록침엽수대 등 수평적 식생대가 나타난다. 산지에서는 해발고도에 따라 해안과 평야의 상록활엽수대, 산록의 낙엽활엽수대, 아고산침엽수대, 고산관목대 등 수직적 식생대를 이룬다.

한반도에서 대부분의 송백류와 쌍자엽식물은 과거에 환경 변화에 따라 분포역에 많은 변화가 있었으나, 대규모 멸종에 이를 정도의 환경적 격변을 겪지 않고 오늘날의 식생으로 발달했다.

산림은 침엽수림 43%, 활엽수림 26%, 혼효림 29%이고 기타는 2%로 구성되며 30년생 이하의 어린 나무가 전체 산림면적의 80%를 차지한다. 한국의 육상동물 및 담수어류는 아시아 대륙과 공통인 종류가 많고 한국 특산종은 비교적 적다.

산지에서는 고도가 높아짐에 따라 기후 조건의 차이를 가져와 식생경관이 달라지는데 저산대인 구릉지대, 구릉에서 아고산대에 이르는 곳에 산지대, 삼림한계선 혹은 용재한계선에서 교목한계선에 이르는 지대인 아고산대, 고산대는 고산관목림, 고산초원, 고산툰드라로 바뀐다.

백두대간에서는 고도에 따라 식생의 수직적 분포가 달라져서 낮은 곳은 대부분 낙엽활엽수림대로 단순하지만 높은 곳에는 상록침엽수가 많은 아고산대 식생대가 발달하며, 고산대에는 많은 고산식물들이 자란다. 백두대간 능선을 포함한 그 주변은 산림이 발달하지만 일부 공간은 사람의 이용과 개발에 따라 다양한 토지이용을 보이며, 지역에 따라서는 자연 파괴와 환경 오염이 심하다.

하천의 수질에 따라 생물의 분포는 달라져 유기물이 아주 적고 산소가 풍부한 물속에는 부착조류의 종류가 많고 수생 곤충의 종류도 다양하다. 해안에서는 지형, 기후, 토양 조건에 따라 다양한 식생대와 해안 생태계가 이루어진다. 한국의 연안은 해조류 분포에 따라 동해안 북부지역, 동해안 중남부, 남해안과 울릉도, 서해안, 제주도 등 5개 지역으로 나뉜다. 제주도와 울릉도는 생물다양성이 풍부하고 유존종의 비율이 높으며 고유종도 많이 분포한다.

21세기의 가장 중요한 자원인 생물종이 우리가 의식하지 못한 사이에 이미 외국으로 유출되었거나 아직도 유출되고 있다. 외국으로부터 우리나라로 생물이 도입된 시기는 개항부터 1921년까지의 제1기, 태평양전쟁과 한국동란을 거쳐 1963년까지의 제2기, 그리고 1964년부터 현재까지의 제3기로 나뉜다. 귀화생물은 식용, 약용, 관상용, 토양 안정화 등 긍정적인 영향도 있다. 그러나 다른 종과의 경쟁, 서식지 파괴, 훼손, 병원체 전파 등 부정적인 영향을 미친다.

참고문헌

공우석, 1998, 「한라산 고산식물의 분포 특성」, 『대한지리학회지』, 33(2), pp.1-18.

공우석, 2000, 「설악산 아고산대 식생과 경관의 지생태」, 『대한지리학회지』, 35(2), pp.77-187.

공우석, 2002, 「한반도 고산식물의 구성과 분포」, 『대한지리학회지』, 37(4), pp.357-370.

공우석, 2003, 『한반도 식생사』, 대우학술총서 556, 아카넷.

공우석 · 양보경 · 이민부, 2003, 『백두대간의 이해와 보전, 초 · 중 · 고등학교용 교과서 보완지도자료』, 교육인적자원부.

공우석, 2004, 「한반도의 생물지리적 특징」, 『지리학총』, 32, pp.1-13.

공우석, 2007, 『생물지리학으로 보는 우리 식물의 지리와 생태』, 지오북.

김준민 외, 1972, 『원색과학대사전 6 식물』, 학원사.

박우일, 1999, 『우리 나라 생물종의 다양성』, 과학백과사전종합출판사.

홍순익, 1989, 『조선자연지리』, 김일성종합대학출판부.

Kong, W.S., 2000, Vegetational history of the Korean Peninsula, *Global Ecology and Biogeography*, 9(5), pp.391-401.

www.me.go.kr

www.forest.go.kr

www.happygreen.co.kr

100.daum.net

100.search.chol.com

제13장

수문환경

양해근(한국환경재해연구소)

1. 물순환과 유출기구

1) 수문학적 물순환과 유출기구

전 지구 상의 물순환 과정을 살펴보면 먼저 지표면과 해수면으로부터 증발한 수증기가 대기 중에서 여러 과정을 통해 응결되어 구름이 된다. 다시 구름은 비나 눈이 되어 지표면에 떨어지게 된다. 그중의 일부는 도중에 증발되어 대기로 되돌아가고, 나머지가 바다나 육지에 낙하한다. 육지에 내린 비는 대지를 적시고, 다양한 경로를 통해 하천 혹은 지하수가 되어 결국 바다로 흘러간다(〈그림 1〉의 A 참조).

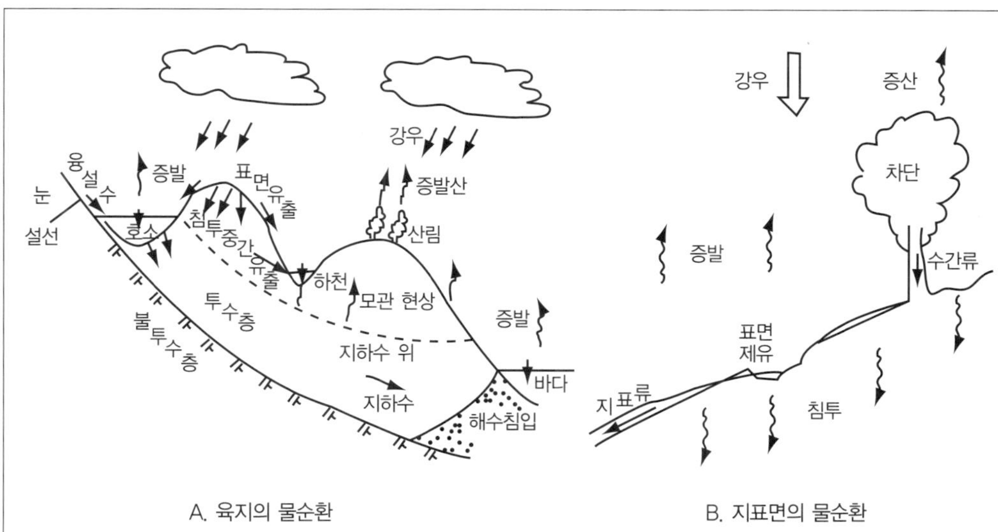

그림 1. 육지의 물수지 개념(水村和正, 1998)

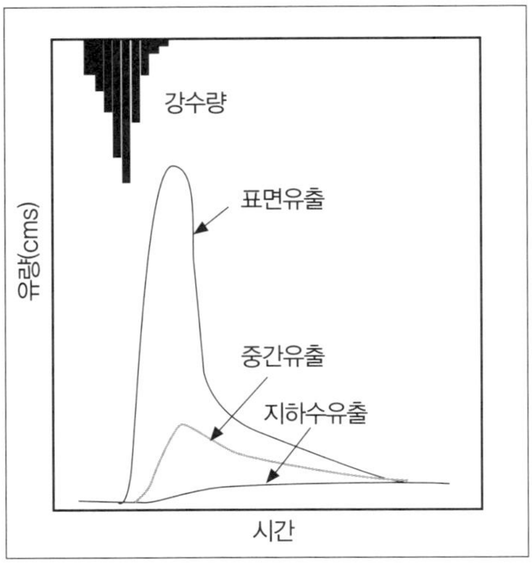

그림 2. 수문그래프

여기서 지표부근의 물순환 과정을 상세히 보면, 지면에 떨어지는 비의 일부는 나무나 풀에 의해 차단되고 미세한 물방울로 분해되어 일부는 대기로 증발한다. 그리고 나머지는 나무줄기를 따라 흘러내려 지면에 도달한다. 우리는 후자를 수간류(樹幹流, stemflow)라 부른다. 이러한 수간류는 지면에 떨어진 빗물과 함께 땅속에 침투하여 불포화된 토양공극을 채우고 포화되면 일시적으로 작은 웅덩이 등에 저류된다. 그 웅덩이가 넘치면 보다 낮은 곳으로 흘러내려 하천을 이룬다. 한편 지면에 쌓인 눈의 경우에는 융설수(融雪水, snowmelt water)가 되어 지면에 침투하거나 지면을 따라 흘러내리는 동시에 지표면 혹은 적설면에서 증발산이 일어나 상당량의 수분이 수증기가 되어 대기로 되돌아가게 된다(〈그림 1〉의 B 참조).

한편 땅속에 침투한 수분의 일부는 중간유출(中間流出, inter flow) 형태로 호우 직후 하천에 배출되지만, 그 대부분은 지하수가 되어 긴 시간에 걸쳐 서서히 용출되어 평상시 하천수를 이룬다. 이를 지하수유출(地下水流出, groundwater flow) 혹은 기저유출(基底流出, base flow)이라 한다. 하천수는 이처럼 지표면이 포화되어 형성되는 표면유출(表面流出, overland flow)과 중간유출, 기저유출에 의해서 유지되고 있으며, 평상시의 하천수는 거의 지하수 유출에 의해 유지되다가, 큰 비가 올 때는 일시적으로 직접유출과 중간유출이 개입하여 하천수가 크게 불어나게 된다(〈그림 2〉 참조).

2) 물순환과 지형형성

우리나라 서남부에 분포하는 흑운모화강암 지역의 완사면에서는 〈그림 3〉과 같은 'U자형 골(U-shaped Goll)' 지형을 흔히 볼 수 있다. 이들 'U자형 골' 지형의 곡저부는 지하수면이 높고 곡두부에 지중수 용출이 풍부하여 농업용 못이나 논으로 이용되고 있다. 특히 'U자형 골' 지형 곡두사면에 나타나는 토양 파이프(soil pipe)는 지중수의 중요한 유출통로인 동시에 미지형을 형성하는 기구의 하나로 간주되고 있다(양해근 · 박종관, 2004).

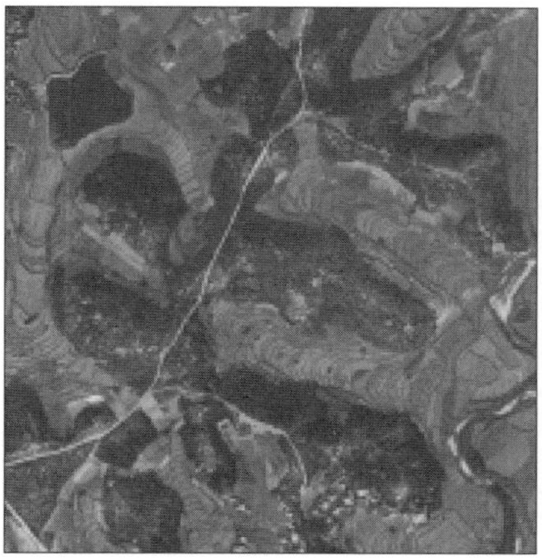

A. 항공사진(1/37,500, 1969년)

B. 곡두부에서 본 'U자형 골' 지형

그림 3. 전라북도 고창군 흑운모화강암 지역에 발달한 구릉지 완사면의 'U자형 골' 지형

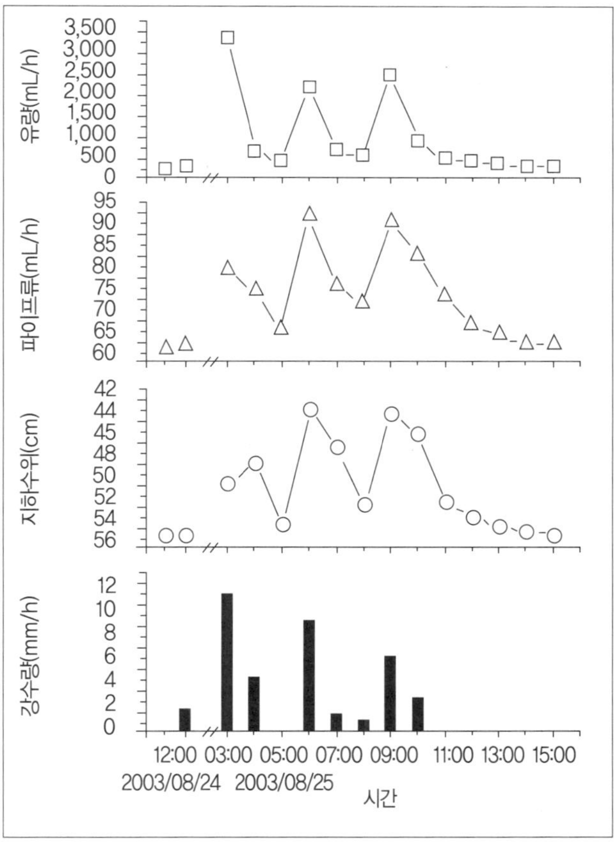

그림 4. 'U자형 골' 지형의 강우-유출 특성(양해근 · 박종관, 2004)

'U자형 골' 지형의 유출 특성을 보면(〈그림 4〉), 유효강우의 강도가 큰 초기 이벤트의 영향으로 유출성분은 하천유출>파이프류(pipe flow)>지하수 순으로 반응을 나타내지만, 토양에 침투한 대부분의 빗물은 파이프류를 이루고, 나머지 일부가 지속적으로 지하수에 공급되어 상대적으로 강우강도가 적은 이벤트에도 선행강우의 효과로 파이프류와 지하수가 지표유출량 변화보다도 오히려 민감하게 반응을 보이고 있다. 그리고 강우이전의 전기전도도(EC) 농도는 체류시간이 긴 지하수에서 가장 높고 그리고 하천유출과 파이프류 순으로 높게 나타났으나, 초기강우 이후 EC농도는 하천유출>지하수>파이프류, 강우 이후에는 파이프류>하천용출>지하수 순으로 EC농도가 높게 나타난다. 이는 토양층에 용존되어 있는 전해물질들이 강우시 토양수의 이동과 함께 그 대부분이 토양 파이프를 통해 유출되고, 그 일부가 포화대에 도달한 것을 의미한다(〈그림 5〉 참조).

상기의 연구결과에 따라 양해근 · 박종관(2004)은 'U자형 골' 지형의 형성과정에 대하여 다음과 같이 추론하고 있다. 투수성이 좋은 화강암 풍화토로 구성된 완사면은 강우 시 대부분의 강우가 지하로 침투하고, 투수능력이 좋은 토양은 손쉽게 토양수의 이동과 함께 미립 물질들이 제거됨으로서 차별적인 토양 조건에 따라 지표면에 와지가 형성된다. 그리고 와지는 주변 지역으로부터 물의 흐름이 집중되어 토양 입자 간의 공극이 확대되어 토양 파이프가 형성되고, 토양 파이프는 지중수, 특히 토양수의 배출경로의 역할을 하게 된다. 이처럼 극단적인 물의 집

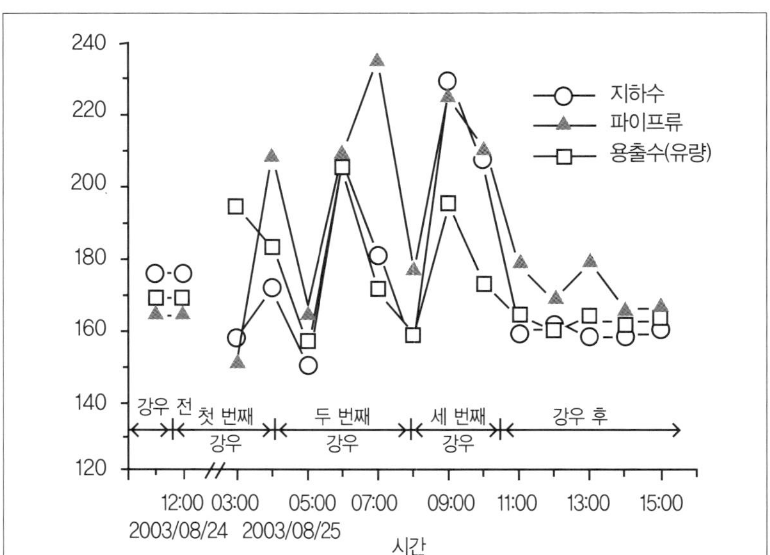

그림 5. 'U자형 골' 지형의 강우 시 전기전도도(EC) 농도 변화

중은 사면을 쉽게 포화시켜 파이프의 확대와 밀도를 높이고, 파이프류에 의한 사면의 침식(sapping) 현상 즉, 회전형 슬라이드(slump)에 가까운 소규모 사태가 발생한다. 이러한 현상이 반복됨으로서 소규모의 단애와 평탄한 'U자형' 의 곡저부가 형성되어 'U자형 골' 지형이 발달된다고 추론하였다.

3) 유출과 토양 침식

지면에 떨어진 빗방울은 토양을 교란시키고 표면류를 이루어 교란된 토양 입자를 운반하면서 지면을 침식하여 릴과 우곡을 형성한다. 다시 말해서, 강우 → 우적의 타격 → 토괴의 분리 → 잉여수의 유출 → 세탈 → 침식 → 표토의 손실과 같은 일련의 과정을 통해 토양손실이 일어나게 된다(박성우, 1976). 그리고 토양유실은 강우강도와 토양 특성, 사면의 경사와 길이, 식생 정도, 토양관리 방법 등에 따라 달라진다. 토양유실량은 흔히 범용토양유실공식(USLE : Universal Soil Loss Equation)으로 산정할 수 있으며, 토양손실량(Sp; kgf/m²)은 다음과 같은 식으로 나타낸다(Wischmeier, 1976).

$$S_p = RKLSCP$$

여기서, R은 강우 침식, K는 토양 침식, L은 사면 경사, S는 사면 경사, C는 토지(작물)이용, P는 토양 보전효과이다.

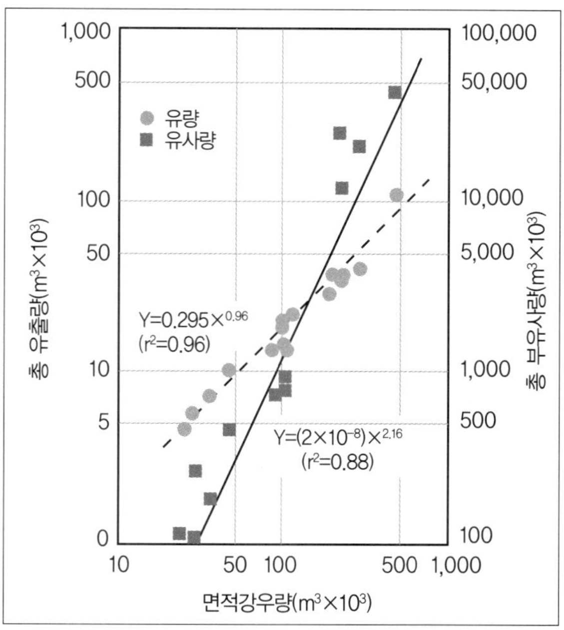

그림 6. 면적강우량과 유출량, 부유사량의 관계(박종관, 1994)

일반적으로 하천 상류부에서는 유속이 빠르기 때문에 침식작용이 크게 작용하고, 중류부에서는 운반과 퇴적작용이 우세하고, 하류부에서는 주로 퇴적작용이 일어난다(권혁재, 2001). 이처럼 토사의 운송은 침식과 퇴적의 중간고리라 할 수 있다. 〈그림 6〉을 보면 강우량과 유량, 그리고 부유사량 간의 상호관계는 면적강우량이 많을

수록 유출량에 비해 부유토사 유출이 급증하며, 부유사량은 총 강우량보다 강우강도에 의해 결정된다(박종관, 1994).

유사(流砂, drift sand)에 의한 하천유로의 토사 침식과 운송 및 퇴적 현상은 하천홍수 위험을 증대시키고, 저수지와 댐의 수명 단축 그리고 수질오염의 주요 원인으로 오늘날까지 수문학자들의 어려운 과제로 남아 있다. 최근 대관령 지역에서는 고랭지 특용작물이 성행하면서 토양유실과 함께 시비에 의한 영양염류의 유실로 도암호의 수질오염이 심화되어 댐 방류수를 둘러싼 지역 주민들의 갈등이 야기되고 있다(박철수, 2002; 한동준, 2003). 신영규(2004)는 6월 말에서 7월 초 다량의 퇴비와 화학비료의 시비 후 고랭지 채소의 파종은 지표면을 극도로 교란시켜 장마철에 토양 및 양분의 유실을 초래하는 주요 원인으로 간주하고 있다.

4) 홍수재해

국토의 70%가 산지로 이루어진 우리나라는 대부분의 산지가 화강암 또는 화강편마암류로 구성되어 있다. 산지의 표토는 비교적 얕아 함수능력이 빈약하고 하천의 유로연장이 짧기 때문에 강우 시 홍수 첨두유량의 도달시간이 빠르게 나타나는 수문 지형학적 특성을 갖고 있다. 우리나라의 연강수량은 약 1,283mm로서 연강수량의 60% 이상이 6월부터 9월에 집중되고 있으며 장마와 태풍의 진로에 의해 강수량이 크게 좌우되는 한반도의 수문 기상학적 특성에 의해 홍수재해에 대한 위험성이 상시 노출되어 있다(박종관 외, 2004).

1960년대 이후 지속적인 경제성장 정책과 함께 이루어진 급격한 도시화는 전체 인구의 약 50% 이상을 도시에 집중시켰다. 그 결과 집약적 토지이용으로 인한 불투수 면적의 확대, 그리고 시가지의 외형적 확장으로 인한 하천주변 저지대까지의 생활공간 팽창은 도시형 홍수를 초래하는 요인이 되고 있다(백민호, 2003).

최근 풍수해로 인한 피해 규모는 매년 증가하고 있으며(심재현, 1997), 특히 지난 2002년 8월 31일부터 9월 1일에 걸쳐 우리나라를 통과한 태풍 루사는 2일 동안 가장 많은 곳에서 900mm 가까운 폭우를 동반하였다. 그 영향으로 321명의 인명 피해와 5조 1,479억 원의 재산 피해 등 막대한 경제적 손실이 발생되었다(행정자치부, 2002).

홍수재해는 건설교통부 산하 4대강 홍수통제소를 중심으로 주요 하천 유역별 홍수통제 관리망이 조직되었으나, 홍수재해에 대한 대처방안은 아직 초보적인 수준을 벗어나지 못하고 있는 실정이다. 그 이유로는 전국토의 방재관리 시스템의 역사가 짧아 운영 미숙의 탓도 있겠지만 유역별 혹은 지역별 홍수특성을 무시한 채 홍수방재 시스템이 획일적으로 적용되고 있다는

표 1. 1998년도 발생된 도시형 수해와 농촌형 수해의 비교(박종관 등, 2004)

	도시형 수해(중랑천 유역)	농촌형 수해(왕숙천 유역)
유역 및 하천의 특성	• 상 · 중 · 하류의 고유 특성 상실 • 하상퇴적물의 인위적 간섭이 심함 • 상류의 인구밀집 지역에서 하폭 확대됨 • 배수로의 기능이 상실된 장소가 다수 • 고수부지 인위적 이용	• 상 · 중 · 하류별 고유 특성 유지 • 하도 내 사력층이 다량 존재 • 상류로부터 하류를 향해 하폭 증가 • 하도 내 농촌형 쓰레기 산재
홍수유량	• 첨두 홍수유량의 지체 시간이 짧음	• 완만한 첨두홍수 유량을 나타냄
수해원인	• 복개천으로 인한 통수능력 감소 • 저지대의 하수 역류 • 지류와 본류의 합류구간 피해 극심	• 지천의 범람 • 합류부의 병목 현상 • 하수 역류
피해원인	• 지하실과 1층 침수 • 산사태 및 축대 붕괴	• 산사태 • 농경지 침수 및 토사 유입 • 도로 및 교량 유실
피해정도	• 인명피해보다 재산피해가 심함	• 재산피해보다 인명피해가 심함
피해지역	• 의정부시 장암동 • 서울시 노원구 상계동 • 서울시 도봉구 방학동 • 서울시 중랑구 공릉동, 묵동	• 경기도 포천군 내촌면, 소흘면 • 경기도 남양주시 진접읍 • 경기도 구리시 수택동, 인창동
재해특성	• 인위적 재해의 성격이 강함	• 자연재해의 성격이 강함
재해대책	통합적 유역 관리 시스템의 도입과 그 적극적 운영	

점에서 그 원인을 찾을 수 있을 것이다.

특히 2004년 8월 중순 남해안을 통과한 태풍 메기로 인한 영산강 상류역의 홍수 피해유형을 살펴보더라도 유역의 토지이용 형태에 따라 서로 다른 유형의 홍수피해가 발생된 것으로 판명되었으며, 1998년 8월 서울, 경기 지역에 발생된 홍수 현장에서도 이와 같은 현상이 보고되었다(박종관 외, 2004). 〈표 1〉에서 보는 바와 같이 도시화 유역에서는 인공사면 붕괴와 배수 펌프시설 부족 및 관리 미숙, 고수부지 침수 등 인위적 재해의 성격을 갖는 반면, 농촌과 같은 비도시 유역의 경우에는 산사태 발생 등의 자연재해의 성격을 나타낸다.

5) 도시화에 의한 유출기구의 변화

도시 지역은 복잡한 용수의 공급체계와 함께 다른 지역과의 물자교류가 빈번하고, 토지이용 형태가 다양하게 이루어지고 있다. 그렇기 때문에 도시 지역의 물순환 기구는 자연 지역보다 복잡하고, 자연 지역과는 다른 요소들로 구성되어 있다(新井正 외, 1988). 특히 지표면이 택지와 도로 포장 등과 같은 인공구조물로 변화되거나 하천의 복개와 배수구의 설치는 직접유출기구에 큰 영향을 미치며, 인공구조물이 차지하는 면적이 커질수록 중간유출 성분에 미치는 영향 역시 커지게 된다(宮田正, 1969).

결국 도시화가 진행될수록 도시하천의 홍수 위험은 더욱 가중되는 한편, 도심하천의 기저유출량이 점차 감소하고, 합류식 차집관거식 하수도의 보급은 건천화를 심화시키는 요인이 되고 있다. 이처럼 도시화에 수반되는 수문 현상의 변화는 유출 변화로 귀착된다. 그 하나는 홍수유량의 증가이고, 또 하나는 하천의 기저유출량의 저하 즉, 건천화이다(양해근, 2004). 양자는 상호 독립된 현상이 아니고, 상호 의존적이며, 불가분의 관계인데도 불구하고, 지금까지의 도시수문 현상에 대한 연구와 시설투자는 전자에 그 초점이 맞추어져 왔다. 그러나 우수배제를 위해 설치된 이들 시설은 홍수도달시간을 단축시키고, 첨두홍수 수위를 가중시키는 요인이 된다는 지적 또한 무시할 수 없다(서울시정개발연구원, 1995; 한국토지개발공사, 1989).

〈그림 7〉은 광주천 유역의 도시화에 따른 토지이용 변화를 나타낸 것이다. 이러한 토지이용 변화는 유역의 불투수성 면적을 크게 증대시키고, 지속적인 인구증가로 인한 도시용수의 수요 증가는 다른 유역으로 부터 많은 양의 용수를 도수하고 있다. 그 결과 광주천 유역의 유출원과 유출형태가 변화하여 1960년대 직접 지표유출량이 강수량 대비 9.6%였으나, 1990년대에는 16.2% 그리고 2000년대에는 18.3%로 증가한 것으로 나타났다. 한편, 도시화 효과 즉, 불투수성 면적확대의 영향으로 지하수 저유량은 상대적으로 감소하여, 도시화 이전인 1910년대에는 강수 대비 46.1%였으나, 1960년대에는 36.6%로 감소하고, 1990년대에는 31.0% 그리고 2000

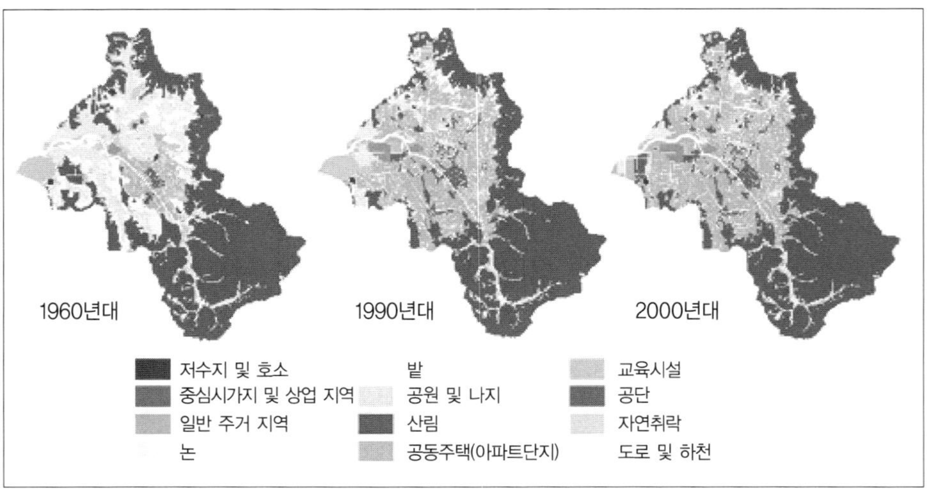

그림 7. 광주천 유역의 토지이용 변화(양해근 · 김종일, 2004)

표 2. 광주천 유역의 유출원과 유출 요소 변화(양해근, 2004)

구분		1910년대	1960년대	1990년대	2000년대
유역 면적 중의 불투성 면적비(%)		0	21.8	36.9	39.4
강수량 대비 (100%)	증발산량 (초기 손실량)	53.9 (0)	53.9 (11.7)	53.9 (19.9)	53.9 (21.1)
	직접유출량	0	9.6	16.2	18.3
	침투량	46.1	36.5	29.9	27.8
	상수도량	0	0.2	5.7	26.8
	상수도 누수량	0	0.1	2.2	2.7
	하수처리수량	0	0	2.9	21.6
	지하수 양수량	0	0	1.1	2.1
	지하수 저유량*	46.1	36.6	31.0	28.4

* 지하수 저유량 = (침투량+상수도 누수량)−지하수 양수량

년대에는 더욱 감소하여 강수량 대비 28.4%를 차지한 것으로 나타났다(〈표 2〉 참조). 따라서 지표면의 조도 변화가 현재처럼 계속 유지 혹은 변화될 경우, 유역의 물수지의 왜곡은 더욱 심화되어, 도시형 홍수의 빈발과 기저유출량의 감소로 인한 광주천의 건천화가 더욱 심화될 것은 자명하다.

우리나라 대부분의 도심하천은 광주천과 같은 상황에 처해 있으며, 일부 도심하천에서 이를 극복하기 위한 방안으로 하수처리수 혹은 다른 하천으로부터 많은 하천수를 도수하여 하천유지수를 흘러 보내고 있다. 그러나 하천 본래의 생태환경을 복원시키고 하천기능을 회복시키기 위해서는 유역의 건전한 물순환 체계를 고려한 토지이용과 도시 계획 그리고 녹지 보전이 실행되어야 한다.

6) 우리나라 수자원 이용의 문제점

우리나라의 연평균강수량은 1,283mm으로서 세계 연평균강수량 970mm의 약 1.3배에 해당하고, 강수량의 총량은 1,276억 톤으로 추정하고 있다. 이 중의 약 43%가 대기로 손실되고, 나머지 57%가 하천을 통해 유출된다. 그리고 493억 톤이 홍수 시에 직접 하천을 통해 바다로 유출되고, 이용 가능한 하천의 평상 유출량은 약 18%로 238억 톤에 지나지 않는다(건설교통부, 2001). 현재 우리나라의 수자원 이용형태를 보면, 총 이용량은 총 강수량의 26%에 해당하는 331억 톤으로서 수자원 이용의 효율적 측면에서 문제점을 안고 있다. 용수원별로는 하천수와 댐용수 그리고 지하수 이용이 각각 161억 톤, 133억 톤, 37억 톤으로 구분된다(〈그림 8〉 참

조).

〈표 3〉은 주요 국가의 1인당 강수량을 나타낸 것으로 강수량의 지리적, 사회적 효율성을 평가하는 지표로서 의미를 갖는다. 우리나라 강수량은 세계 평균 강수량보다 1.3배 많으나 국토면적에 비해 상대적으로 인구밀도가 높기 때문에 우리나라보다 강수량이 적은 미국과 중국, 영국, 프랑스, 스위스, 이탈리아 등에 비해 인구 1인당 강수량이 적게 나타난다. 그리고 우리나라 하천들은 하천 유로연장길이가 짧고, 하상경사가 급하기 때문에 호우 시 단시간에 바다로 유출되는 특성을 가지고 있다. 또한 강수량의 계절적 편차가 커서 수자원의 효율적 이용이 어려운 수문기후 특성을 가지고 있다. 이러한 문제점을 해결하기 위해 그동안 수많은 다목적댐과 용수 전용댐을 건설해 왔으나, 현재 효율적인 댐 건설과 안정적인 용수 확보, 그리고 환경보전이라는 측면에서 볼 때 댐건설을 위한 더 이상의 최적입지는 없는 형편이다. 최근 범시민운동으로 전개되었던 영월 동강댐의 백지화 운동은 그 한계가 표출된 것이라 할 수 있다. 따라서 21세기에 예상되는 사회발전과 물의 이용, 생활환경에 대한 기대 등을 충족시키기 위한 안정적인 수자원 확보와 관리는 우리가 안고 있는 중대한 문제 중의 하나이다.

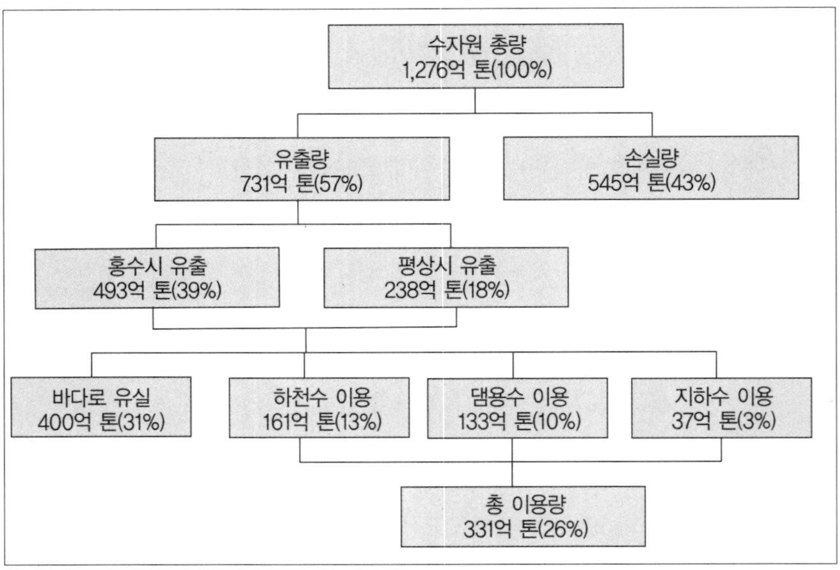

그림 8. 우리나라 물수지 개요(건설교통부, 2001)
제주도 지하염수 이용량 620백만 톤이 포함되어 있음.

표 3. 세계 주요 국가의 1인당 강수량(1977년)(건설교통부, 1998; 水村和正, 1998)

국가	인구 (만 명)	면적 ($103km^2$)	연 강수량 (mm/년)	연강수 총량 (억 톤/년)	1인당 연 강수량 (톤/년)
한국	4,599	99	1,274	1,267	2,755
중국	107,222	9,597	660	63,340	5,907
미국	20,818	9,364	982	91,908	34,270
캐나다	3,010	9,971	318	31,738	105,437
영국	5,358	245	753	1,844	3,147
독일	8,184	357	584	2,805	2,548
프랑스	5,843	552	648	3,476	6,121
스위스	650	41	603	1,470	9,272
이탈리아	5,722	301	1000	5,722	5,260
세계 (합계 · 평균)	5,892,480	133,816	973	1,302,030	22,096

2. 지하수의 부존과 장애

1) 토양수분의 연직 분포

지표 아래에 존재하는 물은 넓은 의미로 지중수(地中水, capillary water 혹은 subsurface flow)라 한다. 지중수는 크게 토양수(土壤水, soil water)와 지하수(地下水, groundwater)로 구분한다. 토양층은 토양 입자와 토양 입자 사이의 공극을 메우고 있는 공기와 수분으로 구성되어 있다. 지층의 전 공극이 물로 채워진 부분을 포화대(飽和帶, saturated zone), 일부 물로 포화되지 않는 부분을 포함하여 불포화대(不飽和帶, unsaturated zone)라 한다. 불포화대는 수분의 분포 특성에 따라 모관대(毛管帶, capillary zone), 중간수대(中間水帶, intermediate zone), 토

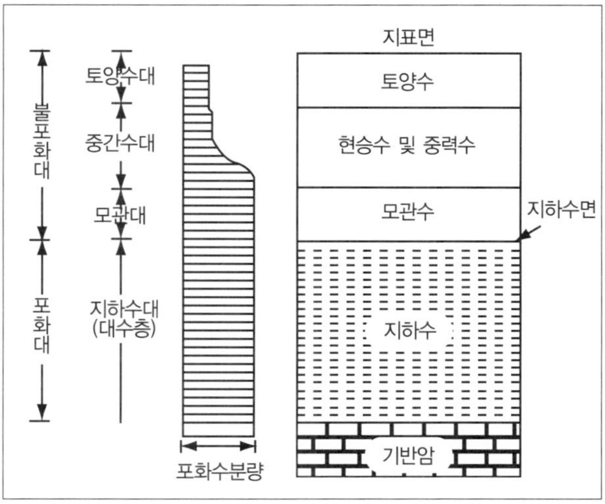

그림 9. 토양수분의 연직분포

양수대(土壤水帶, soil water zone)로 구분된다(〈그림 9〉 참조).

그리고 우물에 나타난 수면을 지하수면(地下水面, groundwater table)이라 하는데, 이는 포화대와 불포화대의 경계면이다. 일반적으로 지하수면 상부에는 모관작용과 표면장력에 의해 포화상태에 가까운 모관대가 분포하고 상부로 갈수록 모관작용이 약해져 포화 정도가 급격하게 줄어드는 중간대를 이루게 된다. 중간대에서는 중력작용에 의해 토양공극 틈을 따라 이동하는 중력수(重力水, gravitational zone)와 토양 입자를 중심으로 수분이 결합되어 있는 현승수(懸垂水, suspended water)가 존재한다. 지하수면으로부터 상부로 올라갈수록 수분의 연결은 공기에 의해서 차단되어, 고립된 수분은 표면장력에 의해 토양 입자 사이에 흡착 또는 결합하게 된다. 분자의 흡수력에 의해 토양 입자에 부착하여 엷은 수막을 형성하는 수분을 흡착수(吸着水, hygroscopic water)라 하며, 일정지점부터 수분량은 거의 일정하게 되는데 이 부분을 토양수대라 한다. 토양수대는 식물에 의해서 수분이 이용되고, 지면으로부터 수분의 침투와 증발산의 영향을 직접 받는 장소이기도 하다(榧根勇, 1992; Fitts, 2002).

2) 지하수의 분포와 특성

강우의 일부는 토양층에 침투하여 중력 방향으로 흘러 포화대에 도달한 후 대수층(帶水層, aquifer)을 따라 흐르게 된다. 대수층은 지하수로 포화된 투수층(透水層, porous layer)으로서 그 상부에 가압층(加壓層, confining layer)의 유무에 따라 지하수를 피압지하수(被壓地下水, confined groundwater)와 비피압지하수(非被壓地下水, confined groundwater)로 구분한다(山本莊毅, 1983). 가압상태에 있는 피압지하수의 경우에는 스스로 자분하여 우물 개발 시 물기둥이 하늘로 치솟아 오르기도 한다.

지하수에는 물이 공급되는 장소와 자연적으로 용출되거나 우리들이 이용하는 장소로 구분된다. 전자를 지하수 함양 지역(涵養地域, recharge area)이라 하고, 후자를 양수(揚水) 지역 혹은 유출 지역(流出地域, discharge area)이라고 부른다(山本莊毅, 1983). 그리고 하천 퇴적작용에 의해 형성된 충적층에서는 비피압대수층 내에 별도의 불연속적인 불투수층이 존재하며, 그 위에 저유된 지하수는 비피압지하수와 독립적으로 존재하기 때문에 강수에 대한 지하수위 변동이 민감하게 반응한다. 이러한 지하수를 주수(宙水, perched groundwater)라 하고, 우리나라 대하천 중·하류부에 위치한 평야 지역에서도 흔히 볼 수 있다(〈그림 10〉 참조).

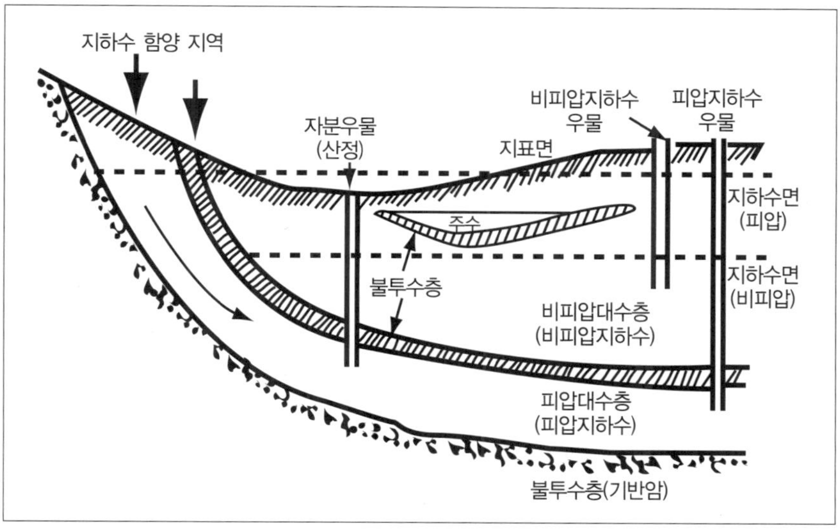

그림 10. 대수층과 지하수의 구분

3) 우리나라 지하수의 부존

〈그림 11〉은 국가지하수정보센터 홈페이지에서 제공되는 우리나라 수문지질도이다. 수문지형 · 지질적 특성에 따라 태백산맥을 중심으로 동부 고지대는 지하수의 함양 지역으로, 서부 저지대는 배출 지역으로 구분할 수 있으며, 우리나라 지역별 지하수 부존은 다음과 같이 기술할 수 있다.

영서 지방을 비롯하여 서부 저지대에 위치한 경기, 충청, 호남 지방은 대부분 변성암과 화강암 등 결정질암으로 구성되어 있어 암반 지하수의 부존과 산출이 불규칙하게 나타나고, 부분적으로 하천을 따라 분포하는 충적층과 두꺼운 암반 풍화대가 있는 지역은 비교적 지하수가 풍부한 지역으로 알려져 있다. 그리고 석회암층이 널리 분포하고 있는 남한강 상류 지역과 동해, 삼척 등 동해안 일부 지역은 많은 지하수가 용출되는 등 지하수의 산출이 양호한 지역 중의 하나이다(건설교통부, 2002).

경상계 퇴적암이 분포하는 영남 지방은 전반적으로 타 지역에 비하여 지하수가 풍부하며(森谷虎彦, 1982), 특히 동해안의 태화강 하구-형산강 하구 지역은 지하수 부존성이 양호한 신기 퇴적암이 분포하여 지하수 부존이 높은 지역이다(건설교통부, 2002).

그리고 제주도 지역은 투수성이 높은 다공질의 현무암으로 구성되어 있어 지표수의 발달이 미약한 반면 지하수의 부존과 산출이 매우 양호하여 상수원의 대부분을 지하수에 의존하고 있다(제주도, 2000). 고기원(1997)은 제주도 지역의 수문지질구조와 지하수위 변동양상 및 지하

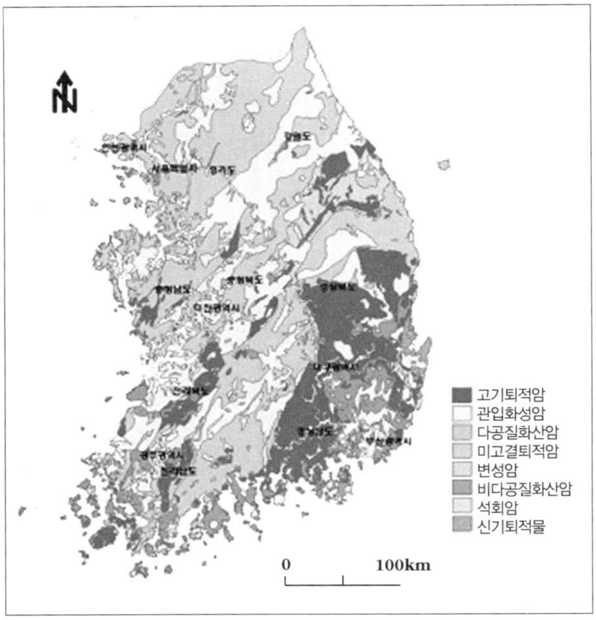

그림 11. 전국 수문지질도(www.gims.go.kr)

수 산출상태 등을 기초로 지하수를 상위지하수, 기저지하수, 준기저지하수, 기반암지하수로 구분하고 있다(〈그림 12〉 참조). 상위지하수는 빗물이 투수성이 좋은 한라산 화산쇄설물층을 침투하여 연속적인 2차 단열을 따라 흘러내려가다가 불투수층에 이르러 더 이상의 중력 방향으로 이동하지 못하고 저유되는 주수의 일종이다. 기저지하수는 빗물이 지하로 침투하는 과정에서 불투수층에 차단되지 않고, 기저로 유입되어 해안에서는 해안용출수로, 섬 하부에서는 렌즈 상태로 부존한다. 그리고 준기저지하수는 저투수성 퇴적암층인 서귀포층에 의해 차단된 지하수로 해수와 직접 접하지 않고 서귀포를 중심으로 분포한다. 기반암지하수는 기반암의 파쇄대나 절리 등의 유효공극 속에 존재하는 강우기원의 심부 지하수를 이루고 있다.

이처럼 지하수의 부존은 지층의 투수성과 저류성에 따라 결정된다. 지층의 투수성과 저류성은 지층의 고결도에 따라 그 영향을 받으며, 지층의 고결도는 수문지질적으로 충적층과 암반층 즉 충적지하수와 암반지하수로 구분된다.

충적대수층은 대개 한강, 금강, 낙동강, 영산강 등 하천연안에 넓게 분포하지만, 전 국토 면

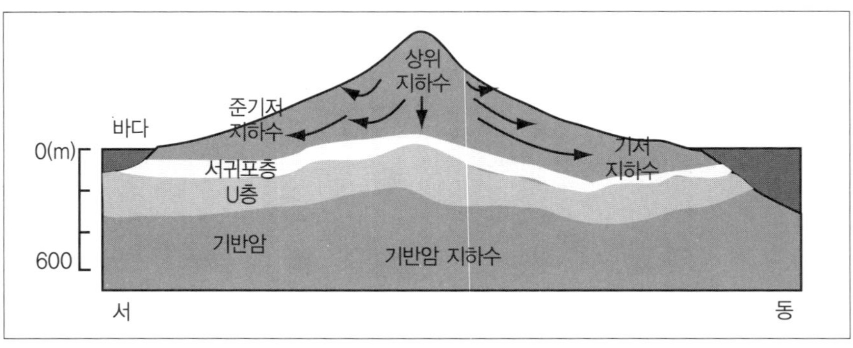

그림 12. 제주도 지하수의 수질 분포(고기원, 1997 재인용)

적의 약 30%에도 미치지 못한다. 대수층의 특성상 지표수의 함양은 암반층 지하수에 비하여 양호하지만, 지표수와 연결되어 있어 하천의 수량 변화와 수질오염에 민감하게 반응한다.

암반지하수는 최초 암석화 과정에서 형성된 공극과 그 후 지각변동에 의하여 형성된 균열 및파쇄대의 발달 정도에 따라 지하수 부존량이 결정된다. 암반지하수는 지층의 풍화도에 따라 풍화대 지하수와 순수 암반지하수로 세분되며 풍화대 지하수는 기반암이 심하게 풍화를 받아 고결암과 미고결 암편이 혼재된 상태에 있는 대수층으로 암반층의 상부에 비교적 고르게 분포한다(건설교통부, 2002). 암반지하수는 충적층 지하수에 비하여 지표수의 유량과 수질 변화의 영향을 상대적으로 적게 받지만, 오염물질이 유입되었을 경우 수직 파쇄대를 따라 단시간에 심부까지 오염 물질이 확산되어 원상 회복이 어려운 문제를 안고 있다.

4) 지하수의 수질형성

지하수의 수질형성은 지하수의 기원이 되는 빗물과 지표수의 수질, 대수층의 종류와 주변 환경 등에 의해서 좌우된다. 우리나라에 내리는 강우의 수소이온농도(pH)는 대개 pH4.6~5.2로서 서울을 비롯한 대부분의 지역에서 산성비가 관측되고 있다(조하만 외, 1998; 강공언 외, 1999). 산성비는 토양 중의 일부 광물을 용해시켜 지하수 수질형성에 영향을 미치며, 하천수와 지하수 간의 교류를 통하여 복류된 하천수의 오염은 또 다시 지하수에 영향을 미치게 된다.

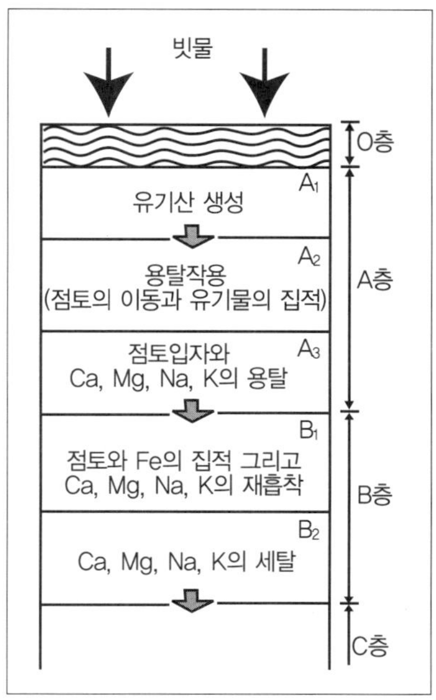

그림 13. 토양의 용탈작용

한편 빗물에 용탈되어 지하로 흘러들어가는 토양성분과 유기물의 분해활동에 의해서 생성된 이산화탄소 그리고 질산화작용으로 형성된 질산성질소(NO_3^--N) 역시 지하수로 쉽게 이동하게 된다. 광물조성이 서로 다른 암석 혹은 대수층에서는 화학적 조성이 각기 다르므로 대수층을 이루는 암석의 종류에 따라 지하수의 화학적 조성이 크게 영향을 받게 된다. 이와 같이 지하수는 토양 혹은 암반 속을 흐르는 동안 모암의 구성광물과 오랜 시간 동안 접촉하여 반응하기 때문에 처음과는 다른 양상의 수질로 변한다(〈그림 13〉 참조). 이를 지하수의 진화라고 부르기도 한다.

자연상태의 지하수 수질은 Na^+, K^+, Ca^{2+}, Mg^{2+}의 양

표 4. 지하수의 화학성분(半谷高久 · 小倉紀雄, 1995)

주요 성분		미량성분	용존가스
양이온	음이온		
Na^+, K^+ Ca^{2+}, Mg^{2+}	HCO_3^-, Cl^- SO_4^{2-}	CO_3^{2-}, NO_2^-, NO_3^-, NH_4^+ PO_4^{3-}, F^-, SiO_2, $Fe(Fe^{2+})$, $Mn(Mn^{2+})$, Al, Zn, 유기물 등	N_2, O_2, CO_2 CH_4, H_2S 등

이온과 HCO_3^-, Cl^-, SO_4^{2-}의 음이온이 절대적인 비중을 차지하고 있으며, 그 외 CO_3^{2-}, NO_2^-, NO_3^-, NH_4^+, PO_4^{3-}, F^-, SiO_2, $Fe(Fe^{2+})$, $Mn(Mn^{2+})$, Al, Zn, 유기물 등은 극히 적은 양이 존재한다. 그리고 토양층에서 미생물의 탄소동화작용과 동식물의 분해과정, 암석의 화학반응으로 발생한 소량의 가스 즉, N_2, O_2, CO_2, CH_4, H_2S 등이 지하수에 용해되어 있다(〈표 4〉 참조).

우리나라 지하수는 투수층의 유형에 따라 충적지하수와 암반지하수로 구분할 수 있다. 충적지하수는 투수층을 구성하는 입자 사이에 투과하는 것으로 대개 천층지하수를 이루고 있으며, 암반지하수는 기암반 속에 존재하는 다양한 크기의 열극을 투과하는 것으로 대개 심층지하수를 이루고 있다(森谷虎彦, 1982).

화강암 지역의 지하수는 주로 후자에 속하지만, 화강암풍화대가 발달한 구릉 지역과 완사면 지역에서는 천층지하수를 이루어 농업용수 혹은 농가의 우물로 이용되고 있다. 화강암은 우리나라 전 국토의 약 30%를 차지하고 있으며, 그 대부분은 중생대에 형성된 심성암이다(장재훈, 2002). 화강암은 다른 암석에 비해 지하에서 쉽게 풍화되어 규산염광물이 화학적으로 분해되어 지하수를 따라 이동하는 것으로 알려져 있다(Fritz *et al.*, 1989). 대체적으로 화강암 지역의 지하수는 지하심부로 갈수록 암반과 접촉시간이 길어져 지표부근에서 $Ca(HCO_3)_2$ 혹은 $CaSO_4-CaCl_2$형이었던 것이 심부로 내려갈수록 점차 $Ca(HCO_3)_2$형을 거친 후 최종적으로 $NaHCO_3$ 또는 Na_2SO_4-NaCl형으로 진화되고 있다(〈그림 14〉 참조). 이러한 지하수 진화에 대하여 이종운 외(1997)는 지표부근의 지하수에서 방해석의 용해작용으로 양이온 중에 Ca^{2+}의 함량비가 높지만, 점차 방해석이 포화상태에 이르면 침적이 일어나 심도가 깊어질수록 Ca^{2+}의 함량비가 감소하고 Na^+의 함량비가 증가하는 것은 물-암석 반응으로 설명하고 있다.

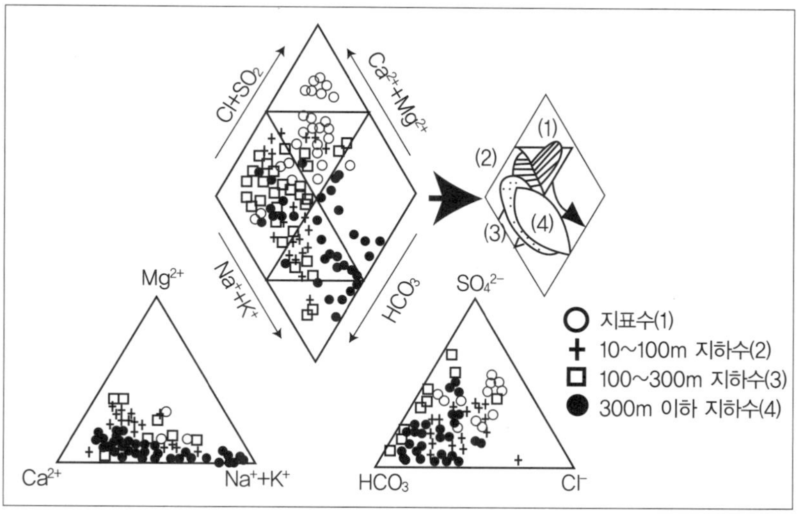

그림 14. 화강암 지역의 지표수와 지하수의 피퍼 다이어그래프(이종운 외, 1997)

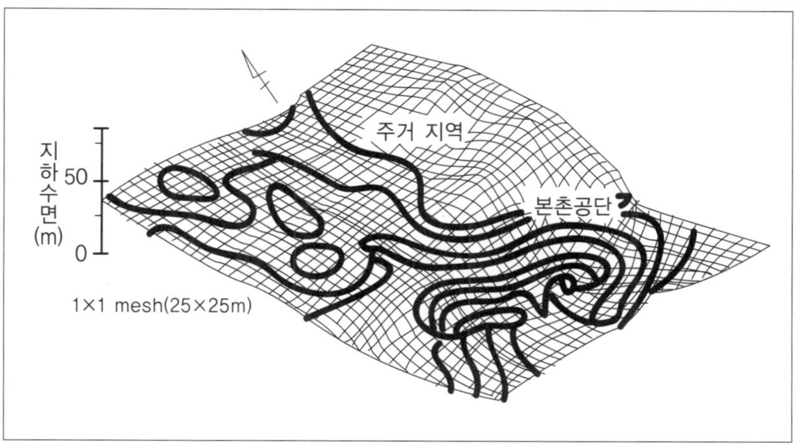

그림 15. 광주, 본촌 지역의 지하수위의 공간적 분포(양해근 외, 2001)

5) 지하수의 장애

지하수 장애 발생요인은 산업구조와 그 발전 형태에 따라 다르게 나타난다. 환경부 수질측정망 자료(1996~1999년)에 의하면, 수질 기준을 초과한 관측정은 약 7% 정도이며, 국가 지하수 관측망 자료(1997~2000년) 중에서 암반지하수의 약 6%, 충적지하수의 약 13%가 지하수 생활용수 기준을 초과하고 있다(건설교통부, 2002). 현재 우리나라의 하수 처리시설과 폐기물 처리능력을 고려할 때, 도시 지역을 중심으로 유기염소화합물질(TCE, BHC 등)과 중금속, 염소이온 등에 의한 지하수의 오염이 우려되고, 과다한 화학비료의 사용으로 농촌 지역의 지하수는 질산성질소 등에 오염되었을 가능성이 클 것으로 생각된다(양해근 외, 2001).

한편, 오늘날 연안개발이 활발해지면서 지증대되는 지하수 이용량은 담수와 염수의 경계면의 축소와 함께 내륙까지 해수가 침입하고 있으며, 제주도와 부산, 인천 일부 해안 지역에서 이러한 염수화 현상이 일어나고 있는 것으로 보고되고 있다(오윤근 외, 2000; 이봉주 외, 2001). 특히, 제주도 동부 연안에서는 -40m 깊이에 까지 고농도의 염소이온이 검출되고 있다. 〈그림 15〉는 광주광역시 본촌 지역의 지하수 정수위를 나타낸 것으로 주거 지역보다 상대적으로 지하수 이용이 많은 공업단지에서 지하수위 저하가 뚜렷하게 나타나고 있다. 이와 같은 현상이 지속될 경우 지하수 유동기구의 왜곡이 심화되어 지하수의 고갈이 지역 전체로 확대되는 지하수 장애를 초래할 가능성이 크다(양해근 외, 2001). 최근 우리나라에서도 무계획적인 지하수의 개발을 억제하고, 지하수 자원을 관리 · 보전하기 위하여 지하수법(1993)이 제정되어 시행되고 있다.

참고문헌

강공언 · 오인교 · 김희강, 1999, 「익산지역 강수의 계절적 산성도와 화학성상」, 『한국대기환경학회지』, 15, pp.393-402.

건설교통부, 1998, 『수자원편람』.

건설교통부, 2001, 『수자원장기종합계획』.

건설교통부, 2002, 『지하수관리기본계획』.

권혁재, 2001, 『지형학(제4판)』, 법문사.

고기원, 1997, 「제주도의 지하수 부존 특성과 서귀포층의 수문지질학적 관련성」, 부산대학교 박사학위논문.

박성우, 1976, 「토양손실에 미치는 각 지방별 강우 에너지 분석」, 『한국수문학회지』, 9, pp.47-54.

박종관, 1994, 「SRC Method에 의한 산지 소유역의 부유토사 유출량 산정」, 『한국지형학회지』, 1, pp.17-31.

박종관 · 양해근 · 조경민, 2004, 「제15호 태풍 메기로 인한 영산강 상류역의 홍수유형」, 『한국지형학회지』, 11(3), pp.137-150.

박철수, 2002, 「고랭지 농경지의 유실방지를 위한 토양관리 방법」, 강원대학교 박사학위논문.

백민호, 2003, 「자연재해대책 개선방향-풍수해를 중심으로-」, 『국토』, 4월호, pp.16-24.

서울시정개발연구원, 1995, 『우수유출률 저감 대책』.

신영규, 2004, 「대관령 지역의 산림 소유역과 농경지 소유역의 수질비교」, 『대한지리학회지』, 39(4), pp.544-561.

심재현, 1997, 『홍수피해 경감을 위한 방재대책의 개선방안』, 한국지방행정연구원.

양해근 · 김인수 · 최희철 · 김정우, 2001, 「광주, 본촌지역의 지하수의 수화학적 특성과 오염」, 『지하수토양환경』, 6, pp.83-95.

양해근, 2004, 「광주천의 건천화와 수문환경문제」, 『한국지역지리학회지』, 10(3), pp.568-578.

양해근 · 김종일, 2004, 「도시화에 수반되는 광주천 유역의 물수지 변화」, 『한국지역지리학회지』, 10(1), pp.192-205.

양해근 · 박종관, 2004, 「화강암 지대 완사면에 발달된 'U자골' 지형의 수문지형학적 의미-전라북도 고창군 지역을 사례로-」, 『한국지형학회지』, 11(3), pp.63-74.

오윤근 · 김경훈 · 류성필, 2000, 「제주도 동부 지역 지하수의 염수화와 이화학적 특성」, 『한국환경과학회지』, 9, pp.253-259.

이봉주 · 조병욱 · 문상호 · 임무택, 2001, 「부산동래지역 암반 대수층으로의 해수유입」, 『지질학회지』, 37, pp.407-420.

이종운 · 전효택 · 전용원, 1997, 「국내 화강암 내 심부지하수의 지구화학적 특성」, 『지하수환경』, 4, pp.199-211.

장재훈, 2002, 『한국의 화강암 침식지형』, 성신여자대학교출판부.

제주도, 2000, 『제주도 지하수 보전 · 관리 계획 보고서』.

조하만 · 최재천 · 김지영 · 전영신 · 김산, 1998, 「1994~1997년 중부지방에 내린 강수의 화학적 특성에 관한 연구」, 『한국대기보전학회지』, 14, pp.589-598.

한국토지개발공사, 1989, 『도시소규모 단지의 유수유출량 산정기법에 과한 연구』.

한동준, 2003, 『강릉 남대천 살리기 운동의 추진현황과 향후방향, 강릉 남대천 관련 학술세미나』, 강릉 남대천 살리기 범시민운동본부&동해안발전연구회, pp.3-18.

행정자치부, 2002, 『2002 태풍 루사 피해 현장조사 보고서(11-1310148-000107-01)』, 국립방재연구소.

宮田正, 1969, 「石神井川流域の都市化における流出變化と水害の傾向に關する考察(第1報)」, 地理學評論, 42, pp.667-680.

半谷高久 · 小倉紀雄, 1995, 『水質調査法 第3版』, 丸善.

榧根勇, 1992, 『自然地理學講座3 水文學』, 大明堂.

水村和正, 1998, 『水圈水文擧』, 山海堂.

新井正 · 新藤靜夫 · 市川新 · 吉越昭久, 1988, 『都市の水文環境』, 共立出版.

山本莊毅, 1983, 『新版 地下水調査法』, 古今書院.

森谷虎彦, 1982, 「朝鮮半島南部の岩盤地下水」, 『應用地質』, 13, pp.11-29.

Fitts, C.R., 2002, *Groundwater Science*, Academic Press.

Fritz, P., Fontes, J-Ch., Frape, S.K., Louvat, D., Michelot, J.L. and Balderer, W., 1989, The isotope geochemistry of carbon in groundwater at Stripa, *Geochim. Cosmochim. Acta*, 53, pp.1765-1775.

Wischmeier, W.H., 1976, Use and misuse of the Universal Soil Loss Equation, *J. Soil and Water Conservation*, 31, pp.5-9.

www.gims.go.kr

제14장

환경 변화

이민부(한국교원대학교)

1. 환경의 개념과 구조

1) 환경의 개념

환경은 특정한 인간중심의 주체를 둘러싸고 있는 모든 무생물 및 생물 등의 모든 객체를 말한다. 환경은 인간활동의 무대임과 동시에 인간생활에 영향을 주는 외부 조건이기도 하다.

1차적인 자연환경은 기권(氣圈, atmosphere), 수권(水圈, hydrosphere), 암석권(岩石圈, lithosphere), 생물권(生物圈, biosphere)으로 나누고 있으며 이들은 서로 상호작용하면서 인간과 생물의 생활환경을 이룬다(〈그림 1〉 참조).

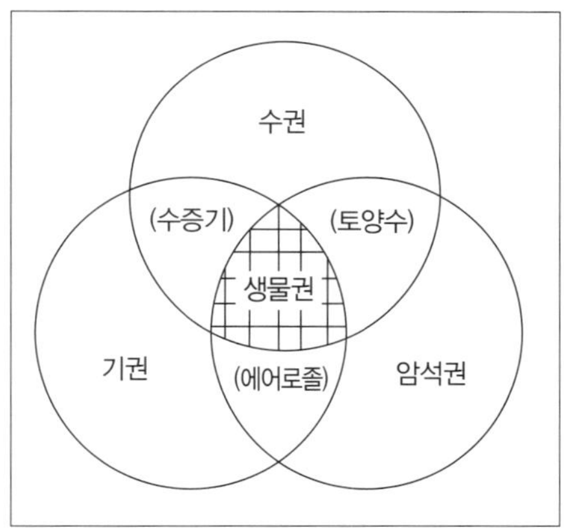

그림 1. 자연환경의 구성(사례)

2) 생태계의 구조

생태계는 크게 생물체계를 의미하는 바이옴(biome)과 그들의 생활 환경이 되는 서식처(habitat)의 두 가지 요소로 구성된다. 바이옴은 사회적 단위를 이루는 생물체의 총체를 의미하며, 서식처는 공기, 수분, 토양 등 무기물적 자연환경을 의미한다. 바이옴과 서식처를 구성하는 많은 요소들이 서로 연계되면서 다양한 차원의 생태계를 이룬다. 이러한 생태계를 기능적으로 구분하면 크게 무생물적 환경, 생산자, 소비자, 그리고 분해자의 네 가지 요소로 이루어 진다(Odum, 1992).

무생물적 환경(abiotic environment)은 생물의 자연환경을 이루는 물리 · 화학적 요소들로서 햇빛, 온도, 습도, 물, 토양 등을 말하며, 이러한 무생물적 환경은 지역 생태계의 형태와 구

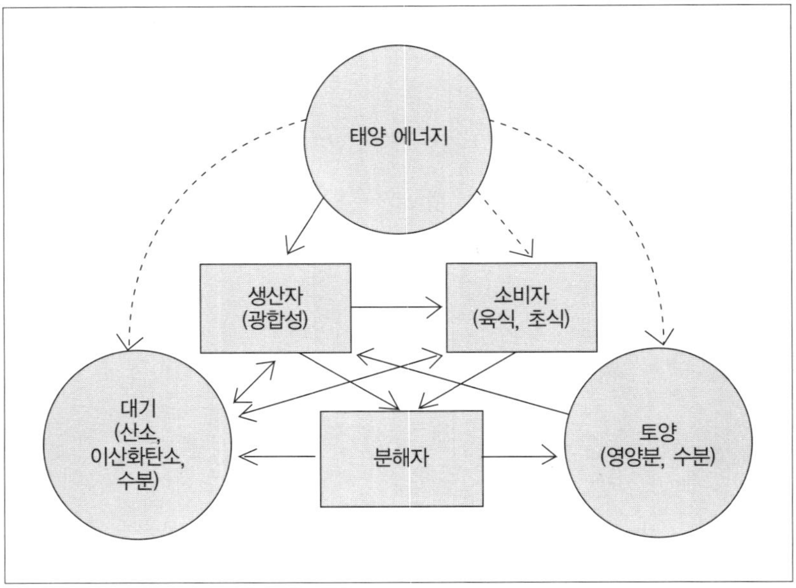

그림 2. 생태계의 구조(--->는 기후적인 영향의 사례)

조를 결정한다.

생산자는 다른 모든 생물체에게 직·간접적으로 먹이가 되는 유기물질을 1차적으로 생산하는 생물체를 말한다. 이들은 광합성작용을 통하여 영양분을 생산하는 녹색식물들로서 독립영양체(autotroph)를 이룬다.

소비자는 생산자 또는 다른 소비자를 먹이로 하는 생물체를 말한다. 소비자는 녹색식물과 같은 생산자를 먹이로 하는 1차 소비자와 1차 소비자를 먹이로 하는 2차 소비자로 나눌 수 있으며, 소비수준에 따라 3차 소비자, 4차 소비자 또는 그 이상의 소비자로 나눌 수도 있다(〈그림 2〉 참조).

분해자는 생산자나 소비자와 같은 유기물을 분해하여 무기물로 만드는 생물을 말하며, 균류와 박테리아가 대표적이다. 분해된 무기물은 무생물환경으로 돌아가서 다시 생태계를 순환한다. 현대의 인간활동은 모든 생산자·소비자·분해자에 관여한다.

생태계는 에너지와 물질의 흐름이 있는 개방체계로, 구성 요소 간에는 기능 면에서 상호작용을 한다. 구성 요소들이 서로 동적인 평형상태(dynamic equilibrium)에 달했을 때 생태계는 안정되며, 구성 요소가 다양할수록 안정성이 높아진다(〈그림 3〉 참조).

그림 3. 안정된 생태계로서의 습지, 창녕 우포의 홍수기 경관(사진: 이민부, 2002)

2. 대기환경

1) 대기의 구조

대기(大氣, atmosphere)는 지구의 인력으로 지구 표면을 덮고 있으면서 여러 종류의 공기(air)를 포함하고 있는 공간을 말한다. 대기를 구성하고 있는 공기는 여러 기체(gas)들의 물리적 혼합이며 화학적 화합물은 아니다. 대표적인 기체는 질소, 산소, 아르곤, 그리고 이산화탄소로서, 부피 비로 보면 전체 대기의 99.98%를 차지한다. 이들 기체는 지표면에서부터 상공으로 올라갈수록 희박해지지만, 80km까지는 거의 일정한 비율로 혼합되어 있다.

대기에서 가장 낮은 층은 대류권(troposphere)이며 기상 현상이 주로 나타나는 권역이다. 대류권 전체에 걸쳐 일반적으로 기온은 고도가 증가함에 따라 평균 6.5℃/km로 감소하게 된다. 대류권 다음으로 중요한 대기층은 성층권(stratosphere)으로서 대류권계면으로부터 상층으로 약 50km에 이른다. 성층권의 고도 20~30km에 대부분의 오존층을 포함하고 있다. 성층권 상층에서는 평균온도가 고도 90km 정도에서 약 -133℃(140K)까지 하강하는데 이 층을 중간권(mesosphere)이라고 부른다. 그 상층에는 고도에 따라 온도가 상승하는 열권이 존재한다(〈그림 4〉 참조)(Bary and Chorley, 2002).

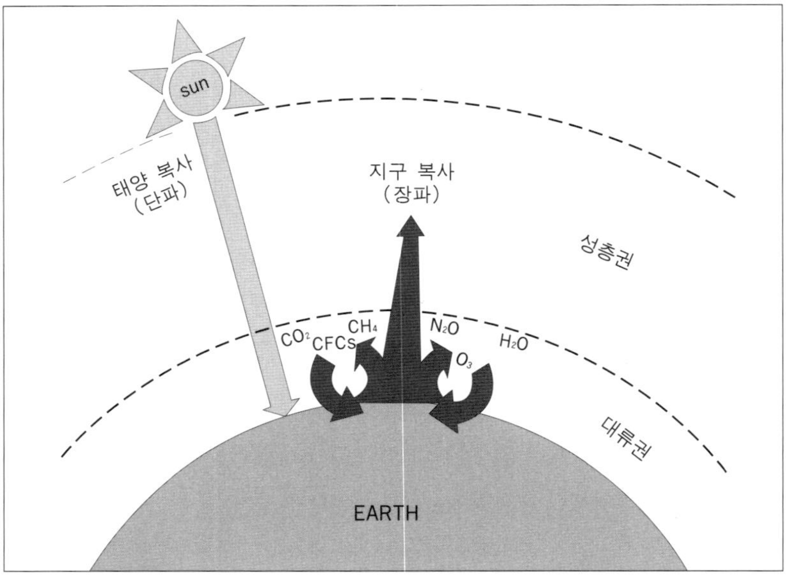

그림 4. 대기의 온실효과

2) 대기의 온실효과

대기중의 기체들은 대부분 온실기체(greenhouse gas)의 기능을 한다. 온실기체란 지구가 받아들이는 태양 에너지 중에서 지표면에서 재복사되는 장파의 열에너지를 붙드는 성질을 가진 기체들이며, 이러한 작용으로 대기의 온도를 상승시키는 효과를 온실효과(greenhouse effect)라 한다. 온실 효과는 인간활동으로 인한 대기배출물에 의해 증폭된다(Houghton, 2007).

따라서 온실기체에 의한 온실효과는 지구온난화(global warming)를 야기한다. 지구온난화에 따른 기온 상승은 빙하의 용융과 해수면 상승, 육지의 감소와 해안 침식의 가속(Bruun's rule, 브룬효과), 지역에 따른 국지적 기후 변화와 기후재해의 발생, 식생체계와 농업구조의 변화 등 많은 부분에 영향을 미친다.

대표적인 온실기체로는 이산화탄소(CO_2), 메탄가스(CH_4), 아산화질소(N_2O), 오존(O_3), 염화불화탄소(CFCs), 수증기(H_2O) 등이 있다. 대부분은 생물작용과 지구순환 과정에서 자연적으로 발생하지만 인간 활동에 의해 온실기체의 농도가 더욱 증가되고 있다.

이산화탄소는 온실 기체량의 절반 이상을 차지하고 있으며, 메탄과 아산화질소, 오존, 염화불화탄소 등은 희소하지만 단위온실효과는 큰 편이다. 이산화탄소는 복잡한 지구순환체계의

한 요소로서 지구의 내부로부터 방출되어 만들어지며, 해양에 용해되거나 식물의 광합성작용에 의해 소모된다. 메탄은 자연습지나 논에서의 혐기성(嫌氣性, anaerobic) 과정, 동물들의 소화 과정, 생물들의 활동과정에서 만들어지고, 대기중에서 식물들의 작용에 의하여 소모된다. 이산화질소는 해양과 토양의 생물메커니즘에 의하여 배출되며, 자동차나 항공기에서도 배출된다.

오존(O_3)은 고층에서 태양광선중의 자외선에 의해 산소분자가 붕괴되면서 생성되며, 질소산화물과 염소(Cl)와 반응하여 성층권 중앙부 및 상층부에서 파괴된다. 염소는 염화불화탄소, 화산 폭발, 식물의 연소 등에 의해 생성된다. 염화불화탄소는 에어졸, 분무물질, 냉장고 및 에어컨의 냉매, 세정제 등에 사용된 것으로 1930년 이후 인공으로 만들어진 기체이다.

이들 외에 수증기도 주요 온실기체로서 대기의 중요한 구성 요소이다. 부피는 전체 기체의 평균 1%에 불과하지만 시간과 공간에 따른 변화가 심하며, 지구 물순환의 한 부분을 이루고 있다.

3) 대기의 안정도

대류권에서는 고도 상승에 따라 평균 6.5℃/km의 비율로 온도가 감소한다. 그러나 지표면 가까이에서는 고도가 높아질수록 온도가 높아지는 층이 자주 나타나는데, 이러한 층을 기온역전층 혹은 역전층(逆轉層, temperature inversion layer)이라고 한다. 역전층이 형성되는 과정은 ① 하층의 차가운 공기 위로 따뜻한 공기가 이동할 때, ② 고기압 지역 내에서 차가운 공기가 침강할 때, ③ 야간 복사냉각으로 지표면의 공기가 냉각되는 경우 등이다. 역전층이 형성되면 지표면에서 발생하는 대기오염 물질들이 상층으로 이동하지 못하므로 인체건강이나 도시생활에 많은 피해를 준다. 기온역전층은 대기 안정도가 높을 때 형성되므로 한 지역의 대기안정도가 높거나 오래 지속될수록 오염 물질의 축적이 계속되어 피해가 커진다(이승호, 2007). 예를 들면, 대기가 안정된 상태에서는 굴뚝에서 내뿜는 연기가 위로 올라가지 못하고 옆으로 퍼지거나 아래로 깔리게 되는데 이때 지표면 근처에 오염물질이 농축될 가능성이 높다(〈그림 5〉 참조).

4) 대기오염 물질

대부분의 대기오염 물질은 화석연료의 연소 과정에서 발생하며, 불화수소, 염소, 시안 등과 같은 특정 유해 물질은 산업공정 과정에서 발생된다. 대기오염 물질(air pollutant)은 기체상

그림 5. 기온역전 현상(경북 문경)

오염 물질과 입자상 오염물질로 나눌 수 있다.

기체상 오염 물질로는 이산화탄소, 메탄가스, 화석연료 연소와 석유화학공정에서 발생하는 질소화합물들, 그리고 화석연료의 연소 및 구리제련과정에서 발생하는 황화합물과 오존 등을 들 수 있다. 입자상 오염 물질로는 먼지, 에어로졸 등으로 이들은 입자 크기, 발생원 및 액체나 고체상태에 따라 여러 가지로 분류된다. 이들의 입자 크기는 보통 0.001~500㎛까지 다양하다. 이 중 중요한 오염 물질은 황산화물, 질소산화물, 부유분진 등의 1차 오염 물질과, 이들이 대기 중에서 광화학적 작용가 같은 자외선 촉매작용으로 생성되는 옥시단트(oxidant)와 같은 2차 오염 물질이다. 1차 오염 물질에 의한 대기오염의 대표적인 형은 런던형 스모그이고, 2차 대기오염 물질에 의한 대기오염은 로스앤젤레스형 스모그로 불린다.

5) 스모그와 산성비

스모그(smog)는 1905년 영국에서 처음 사용된 용어로서, 대기중의 연무(smoke)와 안개(fog)가 결합되어 정체된 상태를 말한다. 이는 지표 대기층의 기온역전으로 인하여 안정된 대기상태에서 발생한 안개와 석탄, 석유 등 화석연료 연소에 의해 발생한 연무가 결합하여 일정한 지역에 장시간 머무를 때 발생한다. 특히 지형적으로 폐쇄된 분지에서 기류가 차단되어 대기오염 물질이 바람에 잘 흩어지지 않을 때 큰 피해를 입게 된다.

런던형 스모그는 대기중에서 발생하는 안개와 인간에 의해서 배출된 매연 물질이 결합하면서 형성된다. 그 발생 조건을 보면 ① 공장, 자동차, 난방용 등에 의한 인위적 매연 물질의 발생, ② 큰 일교차와 바람이 없는 날씨, 기온역전 현상, 많은 수분 공급에 의한 안개의 발생 ③ 기류의 이동이 어려운 폐쇄된 분지나 계곡과 같은 지형 조건 등이다. 호흡기질환, 폐질환, 심장질환 등이 많은 피해를 일으키며, 오늘날 전 세계 대도시의 도심지역에서는 대부분 발생하고 있다(〈그림 6〉 참조).

LA형 스모그는 지중해성 기후 지역 등의 건조한 지역에서 수분의 관여 없이 발생하는 스모그 현상이다. 주로 자동차 배기가스에서 발생하는 질소화합물, 탄화수소 등의 물질이 태양광선 중의 자외선과 광화학적(photochemical) 반응을 일으키기 때문에 광화학 스모그라고 불린다. 대체로 건조하고 일사가 강한 지역의 대도시권에서 잘 발생한다. 1950년대 로스앤젤레스에서 자주 발생하여 이러한 이름이 붙여졌다. 맑은 날에도 하늘을 뿌옇게 만들고 눈과 피부를 자극하는 등 여러 가지 피해를 준다(이종문 · 이민부, 1997).

산성비(acid rain)는 전 지구적으로 현대 사회를 위협하는 심각한 오염 현상의 하나로서, 자연적으로도 발생하지만 인간에 의한 대기악화의 결과로 형성되는 경우가 많으며, 무차별적이

그림 6. 도시의 스모그(중국 옌지)
겨울철 석탄 난방이 시작되면 더 심해진다.

고 국경을 넘어 이동하면서 영향을 미치므로 전 지구적 문제가 되고 있다.

산성비는 대기로 배출되는 산성을 띤 모든 물질이 젖거나 마른 형태로 지표면에 침전(deposition)되는 현상을 말한다. 산성눈, 산성안개, 산성이슬, 산성서리 등 모든 형태의 강수와 함께 마른 형태의 침전까지도 포함한다.

자연상태의 순수한 비는 대기중 이산화탄소의 영향으로 pH값이 5.6 정도를 띠기 때문에, 산성비는 pH값이 5.6보다 낮은 강수를 말한다. 모든 형태의 강우는 약산성이지만 인간활동의 영향으로 산성도가 더욱 높아지며 심할 경우에는 pH값이 2.6 정도까지 측정된다.

산성침전은 대기오염물의 배출량, 대기중의 이동, 화학적 반응, 구름의 유형과 형성작용, 강수 형태 등의 영향을 받는다. 북미 지역에서는 1970년대에 접어들어 1950년대에 비해 강수의 산성도가 2~3배나 증가하였다. 현재는 북미나 북서 유럽은 황화합물의 배출을 규제해 왔기 때문에 지속적으로 감소되었지만 지난 20년 사이에 남부 유럽에서는 황화합물의 집적이 50% 증가하고, 스칸디나비아에서는 100% 증가하였다.

산성비 현상은 오염 물질 배출단계에서 산성화연료의 대체, 탈황장치 등으로 어느 정도는 방지할 수 있다. 대기오염 물질 배출원에서의 높은 굴뚝의 효과는 배출원 지역 자체의 오염도는 줄이지만 다른 지역으로 오염 물질을 확산시키는 역할을 한다. 기류의 영향도 산성비의 지리적 범위에 커다란 영향을 준다. 황사를 비롯한 중국의 오염물이 황해를 지나 우리나라로 오며, 미국의 오염물이 캐나다로, 독일의 오염물이 스칸디나비아로 이동, 확산하여 궁극적으로 산성비 현상을 야기시킨다.

3. 수질환경

1) 수문학의 기초

물은 공기와 함께 인간의 생존에 필수적인 요소이다. 인체의 70% 이상은 물로 구성되어 있으며, 인간생존과 인간문명의 근원이다. 물은 대기, 지표와 지하, 바다와 빙하, 생태계 등으로 순환한다. 현대인들은 충분한 물과 깨끗한 물에 대한 두 가지 물 문제에 직면하고 있다.

물의 환경적 특성은 다음과 같다. ① 지구상에 풍부하게 존재한다. ② 물은 많은 광물질과 영양분을 녹이고 있는 용매로서, 토양과 식물 내부를 이동하면서 존재하고, ③ 물은 태양 에너지를 받아들여 저장한다. ④ 물은 고체상태가 되면 부피가 커지는 지구상의 유일한 물질로서,

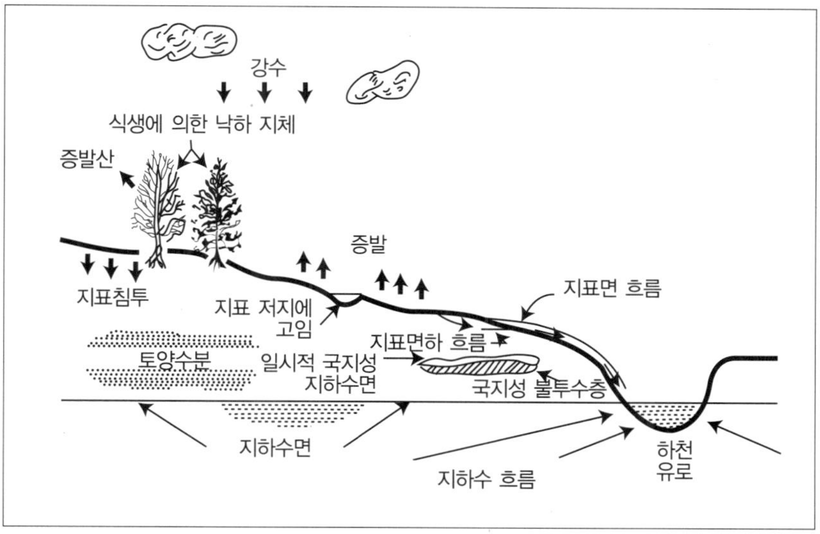

그림 7. 물의 순환(Wetzel, 2001, p.44, 재작성)

얼음이 되면 물 위에 뜨게 되어 그 아래의 얼지 않은 수중 생태계 생물을 보호한다. ⑤ 물은 비열이 높아 쉽게 뜨거워지거나 식지 않는다. 기화열과 용해열이 크므로 응결하거나 증발하면서 지표면과 대기 간의 에너지 이동기능을 한다.

지표수 중 토양으로 침투한 물은 뿌리를 통해 식물에 흡수된다. 땅 위로 흐르는 물은 호수나 하천으로 흘러든다. 토양수, 호수, 하천수, 지하수 등은 궁극적으로 바다에 흘러들어 갈 때까지 서로 연결되어 있다. 바다로 흘러가는 도중에도 호수와 하천수에서 물은 증발(evaporation)하여 대기로 이동한다(Fetter, 2003). 식물은 토양이나 뿌리로부터 흡수된 토양수에 포함된 광물질이나 영양분을 이용하게 되며, 사용된 물은 잎을 통하여 대기중으로 발산(transpiration)된다. 지표상에서 대기중으로 이동하는 방법은 증발과 발산이지만, 양자의 구분이 쉽지 않아 이들을 합하여 증발산(evapotranspiration)이라고 부른다(〈그림 7〉 참조).

2) 수자원의 개념

수자원(water resource)은 넓은 의미로는 생물이나 인간의 생활에 이용되는 지구 상의 모든 물이며, 좁은 의미로는 인간에 의하여 사용되는 경우에 한정된다. 물의 이용에 있어서 경제적인 관계가 성립될 때, 즉 경제재(經濟財)로서 이용될 때를 가장 좁은 의미의 수자원이라고 한다.

그림 8. 수자원 확보를 위한 다목적 댐

진주 남강댐에 의한 진양호. 호수의 상류 유입부는 저습지를 형성한다.

인류가 주로 이용하는 물은 대부분이 담수(淡水, fresh water)로서, 직접 이용되는 빗물을 포함한 하천수나 호수 등의 지표수(surface water)와 지하수(ground water)가 대부분이다. 극지방과 고산 지방의 빙하나 설원의 눈, 그리고 염호수와 해수 등 염수(鹽水, salt water)도 일부 이용되고 있다.

하천수는 댐을 비롯한 여러 가지 저수장치를 통해 음용수, 관개수, 발전용수 공급에서부터 교통로 역할, 위락기능까지 수자원기능의 가장 많은 부분을 차지한다(〈그림 8〉 참조).

호수(lake)는 저장되어 있거나 일시적으로 정체된 물의 집합으로서, 넓은 의미로는 수량이 적은 늪지에서부터 자연발생적인 호수나 저수지와 같은 인공호수 등을 모두 포함한다. 호수의 물은 지표수와 지하수, 강수로부터 공급을 받는다. 호수는 폐쇄적 혹은 준 폐쇄적인 수역이므로 오염되어 자정능력이 떨어지면 녹조(綠藻) 현상, 부영양화(富營養化) 등이 나타난다.

현대는 인구증가, 산업화, 도시화, 세계화와 함께 생활의 질의 향상에 따라 물의 소비가 급격하게 늘어나고 있다. 이에 따라 거의 모든 지역에서 소비의 증가로 인한 수자원의 부족 현상이 나타나고 있다. 서남아시아, 중앙아시아, 아프리카, 미국의 서부 등 건조 지역은 수자원이 이미 부족한 상태이다. 유네스코와 세계기상기구는 현재 25개국이 물부족 사태를 겪고 있으며 2025년에는 34개국으로 늘어날 것으로 전망했다. 물부족으로 고통받고 있는 인구도 1990년

1억 3,200만 명에서 2025년에는 6억 5,300만~9억 400만 명, 2050년에는 세계인구의 13~20%인 10억 6,000만~24억 3,000만 명으로 증가할 것으로 예측했다.

물부족은 아랄해의 경우처럼, 강수량의 감소와 과도한 관개로 인해 호수로 흘러드는 하천수가 줄어들면서 수위가 저하되는 등, 물의 소비증가에 따른 지역적인 불균형도 있지만, 오늘날에는 수질오염에 의한 물부족도 나타난다. 따라서 오늘날의 물문제는 수질오염, 물부족, 농업생산과 관개, 토양 오염과 폐기물의 침출수, 기후의 변화, 사막화 현상 등과 관련되어 복잡한 양상을 보이고 있다(Houghton, 2007).

3) 수질오염 현상

수질오염은 인간활동에 의하여 발생하는 오염 물질이 지표수나 지하수에 유입, 수질의 저하를 초래하여 수자원의 이용이나 생태계를 파괴하는 현상을 말한다. 수질오염은 대기오염(산성비 현상), 토양오염(지하수오염, 침출수), 생태계 파괴(생물의 기형화, 생물종 감소와 절멸)등과 상호 관련을 맺고 있다.

수질오염의 정도를 측정하는 지표로는 BOD(생화학적 산소요구량)과 COD(화학적 산소요구량) 그리고 부유 물질을 들 수 있다.

BOD(Biochemical Oxygen Demand)는 수질오염의 측정에서 가장 많이 사용되고 있는 지표로서, 수중의 유기 물질(오염 물질)을 미생물에 의해 호기성(好氣性, 산소를 계속 요구하는 성질) 상태에서 무해한 상태로 분해하여 안정시키는 데 요구되는 산소의 양을 의미한다. 단위로는 주로 ppm(mg/L)으로 표시하며 수질오염이 심할수록 BOD의 수치가 높아진다. BOD 1mg/L 수준은 매우 깨끗한 상태로, 1급의 상수원수로 이용이 가능하고 3mg/L까지는 연어가 살 수 있고, 5mg/L까지 농업용수로 사용이 가능하지만, 10mg/L 이상이면 불쾌감을 주고 공업용수로도 사용이 불가능하다.

COD(Chemical Oxygen Demand)는 수중의 유기물을 화학적으로 산화시킬 때 필요한 산화제의 양을 산소의 양으로 환산한 것으로 BOD와 마찬가지로 폐수 내의 유기물을 간접적으로 측정하는 방법이다. COD 측정에 주로 사용되는 산화제는 과망간산칼륨($KMnO_4$), 중크롬산칼륨(K_2Cr_2O) 등이다. BOD시험이 5일 걸리는 것에 비해 COD는 2시간 정도 만에 측정이 가능하므로 급한 경우에 많이 사용된다.

부유 물질(suspended solids)은 물에 녹지 않고 수중에 현탁되어 있는 유기물과 무기물을 모두 포함한 고형 물질로서, 여과기에서 여과되지 않고 남는 부분을 말한다. 침전 가능한 것과 침전 불가능한 것이 있는데 후자는 콜로이드(colloid, 현탁액) 상태의 미소립자이기 때문에 응집이나 생물학적 산화처리를 하지 않으면 제거하기 힘들다.

4) 수질오염원의 종류

수질오염원은 오염 물질의 배출지점을 확실히 식별할 수 있는 점오염원(point source)과 배출지점을 확실하게 식별할 수 없거나 확산되면서 오염을 일으키는 비점오염원(nonpoint or diffuse source)으로 구별된다. 점오염원은 ① 생활오염원, ② 산업오폐수 ③ 축산폐수 등이다. 비점오염원은 강수에 의한 유출로 넓은 면적에서 발생하는 특징을 지니고 있으며, 발생 영역으로는 ① 대기 및 강수, ② 산지, ③ 농지, ④ 도시권 등이 있다(〈그림 9〉 참조).

생활하수로 발생하는 하천오염은 당연히 촌락보다 인구가 집중된 도시에서 더 심하다. 가정에서 배출되는 가정오수(domestic sewage)와 상업시설 및 각종 공공기관에서 배출되는 폐수(waste water), 각종 음식 찌꺼기류, 각종 세탁폐수, 화장실 분뇨가 대부분이다.

산업폐수는 각종 중금속을 비롯하여 고농도의 유기성 물질, 고도처리를 요하는 난분해성 물

그림 9. 도시 지역의 주거지를 통과하는 하천의 공원화(서울 마천동의 성내천)
일반적으로 복원이라는 용어를 사용하지만 원래의 하천으로 돌아가는 것이 아니므로 엄격한 의미에서는 복원이 아니다. 수질 및 수량 유지, 홍수 방지, 시민들의 활용을 위해 상당한 비용과 관리의 노력이 요구된다.

질 등을 배출한다. 특히 중금속 함유 폐수는 '생물농축(bio-magnification)' 과정에 의해 결국 인간에게 되돌아와 환경질환이나 공해병을 일으키게 된다. 주된 산업폐수 발생원은 피혁, 금속, 섬유, 펄프, 광산 등이다.

축산폐수(animal waste water)는 유기 물질 함량이 높아 발생량에 비해서 수질오염 부하량이 매우 크다. 가축 1마리당 배출되는 오염 물질이 보통 사람의 10배 이상이다. 더욱이 축산시설물들이 상수원 가까이에 위치하면 피해가 더욱 커진다. 또한 농지에 퍼진 축산분뇨는 우천시 하천을 오염시킬 뿐 아니라 악취나 해충피해 및 세균의 서식처로서 쾌적한 생활환경을 저해하고 전염병의 근원이 된다.

식량 증산을 위해 사용되는 비료와 농약 중에서 분해되지 않는 잔류성 화합물은 중금속과 마찬가지로 토양을 오염시키고 생물체로 흡수되는데, 결국 인간의 몸체에 축적되어 만성적인 중독 현상을 발생시킬 수 있다. 농업폐수는 비점오염원으로서 뚜렷하게 방지대책을 세울 수 없는 것이 문제이다.

5) 수질오염의 영향

부영양화(富營養化, eutrophication)는 필요한 적정량 이상의 유기물, 질소화합물, 인산염이 물속에 과도하게 축적되어 자연정화로는 제거될 수 없는 과잉영양 상태를 의미하며, 수질악화로 인해 나타나는 대표적인 현상이다. 자연 상태에서는 호수의 노화 현상으로 나타나지만, 인간활동의 영향으로 호수, 하천, 바다 등에 과도한 수질오염 물질이 투입되고 이에 따라 식물성 플랑크톤의 빈번한 발생과 호기성(好氣性)세균류의 발생 등으로 인하여 용존산소가 감소되면서 수질이 악화되어 발생한다.

물이 오염되면 유기성 물질, 세균 등이 증가하므로 이를 영양원으로 하는 생물인 원생동물도 따라서 증가하면서 광합성을 하는 식물계는 상대적으로 감소하게 된다. 산소농도가 낮은 곳에서도 메기나 잉어 등을 볼 수 있으나, 오염이 더욱 심해지면 세균이나 곰팡이 이외의 다른 생물은 보기 힘들다.

6) 지하수 개발과 환경문제

지하수는 주로 빗물이 토양으로 침투하여 토양공극의 공기층을 지나 지하수면에 도달하여 지하수체계 속으로 진입한다. 그 외 하천, 호수, 하수처리체계에서도 유입된다. 지하수면이나 대수층(帶水層, aquifer)으로의 물의 이동은 암석순환과 물의 순환 양쪽 모두에 관여한다.

지하수의 오염물은 수은, 납과 같은 과도한 양의 금속성분과 때로는 특정 동위원소, 질소, 황 등의 유익한 광물질이라도 과도하면 오염 물질로 작용한다. 그 외에 박테리아나 바이러스 등도 주요 오염 물질이다.

지하수 성분은 수자원의 발생원, 물이 침투하는 토양층, 암석 등과의 상호작용에 따라 다르게 나타난다. 예를 들면, 늪지 아래에 있는 지하수는 늪지 식물의 분해에서 생기는 유기산의 영향으로 산성이 강하고, 석회암층을 통과하면 칼슘과 마그네슘이 많은 경수(硬水)가 되는 경향이 있다. 상당수의 지표상 오염 물질이 토양을 통과하면서 자연적으로 여과되지만, 지하수면이 높거나 자갈층이 많은 경우에는 여과가 제대로 되지 않아 지하수가 오염되기 쉽다.

지하수 개발에 다른 환경문제로는 우선 지하수면의 저하를 들 수 있다. 지하수로 유입되는 양보다 취수량이 많아지면 지하수면이 낮아지고, 이로 인해 인위적으로 더 깊은 시추공을 사용하여 우물을 파게 되면 문제는 더욱 악화된다. 지반 침하도 가속화시킬뿐더러 주위의 지표 오염물질을 빠르고 쉽게 모여들게 만들기 때문이다. 따라서, 지하수의 정확한 지역 부존량을 산정해내고 지하수 개발 시 취수량이 유입량을 넘지 않도록 시기적으로도 집중되지 않도록 해야 한다.

지하수로의 오염물 유입이 중지된다 하더라도, 흐름이 느리고 (유속이 연간 5m, 심한 경우에는 1.5m) 정체가 심한 지하수 체계에서는 오염 회복속도도 느리다. 또한 지하수의 흐름은

그림 10. 제주도의 용천대

제주도 서귀포시 법환포구 용천대(사진 최진희)

매우 광범위하고 다양한 규모의 수맥들로 복잡하게 연결되어 있다. 따라서 오염발생원(쓰레기 매립장, 공장, 목장 등)이라 여겨지는 곳으로부터 최소 200m 떨어진 곳에서 지하수 개발이 이루어져야 한다.

해안 가까이에 있는 지하수를 과도하게 개발할 때에는 지하수로의 해수의 침입을 불러올 가능성이 높다. 제주도 동부해안 지역에서 이러한 피해사례가 보고되고 있다. 그 외 지하수에 의존하는 많은 도서 지방에서도 지하수에 염분이 증가하는 것을 경험하고 있다(〈그림 10〉 참조).

4. 삼림환경

1) 삼림의 기능

식물은 광합성작용을 하고 다른 생물체들의 먹을거리를 제공하므로 생산자, 생태계의 기초적 요소, 또는 기반이다. 광합성과정은 태양 에너지의 일부를 잠재적으로 또는 고정된 먹이 에너지로 저장하는 것이다. 이 광합성작용은 오직 식물만이 할 수 있다. 삼림 지역은 각종 생물체의 먹을거리를 제공하는 동시에 안식처의 역할도 한다(〈그림 11〉 참조).

삼림은 목재, 임산물, 연료, 산소공급, 홍수조절, 소음방지, 기후조절 등의 역할을 한다. 한반도에서 삼림이용의 생활패턴은 나무껍질이나 나뭇잎을 모아 엮어서 옷을 만들어 입었으며, 열매를 식량으로 이용하였고, 숲의 나무를 잘라서 집을 지어 사는 것이었다. 삼림은 한반도에 사는 사람들의 생활근거지였다. 이는 삼림과 인간간의 생태적인 관계라 할 수 있다.

나무들이 모여서 삼림을 형성하는데, 삼림은 나무들의 집합 이상이다. 즉, 개별 나무들이 각각 하는 역할도 있지만, 삼림 전체는 나무 개체에서는 예측할 수 없는 새로운 '창출 특성(emergent properties)'이 나타나는데 이것은 부분들이 모여 전체를 이루면서 추가로 새로운 특성들이 나타난다는 뜻이다.

2) 삼림의 훼손

모든 식물들은 지표면의 일부분을 점유하고 있다. 지구상에서 토양과 물이 있는 곳이면 어디서든지 식물들이 자라 지표면을 덮는다. 이러한 식물피복 지역은 매우 건조한 사막 또는 너무 한랭한 지역을 제외하고는 초원과 삼림 지역 등으로 구성되어 있다.

한반도는 대부분 삼림으로 덮여있으며, 일부 지역에서 자연상태의 저습지나 초원이 나타나

그림 11. 잘 보존된 소나무숲
안면도, 휴양림으로 활용되고 있다.

그림 12. 훼손되는 삼림
안면도, 목장 개발을 위하여 삼림이 제거되었다.

고 있다. 그러나 저습지 개간작업과 도로건설, 인간거주지의 확대, 농경작을 위한 공간확보 등으로 인하여 삼림 지역과 저습지의 식생들이 계속 파괴되고 있다(〈그림 12〉 참조)(2003).

인구증가, 도시화, 산업화 현상과 삼림면적 감소 사이에는 높은 상관관계가 있다. 한반도는 인간의 정주역사가 길고 인구밀도가 매우 높으며, 현재는 도시화, 산업화가 서구의 경우보다 급속하게 진전되고 있다. 따라서 삼림경관의 변화가 매우 심하고, 삼림파괴 또한 심각할 정도에 이르렀다(〈그림 13〉 참조).

그림 13. 농경지 개간과 삼림제거(평북 온성)

그림 14. 굴식에 의한 표토 유실(서울 대모산)

3) 삼림파괴의 영향

삼림 영역과 인간활동 영역의 '겹침현상'은 원래의 극상삼림을 변화시키지만 그 영역 안에서 새로운 삼림이 형성되기도 한다. 그러나 대체로 삼림이 파괴되고 희석되는 경향이 많다. 결국 원래 자연상태의 극상에서 삼림이 주는 이익과 창출효과들은 양적, 질적인 면에서 감소하게 된다.

산악지대에서 농경을 통해 얻을 수 있는 이익은 평지에서 얻는 것보다 적다. 과거의 화전농업의 생산성은 토양과 기후 조건으로 평지에서의 농업보다 적었기 때문에 그것은 공간적으로 볼 때 산지는 평지에 비해 더 넓은 경작 면적을 요구한다. 그리고 효과적으로 산지를 농지화하는 데는 '불'이 사용되었다. 또한 평지 근처의 삼림 또한 불을 통하여 효과적으로 토지화할 수 있었을 것이다. 이 과정에서 많은 삼림이 사라졌다. 일제시대와 한국전쟁을 거치면서 전국토의 삼림이 황폐화하여 산림축적은 7m³/ha에 불과하였다. 오늘날의 삼림축적은 약 46m³/ha로 일제강점기 이전의 축적을 보이고 있지만, 개발도 계속 이루어지고 있는 실정이다. 북한의 경우에는 농경지 개발에 따른 삼림 훼손이 심각하다(이민부 · 김남신 외, 2006).

높은 인구밀도와 함께 도시화가 급속도로 진전되면서 도시가 삼림에 미치는 영향은 질적인 면에서 크게 강화되었다. 더 많은 삼림이 필요하지만 삼림지는 그렇게 많지 않기 때문이다. 전

국토 방방곡곡에 사람이 살고 있고, 도시들은 전 국토에 산재해 있으며, 발달된 교통망으로 연결되어져 있다. 즉, 인간의 영역이 확장되고 삼림의 영역을 줄어든 것이다. 인간집단 크기의 증가에 의해 생기는 역기능적 창출효과는 삼림파괴행위의 규모와 수준이 증가하면서 더욱 크게 나타난다. 그러므로 원래 삼림이 가지고 있던 부분의 합 이상의 순기능적 창출효과는 매우 줄어들게 되었다.

4) 열대림과 한대림의 파괴

나무가 무성한 숲은 위도나 산의 높이가 한계를 지나 추운 지역이나, 사막과 같은 건조 지대, 사바나같이 건기와 우기의 차가 심한 곳 등에서는 잘 발달하지 않는다. 대략 북위 60~70° 까지가 북반구 삼림 지대의 한계이고, 산의 높이에 따른 한계는 열대, 온대, 한대에 따라 차이가 있으며, 기온 분포에 따라 열대림, 아열대림, 난대림, 온대림, 한대림 등으로 구분된다.

세계 삼림의 대략 60%가 열대 지역에 분포하며, 열대림의 대략 3/4이 활엽수종으로 이루어진다. 세계 침엽수림의 대부분은 고위도 지방, 특히 온대 낙엽활엽수림과 북방에 위치한 한대림에 자리 잡고 있다. 한대림은 스칸디나비아와 동시베리아를 잇는 유라시아와 북미 대륙을 가로지르는 두 개의 주요 침엽수림대에 속해 있다.

최근 국제식량농업기구(FAO) 조사 결과에 의하면 열대림의 파괴가 심각함을 알 수 있으며 이는 지구 온난화의 주범인 이산화탄소의 방출, 종의 소멸, 열대림의 파괴로 인한 사막화의 현상 등의 심각한 문제를 야기하고 있다. 아시아 · 태평양 지역의 열대 및 한대림들은 1976년에서 1981년 사이에 연간 200만 ha씩 벌목되었는데, 1981년에서 1990년 사이에는 연간 390만 ha로 증가하였다(〈표 1〉 참조).

표 1. 열대림의 감소

지역	1990년		1980년	1980~1990년
	삼림면적(만 km^2)	삼림률(%)	삼림면적(만 km^2)	삼림감소
열대아프리카	600.1	26.8	650.4	50.3
열대아메리카	839.9	50.1	922.9	83.0
열대아시아	274.8	30.6	310.8	36.0
열대 지역 전체	1,714.8	35.6	1,844.1	169.3

5. 해양환경

1) 해양의 특징과 해양생태계

우리가 살고 있는 지구의 대부분은 물로 덮여 있고, 해양은 지표면의 약 71%를 차지하며, 해양의 평균수심은 3,700m에 달한다. 이에 반해, 해수면 위로 솟아 나온 육지의 평균고도는 불과 830m로서, 해양의 깊이는 육지의 높이에 비해 훨씬 크다. 대륙붕 아래 해양저의 구조는 수많은 해양산맥과 해구로 이루어져 있어 육상의 지형처럼 불규칙하다.

지구표면의 육상 부분은 주로 북반구에 있는(67%) 반면, 남반구는 대부분 물로(80%) 덮여 있다. 지구상 대부분의 물은 해양에 약 97%가 편중되어 있으며, 호수와 강은 전체 물의 0.03%에 불과해 결국 지구상의 물순환에서 해양이 가장 큰 역할을 한다.

지구상에 생명체가 생겨난 이래, 해양은 생물권(biosphere)의 생태학적 근간이 되고 있다. 강물이 바다와 만나는 하구에서부터 깊은 대양에 이르기까지 해양환경은 세계 생물서식지의 약 90%를 이루고 있으며, 그만큼 해양생태계가 가지는 중요성은 크다고 볼 수 있다.

해양생태계는 물리, 생물학적 과정을 통하여 지구의 기후를 조절한다. 즉, 거대한 바다는 여름에 열을 흡수하고 겨울에는 열을 방출함으로써 각 지역의 기온을 고르게 한다. 또한 해양의 조류는 적도 부근의 열을 흡수하고, 그 열을 극지방으로 전달하여 기온을 조절한다. 예를 들면, 멕시코만류는 멕시코만의 따뜻한 해수를 북유럽 쪽으로 이동시켜, 모스크바와 유사한 위도 상에 위치한 서아일랜드 해안에 레몬나무가 서식할 수 있도록 기후를 조절해 준다. 이러한 사실로 볼 때, 지구 온난화로 유발될 수 있는 해양조류의 변화는 각 지역의 현재 기후에 엄청난 변화를 초래할 가능성이 크다. 전 지구적 차원에서 보면, 해양에 의해 열이 흡수되지 않는다면 기온은 평균 1~2℃ 정도 더 높아질 것이다.

또한 해양은 지구 산소공급량의 1/3 내지 절반을 생산해 내면서 '생물학적 펌프'라는 작동체계를 통하여 온실가스인 이산화탄소의 양을 조절한다. 파도가 치는 해양의 상층부분으로 이산화탄소가 유입되면, 이를 이용하여 식물성 플랑크톤이나 다른 해양식물들이 광합성작용을 통해 단당류와 같은 영양분을 생산한다. 이러한 탄소의 90%는 해양먹이사슬을 통하여 재순환되지만, 일부는 해양의 심층으로 떨어져 부패하는 식물성 플랑크톤이나 다른 해양동식물의 유기퇴적물을 이룬다. 그곳에서 퇴적물은 산화되어 깊은 대양의 조류 속에 이산화탄소로 용해, 저장된다.

이러한 해양광합성은 생물학적 펌프를 작동하는 것 외에도 매년 8,000만 톤의 해수산식품을 생산하는 해양생태계의 기초를 이룬다. 지구 전체적으로 해양의 어획물은 동물성단백질 소비의 16%를 차지하고 있으며, 특히 개발도상국에서는 매우 중요한 단백질 공급원이다. 아프리카의 도서 및 해안국가와 마찬가지로, 아시아에서는 한국과 일본을 비롯한 10억 명의 사람들이 단백질의 주요 원천을 물고기에 의존하고 있다.

해양은 생물학적 다양성이 매우 높아 다양한 유전자의 공급원으로도 매우 중요하다. 예를 들면, 해면동물로부터 항백혈병제를, 산호에서 뼈접합 물질을, 홍조류에서 진단용 화학 물질을, 상어의 껍질에서는 항전염병 화합물을 얻고 있다. 해양은 대륙붕에서의 석유자원, 해양저에서의 망간단괴와 같은 광물 자원들도 제공하고 있다. 따라서 많은 국가들이 해양을 차지하기 위해 치열한 경쟁을 벌이고 있다.

2) 해양오염과 오염원

해양으로 흘러들어 가는 오염물 중 약 3/4은 육지의 인간활동에 의한 것이다. 대부분의 영양분과 병원균, 분해되지 않는 독성 물질, 그리고 원자력발전소 폐기물 등에 의한 열오염들은 모두 육지에서 유입된다. 해안수역에서 흘러들어 가는 영양분의 상당부분은 모든 곳의 공통적인 문제인 도시하수에서 비롯된다. 예를 들면, 라인강은 미시시피강의 10배에 달하는 인구밀도를 기록하고 있는데, 미시시피강의 유역이 14배나 넓은데도 불구하고 바다로 흘러보내는 영

그림 15. 충남 태안반도 원유 유출 피해와 자원봉사(2008년 1월)

양분은 라인강이 10배나 많은 것으로 밝혀졌다. 선박에 의한 오염도 문제다. 2007년 12월 7일 태안 앞바다에서 유조선 허베이 스피릿호 충돌로 원유 1만 2,547KL가 바다로 유출되어 태안 반도 전역의 해안이 오염되고 전남과 제주까지 기름덩이가 흘러갔다. 국내 최악의 원유 유출에 의한 해안오염으로 앞으로 완전한 복구까지는 수십 년이 걸릴 것으로 본다(〈그림 15〉 참조).

3) 해안개발과 환경문제

건국 이후 경제개발이 본격적으로 이루어지기 전까지의 시기(1945~1961년)에는 주로 민간에 의해 소규모의 간척사업이 이루어졌다. 그러나 경제개발이 본격적으로 시행된 1960년 이후에는 정부 주도하에 공공단체 및 민간사업자가 참여하여 대규모 개발이 이루어져 왔다.

해안개발은 지금까지 국토의 확장과 농업, 공업용지의 확대 등 당초 사업목적에 부합되는 다수의 긍정적인 영향만이 강조되어 왔다. 그러나 대규모 어장의 파괴 및 해양오염, 어촌 지역사회 붕괴 등의 문제가 나타났다. 최근에는 우리나라에서도 해안습지를 황무지로 간주하던 생각에서 벗어나, 어장 상실에 따른 수산 자원의 피해, 담수호의 오염물에 의한 연안 및 외해의 2차적 오염 등의 문제를 제기하기 시작했다. 또한 지형과 해류의 변화에 따른 침수 지역의 증가, 항구의 폐쇄에 관한 문제, 세계 해수면 상승에 의한 해일 및 대규모 재해 가능성 등 다양한 문제에 관심을 갖고 있다.

4) 적조 현상

하수 및 농업폐수는 다량의 질소와 인을 연안에 유입시킨다. 이들은 세제, 비료, 인간과 동물의 배설물 등과 같은 오염 물질들의 혼합물로서, 해조류에 영양분을 제공하여 폭발적으로 자랄 수 있게 한다. 그리고 이러한 과도한 해조류 성장으로 수중의 산소가 고갈되어 다른 종류의 생물들은 질식하게 된다. 산소가 고갈된 해역을 '죽음의 해역(dead zone)' 이라 부르는데, 멕시코만의 미시시피강 하구 근처에서 4,000km^{2}에 이르는 죽음의 해역이 발견되었다. 이러한 '적조 현상' 은 일반적으로 해조류의 대량 번식으로 물이 혼탁해지는 것을 표현하는 말이다. 적조는 전 세계 여러 곳에서 매년 발생한다. 일본 내륙해는 매년 200회씩 적조의 영향을 받고 있다. 홍콩 항만에서의 적조 횟수는 1977년 2회에서 1987년에는 19회로 늘었다. 우리나라의 남해안에서도 매년 적조 현상으로 인해 연안양식업에 막대한 피해를 주고 있다. 이러한 해조류의 이상번식은 내륙해 및 연안수역의 영양 물질 증가와 밀접한 관계가 있다.

5) 엘니뇨 현상

매년 남쪽으로 흐르는 약한 난류에 의해 북쪽으로 흐르는 페루해류 및 이와 연관된 연안용승이 에콰도르 해안을 따라 6°S까지 남쪽으로 밀려나는 현상은 대개 12월에 시작한다. 엘니뇨(El Niño)로 알려진 이 현상은 불규칙적으로 강화되어 연안용승이 완전히 중단되기도 하며 이로 인하여 에콰도르, 페루, 칠레 북부의 어업에 많은 피해를 가져오기도 했다(〈그림 16〉 참조).

엘니뇨 현상이 강화되면 태평양상의 무역풍이 크게 약화되면서 높은 해수면 상태에 있는 서부 태평양상의 따뜻한 바닷물이 낮은 동부 태평양으로 흐르게 되며, 해수면온도가 평년보다 상승, 중·고위도 지역에서 대기 대순환에 영향을 주게 된다. 이 결과 호주, 인도네시아에서는 대규모 가뭄, 인도에서는 여름 몬순 악화로 가뭄과 태풍 활동이 강화되며 지역적인 집중호우가 빈번하게 발생한다. 미국 서부와 남부에서는 호우 경향이 있으나, 그 영향의 강도와 대상 지역의 변화가 매우 크다. 엘니뇨의 반대현상은 라니냐(La Niña)로 지나친 고기압으로 보다 건조한 기후를 가져다준다.

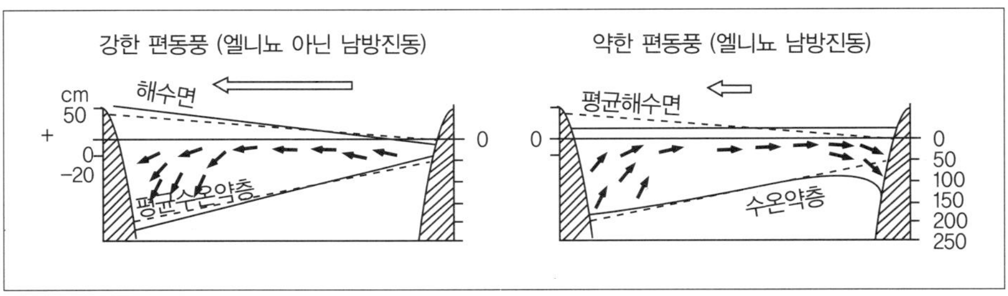

그림 16. 엘니뇨의 모식도(Bary and Chorley, 이민부 외 역, 2002)

참고문헌

이민부·김남신 외, 2006, 『북한의 환경 변화와 자연재해』, 한울.

이종문·이민부, 1997, 『환경교육』, 한국방송대출판부.

이승호, 2007, 『기후학』, 푸른길.

Bary, R.G. and Chorley, R.J., 이민부·박병익·강철성 역, 2002, 『현대기후학』, 한울.

Fetter, C.W., 손호웅 외 역, 2003, 『지하수학』, 시그마프레스.

French, P.W., 유근배 역, 2007, 『해안보호』, 한울.

Houghton, J., 이민부·최영은 역, 2007, 『지구온난화』, 한울.

Odum, E., 정재춘 역, 1992, 『기초생태학』, 자유아카데미.

Wetzel, R.G., 2001, *Limnology*, Academic Press.

제15장

환경지리학에서의 GIS 활용

성효현(이화여자대학교)

1. 정보기술의 도입과 환경 연구

오늘날 수해, 지진, 쓰나미 등 자연재해에 의한 피해가 증가하고 있으며 이러한 피해를 감소시키기 위해 환경 연구에 정보기술이 적극적으로 도입되고 있다. 우리나라의 경우 집중호우나 태풍에 의한 침수 피해가 지속적으로 발생하고 있으며, 지역마다 피해규모가 수문기상적 요인, 인문사회적 요인 등에 따라 다르게 나타나고 있다. 이러한 지역성의 차이 때문에 수해 피해가 날 가능성이 큰 지역을 미리 예측하기가 쉽지 않다. 하지만 반복적으로 발생하는 지역이 분명히 있으며, 언제든지 또 다시 일어날 수 있는 현상이기 때문에 이러한 기존의 자연재해 피해 지역에 대한 조사를 통하여 수해의 피해 요인이 무엇인지 살펴보고 취약지역에 대한 관리를 강화하여 수해 피해를 줄일 수 있는 대책을 마련할 수 있다.

국토해양부 한강홍수통제소에서는 홍수위험지도시스템을 개발하여 국가하천을 대상으로 홍수위험지도를 제작함으로써 여러 기관에서 효율적인 방재대책을 수립하는 것에 활용할 수 있도록 하고 있다. 여러 번 수해 피해가 있었던 파주시 문산읍의 경우 홍수 피해가 발생할 가능성이 높은 지역을 파악하고 관리하기 위해 홍수위험지도가 필요하여 〈그림 1〉과 같이 구축하였다. 이는 정보기술로 얻은 데이터를 이용하여 범람 시뮬레이션을 만든 것으로, 장마 시 강수량에 따라 하천의 범람 정도를 알 수 있게 한다. 따라서 과거 홍수 시 피해 지역을 직접 찾아다니며 조사했던 것과는 달리, 이제는 장마가 시작되기 전에 홍수 위험 정도를 미리 알아볼 수 있게 된 것이다. 이때 이용된 기술이 원격탐사와 지리정보시스템(Geographic Information Systems, GIS)이다.

전 세계적으로 공간자료의 수집, 관리; 처리, 활용 면에서 크게 주목받고 있는 것이 GIS이다. GIS란 인간생활에 필요한 공간정보를 효율적으로 활용하기 위한 정보 시스템의 하나로서, 의사결정에 필요한 정보를 만들기 위한 제반 과정이다. GIS는 각종 공간정보의 생성에서부터 정보의 저장, 분석, 시각화를 포함한다. GIS라는 새로운 기술은 지리학의 부활을 가져왔다. 이

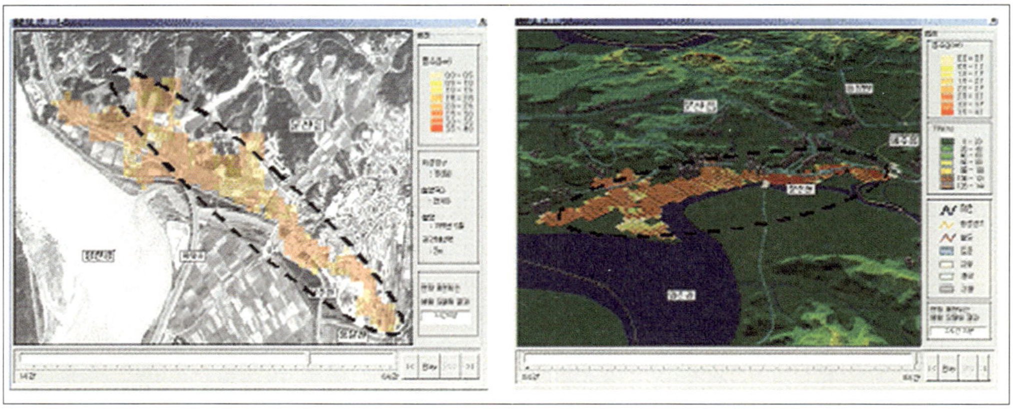

그림 1. 문산읍의 홍수 위험 지도

( ) 안에 나타난 지역은 홍수 시 범람하는 지역임. 홍수 규모에 따른 침수 지역 분포를 나타냄 : 왼쪽 그림은 2차원상에서의 침수 지역 분포, 오른쪽 그림은 3차원상에서 침수 지역 분포임. (김계현, 2002 및 krsc.kigam.re.kr/example/index3_9.asp)

러한 동향은 GIS관련 정보기술 (RS[1], GPS[2] 등)과의 통합을 통해 더욱 가속화되었으며, 통합기술을 활용한 학제 간 연구에서 자연지리학의 위상을 향상시켰다. 지리학의 전통적인 관점인 총체적 관점과 GIS 기술의 통합은 급변하는 세계 속에서 발생하는 많은 환경적 문제를 해결하는 데 기여해 왔다.

GIS는 자연지리학자로 하여금 과거에 할 수 없었던 많은 분석을 가능하게 하였다. GIS기반 통계 분석은 공간패턴 및 프로세스에 대한 새로운 통찰을 가능하게 하였고, 네트워크 분석, 지형모델링, 공간추정 등과 같은 분석적 방법을 통해 많은 응용적 연구를 수행하게 하였다. 자연지리학자들은 이러한 기술을 이용하여 자연지리학적 개념을 기초로 한 새로운 이론과 모델을 개발하였고 이를 다양하게 응용하였다. GIS의 주요 기능인 자료 수집 및 탐색, 자료 분석, 분석 결과의 시각화 등은 자연지리학에서 잘 알려진 여러 개념과 모델을 실세계에 적용하여 문제를 분석하고 해결하는 데 활용되었다.

자연지리학 전공자들은 GIS기술을 이용하여 입지 분석, 토지이용, 재해 방지, 환경 관리 등 여러 분야에서 응용 연구를 수행하고 있다. 따라서 자연지리학에서 GIS 활용의 의미는 자연지리학을 이론적 학문에서 현 세계의 문제를 해결하는 데 기여할 수 있는 실용적 학문으로 전환

1) RS(Remote Sensing) : 조사하고자 하는 대상, 지역 및 현상에 물리적인 접촉이나 탐측 행위 없이 지상 물체의 특성을 파악하기 위해 지상, 항공기 및 인공위성 등의 감지기(platform)에 설치된 센서를 이용하여 지표, 지상, 지하, 대기권 및 우주 공간의 한 지점으로부터 반사되거나 방사된 전자기 복사 에너지를 측정하고, 토지, 자원 및 환경 등에 대해 정성적, 정량적으로 해석하여 정보를 수집 및 분석하는 것을 말한다.

2) GPS(Global Positioning System) : 정확하게 위치를 알고 있는 위성에서 발사한 전파를 수신하여 관측점까지의 소요시간을 관측함으로써 지상의 사물에 대한 정확한 위치를 결정해 주는 체계이다.

시킨 것이라고 할 수 있다(Shaw, 1993; Yano, 2001).

최근 무선 기술과 Ubiquitous Computing은 다양한 컴퓨터칩이 현실세계의 사물과 환경 속으로 스며들어 상호 연결을 통해 언제, 어디서나 이용할 수 있는 인간 · 사물 · 정보 간의 최적 컴퓨팅 환경을 구축하고 있다(최남희, 2003). GIS와 Ubiquitous Computing의 결합으로 지역 및 환경 관리에 필요한 각종 정보를 실시간으로 수집하고, 이를 즉시 처리하여 의사결정에 반영함으로써 기존의 자료 수집과 입력 및 처리에 소요되는 엄청난 시간과 비용을 절감할 수 있게 되었다. 현대 사회에서 공공 부문과 민간 부문에서 행해지는 의사결정의 약 80%가 위치정보와 관련이 있으므로 GIS와 Ubiquitous Computing의 연계 통합 노력은 급속하게 진행될 것으로 보인다. 다양한 센서와 컴퓨터 칩을 교량, 건물 등의 각종 시설물에는 물론 수많은 대상물에 이식시킴으로써 GIS는 각종 모니터링과 RS, 텔레메틱스[3] 등 향후 Ubiquitous Computing과 밀접한 관계를 가지게 될 것이며, 이를 매개로 한 다양한 환경 관리 분야가 급속히 성장 · 발전할 것으로 보인다.

최근에도 지속적으로 활용되는 개념인 Web 2.0은 참여, 공유, 개방을 키워드로 하며, 환경지리정보의 생산을 생산자가 일방적으로 제공하는 것이 아니라 사용자가 참여함으로써 공간정보의 공유가 활발해질 수 있도록 한다. 예를 들어 구글의 지도 위에 지리정보를 융합하는 매시업(Mashup) 기능을 활용하여 구글 지도를 일반 사용자들이 자유롭게 활용할 수 있도록 하고 있으며, 특히 미국 루이지애나 주에서는 구글어스(Google Earth)에서 연동이 가능한 KML이나 KMZ 형태의 사용자 제작 파일을 받아서 공간정보를 구축하고 있다. 이와 같이 Web 2.0은 다수의 사용자 참여가 활발히 이루어지는 형태라면, 최근에 개발되고 있는 Web 3.0은 사용자 맞춤형으로 정보가 검색되고 분석적인 정보를 제공하게 되는 것을 말한다. 또한 Facebook, Twitter 등의 SNS(Social Network Service)의 활성화와 스마트 모바일 앱(Application) 개발을 통한 정보의 확산 속도가 매우 빠른 편이며, 이러한 매개체를 통하여 환경지리정보도 전문가뿐만 아니라 일반인이 쉽게 접근하여 소통할 수 있는 구조로 바뀌고 있다.

최신 기술로 대두되고 있는 클라우드 컴퓨팅은 구름과 같이 잘 보이지는 않지만 소프트웨어나 하드웨어를 외부 서버에서 사용하거나 저장할 수 있는 서비스로 기존의 정보 저장이 하드웨어의 용량 제한 등의 문제로 어려웠다면, 클라우드 컴퓨팅은 언제 어디서나 외부 서버를 통해 원하는 소프트웨어를 자유롭게 활용하고 영구적으로 자료를 저장할 수 있다는 장점이 있

3) 통신(Telecommunication)과 정보과학(Information)을 합친 개념으로, 무선 통신망을 통해 운전자에게 운전은 물론 생활에 필요한 다양한 정보와 서비스를 실시간으로 제공하는 시스템이다.

다. 하지만, 클라우드 컴퓨팅은 정보를 외부 서버로 옮겨서 작업해야 하는 점 때문에 개인정보 유출이나 자료 보안상의 문제가 발생할 수 있다는 단점도 있다.

오늘날에는 환경지리정보의 공유와 확산이 다양한 매체를 통하여 보다 쉽게 일어날 수 있기 때문에 오히려 전문성을 가지고 사용자의 수요에 맞게 다양한 공간 분석내용을 제공하도록 하는 지리학자의 과제가 여전히 존재하고 있다.

따라서 본 장에서는 다양한 정보 기술의 진보와 더불어 현실에서 더욱 가까워진 GIS에 대해 그 개념과 기능을 서술하고, 한국에서 환경 관리와 환경 연구에 GIS가 활용되는 구체적 사례를 들어, 앞으로의 GIS 활용 가능성을 제시하고자 한다.

2. 환경 정보의 생산, 처리, 분석, 사용

1) 환경 연구와 GIS

GIS는 GPS, 원격 탐사 기술과 같은 여러 정보 기술과 전산학, 지리학, 공간분석 및 지도학을 기초로 하여 통합적으로 개발한 정보 시스템이다. GIS는 지리적 좌표로 위치 참조(geo-reference)가 될 수 있는 여러 유형의 데이터를 취득하고 데이터베이스로 조직하여 일련의 가공을 통해 정보를 생성하는 전 과정을 의미한다. 이러한 지리 정보 시스템은 컴퓨터 하드웨어 및 소프트웨어, 그리고 관련된 사람과 조직, 데이터, 분석 과정으로 구성된다(〈그림 2〉 참조). 일반적으로 효과적인 GIS작업을 위해서는 지도 · 항공사진 · 위성자료 등의 입력 기능과 데이터의 저장 · 추출 · 질의기능 및 데이터의 변환 · 분석 · 모델링을 수행하고, 지도 · 보고서 · 도표 등과 같은 결과물을 만들어 내는 데이터 출력 기능이 필요하다. 오늘날 이런 다양한 기능들은 하나의 컴퓨터 프로그램 패키지로 구현되어 있어, 사용자들은 다양한 지리 데이터 사이의 관계를 보다 손쉽게 탐색 · 분석 · 모델링할 수 있다. 대체로 GIS에서

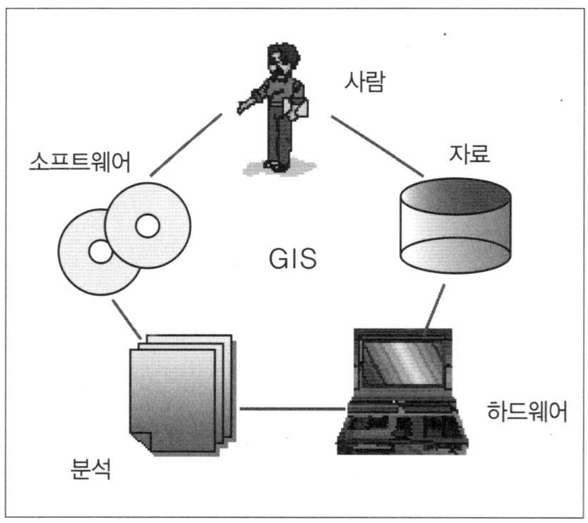

그림 2. GIS 구성 요소

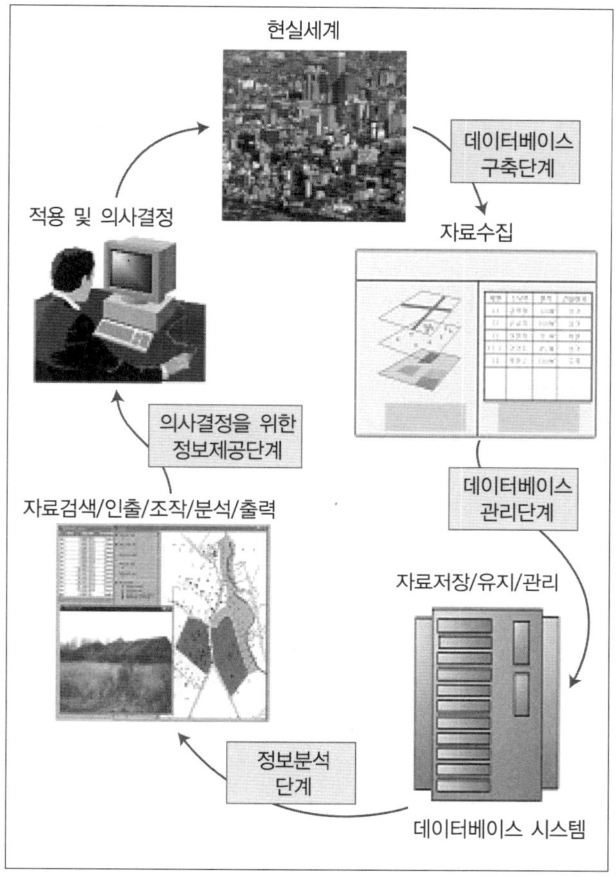

그림 3. GIS 개념도

정보를 추출하여 활용하기 위해서는 데이터베이스 구축단계와 데이터베이스 관리단계, 정보 분석단계, 그리고 의사결정을 위한 정보 제공 과정이 필요하다(〈그림 3〉 참조).

환경 연구에서 GIS는 다음의 세 가지 목적에 의하여 구축되고 활용된다. 첫째, 환경의 특성을 나타내는 지형 · 기후 등 자연환경 자료, 생태적 자료, 경제적 자료, 사회 · 정치적 자료 등의 속성 자료와 연계된 공간 데이터를 수집하여 데이터베이스 형태로 관리 · 이용하기 위한 것이다. GIS는 지금까지 종이로 정리해 오던 각종 지도와 이러한 공간 데이터와 관련된 속성 데이터를 컴퓨터로 효율적인 관리를 할 수 있다는 측면에서, 환경 지리 정보 데이터베이스 관리에 GIS를 이용하는 경우가 많다. 예를 들어 어떤 지역의 기후, 토양, 생활권의 구조, 토지 이용, 지형 등에 대한 자료를 기초로 하여 환경 잠재력이나 민감도 등을 데이터베이스로 관리할 수 있다. 둘째, 분석 모델에 사용된 기초자료를 수집하고 분석을 지원하기 위하여 GIS가 활용된다. 구체적으로 환경에서 나타나는 현상들의 분포 패턴과 이에 내재하는 공간적 연관 관계를 파악하거나 어떤 현상과 관련된 공간적 요소들을 연구하는 데 활용할 수 있다. 셋째, 환경에 대한 자료를 저장하여 관리할 뿐만 아니라, 계획 과정에서 제안의 결과로 나타날 수 있는 생태적 · 경제적 효과를 사람들에게 시각적으로 제시해 줄 수 있다. 대부분의 GIS 프로그램은 중첩 분석, 인접성 분석, 데이터 변환, 3차원 시각화 등의 기능을 지원하기 때문에, 사용자 요구에 부합하는 지도 결과물을 얻기에 용이하다. 환경 연구에서 이러한 GIS의 활용들을 종합해 보면, GIS는 지리정보 데이터베이스의 관리뿐 아니라

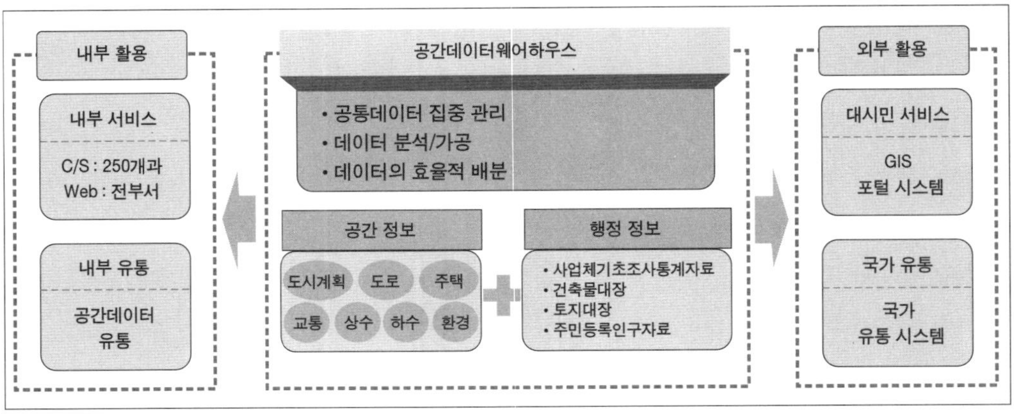

그림 4. 공간데이터웨어하우스(SDW)
(서울특별시, 2005)

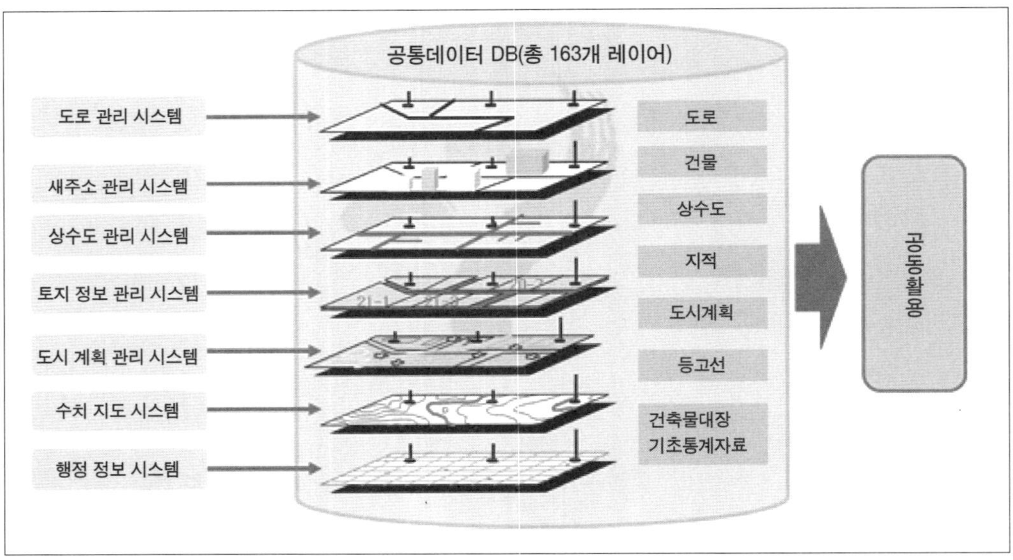

그림 5. 서울시 공간데이터웨어하우스의 단위 업무 시스템
(조태영, 2006)

지리 데이터들 사이의 관계를 분석, 시각화함으로써 사용자의 의사결정을 지원(decision-making support)한다고 볼 수 있다.

정보화 · 세계화 추세 속에서 지리 정보 기술의 흐름은 개방성(open GIS)과 상호운용성(interoperability)을 강조하고 있다. 개방형 GIS는 서로 다른 분야에서 생성 · 분석 · 저장된 다양한 형태의 공간자료를 사용자가 접근하여 처리할 수 있도록 하여 자료와 프로그램 코드의 실질적인 상호운용을 추구하고자 한다. 이러한 경향은 환경 분야에서도 적용되고 있다. 예를 들어 서울시에서 그동안 구축한 공간데이터의 통합운영과 행정 시스템과의 연계운영을 목적으로 구축한 공간데이터웨어하우스(Spatial Data Warehouse, SDW)는 내부적으로 직원들의 행정 업무를 지원하고, 대외적으로 GIS 포탈을 통하여 서울시 환경에 대한 대 시민 서비스 증대와 원활한 지리정보의 유통을 지원하는 기능을 가지는 개방형 GIS 활용 시스템이라 할 수 있다(〈그림 4〉 참조). 공간데이터웨어하우스에서는 각 단위업무 시스템에서 필요로 하는 공간데이터를 선정하여 통합 관리하고 있다. 공간데이터웨어하우스에서 연계된 응용시스템이 2006년에 7개 시스템(〈그림 5〉 참조)에서 2011년 기준으로 총 30개 시스템으로 확대되었으며, 총 324개의 공통 데이터를 활용할 수 있도록 제공하고 있다. 이러한 방대한 양의 데이터를 적재적소에 활용하기 위해 GIS 전문가의 활용이 필수적이며, 지속적인 지자체와 학계간의 자료 및 지식공유를 통해 시민이 살기 좋은 환경을 만드는 공간적인 기반을 다질 수 있다.

환경 연구에서 데이터베이스 관리, 환경 정보 분석 및 의사결정을 위하여 환경 정보를 제공하는 GIS에 대하여 좀 더 구체적으로 살펴볼 필요가 있다. 따라서 환경 관리 및 연구에서 GIS로 구현할 수 있는 구체적 기능들은 어떤 것들이 있는지 자세히 살펴볼 필요가 있다.

2) GIS의 기능

GIS는 지리 정보 처리에 있어 매우 강력한 도구이다. GIS 내에서의 정보는 디지털 형태로 관리되므로, 지도나 테이블 또는 기존의 어떠한 매체에 의하여 저장된 정보보다 대단히 압축적이고 간결한 저장이 가능하다. 또한 컴퓨터를 기반으로 하여 다량의 자료를 빠른 속도로 검색할 수 있으며, 수작업 환경하에서 불가능했던 도형자료와 속성자료의 결합 및 분석 작업을 가능하도록 한다. GIS가 제공하는 공간 분석 능력은 환경 관리의 질적 · 양적인 면에서 대단한 이점이 있다. 공간 분석을 통하여 다양한 환경 관리 계획이나 환경정책 수립을 위한 시나리오의 분석, 의사결정 모형의 운영, 변화의 탐지 및 분석기능 등을 제공할 수 있다(김계현, 2000). 다음은 GIS에서 가장 중요하고 많이 이용되고 있는 일반적인 기능이다.[4]

4) 정보통신부, 2003, 국가 GIS 전문인력 양성 사업(교재개발 부문) GIS 부문.

(1) 자료획득(capture)

GIS에서 자료의 획득, 전송, 검수와 편집기능은 디지털 데이터를 GIS에 연계시켜 분석하기 위한 것으로 매우 중요하다. 일차적인 지리 정보 수집은 위성 영상이나 항공사진, GPS, 또는 측량을 통해 이루어지며, 이차적인 지리 정보의 수집은 스캐너, 반자동 디지타이저, 또는 3차원 자료 획득을 위한 입체도화기를 통해 이루어진다. 속성 정보를 수집하는 기구들에는 자동기록계, 키보드, OCR(광학 문자 판독기), 음성인식 시스템 등이 있다.

(2) 자료변환(transform)

지리 정보의 변환은 축척 변화, 회전, 반전 등을 포함한다. 지도 투영 변환은 많은 종류의 자료 형식을 사용할수록 자료의 통일성 유지를 위하여 중요하다. 속성 정보의 변환은 함수와 상수를 이용한 변환을 포함한다.

(3) 질의(query)와 분석(analysis)

GIS의 핵심은 질의와 분석이다. 지리적 패턴과 관계성을 분석하는 능력은 GIS를 컴퓨터 도화나 CAD, 원격탐사, 데이터베이스 관리 시스템과 같은 다른 컴퓨터 시스템과 차별화시킨다. 질의는 공간 대상물에 대한 속성 정보를 추출하는 것으로, 한 대상물을 지정하여 그것의 이름을 알아내는 단순한 형태에서부터, 어떤 대상물에서 일정 범위 안에 있는 모든 대상물들의 속성 정보까지 알아낼 수 있다.

분석은 질의와 함께 GIS에서 가장 중요한 기능이다. GIS 시스템에서는 위치와 속성 정보들이 밀접하게 통합되어 있어 많은 속성들의 위치와 연계된 분석이 가능하며, 한 요소를 바꾸면 다른 많은 요소들도 체계적으로 갱신된다. 예를 들어, 점, 선, 면을 중첩(overlay)하여 통합시키면, 관련된 속성 정보도 통합된다. GIS의 분석 방법에는 중첩, 공간추정, 지형 분석, 연결성 분석, 측정기능 등이 주로 사용된다.

① 중첩 분석

GIS는 서로 다른 데이터 레이어를 중첩하여 각각의 레이어가 가지는 정보를 합칠 수 있다. 이렇게 합쳐진 결과는 중첩에 사용된 여러 레이어에 해당하는 속성값이 함수기능에 의하여 변환되어 생성된다. 또한 시간의 흐름에 따른 공간데이터베이스 내의 정보 변화와 그에 따른 속

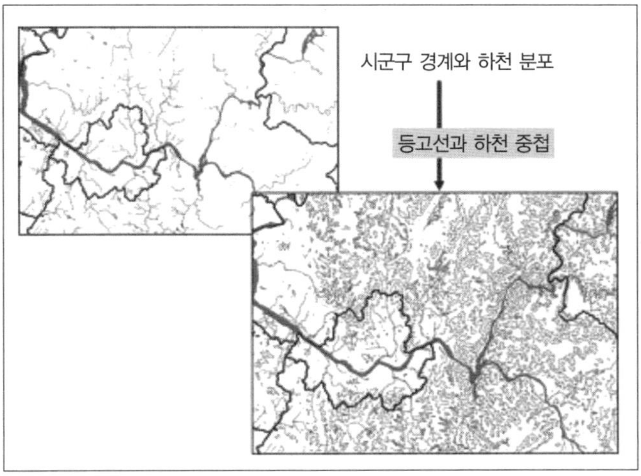

그림 6. 하천과 등고선도의 중첩

성값의 합성에 따른 분석이 가능하다.

예를 들어 서울시에서 제공하고 있는 테마 지도 서비스에서는 다양한 주제를 중첩하여 간단한 주제도를 나타낼 수 있다. 〈그림 6〉과 같이 등고선 지도에 하천을 중첩하여 하천 지형 분석에 이용할 수 있다.

② 공간 추정

공간 추정은 속성값이 알려진 지점에서 주변의 값들을 이용하여 알려지지 않은 지점의 속성값을 추정하는 것이다. 공간 추정의 보다 복잡한 방식에는 주위의 알려진 패턴을 이용하여 향후 진행될 패턴에 대한 예측과 특정 변이에 대한 공간상의 확산 등을 추정하는 것이 있다. 공간 추정의 대표적 방식으로 내삽법(interpolation)이 있다. 내삽은 이미 알고 있는 속성값을 이용하여 다양한 알고리즘을 통해 알려지지 않은 특정한 지점의 속성값을 추정하고 예측하는 것이다. 공간 추정의 예는 다음 장에 나오는 환경 관리에서의 GIS 활용 탐색에서 좀 더 자세히 살펴보도록 하겠다.

③ 지형분석

DEM(Digital Elevation Model)이나 TIN(Triangulated Irregular Network)을 이용하여 일정 위치에서의 표고나 위치, 경사도, 사면의 방향과 같은 지형적 특성을 나타내는 것이 가능하다. 사면의 경사나 사면의 방향은 주변의 표고값을 이용하여 계산한 후 그것들을 지도 위에 표현할 수 있도록 분류하는 작업이 필요하다. 지

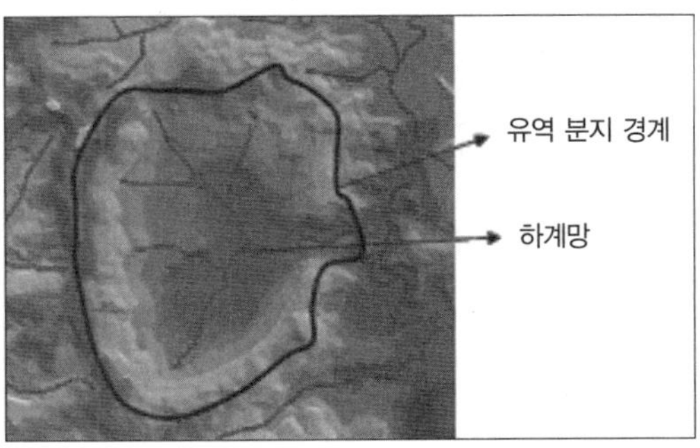

그림 7. 하천 유역의 분석

형의 변화를 표현하는 TIN이나 DEM 방식은 지형의 상태를 나타내는 것 이외에도 일정 지역 내 연속적인 변이를 갖는 특징이나 속성을 표현하는 데 활용된다. 예를 들어 토양의 화학적 성분의 분포나 오염원 경로 추적 등 공간상에서 연속적으로 나타나는 현상들은 TIN이나 DEM을 사용하여 실제 지형을 표현하듯이 효과적으로 나타낼 수 있다. 또한 DEM이나 TIN을 이용한 유역분지 분석에서 하천의 길이, 유역 면적, 유역 평균폭, 형상계수, 하천밀도, 하상경사, 하천폭 등의 하천 특성을 조사하고 분석하는 데 필요한 기초자료를 구축할 수 있다. 이는 종이지도에서 계산하기 어려운 고도와 기복량을 함께 고려하여 실제 하천에 대한 특성을 조사할 수 있도록 하는 것이다(〈그림 7〉 참조).

④ 연결성 분석

GIS에서 일정 지점이나 지역의 표시는 좌표계를 이용한 벡터나 격자구조를 이용하므로 위치의 이동에 따른 일정 속성의 누적 합계가 계산될 수 있다. 일반적으로 연결성 분석은 연결성의 측정이나 관계를 바탕으로 누적된 거리의 측정과 같은 연속성의 계산이나 근접성의 판단, 자원의 적절한 분배, 유체의 흐름을 대상으로 한 관망의 해석이나 확산, 가시도 분석 등에 사용된다. 예를 들어 네트워크상에서 물질의 누적 이동을 파악하기 위해 누적 연산자(accumulation operator)는 어느 한 셀을 통과하는 유수의 양으로 본 셀의 값과 상류쪽 하천을 구성하는 셀들의 값을 더하게 된다. 이러한 누적 연산으로부터 하천의 상류 지역을 정의할 수 있으며, 다른 주제도와 중첩시켜 수분 인덱스지도나 퇴적물 이동 인덱스지도와 같은 다른 데이터를 계산해 내는 데 유용하게 쓰인다. 특히 누적연산에 의한 국지적 배수 방향 지도로부터 얻을 수 있는 다른 결과물로는 상류 하천 요소의 셀 개수를 계산하여 임계치를 넘어가는 것

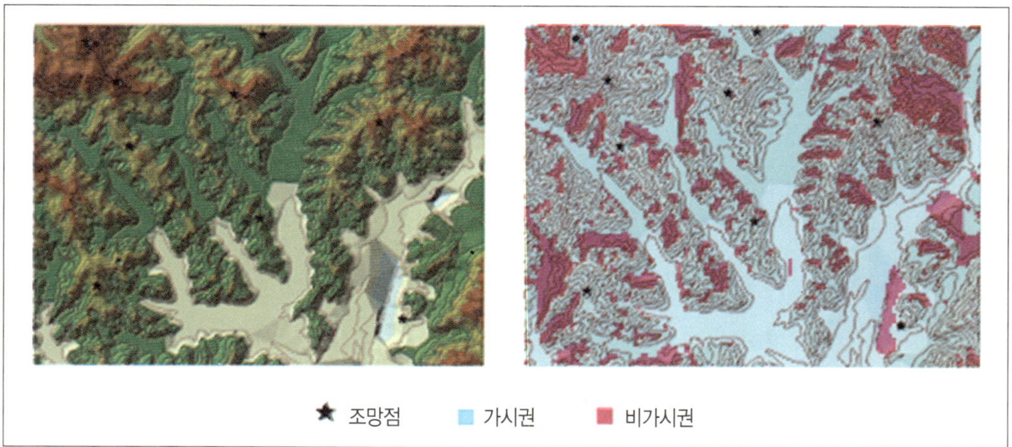

그림 8. 3차원 지형모델을 이용한 가시권 분석 사례

을 하도로 정의하는 하천망 지도를 구축할 수 있다. 또한 상류 하천 요소를 갖지 않는 부분을 능선으로 정의하여 분수령과 유역분지를 구축할 수 있다. 일반적으로 수자원 정보는 유역단위로 구축되고 관리되기 때문에 하천네트워크 분석을 기반으로 한 유역 관리 시스템의 구축이 필요하다. DEM으로부터 추출된 하천망을 이용하여 하천 네트워크를 생성하고, 유역과 유출구로 설정될 수 있는 수위 관측소와 같은 유역 내의 주요 시설물들을 하천 네트워크에 연결시킴으로서 유역 내의 공간 객체들의 상 · 하류 관계를 설정할 수 있다(김경탁 외, 2004).

가시도 분석은 간단한 연산을 이용하여 주어진 지점에서 경관의 어떤 부분이 보이는가를 결정하는 분석이다. 마이크로웨이브 송신소의 위치, 경치 감상 장소, 삼림 화재 경보 스테이션 위치 등을 결정할 때 가시권역을 추정하는 것은 아주 중요하다(〈그림 8〉 참조).

⑤ 측정기능

공간상의 측정은 점 간의 거리나 선의 길이, 폴리곤의 면적이나 주변 길이 등의 측정을 포함한다. 간단하게 〈그림 9〉에서와 같이 한강 지류의 길이를 재는 것도 가능하며, 3D 자료를 이용하여 하천 유역·분수계의 면적이나 하천 유역의 유량 계산도 할 수 있다.

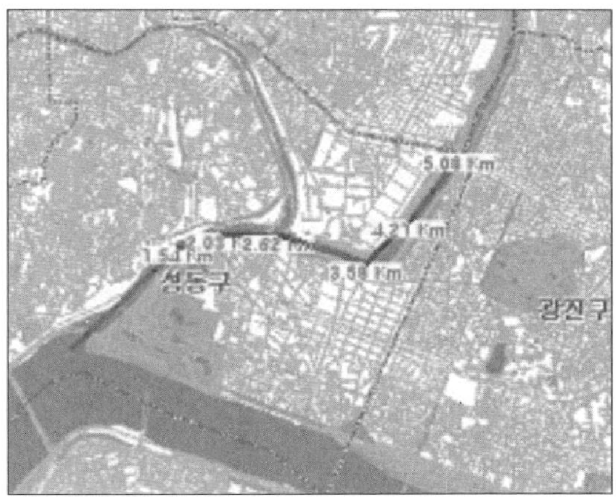

그림 9. 한강의 지류길이 측정

⑥ 근린 분석

근린 분석이란 특정 위치를 에워싸고 있는 주변 지역의 특성을 추출하는 것이다. 근린 분석은 국지적인 지역의 특색을 파악하는 데 특히 효용성이 크다. 예를 들어 야생동물 서식지의 적합성을 판단할 때, 식물이나 물을 얻기 위한 지형적 조건이나 식물 분포, 은신처 여부 등 인접 지역에 대한 각종 정보를 얻는 데 활용될 수 있다.

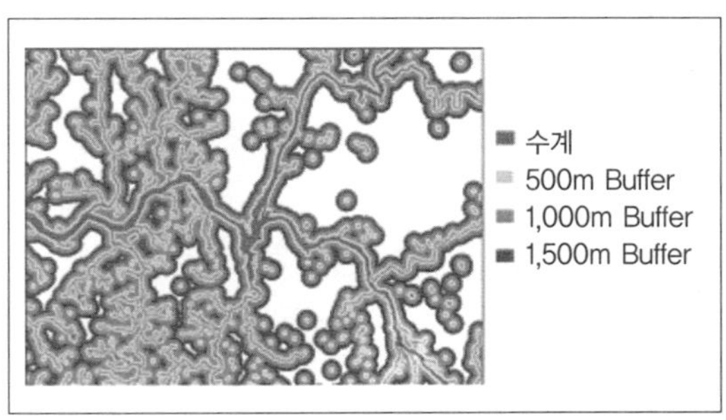

그림 10. 하천 주변 근린 분석

이덕진(2000)의 GIS를 활용한 폐기물 매립지의 적지분석 사례연구를 살펴보면, 지질, 도시

계획, 지형, 수문, 토지피복, 교통 조건의 배제 기준에 따라 지역을 분석한 뒤, 폐기물 매립지로서 적지 선정에 있어 각 조건 기준에 맞는 주변 지역을 찾기 위한 버퍼 분석을 하였다. 〈그림 10〉은 남한강과 북한강이 합류하는 지역의 여러 자연 조건 중 수문 조건에 대해 알아보기 위하여 하천과 저수지로부터 500m, 1,000m, 1,500m로 나누어 버퍼 존을 설정한 것이다.

(4) 시각화(present)

어떤 GIS 프로젝트라도 마지막 단계는 결과의 보고에 있다. 지리정보는 지도, 그래프, 통계량 요약, 표, 리스트 등으로 표현될 수 있으며, 지리적 시각화는 이러한 지리정보를 가지는 공간 데이터를 효과적으로 탐색 · 분석하고, 결과를 효과적으로 표현하는 것이다. 따라서 지리적 시각화는 공간 데이터를 시각화하기 위해 어떻게 데이터 구조의 패턴 및 관련성을 확인하는지, 어떤 방식으로 지식을 구성하는지, 그리고 의사결정에 어떻게 이용되는지에 대한 이해를 포함한다. 〈그림 11〉은 강원도 양구군 해안분지의 지형적 특징을 효과적으로 시각화하기 위해 3차원으로 지형을 표현한 예이다.

지리적 시각화는 GIS, 데이터베이스, 컴퓨터 그래픽, 멀티미디어, 가상현실과 같은 정보 기술의 발달로 더욱 정교화되었다. 이러한 기술의 혁명적 발달은 정교한 공간 표현을 가능하게 하였고 그래픽에 대한 관심을 촉진시켰다. 또한 정보 혁명은 데이터의 폭발적인 증가를 가져왔으며, 지도화 대상의 폭을 넓혔다. 시각화 단계에서 중요한 것은 결과를 형식화하고 다양한 색상, 심볼, 글자체와 그림자 기법 등으로 유연성을 부여하는 것이다. GIS에서 시각화 기능은 환경에서 이용 가능한 방대한 양의 정보를 조직하고 표현 · 전달하는 데 활용되며, 자료 및 분석 결과의 표현이나 종합, 분석, 탐색을 위한 시각화에 이용된다.

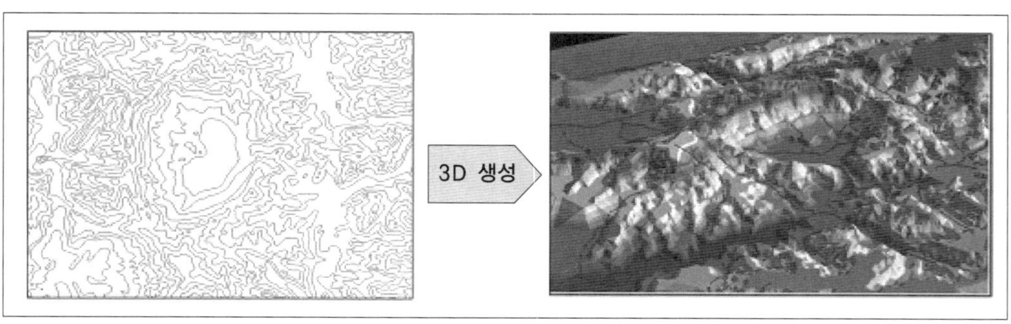

그림 11. TIN을 이용한 3D 생성(강원도 양구군, 해안 분지)

3. 환경 관리에서의 GIS 활용 탐색

GIS는 객관적 데이터를 활용한 과학적 접근 방법으로서 발전을 가속화하였고, 환경 연구에서도 GIS는 객관적 데이터에 의한 계량화 방법을 통해 총체적 분석을 가능하게 만들었다. GIS를 이용한 환경 연구는 자원목록관리, 자원 평가, 모델링과 예측에 관심을 두고 이루어져 왔다. 특히 항공사진과 위성사진 및 답사를 통한 데이터 소스는 GIS 데이터로 개발하여 다양한 주제의 레이어로 표현되고, 국지적인 지역 데이터를 통합하여 지역이나 국가적 또는 세계적 데이터로 통합되어 활용되어 왔다. 이러한 정보는 분석을 위한 유용한 자료로 활용되고 멀티미디어 GIS를 통한 시각화로 데이터 탐색, 분석과정의 시뮬레이션, 분석 결과의 디스플레이에 주로 이용되어 왔다. GIS는 자연환경과 사회 · 문화환경에 대한 데이터 구축, 정보 관리, 분석 및 결과의 시각화 등 다양한 측면에서 활용되었다.

따라서 본 절에서는 GIS의 기능과 관련하여 GIS 활용 사례를 구체적으로 제시하고자 한다. GIS 측정기능, 중첩기능을 이용한 유역분지 관리 사례, 중첩기능과 시각화 기능에 중점을 둔 생태지도 구축 사례, 시추자료를 이용하여 공간추정 기법을 통한 토층 관리 활용 사례, 마지막으로 시각화와 지형 분석 기능을 이용한 황해, 동해의 해저 지형 분석 사례를 제시하고자 한다.

1) 유역분지 수해 관리와 GIS

GIS 측정기능은 유역분지 및 하천의 특성을 측정하는 데 큰 역할을 한다. 유역분지 내 시스템은 여러 요소들과 인간에 의한 간섭으로 인하여 반응이 일어난다. 예를 들어 삼림의 파괴로 지표면 유출이 증가하면 수해가 발생하고 토양이 유실된다. 또한 유역분지 내 댐 건설로 인하여 퇴적물이 하류로 이동되지 못하고 강 하류에 쌓인 퇴적물은 바다로 유실되어 해변 침식이 일어나는 경우가 많다. 따라서 유역분지 관리를 통해 유역 요소들을 측정하여 유역분지 내의 토양 유실이나 사면 매스 무브먼트, 하천유로에서 일어나는 침식 · 운반 · 퇴적 현상을 과학적으로 관리할 수 있다. 과거에는 실측을 통해 이러한 현상들의 데이터를 수집하고 수치화하였

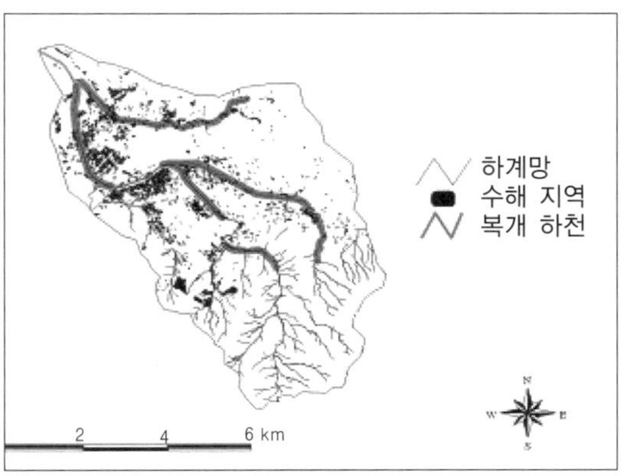

그림 12. 수해피해 지역

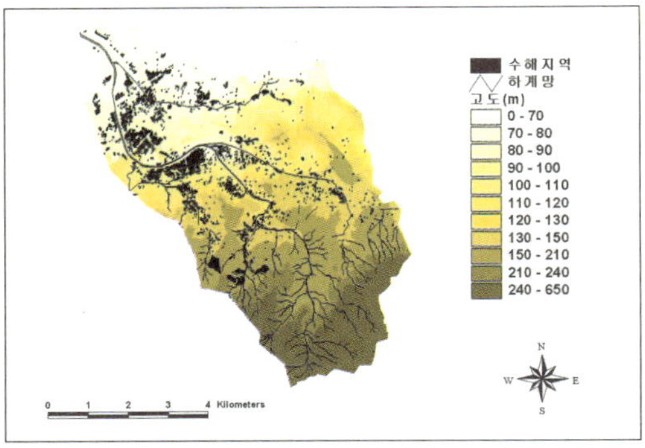

① 고도+하계망+수해 지역

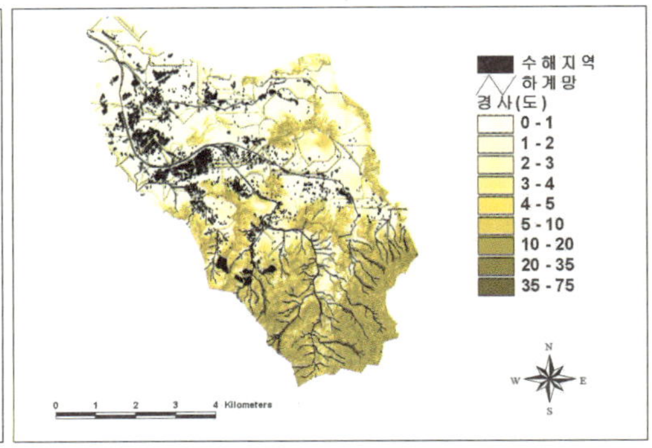

② 경사+하계망+수해 지역

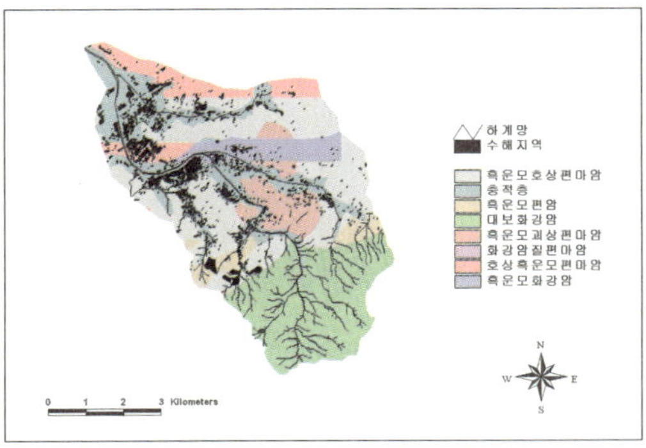

③ 지질분포+하계망+수해 지역

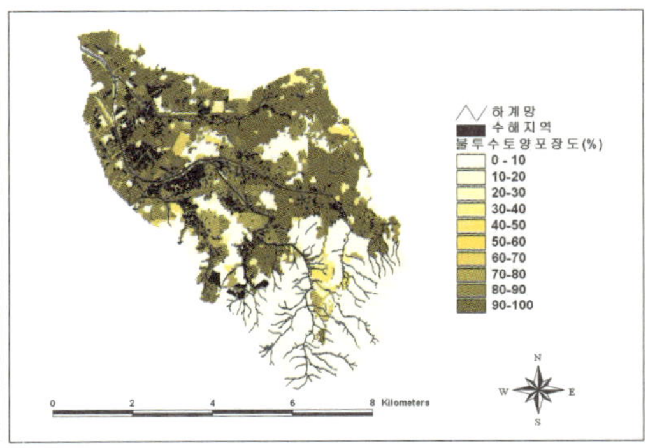

④ 불투수 토양 포장도+하계망+수해 지역

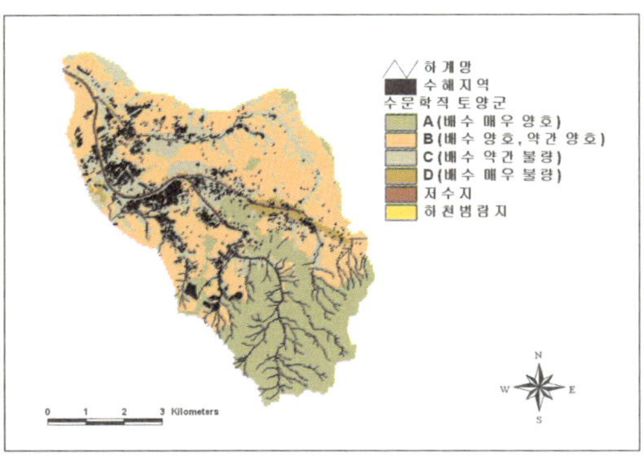

⑤ 수문학적토양군+하계망+수해 지역

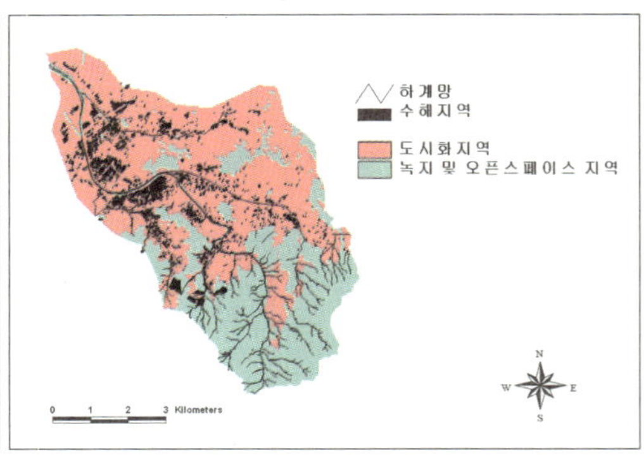

⑥ 토지피복도+하계망+수해 지역

그림 13. 수해에 영향을 미치는 수해 요인(정상희, 2003)

고도, 경사, 지질 분포, 토지 피복,수문학적 토양군, 불투수 토양군과 수해 지역을 중첩.

으나, GIS를 활용한 데이터 측정과 자동화는 지역의 지형적 특성, 지질, 수문, 식생에 대한 자료 구축과 함께 효율적인 유역 관리를 할 수 있도록 한다.

우리나라는 여름철인 6~9월 중에 연 강수량의 2/3가 집중되어 홍수가 유발되지만, 평상시에는 하천의 유량 부족으로 인한 치수 측면에 어려움이 많다. 더욱이 1960년대부터 시작한 공업화에 발맞추어 도시화, 산업화가 가속화 되고 하천 주변 저지대의 배수시설 미비로 인하여 새로운 도시형 수해가 나타나기 시작하면서, 수해 방지를 위한 체계적인 데이터 구축과 관리가 필요하게 되었다. GIS를 활용하여 유역분지의 면적과 규모, 형태와 모양, 기복과 경사 그리고 하계 밀도 등을 추정하고, 하천 유량에 영향을 주는 지형학적 요인 등의 자료를 분석하면 상습 침수 구역에 대한 패턴을 분석할 수 있고 적절한 수해 관리가 이루어질 수 있다(〈그림 12〉 참조).

중첩기능은 GIS에서 사용되는 주제도를 여러 개 중첩시킴으로써 주어진 조건에 만족하는 대상을 찾아내는 것이다. 정상희(2003)는 2001년 집중 호우에 의해 극심한 수해 피해를 가져왔던 서울시 도림천 유역을 대상으로 수해에 영향을 미치는 기상 및 지형적인 요인, 불투수 토양 포장도, 복개 하천의 위치, 그리고 수방 시설 요인을 중첩 분석하여 수해의 요인을 파악하였다. 이는 GIS 중첩기능을 활용하여 유역의 수해 특성을 분석한 연구이다. 이 연구에서는 〈그림 12〉를 통해 먼저 상습 수해 지역인 도림천 지역의 피해 분포 지역을 알아보고, 그 원인이 되는 고도, 경사, 지질, 토지이용 등의 방대한 데이터를 GIS를 이용하여 구축하였다. 그리고 각각의 요인들을 중첩하여 도림천의 상습 침수 지역의 패턴을 파악하고, 적절한 배수시점 등 앞으로의 관리 방안을 모색하였다(〈그림 13〉 참조).

수해를 비롯한 재해 정보 체계는 삼림의 특성, 수계 특성, 유출 특성, 강우 특성 및 지형 특성 등을 고려한 홍수 방재, 지진 방재, 산사태 방재, 산불 방재 대책 수립을 위한 기본정보시스템이 될 수 있다. 재해 정보 체계는 GIS의 데이터베이스 관리와 분석 기능을 이용하여 재해 발생 시기나 장소, 특성 및 재해 발생을 일으키는 요소들에 대한 정보를 수집, 저장, 분석하여 재해를 미리 예측하고 재해 예방 및 재해 관리의 수단으로써 활용될 수 있다. GIS를 통한 재해 관리는 GIS 데이터베이스 관리, 종합과 분석 능력 및 시각화를 통한 공간의사결정에 도움을 줄 수 있다는 점에서 그 가치가 있다.

2) 환경 비오톱과 생태 지도

최근 우리나라에서는 안전과 편의만 고려하던 도시개발에서 탈피하여, 환경도시라는 이름

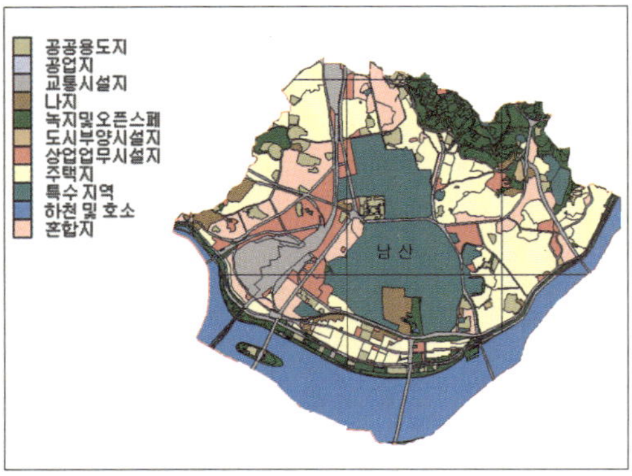

그림 14. 토지이용 현황도(서울 용산구)

현재 토지가 어떠한 용도로 사용되고 있는지를 나타낸 도면. 크게 도시화 지역과 녹지 및 오픈스페이스 지역으로 나누어짐.

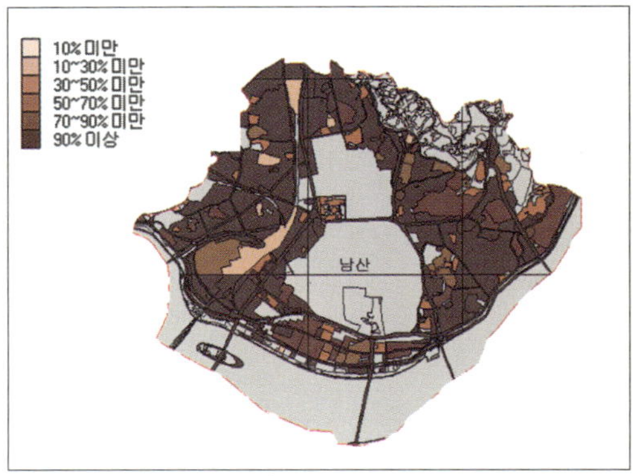

그림 15. 불투수 토양 포장도(서울 용산구)

현재 토지가 건물과 불투수성 포장재(아스팔트, 콘크리트, 보도블럭 등)로 덮여 있는 면적비율을 나타낸 도면. 면적 비율에 따라 6개의 등급으로 나누어 표현함.

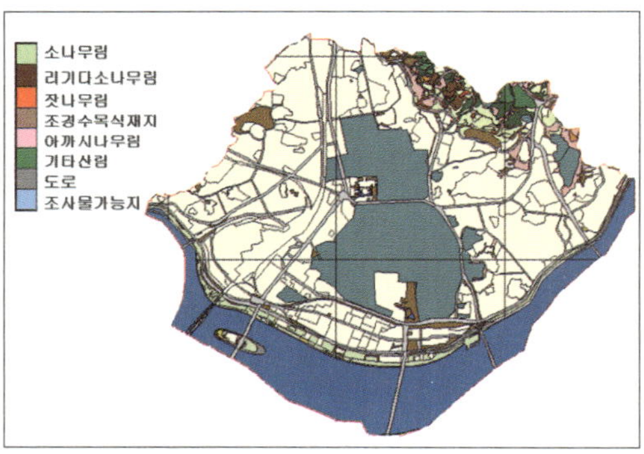

그림 16. 현존 식생도(서울 용산구)

식생의 분포 유형을 나타낸 도면. 도로를 포함한 도시화 지역, 녹지 및 오픈페이스지역은 생태적 구조 및 속성에 따라 조경수목식재지, 초지, 수역, 경작지로 구분.

산림 지역은 교목의 우점종으로 구분하여 표현함.

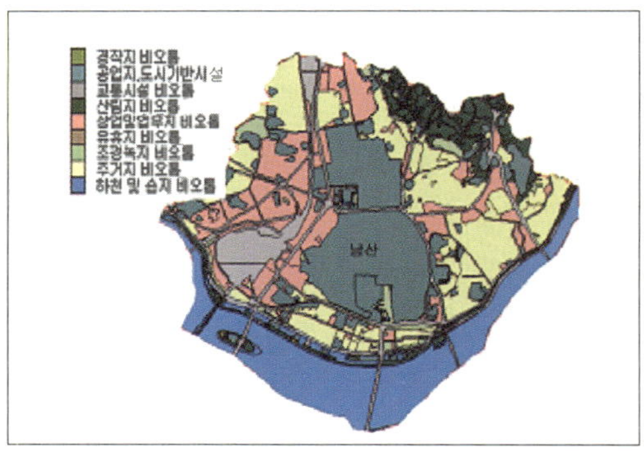

그림 17. 비오톱 유형도(서울 용산구)

도시생태의 특성을 유형화하여 나타낸 도면. 서울 지역의 비오톱유형을 크게 주거지 비오톱, 상업 및 업무지 비오톱, 공업지 비오톱, 도시 기반 시설지 비오톱, 교통 시설지 비오톱, 조경 녹지 비오톱, 하천 및 습지 비오톱, 경작지 비오톱, 산림지 비오톱, 유휴지 비오톱으로 나누어 표현함.

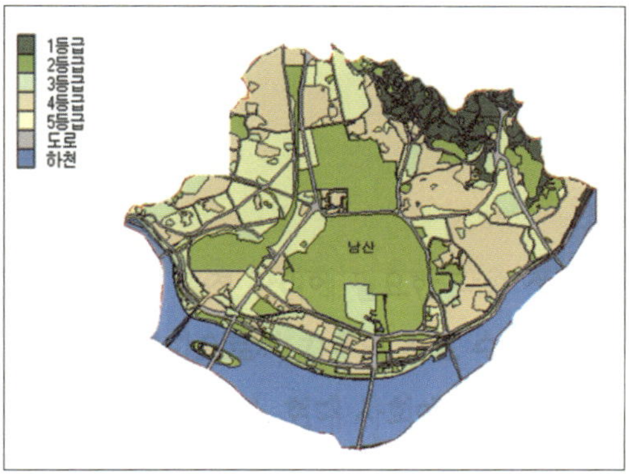

그림 18. 비오톱 유형 평가도(서울 용산구)

서식지 기능, 지형 특성, 비오톱 유형 가치, 비오톱 유형 면적, 비오톱 유형 희귀도 등의 평가 기준을 이용하여 비오톱 유형별 가치등급을 5개로 나누어 표현함

그림 19. 개별 비오톱 평가도(서울 용산구)

자연 보호를 목적으로 하였을 경우 비오톱의 가치를 3개 등급으로 나누어 표시한 것임. 개별 비오톱 평가는 비오톱 유형을 크게 자연형, 근자연형, 비자연형, 기타의 4가지 범주로 나누고, 이 가운데 자연형과 근자연형의 29개에 해당되는 비오톱만을 대상으로 수행한 것임.

아래 자연과 함께하는 환경 친화적 도시로 변모하기 위한 연구가 활발히 진행되고 있다. 환경 친화적 도시는 생태적 원리에 입각하여 도시에 야생 생물종이 서식할 수 있는 여러 종류의 생활터(Biotop)를 마련하고, 여기에 다양한 종들이 우리 주변에서 서식할 수 있도록 하는 도시이다. 따라서 생물 서식지를 배제하는 기존의 도시개발에서 벗어나 자연과 공존할 수 있는 도시를 만들기 위하여 비오톱의 개념을 도시계획에 도입하는 추세이다.

비오톱은 최근 우리나라 기존 도시의 생태적 전환의 필요성이 대두되면서 자주 사용하고 있는 용어이다. 국내에서는 이를 '야생 동물이 서식하고 이동하는 데 도움이 되는 소면적의 공간 단위' 라 하고, '숲, 가로수, 습지, 하천, 화단 등 다양한 규모와 질의 생물 서식 공간' 이라고 개념정리를 하고 있으며, 다른 한편으로는 '지형적, 기후적으로 어느 일정 공간을 갖는 생물의 서식 공간' 이라고도 정의하고 있다(환경부, 1996).

생태도시 즉, 환경 친화적 도시를 건설하고 도시환경을 보전하기 위하여 비오톱 조사를 실시하고 있다. 비오톱 조사 항목은 조사의 목적에 따라 달라지나, 우선 여러 종류의 비오톱과 비오톱의 유형에 대해 기술하여야 하고, 어떤 보전 대책이 유리한지 판단할 수 있도록 여러 데이터가 수록되어야 한다. 이러한 요구 사항을 만족시키기 위해서 최소한 ① 이용 형태와 관련된 공간이용구조(택지의 구조와 공원 등)와 ② 구역의 입지적 잠재환경(토양의 포장 상태, 이용 정도 등) 그리고 ③ 무생물적 환경 인자에 대한 조사 항목이 포함되며, 이러한 3가지 항목이 생물에게 어떠한 의미가 있는지 파악하기 위해서 ④ 현존 동 · 식물종을 더불어 조사하여야 한다

(이무춘, 1996).

위의 4가지 분야의 조사 항목은 도시환경을 보전하고 향후 발전방안을 수립하는 데 필요하다. 비오톱 조사의 최종 목표는 가급적 현재의 토지이용을 존중하면서 생태도시계획을 위해 어디에, 어떻게, 언제 유리한 생태적 여건을 만들어 갈 것인지 파악하는 데 있다. 조사 결과를 가지고 도시에서의 자연보전대책 우선순위와 방안을 구상할 수 있으며, 여러 형태로 이용되는 토지를 어떻게 생태적으로 발전시킬 것인지, 어디에 어떻게 그린네트워크를 구축할 것인지, 어디에 불투수성 포장이 필요한지, 또는 어디에 어떤 비오톱을 새롭게 조성할 것인지에 대한 구체적인 대책을 마련할 수 있다.

이러한 배경하에 서울시는 도시 전역에 대한 도시생태 현황을 조사하고 이를 지도화하여 향후 도시 계획 수립에 활용하고자 도시생태 현황도를 제작하였다. 도시생태 현황도는 도시 계획 시설 입지 심의 등 각종 도시 계획 입안을 위한 검토자료로서 활용가치가 크며, 환경 관리 측면에서 자연환경보전법에 따른 생태계 보전 지역의 설정 및 관리 등에 있어서 기초자료로 활용될 수 있다. 또한 도시생태 현황도를 활용할 경우 도시 기본 계획 수준에서 녹지 네트워크의 구축을 위한 대안 제시도 가능해질 것이다. 뿐만 아니라 훼손된 도시 생태계에 대한 복원 대책 등을 병행하여 계획할 수 있으므로 도시 계획과 환경 관리가 통합될 수 있는 대안이 제시될 수 있을 것이다.

서울시의 생태 현황 지도는 GIS를 이용하여 토지이용 현황도, 불투수 토양 포장도, 현존 식생도, 비오톱 유형도 등을 중첩하여 각 비오톱을 평가하였으며, 이를 시각화 기능을 이용하여 효과적으로 나타내었다. 이렇게 제작된 도시생태 현황도는 모두 6개의 주제도면(토지이용 현황도, 불투수 토양 포장도, 현존 식생도, 비오톱 유형도, 비오톱 유형 평가도, 개별 비오톱 평가도)으로 이루어져 있으며 각각의 도면에서 전달하는 내용을 용산구를 중심으로 살펴보면 〈그림 14~19〉와 같다(서울특별시, 2000).

서울시의 생태 현황 지도는 GIS를 이용하여 토지이용 현황도, 불투수 토양 포장도, 현존 식생도, 비오톱 유형도 등을 중첩하여 각 비오톱을 평가하였으며, 이러한 자료는 환경 관리 및 환경친화적 도시 환경 계획에 활용할 수 있다.

3) 지질 관리와 GIS 활용

GIS의 기능 중 공간 추정 기법은 관측 지점의 자료를 바탕으로 하여 미관측 지점의 자료값을 추정하는 방법으로, 1980년대 이후 토양학, 기후학, 지형학, 수문학 등에서 널리 적용되어 왔다. 지형학에서 공간 추정 기법은 퇴적물 부하량 추정, 오염원의 경로 추정, 토양 특성의 분포 파악 등에서 활발히 이용되어 왔으며, GIS의 공간 분석 기능과 더불어 그 활용성은 더욱 커지고 있다. 공간 추정 기법은 급속히 발전하는 정보통신 기술 및 네트워크 발전과 더불어, GIS의 통계적 분석에 기초한 공간 분석 기능 강화와 공간 추정 기법의 시각적 표현에 대한 요구가 늘어나면서 1990년대 이후 GIS와의 상호 결합 및 필요성에 대한 많은 연구들이 수행되었다. 이후 1990년대 중반 이후 실제로 지구 통계 기법과 GIS를 이용하여 분석한 연구들이 수행되어 왔으며, 최근에는 ESRI에서 ArcGIS Geostatistical Analysis라는 확장모듈이 출시되면서 GIS 툴 내에서도 공간통계적 공간 분석을 완전히 수행할 수 있게 되었다.

환경, 수문, 기후, 지질 등 지구과학 분야에서 공간상 분포하는 자료의 획득은 자료 측정의 제한성이나 경제적인 이유로 충분한 자료를 확보할 수 없기 때문에 자료의 전반적인 공간적 분포 특성을 파악하기 위해서는 공간 추정 방법을 이용하여 알려지지 않은 지점의 값을 예측해야 한다. 환경지형학 분야에서도 이러한 문제 해결은 똑같이 직면해 있다고 할 수 있다. 토양 특성의 분포를 파악하거나 오염원에서 오염 물질의 경로 추정, 하천 퇴적물의 예상 부하량, 지하수위의 추정 및 지층구조의 파악 등 공간 통계 기법이 활용될 수 있는 분야는 다양하다.

공간 추정 기법을 이용하여 연구된 사례를 살펴보면, 제한된 시추 정보의 지층 분류 정보를 이용하여 지표 아래 지층에 대한 구조와 지형에 따른 수직적 분포패턴을 파악한 사례가 있다.

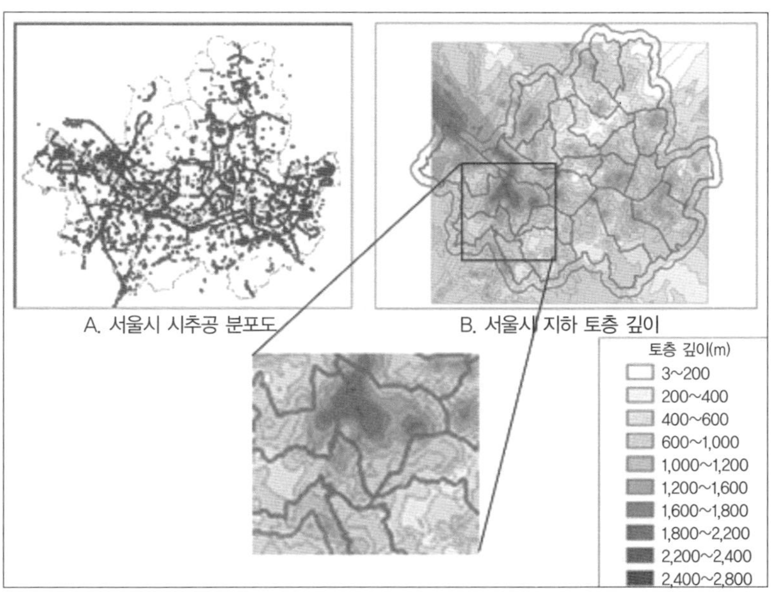

그림 20. 통계 기법을 이용한 서울시 지하 토층 깊이 추정

서울시에서는 그동안 건설 공사를 위해 시추한 정보를 기초로 하여 산발적으로 획득된 매립토층, 퇴적토층, 풍화토층의 시추 지층 정보를 GIS데이터로 구축하고, 미시추 지점의 지하토층 정보를 알아내기 위해서 공간 추정을 통하여 서울시 전체의 지하 토층 정보를 구축할 수 있었다(〈그림 20〉 참조). 공간 추정 기법을 이용하여 〈그림 20〉의 A와 같은 점지도(시추공지도)로부터 서울시 전체 지역의 토층 깊이를 표현하는 B의 연속 데이터를 얻을 수 있다.

GIS에서 공간 추정 기법은 연구 및 관리 대상의 자료들을 과학적이고 분석적으로 획득하여 현상의 분포 패턴과 원인 분석을 심층적으로 분석 가능하게 한다. 따라서 GIS에서 공간 추정 기법은 환경관리와 연구에 잠재성이 매우 높은 보조 수단으로서 적극 활용될 것이다.

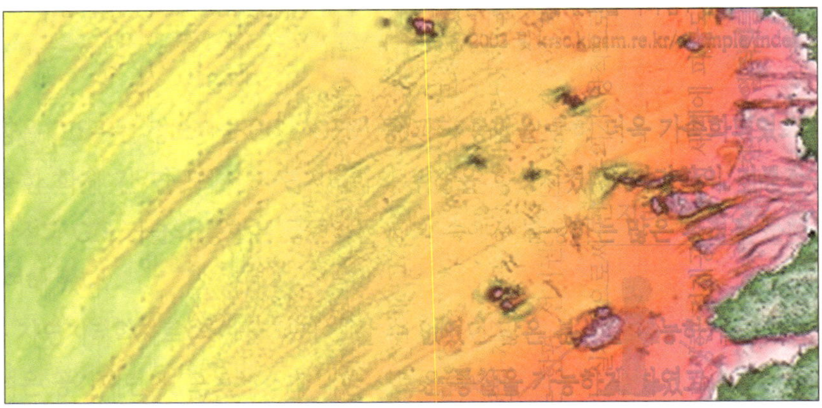

그림 21. 황해 해저 지형(장항항–줄포만 인근 해역)
(해양수산부 국립해양조사원, 멀티빔 측량 자료를 이용하여 CARIS S/W로 자료 구축)

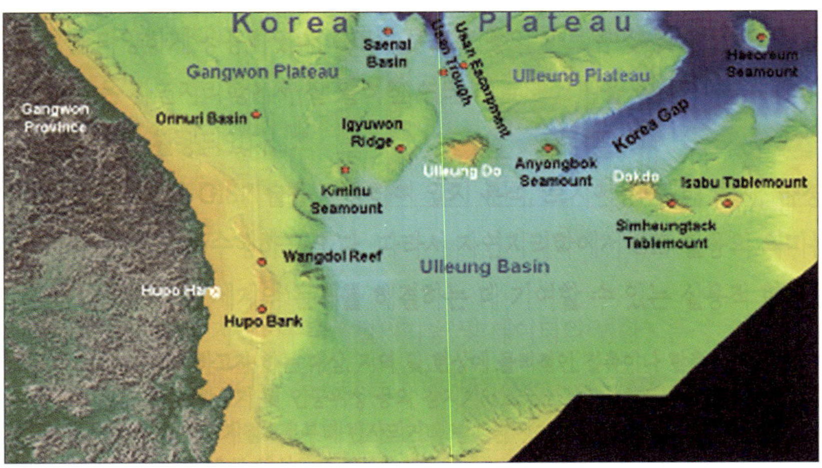

그림 22. 동해 해저 지형
(해양수산부 국립해양조사원, 멀티빔 측량 자료를 이용하여 CARIS S/W로 자료 구축)

4) 해저 지형 분석과 GIS

해저 지형은 해류의 흐름, 해양 자원의 분포와 해상교통에 매우 중요한 영향을 미친다. 우리나라 영해는 국가의 자주권이 미치는 범위로서 영토의 지형적 특색뿐 아니라 영해 내의 해상·해저 지형에 대한 이해가 필요하다. 해저 지형을 분석하기 위해서는 여러 정보 기술이 필요하며 국립해양조사원에서는 Multi-Beam Echo Sounder(SeaBeam2100)를 이용하여 수심 데이터를 측량·수집한다. 이러한 디지털 수심 데이터는 GIS를 이용하여 2차원, 3차원적으로 지형 특색을 표현할 수 있다. 이를 기초로 우리나라 영해 내의 해저 지형 규모 및 형태적 특징을 파악할 수 있다. 〈그림 21〉은 우리나라 황해 해저 지형의 형태적 특징을 보여주는 것으로, 주로 황해 해저에는 사퇴열이나 해저놀(knoll), 또는 해저 구릉이 발달한 것을 볼 수 있다. 이때 GIS로 해저 지형의 특징뿐 아니라 사퇴열의 높이나 길이 등을 측정할 수 있다. 〈그림 22〉는 우리나라 동해 해저 지형의 형태적 특징을 보여주는 것으로, 매우 다양한 해저 지형이 나타나고 있다. 동해에 발달한 해저 지형으로는 해저대지(plateau), 해저분지(basin), 해산(seamount), 해저융기부(ridge), 간극(gap), 퇴(bank) 등이 발달하고 있음을 알 수 있다. GIS를 통해 우리나라 영해 내 해저 지형의 형태적 특징을 분석할 수 있으며, 이를 기초로 황해와 동해의 해저 지형의 형태적 차이와 해양 자원의 분포 연구에 큰 도움이 될 수 있다.

최근 환경 연구는 연구자들의 경험과 직관에 의존하여 온 전통적인 연구 방법에서 객관적 데이터를 활용한 과학적 접근 방법으로의 발전이 가속화되고 있다. 특히 지속가능한 환경을 유지하기 위하여 환경에 대한 좀 더 많은 정보가 요구되고 있다. 이러한 시점에서 GIS는 환경의 특성에 따라 다양하고 복합적인 자료를 구축하고, 객관적으로 계량화하는 방법을 제시할 수 있는 정보기술로서, 자연지리 연구를 활성화시키는 계기를 제공한다는 점에서 그 활용에 매우 큰 의의가 있다고 할 수 있다.

우리나라에서는 GIS를 통해 환경의 변화 경향을 예측하고 환경에 대한 적극적 인식을 유도하는 데 유용하게 활용되어 왔으며, 자료의 지속적 관리와 다양한 분석 방법을 통해 환경 이용 및 평가에 다양한 방법과 기초 자료를 제공하여 왔다. 결론적으로 GIS는 환경에 있어서 정치적, 경제적, 생태학적인 의사결정을 합리적으로 수행할 수 있는 자연지리 연구의 중요한 분석틀이다.

참고문헌

김경탁 · 최윤석 · 김주훈, 2004, 「하천 네트워크 기반의 유역 관리 시스템 개발을 위한 프레임워크 공간 DB구축에 관한 연구」, 『한국지리정보학회지』, 7(2), pp.87-96.

김계현, 2000, 『GIS 개론』, 대영사.

서울특별시, 2000, 「서울2000 도시생태현황도」.

서울특별시, 2005, 「서울시 GIS 구축현황 및 활용방안」, 2005 GIS Korea NGIS와 u-City 구축에 관한 정책 세미나 자료집.

성효현, 2002, 「산지 환경과 지리 정보 체계」, 『백두대간의 자연과 인간』, 공우석(편), 산악문화.

이덕진 · 연상호 · 김성길, 2000, 「GIS를 활용한 폐기물 매립지의 적지 분석 사례 연구」, 『한국지리정보학회』, 3(4), pp.33-49.

이무춘, 1996, 「도시에서의 Biotop 조사에 관한 기초 연구」, 『국토계획』, 31(6), pp.197-211.

정보통신부, 2003, 『국가 GIS 전문인력 양성사업(GIS교재개발 부문) GIS 부문』.

정상희, 2003, 「도시하천유역의 수해 특성과 관련 요인에 대한 공간적 분포 연구」, 이화여자대학교 석사학위논문(미발행).

조태영, 2006, 「서울시 공간데이터웨어하우스 고도화 전략」, 『제16회 GIS Workshop 발표자료집』.

최남희, 2003, 「유비쿼터스 정보기술과 비즈니스 방향성」, 『U-Korea forum 창립기념세미나 자료집』.

최창학, 2003, 「Ubiquitous 혁명과 GIS 발전전략」, 『측량』, 67, pp.41-45.

최창학, 2003, 「Ubiquitous 혁명과 GIS 발전전략」, 『측량』, 68, pp.50-53.

환경부, 1995, 『전국 그린네트워크화 구상 : 사람과 생물이 어우러지는 자연만들기』.

환경부, 1996, 『생태도시 조성 기본 계획 수립을 위한 용역사업』.

Burrough, P.A. and McDonnell, R.A., 1998, *Principles of Geographical Information Systems*, Oxford University Press.

Cooke, R.U. and Doornkamp, J.C., 1990, *Geomorphology in Environmental Management*, Oxford.

Gregory, K.J. and Walling, D.E., 1973, *Drainage Basin Form and Process: A Geomorphological Approach*, John Wiley & Sons.

Shaw, Shih-Lung, 1993, Geography: A place for GIS, *Applied Geography*, 13, pp.107-110.

Yano, K., 2001, GIS and quantitative geography, *GeoJournal*, 52, pp.173-180.

www.gis.Seoul.go.kr

Krsc.kigam.re.kr/example/index3_9.asp

찾아보기

Abstract

Physical Geography of Korea

Jong Wook KIM · Min Boo LEE · Woo Seok KONG · Tae Ho KIM(*Editors*)
Chul Sung KANG · Kyeong PARK · Byong Ik PARK · Heui Doo PARK
Hyo Hyun SUNG · Myoung Won SON · Hae Kun YANG
Seung Ho LEE · Young Eun CHOI

Physical Geography deals with various kinds of characteristics of natural environment as one of two principal study fields in Geography. This book *Physical Geography of Korea* introduces the basic knowledges of the landform, climate, soil, biota, hydrology etc. of Korea based upon the research results of related disciplines. This book is written especially for undergraduate and graduate students who want to learn Physical Geography as a major subject or simply receive some general knowledges about the Geography.

• 저자(가나다순)

강철성 (충북대학교 지리교육과, kangchul52@hanmail.net)
공우석 (경희대학교 지리학과, wskong@khu.ac.kr)
김종욱 (서울대학교 지리교육과 명예교수, kimjwk@snu.ac.kr)
김태호 (제주대학교 지리교육과, kimtaeho@cheju.ac.kr)
성효현 (이화여자대학교 사회생활학과, hhsung@ewha.ac.kr)
손명원 (대구대학교 지리교육과, smw@daegu.ac.kr)
양해근 (한국환경재해연구소, hydroyang@hotmail.com)
이승호 (건국대학교 지리학과, leesh@konkuk.ac.kr)
이민부 (한국교원대학교 지리교육과 명예교수, minblee@knue.ac.kr)
박병익 (서울대학교 지리교육과, fbipark@snu.ac.kr)
박 경 (성신여자대학교 지리학과, kpark97@sungshin.ac.kr)
박희두 (서원대학교 지리교육과, hdpark@seowon.ac.kr)
최영은 (건국대학교 지리학과, yechoi@konkuk.ac.kr)

개정판

한국의 자연지리

2008년 6월 25일 초판 1쇄 발행
2009년 9월 30일 초판 4쇄 발행
2012년 12월 30일 개정판 1쇄 발행
2021년 4월 20일 개정판 4쇄 발행

지은이 김종욱, 이민부, 공우석, 김태호, 강철성, 박 경, 박병익
박희두, 성효현, 손명원, 양해근, 이승호, 최영은
펴낸이 오세정
펴낸곳 서울대학교출판문화원

주소 08826 서울 관악구 관악로 1
대표전화 02-880-5252
팩스 02-889-0785
도서주문 02-889-4424, 02-880-7995
이메일 snubook@snu.ac.kr
홈페이지 www.snupress.com

출판등록 제15-3호

ISBN 978-89-521-1426-6 93450